武器控制技术基础

谢晓方 张龙杰 孙 涛 姚 刚 编著

電子工業出版社
Publishing House of Electronics Industry
北京·BEIJING

内 容 简 介

本教材以导弹武器控制系统中的微控制器应用技术、接口应用和扩展技术、传感器技术，以及输入和输出信号的检测与转换方法为主要内容。全书共 7 章，分别为概述、武器控制系统硬件基础、武器控制系统软件开发、武器控制系统网络与总线、武器控制系统并行接口、武器控制系统模拟接口、典型传感器及轴角转换技术。

未经许可，不得以任何方式复制或抄袭本书之部分或全部内容。
版权所有，侵权必究。

图书在版编目（CIP）数据

武器控制技术基础 / 谢晓方等编著. —北京：电子工业出版社，2022.1
ISBN 978-7-121-42815-9

Ⅰ．①武… Ⅱ．①谢… Ⅲ．①武器系统－控制系统－教材 Ⅳ．①E92

中国版本图书馆 CIP 数据核字（2022）第 018351 号

责任编辑：张正梅　　　特约编辑：张思博
印　　刷：北京天宇星印刷厂
装　　订：北京天宇星印刷厂
出版发行：电子工业出版社
　　　　　北京市海淀区万寿路 173 信箱　　邮编：100036
开　　本：787×1092　1/16　印张：20.75　字数：530 千字
版　　次：2022 年 1 月第 1 版
印　　次：2024 年 8 月第 2 次印刷
定　　价：139.00 元

凡所购买电子工业出版社图书有缺损问题，请向购买书店调换。若书店售缺，请与本社发行部联系，联系及邮购电话：(010)88254888，88258888。

质量投诉请发邮件至 zlts@phei.com.cn，盗版侵权举报请发邮件至 dbqq@phei.com.cn。
本书咨询联系方式：zhangzm@phei.com.cn。

前 言

　　武器控制系统是以计算机为核心，根据人机接口输入的命令，以各种传感器输入的信息为基础进行计算、融合、决策并输出控制信息的综合处理系统。其核心技术包括：武器控制系统硬件技术、武器控制系统软件技术、网络与接口技术、人机交互技术、典型武器传感器技术。从本质上讲，武器控制技术是以计算机技术为主，以传感器技术为辅的系统集成技术。本教材围绕武器控制系统的主要技术，以嵌入式微处理器的学习为主线，将武器控制系统硬件、软件、接口和传感器等内容有机融合起来，从系统层面揭示武器控制系统的硬件结构、工作原理和核心技术，帮助读者熟悉武器装备的基础知识，提升系统分析能力和创新运用能力。

　　在内容安排上，综合考虑基础性、系统性和应用性。基础性主要体现在基本方法、基本原理的设计上。系统性主要体现在章节布局的设计上，全书按照硬件、软件、接口（串行接口、并行接口、模拟接口）、传感器的脉络，构建武器控制系统的整体图景。应用性主要体现在两个方面：一是在内容设计时，注意各章节内容的互动联系，以 8 位嵌入式微处理器为原型机贯穿全书进行应用设计；二是在每个章节中都提供了大量的范例，使读者通过学习范例熟悉应用。

　　全书共 7 章，分别是概述、武器控制系统硬件基础、武器控制系统软件开发、武器控制系统网络与总线、武器控制系统并行接口、武器控制系统模拟接口、典型传感器及轴角转换技术。

　　第 1 章：概述。本章概括性地介绍武器控制系统的基本概念、组成、种类、主要技术和应用现状，从工程应用角度出发介绍误差的概念及主要计算方法，介绍信息编码、数制和码制的基础知识。使读者了解课程主要内容，建立工程应用的基本思想。

　　第 2 章：武器控制系统硬件基础。本章是整个课程的基础，内容包括武器控制计算机系统的总线结构、嵌入式微处理器、系统工作原理、存储器系统等。通过本章知识的学习，帮助读者了解武器控制系统中嵌入式微处理器的基础知识，通过学习具体型号微处理器的有关知识，建立基于嵌入式微处理器应用技术的武器控制系统的基本概念。

　　第 3 章：武器控制系统软件开发。本章介绍系统软件开发环境、汇编语言程序开发、高级语言程序开发和嵌入式操作系统的有关知识，帮助读者熟悉武器控制系统中的软件开发技术和嵌入式系统管理技术，提升嵌入式系统开发能力。

第 4 章：武器控制系统网络与总线。本章围绕武器系统中常用的以太网、串行通信、SPI 总线、I2C 总线和 CAN 总线组织教学内容，帮助读者熟悉常见的总线标准，了解总线应用特性，提升系统运用和分析能力。

第 5 章：武器控制系统并行接口。本章介绍并行 I/O 接口的基本概念和内部结构，帮助读者了解不同并行 I/O 接口的应用特性和扩展方法，介绍基于并行接口的人机交互设备的程序设计方法，帮助读者熟悉武器控制系统的并行接口应用技术和外设扩展技术。

第 6 章：武器控制系统模拟接口。本章主要介绍接口信号调理的一般技术、D/A 转换的常用方法和 A/D 转换的常用方法。接口信号的检测与转换技术和武器控制系统采集传感器信息的关键环节，也是在系统可靠性方面比较薄弱的环节，了解信号检测与转换的一般过程和主要方法，有助于提升系统重构和保障能力。

第 7 章：典型传感器及轴角转换技术。本章主要介绍武器控制系统中，特别是以嵌入式微处理器为核心的测控系统中，进行角度、位置、转速等信息感知的典型传感器的基本原理和应用技术，包括传感器原理、应变式电阻传感器、光电码盘测角、旋转变压器测角、自整角机测角、粗精组合技术及数字化测角实例。

本书由海军航空大学谢晓方、张龙杰、孙涛、姚刚等同志编著，由于编著者经验不足，学术水平有限，而且时间紧迫，书中难免有不当及疏漏之处，敬请读者批评指正。

编著者

2021 年 10 月

目　录

第1章　概述 …………………………………………………………………………………… 1
1.1　武器控制技术简介 …………………………………………………………………… 1
1.1.1　武器与武器控制系统 …………………………………………………………… 2
1.1.2　武器控制系统的主要技术 ……………………………………………………… 6
1.2　武器系统误差与处理方法 …………………………………………………………… 11
1.2.1　误差的基本概念 ………………………………………………………………… 11
1.2.2　误差的测量与处理 ……………………………………………………………… 15
1.3　编码与运算 ……………………………………………………………………………… 25
1.3.1　数制及其运算 …………………………………………………………………… 25
1.3.2　码制及其转换 …………………………………………………………………… 27
1.3.3　编码 ………………………………………………………………………………… 30
1.4　小结 ……………………………………………………………………………………… 34
1.5　思考与练习题 …………………………………………………………………………… 35

第2章　武器控制系统硬件基础 ……………………………………………………………… 36
2.1　总线系统 ………………………………………………………………………………… 36
2.1.1　系统组成结构 …………………………………………………………………… 36
2.1.2　总线 ………………………………………………………………………………… 38
2.2　微型控制器 ……………………………………………………………………………… 46
2.2.1　80C51单片机内核 ……………………………………………………………… 46
2.2.2　80C51片内外设 ………………………………………………………………… 49
2.2.3　中断系统 ………………………………………………………………………… 52
2.2.4　定时器/计数器 …………………………………………………………………… 61
2.3　指令系统及执行过程 …………………………………………………………………… 68

  2.3.1 指令系统 …………………………………………………………… 68
  2.3.2 指令执行过程 ……………………………………………………… 77
 2.4 存储器系统 ……………………………………………………………… 83
  2.4.1 存储技术与存储器类型 …………………………………………… 83
  2.4.2 存储器的组织 ……………………………………………………… 85
  2.4.3 堆栈及其操作 ……………………………………………………… 89
 2.5 小结 ……………………………………………………………………… 91
 2.6 思考与练习题 …………………………………………………………… 91

第3章 武器控制系统软件开发 …………………………………………… 92

 3.1 软件开发环境 …………………………………………………………… 92
  3.1.1 Keil μVision 软件 ………………………………………………… 92
  3.1.2 Proteus 软件 ……………………………………………………… 97
 3.2 汇编语言程序开发 ……………………………………………………… 104
  3.2.1 汇编语言程序设计基础 ………………………………………… 104
  3.2.2 中断程序设计 …………………………………………………… 115
  3.2.3 定时器程序设计 ………………………………………………… 116
 3.3 高级语言程序开发 ……………………………………………………… 118
  3.3.1 高级语言程序设计基础 ………………………………………… 118
  3.3.2 中断程序设计 …………………………………………………… 129
 3.4 嵌入式操作系统 ………………………………………………………… 130
  3.4.1 嵌入式操作系统基础 …………………………………………… 131
  3.4.2 RTX-51 嵌入式操作系统 ………………………………………… 133
  3.4.3 嵌入式操作系统的应用 ………………………………………… 136
 3.5 小结 ……………………………………………………………………… 146
 3.6 思考与练习题 …………………………………………………………… 146

第4章 武器控制系统网络与总线 …………………………………………… 148

 4.1 TCP/IP 协议 ……………………………………………………………… 148
  4.1.1 TCP/IP 的网络体系结构 ………………………………………… 148
  4.1.2 TCP/IP 协议应用 ………………………………………………… 150
 4.2 串行接口 ………………………………………………………………… 153
  4.2.1 串行通信基础 …………………………………………………… 153
  4.2.2 串行接口工作原理 ……………………………………………… 158
  4.2.3 串行接口设备及应用 …………………………………………… 163
 4.3 SPI 总线结构与原理 …………………………………………………… 165
 4.4 I2C 总线及应用 ………………………………………………………… 167
  4.4.1 I2C 总线协议 …………………………………………………… 167

目 录

    4.4.2   I2C 总线应用 …………………………………………………………… 172
  4.5   小结 ……………………………………………………………………………… 182
  4.6   思考与练习题 …………………………………………………………………… 183

第 5 章   武器控制系统并行接口 ……………………………………………………… 184

  5.1   并行 I/O 接口及扩展 …………………………………………………………… 184
    5.1.1   并行 I/O 接口内部结构 …………………………………………………… 184
    5.1.2   并行 I/O 接口扩展 ………………………………………………………… 190
  5.2   并行接口设备 …………………………………………………………………… 201
    5.2.1   输入设备 …………………………………………………………………… 201
    5.2.2   显示设备 …………………………………………………………………… 204
    5.2.3   并行接口程序设计 ………………………………………………………… 207
  5.3   小结 ……………………………………………………………………………… 212
  5.4   思考与练习题 …………………………………………………………………… 212

第 6 章   武器控制系统模拟接口 ……………………………………………………… 213

  6.1   运算放大器及典型电路 ………………………………………………………… 213
    6.1.1   常用参数 …………………………………………………………………… 213
    6.1.2   差分放大器 ………………………………………………………………… 215
    6.1.3   典型电路 …………………………………………………………………… 216
  6.2   D/A 转换技术 …………………………………………………………………… 220
    6.2.1 Γ 型电阻网络 DAC ……………………………………………………… 221
    6.2.2 Δ-Σ 式 DAC ……………………………………………………………… 225
    6.2.3   其他 DAC ………………………………………………………………… 227
    6.2.4   D/A 转换器应用 …………………………………………………………… 233
  6.3   A/D 转换技术 …………………………………………………………………… 240
    6.3.1   逐位逼近式 ADC ………………………………………………………… 240
    6.3.2   积分式 ADC ……………………………………………………………… 245
    6.3.3 Σ-Δ 式 ADC ……………………………………………………………… 248
    6.3.4   其他 ADC ………………………………………………………………… 253
    6.3.5   ADC0809 芯片应用实例 ………………………………………………… 255
    6.3.6   雷达距离转换实例 ………………………………………………………… 257
  6.4   小结 ……………………………………………………………………………… 261
  6.5   思考与练习题 …………………………………………………………………… 261

第 7 章   典型传感器及轴角转换技术 ………………………………………………… 263

  7.1   传感器的基本概念 ……………………………………………………………… 263
    7.1.1   传感器的定义 ……………………………………………………………… 264

- 7.1.2 传感器的组成 ·· 264
- 7.1.3 传感器的分类 ·· 264
- 7.1.4 传感器的性能指标 ··· 265
- 7.2 应变式电阻传感器 ··· 269
  - 7.2.1 工作原理 ·· 269
  - 7.2.2 传感器应用 ·· 271
- 7.3 光电码盘测角 ··· 275
  - 7.3.1 绝对式光电码盘 ··· 275
  - 7.3.2 增量式光电码盘 ··· 278
- 7.4 旋转变压器测角 ··· 285
  - 7.4.1 工作原理 ·· 285
  - 7.4.2 测角方法 ·· 289
- 7.5 自整角机测角 ··· 295
  - 7.5.1 工作原理 ·· 295
  - 7.5.2 测角方法 ·· 298
- 7.6 粗精组合技术 ··· 300
  - 7.6.1 工作原理 ·· 300
  - 7.6.2 闪码及纠错方法 ··· 301
  - 7.6.3 二进制组合方法 ··· 303
- 7.7 数字化测角实例 ··· 305
  - 7.7.1 ZSZ/XSZ 系列轴角–数字转换器 ··· 305
  - 7.7.2 AD2S12 系列轴角–数字转换器 ··· 309
- 7.8 小结 ··· 312
- 7.9 思考与练习题 ··· 313

附录 A ASCII 编码表 ·· 314

附录 B RTX-51 Tiny 系统函数 ·· 319

参考文献 ·· 323

第 1 章

概述

本章介绍武器控制系统所涉及的基本概念，包括系统的组成、功能、结构，以及武器控制技术包含的主要内容；通过实例简要介绍武器控制系统试验中误差的测量与处理方法；简要介绍常用的计算机编码基础知识。

1.1 武器控制技术简介

武器是消灭敌人的基本工具。通俗地讲，各种武器系统都是由导弹、炮弹、鱼雷等这些"弹"和武器控制系统这个"枪"两部分组成的。就像没有枪就无法发射子弹一样，没有武器控制系统，各种武器同样不能发射出去。因此，各军兵种虽然使用的武器不同，但是都装备有各种武器控制系统。随着武器的发展，以导弹为代表的精确制导武器成为现代作战的主要武器。武器控制系统工程成为军队院校和军工部门的一个特殊专业。

严格地说，武器控制技术不是一门独立的技术。它是以武器控制系统为研究对象，研究如何设计、制造、试验和维护武器控制系统的技术，是一个综合应用多种理论和技术的专业技术领域。

构建武器控制系统的理论主要有两个。一是火力控制原理，主要研究目标运动参数估计、武器解命中、制导武器追击等问题，用于建立武器控制系统的各种数学模型，并给出解算方法。二是自动控制原理，主要用于构建探测设备的指向系统和发射控制设备的瞄准系统等自动控制子系统。本书不涉及这两类原理性内容。

从技术方面看，武器控制系统是以计算机为核心，根据人机接口输入的命令，以各种传感器输入的信息为基础进行计算，输出控制信息的信息处理系统。本质上讲，武器控制技术是以计算机技术为主、以传感器技术为辅的系统集成技术。

由于计算机技术的主导作用，武器控制技术的发展与计算机技术的发展密切相关，无论是理论还是技术都处在不断发展和变化中。

1.1.1 武器与武器控制系统

武器系统中直接毁伤目标的是弹药，投送弹药命中目标的是武器控制系统。由于武器不同、攻击目标不同、武器的运载平台不同、采用的技术不同，因此武器控制系统种类繁多，对于初学者来说，往往不知从何入手。

鉴于多数人都进行过步枪射击训练，我们以此为例介绍武器控制系统的主要作用。步枪典型的攻击过程如下。

（1）寻找、发现并识别目标。
（2）估计目标距离，装订标尺，如果不在射程内，则需要通过运动来接近目标。
（3）估计目标运动参数，估计风速风向，计算瞄准修正量。
（4）开始瞄准，瞄准后决策并实施发射。
（5）判断射击效果，决策再次射击或结束发射。

火炮、导弹、鱼雷等武器，除了比步枪复杂，主要攻击过程是类似的。由于控制要求更加精密，计算更复杂，反应时间要求更快，因此单靠人的体力和脑力是不能胜任的，必须制造武器控制系统，用计算机完成计算任务，用控制子系统完成各种控制任务。

1.1.1.1 武器控制系统的组成

系统论认为，系统是由子系统组成的，子系统是由下一级子系统组成的。系统的功能是通过与其他系统进行信息或能量交换表现出来的。本节从子系统的信息交互方面，介绍武器控制系统的组成与功能以及系统结构。

1. 系统组成与功能

图 1-1 所示为武器控制系统的组成。武器系统由武器控制系统和弹药组成，上一级连接到指挥控制系统。武器控制系统由火控计算机系统、人机交互系统、目标探测系统、平台测量系统、环境测量系统以及多个发射控制系统组成。

1）目标探测系统

目标探测系统主要完成目标的搜索、识别和跟踪任务。其通常直接测量的是目标相对探测设备的方位角、高低角和距离。通过坐标变换和滤波处理后，可以估算出目标的位置、速度和加速度，将其发送给火控计算机系统进行火控模型的计算。目标探测设备主要有雷达、红外/光学雷达、被动探测雷达等。

随着网络技术的发展，网络和数据链设备也可以传输目标的各种信息，从提供目标信息的功能上说，可以代替目标探测系统。随着武器射程的提高，网络信息逐渐成为主要的目标信息来源。因此，在有的武器控制系统中甚至取消了目标探测系统。

2）平台测量系统

平台测量系统主要完成武器运载平台的质心和姿态运动参数的测量任务，包括描述质心运动的经度、纬度和高度的位置坐标以及各种速度和加速度，描述姿态的航向角、俯仰角和倾斜角及其角速度和角加速度。测量结果发送给火控计算机系统，用于坐标变换、火控解算、导航对准和发射控制。常用的平台测量设备主要有惯导、大气机、GPS 等。

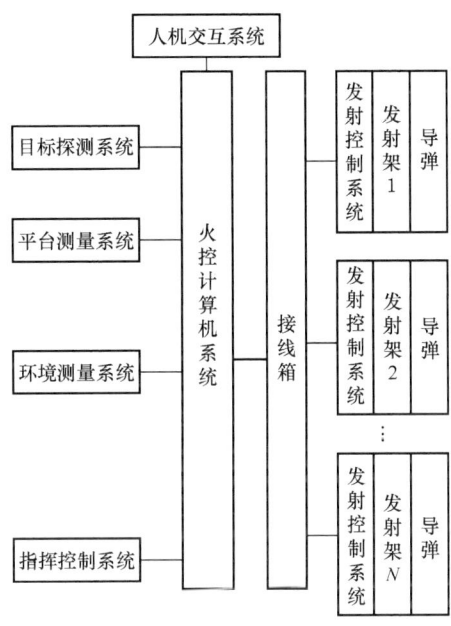

图 1-1　武器控制系统的组成

3）环境测量系统

环境测量系统主要进行气温、气压、风速、风向、云雨、湿度等大气数据，以及重力加速度、磁场强度、电磁干扰等地理数据的测量。测量结果发送给火控计算机系统，用于解算弹道方程，装订各种参数。

4）人机交互系统

人机交互系统主要用于输入参数和命令，显示参数、状态和命令。人机交互系统是操作人员与武器控制系统进行信息交互的子系统。

5）发射控制系统

发射控制系统是武器控制系统与弹药的接口子系统，一般由多个独立的控制系统模块组成。武器控制系统内一般有多个发射控制子系统，主要用于武器的瞄准、参数的装订、发射前的检查、发射过程的控制、应急情况的处理等。

6）火控计算机系统

火控计算机系统主要完成火控模型的解算，通过人机交互系统与人配合完成对系统的控制。火控计算机系统包括硬件和软件两部分。硬件一般包括计算机、存储单元、网络和总线、数字 I/O 接口、A/D 接口和 D/A 接口等功能模块；软件除操作系统等通用软件外，一般具有目标信息处理、平台信息处理、环境信息处理、火力控制解算、战术信息显示控制、发射控制、模拟训练、维护检测等功能模块。

2. 系统结构

武器控制系统主要有两种系统结构：集中式系统结构和分布式系统结构。早期的系统由于受计算机技术的限制，都是采用集中式系统结构，现在多采用分布式系统结构。

图 1-2 所示为典型的集中式机载武器控制系统结构。其以火控计算机为核心，前端接雷达传感器、光瞄传感器，分别完成反舰导弹目标探测和地面目标轰炸瞄准任务。由于传感器中没有计算机，因此目标的数据转换、跟踪和滤波处理等工作，需要由火控计算机完成；航姿系统、大气传感器和多普勒雷达的数据也发送给火控计算机，解算出火控解算需要的各种平台数据和环境数据；操控面板完成火控计算机的操作控制；接线箱完成左右机翼武器信号电缆和动力电缆的连接分配；过渡梁和发射架、挂架用于导弹、炸弹的挂载，与火控计算机一起构成发射控制系统，完成数据装订、发射控制等功能。

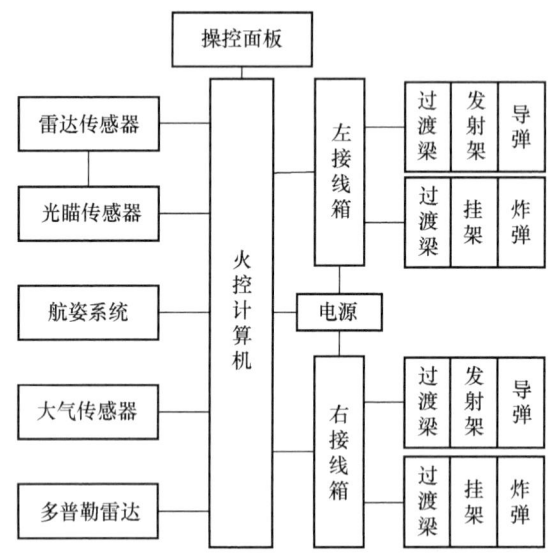

图 1-2 集中式机载武器控制系统结构

集中式系统以火控计算机为中心，充分利用了计算机的计算和控制功能，可以简化对雷达等目标传感器和环境传感器的要求，特别适合早期计算机资源短缺的情况，也很适合集成度要求高的小型综合系统。其缺点是功能集中在火控计算机上，对计算机的资源要求较高，设计比较复杂。

3. 分布式系统结构

图 1-3 所示为典型的分布式机载武器控制系统结构。这也是到目前为止，最复杂的武器控制系统。分布式系统是以网络为中心构建的，所有子系统通过光纤网络交换机构成计算机网络，信息通过网络高速传输，没有中心控制计算机。显示控制系统由各个子系统共用；综合处理计算机系统的硬件资源共用；综合射频系统和光电合成孔径系统都是比较独立的子系统，内部同样是由网络构建的分布式系统，除了提供武器控制系统需要的各种目标信息，还可以完成各种侦察、对抗、通信等功能，是综合子系统；外挂物管理系统与挂架一起完成对

武器的挂载，与武器控制软件配合，实现武器控制功能，根据挂载的武器不同，灵活地实现不同的武器控制，实现武器的综合控制功能。

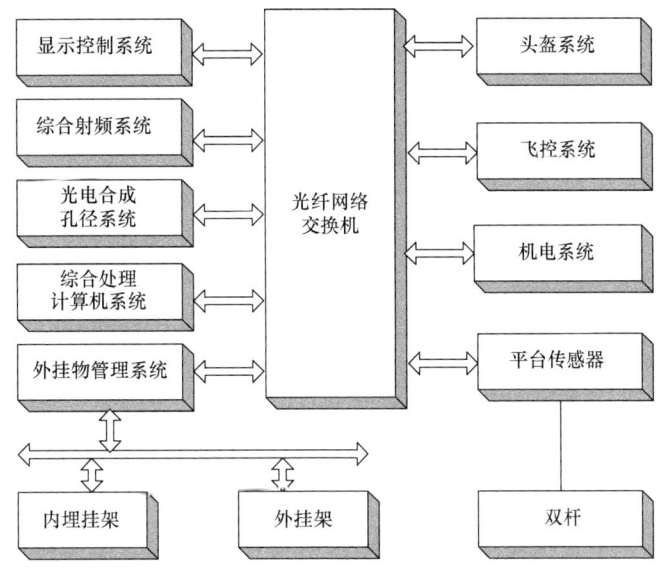

图1-3 分布式机载武器控制系统结构

分布式系统结构简单，子系统通过网络传输信息，各个子系统一般都由计算机进行运算和控制，是相对独立的系统。由于采用网络传输，系统间采用网线连接，抗干扰能力较强，可靠性较高，硬件设计比较简单灵活，采用高级语言开发，可以降低开发难度。但由于软件系统比较复杂，软件设计要求较高，一般需要操作系统支持。

1.1.1.2 武器控制系统的种类

1. 按照武器分类

武器控制系统可以按照武器来进行分类。海军的主要武器有导弹、火炮、鱼雷等。例如，某型舰艇上若装备有导弹、火炮、鱼雷等武器，那么一定装备有不同的武器控制系统，如反舰导弹武器控制系统、防空导弹武器控制系统、鱼雷武器控制系统、舰炮武器控制系统。

2. 按照运载平台分类

武器控制系统可以按照武器系统的运载平台来进行分类。海军主要的运载平台有飞机、水面舰艇、潜艇、战车等。例如，某型反舰导弹武器装备到不同的运载平台上，可以构成不同的武器控制系统，如机载反舰导弹武器控制系统、舰载反舰导弹武器控制系统、潜艇反舰导弹武器控制系统、机动化岸舰导弹武器控制系统。

由于飞机运动速度快、机动能力强、机载重量要求苛刻、操作人员少，受这些因素的影响，导致机载武器控制系统的技术难度最高。由于潜射导弹是在水中发射后，再进入空气中飞行，需要穿越两种介质，是武器研制中的难点。因此，一般导弹应以机载平台或潜艇平台为原型进行研制，这样可以比较容易地移植到水面和车载平台上。

3. 按照攻击目标分类

武器控制系统可以按照攻击的目标进行分类。海军主要的作战目标来自空中、水面、水下和陆上。例如，机载的武器控制系统有空空导弹武器控制系统、反舰导弹武器控制系统、反潜鱼雷武器控制系统、反坦克导弹武器控制系统。

1.1.2 武器控制系统的主要技术

武器控制技术是不断发展的，因此需要专业技术人员不断地学习，跟上技术的发展。只有发挥新技术的优势，才能创造性地设计出性能先进、运行可靠、经济适宜、维护简单、组件标准、界面通用的新型武器控制系统。

武器控制系统的主要技术包括火力控制计算机硬件技术、火力控制计算机软件技术、计算机网络与接口技术、人机交互技术、典型传感器技术。

1.1.2.1 火力控制计算机硬件技术

计算机技术是武器控制系统的核心技术。计算机最早应用在武器装备领域，就是用于火力控制系统。从技术发展过程看，计算机是从模拟计算机发展到数字计算机的。模拟计算机的发展又经历机械计算机、机电计算机和电子计算机三个阶段。由于模拟计算机的元件参数经常随各种条件的变化发生变动，再加上体积庞大等诸多问题，目前已经被数字计算机替代。本书不再涉及模拟计算机的有关内容。

数字计算机的发展经历了电子管计算机、晶体管计算机、集成电路计算机、大规模集成电路计算机4代。按照规模划分又可将计算机分为巨型机、大型机、小型机和微型机。现在的武器控制系统一般采用微型机技术。

微型机技术有两个主要分支，通用微型机技术和专用微型机技术。通用微型机主要的代表是台式计算机和笔记本计算机等通用计算机，可以用于构建武器控制系统的核心计算机。有关通用计算机技术，有兴趣的读者可以参考阅读计算机专业教材，本书不再赘述。

从本质上讲，武器控制系统是一种专用计算机系统，因此，本书从简化教学的角度出发，主要讲解专用微型机技术。专用微型机技术的主要代表是嵌入式系统技术。

关于嵌入式系统的定义，国内外没有严格的标准。IEEE 对嵌入式系统的定义是，用于控制、监视或辅助操作机器和设备的装置。国内普遍认同的定义是，以应用为中心，以计算机技术为基础，软硬件可剪裁，适应应用系统对功能、成本、体积、功耗等严格要求的专用计算机系统。嵌入式系统按照形态可以分为设备级（工控机）、板级（单片机、模块）、芯片级。按照芯片集成度发展过程可分为微型机技术、单片机技术、SOC 技术。

随着集成电路工艺的发展，在一个芯片上已经可以集成多个 CPU 核，构成阵列式计算单元，作为武器控制系统的计算能力瓶颈基本消除。当前，在我军现役装备的武器控制系统中，由于装备研制年代不同，采用的技术也不同，但基本都实现了微机化，即以微型机技术为主流，单片机技术为辅助，新型装备开始逐步采用 SOC 技术。

由于 SOC 的硬件封装在一个芯片内，从发展的角度看，硬件技术对于工程技术人员的要求逐步降低,使用维护越来越方便。但为了使读者对现有技术有所了解,本书以单片机为主进行教学。

1.1.2.2 火力控制计算机软件技术

这里说的软件技术主要指软件开发技术,具体指运行环境、编程语言、开发环境和调试手段等。

1. 裸机+机器指令

在晶体管和小规模集成电路时代,武器控制系统所用的计算机都是专用计算机,没有操作系统,甚至没有编译语言,直接在裸机上运行程序。

程序使用机器语言进行编程。程序一般存储在纸带上或磁芯里。

调试手段采用硬件单步指令,配合测试程序完成故障检查。

由于编程环境和调试手段落后,一般程序规模很小,只能实现基本功能。

2. 监控程序+汇编语言

这是早期单片机开发的标准配置。

由于系统较小,资源不多,一般没有操作系统,直接在裸机上开发,可以引入监控程序对系统的硬件进行检查和调试。

程序一般使用汇编语言编写,可以编写出对硬件进行直接控制的精炼代码,具有直观、简明的特点。由于汇编语言的编程效率比较低,可读性较差,不适合开发较大型的应用系统,比较适合简单的小系统的开发。这种系统基本是由一个监控程序和一个主程序构成的,如图1-4所示。

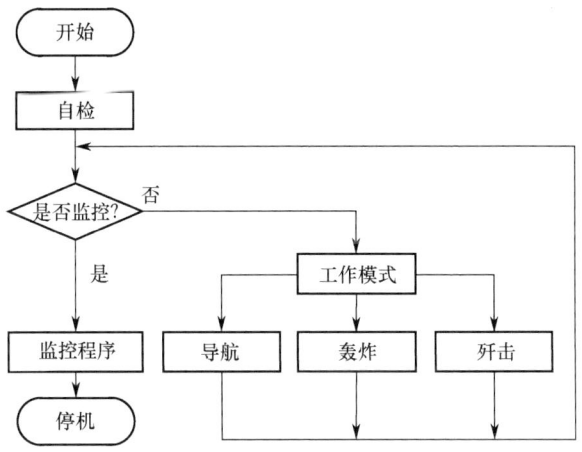

图1-4 监控程序支持下的武器控制系统软件结构

为了提高开发效率,一般采用成熟的监控程序进行硬件调试,配有简单的在线仿真器,支持程序的在线调试。

由于这种开发条件比较初级,要求开发人员对系统硬件比较熟悉,同时,要精通一种汇编语言才能进行编程,因此需要非常专业的人员才能完成开发工作。

3. 操作系统+高级语言+集成开发环境

这是当前的主流开发技术。

采用嵌入式操作系统作为运行环境，使得武器控制系统可以在一个比较高的平台上起步。特别是在网络时代，构成计算机网络的程序需要运行在通用的协议上，有操作系统的支持，很多应用就可以直接使用通用库来编程，达到互连、互通、互操作；还有一个重要的软件就是数据库，也可以在操作系统的支持下直接调用；利用操作系统的实时多任务等性能，可以快速开发出可靠性高的应用系统。总之，操作系统是各种软件可以应用的前提条件，是效率倍增器。

程序一般使用高级语言编写，利用提供的各种通用库，可以减少很多初级程序模块的编写，大大提高开发效率，提高可靠性，对于开发计算和显示任务较多的系统比较适合，因此，逐渐成为主流开发技术。

程序的开发一般在集成环境下进行，可以完成程序的编辑、编译、连接、定位。既可以在虚拟环境下运行和调试，也可以通过调试电缆与真实系统相连，进行在线调试。最终固化系统程序，完成开发过程。

这种开发技术把有关硬件的细节尽可能地屏蔽，对于软件开发人员来说，降低了必须熟悉硬件的要求，更有利于团队合作，分工开发系统。有操作系统支持的系统不再是一个简单的程序，而是由分层的软件模块构成的复杂系统，如图 1-5 所示。

导航	轰炸	歼击	管理	探测	电子战	飞控
接口驱动程序		数据库		网络		显示
操作系统						

图 1-5 多任务操作系统支持下的武器控制系统软件结构

1.1.2.3 计算机网络与接口技术

计算机是系统的核心，相当于人的大脑，外围设备是系统的执行设备，相当于人的五官和四肢。人的大脑靠神经联系各个器官和肢体，同样的道理，计算机也通过电缆连接各个设备。

早期的武器控制系统，受计算机技术发展阶段的局限，没有统一标准，更谈不上使用网络协议，都是各行其是，实现功能即可。随着通用计算机技术的发展，互连、互通、互操作需求成为推动力，各种总线标准相继出现后，武器控制系统的结构出现了实质上的变化。一方面使集中控制系统的接口走向标准化，另一方面促进了分布式控制系统技术的发展。

从计算机硬件角度看，接口可以分为数字量接口和模拟量接口。数字量接口又可分为串行类接口和并行类接口。一般硬件接口标准只限于物理层，定义电平幅值门限、时序间隔、调制编码等逻辑，而总线和网络则不同，它是包括物理层、链路层、网络层等多种层面的多种协议的复杂接口系统。因此，仅从物理层来看，网络和总线也可以根据信息传输的形式划分为串行接口类或并行接口类。但由于计算机的串行接口已经约定俗成地特指台式机的串行通信接口，一般很少把网络和总线与串行接口或并行接口相提并论。

1. 网络技术

武器控制系统涉及的网络主要是无线网和有线网两大类。无线网的典型代表是我军装备的各种型号的数据链。有线网的主要代表是以太网和 1553B 总线。网络技术在武器控制系统中主要用于完成系统结构的设计。

1）1553B 总线

在武器控制系统中，1553B 总线（GJB 289A）主要用于早期的武器控制系统总线和导弹武器接口。例如，三代机的综合显控系统和外挂物管理系统都是由该总线构成的。

2）以太网

以太网是当代计算机网络的基石，也是分布式系统的主要支撑技术。在航空、舰艇及陆上武器控制系统中获得了广泛的应用。随着光纤以太网的实用化，其高速、可靠、无干扰等突出性能，昭示着其广阔的发展空间。

3）其他网络总线

可以用于嵌入式系统的通用计算机总线还有许多，如 SPI 总线、I2C 总线、CAN 总线等。它们各有特点，主要在民用嵌入式系统中发挥各自独特的作用，在武器控制系统中也有应用。

2. 接口技术

接口技术是武器控制系统的基本技术，它随着计算机技术的发展而不断发展。但是主要的技术基本不变，这就是串行接口、并行接口和模拟量接口。

1）串行接口

串行接口主要指通用的串行接口。一般外部物理接口为 RS-232 或 RS-422。它可以在双工或半双工模式下工作，用于完成近距离的设备连接，也是多数操作系统连接字符显示器的接口。

2）并行接口

并行接口主要指 I/O 数字信号线的连接接口，也可以用于完成特殊电路的扩展接口。它既可以独立使用单根信号线，也可以组合使用一组信号线。一般作为输入端使用时，应接输入缓冲电路；作为输出端使用时，应接输出驱动电路。

3）模拟量接口

模拟量接口主要指 A/D、D/A 转换器。如果系统中有模拟量子系统，一般都需要通过 A/D、D/A 转换器完成转换，才能接入计算机系统。作为传感器子系统或各种控制子系统，模拟量是基本的量，因此，必须由模拟量接口实现转换功能。

1.1.2.4 人机交互技术

人机交互技术是研究如何把人的命令和数据让计算机明白地接受，把计算机的状态和数据以人能理解的方式显示出来的技术。随着计算机技术的发展，人机交互技术从最早的二进制数码形式，已经发展到如今的语言和三维虚拟交互技术。目前主要有 4 种人机交互技术。

1. 开关—指示灯

这是最早的人机交互技术。开关的通断、灯的亮灭分别代表"0"或"1"，与二进制位对应，多位可以组合使用。硬件实现最简单，但一般还需要将二进制数转换成十进制数，才容易被人理解，因此现在很少采用。但对于简单设备的命令和状态的指示，依然是不可替代的技术。例如，网络交换机的面板，一般都是由开关和灯组成的。

2. 键盘—数码管/字符显示器

键盘—数码管是微型机运行监控程序时最低配置的人机接口。字符显示器一般通过串行接口连接，是标准的输出显示设备。采用特定的扫描技术，可以用简单的电路实现人机交互功能。由于键盘和数码管可以在不同程序中定义不同的功能，因此具有硬件简单、通用性强、功能完备的特点，可以用于大多数小规模系统。

3. 鼠标/魔球/游戏杆/触摸屏—图形显示器

这是当前台式机的基本配置，是图形人机交互技术的基础。魔球、游戏杆和触摸屏在功能上与鼠标一致，可以互相替代。但是在武器控制系统中，由于使用习惯和操作方便的原因，一般不用鼠标，多数使用魔球或游戏杆代替。由图形显示器与鼠标等构成的人机交互界面，也是台式机的主流界面，技术成熟、通用性强、普及面广，是当前武器控制系统操控台采用的主流人机交互技术。

4. 语音识别+图像识别—VR+AR 显示

这是人机交互效率最高和最友好的技术，因此是人机交互技术的发展方向，目前正处于发展过程中，只在飞机等高端武器控制系统中有初步应用。随着计算机技术和人工智能技术的不断发展，可靠性会不断提高，造价会逐步降低。相信这项技术在未来一定会得到广泛应用。

1.1.2.5 典型传感器技术

传感器是能感受规定的被测量，并按照一定的规律转换成可用信号的器件或装置。它通常由敏感元件和转换元件组成。传感器的存在和发展，让计算机系统具有了触觉、味觉和嗅觉等感官，让物体慢慢变得"活"了起来。

传感器的分类方法很多，主要可以按照被测量、用途、原理、输出信号、制造工艺、结构、作用形式等进行分类。从学习武器控制系统技术的角度看，按输出信号分类有利于接口设计，按用途分类有利于使用传感器。

1. 按用途分类

虽然武器控制系统涉及目标探测系统、平台测量系统、环境测量系统等多种传感器子系统。但对每个系统进一步分析，主要可以归并为测距离、测角度、测频率或计时、测力、测温度等几个基本用途。

2. 按输出信号分类

按输出信号类型，可以把传感器分为模拟信号传感器、数字信号传感器、膺数字信号传感器、开关信号传感器4类。模拟信号传感器采用 A/D 转换器接口，数字信号传感器采用组合并行接口，膺数字信号传感器采用计时器接口，开关信号传感器采用单根并行接口。

在武器控制系统中，雷达等测量设备是主要传感器。因此，本书主要讲解测角、测距和测力传感器的原理。

1.2 武器系统误差与处理方法

人类在认识自然与改造自然的实践活动中，需要不断地对自然界的各种量进行测量。由于周围环境的影响，以及受人们认识能力所限等，测量所得数据和被测量的真值之间，不可避免地存在着差异，这在数据值上即表现为误差。

在武器控制系统工作过程中，误差是普遍存在的。例如，被测量通过传感器转换为电信号的过程会产生误差；电信号经过转换器量化为计算机可以识别的数字量的过程会产生误差；电路中选用的元器件的标称值都有一定的散布范围；系统工作过程中会受到温度、湿度、压力等变化引起的元器件参数漂移；各种外界的电磁场能量会耦合到信号中米。这些都是误差的来源。

1.2.1 误差的基本概念

1.2.1.1 误差的定义及表示方法

所谓误差，就是测量值与被测量的真值之间的差值，可用下式表示。

$$误差 = 测量值 - 真值 \tag{1-1}$$

例如，在角度计量测试中，测量某一角度的误差公式具体为：

$$误差 = 测得角度 - 真实角度 \tag{1-2}$$

测量值是由测量得到的量值，也称为测得值。它可能是从计量器具上直接得到的量值，也可能是通过必要的换算查表（如系数换算、借助于相应的图标或曲线）等得到的量值。

真值是观测一个量时，该量本身所具有的真实大小。真值是一个理想概念，一般情况下是不知道的，只有极个别的情况真值是已知的，如一个整圆的周角是 360°。为了使用的需要，在实际测量中，常用被测量的实际值来代替真值，而实际值的定义是满足规定精确度的、用来代替真值使用的量值。例如，在检定工作中，把更高等级精度的设备所测得的量值称为实际值。如用二等标准活塞压力计测量某压力，测得值为 800.2N/cm²，若该压力用高一等级的精确方法测得值为 800.5N/cm²，则后者可视为实际值，此时二等标准活塞压力计的测量误差为 −0.3N/cm²。

在实际工作中也常用标称值或示值表明被测对象的量值。

标称值是标准器具上标明的量值，或者产品上生产厂家声明的量值。

下面两种情况有时都称为示值，一种情况指由测量仪器读数装置指示出来的被测对象的量值（测量值），另一种情况也指标称值。

为确定被测对象的量值而进行的实验过程称为测量。测量过程可以分为以下两种。

① 等精度测量，是指保持同一测试条件进行一系列重复测量。

② 非等精度测量，是指在多次测量中，对测量结果精确度有影响的一切条件无法维持不变。

测量误差可用绝对误差表示，也可以用相对误差表示。

1. 绝对误差

绝对误差是示值与被测量真值之间的差值。设被测量的真值为 A_0，器具的测量值为 x，则绝对误差 Δx 为

$$\Delta x = x - A_0 \tag{1-3}$$

由于一般无法求得真值 A_0，在实际应用时常用精度高一等级的标准器具的示值 A 作为实际值代替真值 A_0，或者用经过修正的多次测量的算术平均值 $\overline{X}$ 来代替 A_0。

x 与 A 之差常称为器具的示值误差，记为

$$\Delta x = x - A \tag{1-4}$$

通常以此值代替绝对误差。绝对误差一般只适用于标准器具的校准。

与绝对值 Δx 相等，但符号相反的值称为修正值，常用 C 表示，记为

$$C = -\Delta x = A - x \tag{1-5}$$

通过检定，可以由高一等级标准给出测量的修正值。利用修正值便可求出测量的实际值，即

$$A = x + C \tag{1-6}$$

修正值的给出方式不一定是具体的数值，也可以是一条曲线、一个公式或数表。在某些测量系统中，为了提高测量精度，修正值预先编制成有关程序存储于仪器中，自动对所得测量结果误差进行修正。

2. 相对误差

绝对误差往往不能确切地反映测量的准确程度。例如，测量 100V 电压和测量 10V 电压的绝对误差都是 2V，虽然二者绝对误差相等，但不能说有相同的准确度。所以一般采用相对误差来表示。

相对误差是绝对误差 Δx 与被测量的约定值之比。

在实际中，相对误差有下列 3 种形式。

1) 实际相对误差

实际相对误差 γ_A 是用绝对误差 Δx 与被测量的实际值 A 的百分比值来表示的相对误差。记为

$$\gamma_A = \frac{\Delta x}{A} \times 100\% \tag{1-7}$$

2) 示值相对误差

示值相对误差 γ_x 是用绝对误差 Δx 与器具的示值 x 的百分比值来表示的相对误差。记为

$$\gamma_x = \frac{\Delta x}{x} \times 100\% \tag{1-8}$$

在误差较小、要求不太严格的场合可以采用示值相对误差。

3）满度（最大引用）相对误差

满度相对误差 γ_m 又称满度误差。在连续刻度的仪表中（如万用表），在不同量程内，被测量有不同的数值，即相对误差计算公式中的分母是一个变量。为了方便地划分仪表的准确度等级，引用仪表满刻度值 x_m（量程）作为相对误差公式中的分母，亦即用最大绝对误差 Δx 与仪表满刻度值 x_m 的百分比值来表示的相对误差。记为

$$\gamma_m = \frac{\Delta x}{x_m} \times 100\% \qquad (1-9)$$

我国电工仪表准确度等级用 S 表示，分为 7 级，即 0.1、0.2、0.5、1.0、1.5、2.5 及 5.0，分别表示它们的满度（引用）相对误差分别在±0.1%、±0.2%、…、±5%以内。

知道了仪表的准确度等级，就可以估算一次测量时所产生的最大误差。

1.2.1.2 误差来源

在测量过程中，误差产生的原因可归纳为以下几个方面。

1. 测量装置误差

1）标准量具误差

以固定形式复现标准量值的器具，如氪 86 灯管、标准量块、标准线纹尺、标准电池、标准电阻、标准砝码等，它们本身体现的量值，不可避免地都含有误差。

2）仪器误差

凡用来直接或间接将被测量和已知量进行比较的器具设备，称为仪器或仪表，如阿贝比较仪、天平等比较仪器，压力表、温度计等指示仪表，它们本身都具有误差。

3）附件误差

仪器的附件及附属工具，如测长仪的标准环规，会引起测量误差。

2. 环境误差

由于各种环境因素与规定的标准状态不一致而引起的测量装置和被测量本身的变化所造成的误差，如温度、湿度、气压（引起空气各部分的扰动）、振动（外界条件及测量人员引起的振动）、照明（引起视差）、重力加速度、电磁场等所引起的误差。通常仪器仪表在规定的正常工作条件所具有的误差称为基本误差，而超出此条件时所增加的误差称为附加误差。

3. 方法误差

由于测量方法不完善所引起的误差，如采用近似的测量方法而造成的误差。例如，用钢卷尺测量轴的圆周长，再通过计算求出轴的直径，因近似数 π 取值的不同，将会引起误差。

4. 人员误差

由于测量者受分辨能力的限制，因工作疲劳引起的视觉器官的生理变化、固有习惯引起的读数误差，以及精神上的因素产生的一时疏忽等所引起的误差。

总之，在计算测量结果的精度时，对上述 4 个方面的误差来源，必须进行全面的分析，力求不遗漏、不重复，特别要注意对误差影响较大的那些因素。

1.2.1.3 误差分类

按照误差的特点与性质，误差可以分为系统误差、随机误差和粗大误差3类。

1. 系统误差

系统误差简称系差，是按某种已知的函数规律变化的误差。在同一条件下，多次测量同一量值时，绝对值和符号保持不变，或在条件改变时，按一定规律变化。通常用准确度来表征系统误差的大小。

系统误差按出现规律可以分为两种。

（1）恒定系差，是在一定条件下，误差的数值及符号都保持不变的系统误差。

（2）变值系差，是在一定条件下，误差按某一确定规律变化的系统误差。根据其变化规律又可以分为以下几种。

① 累进性系差，是在整个测量过程中误差的数值逐渐增大或逐渐减少的系统误差。

② 周期性系差，是在整个测量过程中误差数值发生周期性变化的系统误差。

③ 按复杂规律变化的系差。这类系统误差的变化规律十分复杂，一般用曲线、表格或经验公式表示。

2. 随机误差

随机误差又称偶然误差，其变化规律未知。通常用精密度来表征随机误差的大小。随机误差是由很多复杂因素的微小变化的总和所引起的，分析起来比较困难。随机误差具有随机变量的一切特点，在一定条件下服从统计规律。因此，通过多次测量后，对其总和可以用统计规律来描述，可从理论上估计对测量结果的影响。

3. 粗大误差

粗大误差简称粗差，是指在一定条件下测量结果显著地偏离其实际值所对应的误差。此误差绝对值较大，明显歪曲测量结果，如测量时对错了标志、读错或记错了数、使用有缺陷的仪器，以及在测量时因操作不细心而引起的过失性误差等。粗大误差对应的测量结果称为野值。从性质上来看，粗差并不是单独的类别，其本身既可能具有系统误差的性质，也可能具有随机误差的性质，只不过在一定测量条件下其绝对值特别大而已。

上面虽将误差分为3类，但必须注意各类误差之间在一定条件下可以相互转化。对某项具体误差，在此条件下为系统误差，而在另一条件下可为随机误差，反之亦然。例如，按一定基本尺寸制造的量块，存在着制造误差，对某一块量块而言，制造误差是确定数值，可认为是系统误差，但对一批量块而言，制造误差是变化的，又成为随机误差。又如，在使用某一量块时，若没有检定出该量块的尺寸偏差，而按基本尺寸使用，则制造误差属随机误差；若检定出量块的尺寸偏差，按实际尺寸使用，则制造误差属系统误差。掌握误差转化的特点，可将系统误差转化为随机误差，用数据统计处理方法减小误差的影响；或将随机误差转化为系统误差，用修正方法减小其影响。

总之，系统误差和随机误差之间并不存在绝对的界限。随着对误差性质认识的深化和测试技术的发展，有可能把过去作为随机误差的某些误差分离出来作为系统误差处理，或把某些系统误差当成随机误差来处理。

1.2.2 误差的测量与处理

任何测量总是不可避免地存在误差，为了提高测量精度，必须尽可能消除或减小误差。因此，有必要对各种误差的性质、出现规律、产生原因、发现与消除或减小它们的主要方法以及测量结果的评定等方面，做进一步的分析。

1.2.2.1 随机误差

1. 产生原因

当对同一量进行多次等精度的重复测量时，得到一系列不同的测量值（常称为测量列），每个测量值都含有误差，这些误差的出现又没有确定的规律，即前一个误差出现后，不能预测下一个误差的大小和方向，但就误差的总体而言，却具有统计规律性。

随机误差是由很多暂时未能掌握或不便掌握的微小因素所构成的，主要有以下几个方面。

（1）测量装置方面的因素，如零部件配合的不稳定性、零部件的变形、零部件表面油膜不均匀、摩擦等。

（2）环境方面的因素，如温度的微小波动、湿度与气压的微量变化、光照强度变化、灰尘及电磁场变化等。

（3）人员方面的因素，如瞄准、读数的不稳定等。

2. 正态分布

若测量列中不包含系统误差和粗大误差，则该测量列中的随机误差一般具有以下几个特征。

（1）绝对值相等的正误差与负误差出现的次数相等，这称为误差的对称性。

（2）绝对值小的误差比绝对值大的误差出现的次数多，这称为误差的单峰性。

（3）在一定的测量条件下，随机误差的绝对值不会超过一定界限，这称为误差的有界性。

（4）随着测量次数的增加，随机误差的算术平均值趋向于零，这称为误差的抵偿性。

最后一个特征可由第一个特征推导出来，因为绝对值相等的正误差和负误差之和可以互相抵消。对于有限次测量，随机误差的算术平均值是一个有限小的量，而当测量次数无限增大时，它趋向于零。

服从正态分布的随机误差均具有以上 4 个特征。由于多数随机误差都服从正态分布，因而正态分布在误差理论中占有十分重要的地位。

设被测量的真值为 A_0，一系列测得值为 x_i，则测量列中的随机误差 δ_i 为

$$\delta_i = x_i - A_0 \tag{1-10}$$

式中，$i = 1, 2, \cdots, n$。

正态分布的概率密度 $f(\delta)$ 与分布函数 $F(\delta)$ 为

$$f(\delta) = \frac{1}{\sigma\sqrt{2\pi}} e^{-\delta^2/2\sigma^2} \tag{1-11}$$

$$F(\delta) = \frac{1}{\sigma\sqrt{2\pi}} \int_{-\infty}^{\delta} e^{-\delta^2/2\sigma^2} d\delta \qquad (1\text{-}12)$$

式中，σ 为标准差（或称均方根误差）；e 为自然对数的底，其值为 2.7182⋯。

它的数学期望为

$$E = \int_{-\infty}^{\infty} \delta f(\delta) d\delta = 0 \qquad (1\text{-}13)$$

它的方差为

$$\sigma^2 = \int_{-\infty}^{\infty} \delta^2 f(\delta) d\delta \qquad (1\text{-}14)$$

3. 算术平均值与标准差

对某一量进行一系列等精度测量，由于存在随机误差，其测得值皆不相同，应以全部测得值的算术平均值作为最后测量结果。

1）算术平均值

在系列测量中，被测量的 n 个测得值的代数和除以 n 而得的值称为算术平均值。

设 $x_1, x_2, \cdots, x_n$ 为 n 次测量所得的值，则算术平均值 $\bar{x}$ 为

$$\bar{x} = \frac{x_1 + x_2 + \cdots + x_n}{n} = \frac{\sum_{i=1}^{n} x_i}{n} \qquad (1\text{-}15)$$

算术平均值与被测量的真值最为接近，由概率论的大数定律可知，若测量次数无限增加，则算术平均值 $\bar{x}$ 必然趋近于真值 A_0。也就是说，当测量次数无限增大时，算术平均值被认为是最接近于真值的理论依据。由于实际上都是有限次测量，人们只能把算术平均值近似地作为被测量的真值。

一般情况下，被测量的真值为未知，不可能按式（1-10）求得随机误差，这时可用算术平均值代替被测量的真值进行计算，则有

$$v_i = x_i - \bar{x} \qquad (1\text{-}16)$$

式中，x_i 为第 i 个测得值，$i = 1, 2, \cdots, n$；v_i 为 x_i 的残余误差（简称残差）。

2）标准差

测量的标准偏差简称标准差，也可称之为均方根误差。

由于随机误差的存在，等精度测量列中各个测得值一般皆不相同，它们围绕着该测量列的算术平均值有一定的分散，此分散度说明了测量列中单次测得值的不可靠性，必须用一个数值作为其不可靠性的评定标准。

符合正态分布的随机误差概率密度如式（1-11）所示。由此式可知，σ 值越小，则 e 的指数的绝对值越大，因而 $f(\delta)$ 减小得越快，即曲线变陡，且 σ 值越小，在 e 前面的系数值越大，即对应于误差为零（$\delta=0$）的纵坐标变大，曲线变高；反之，σ 值越大，$f(\delta)$ 减小得越慢，曲线平坦，同时对应于误差为零的纵坐标变小，曲线变低。

标准差 σ 的数值小，该测量列相应小的误差就占优势，任一单次测得值对算术平均值的分散度就小，测量的可靠性就大，即测量精度高；反之，测量精度就低。因此单次测量的标准差 σ 是表征同一被测量的 n 次测量的测得值分散性的参数，可作为测量列中单次测量不可靠性的评定标准。

应该指出，标准差 σ 不是测量列中任何一个具体测得值的随机误差，σ 的大小只说明，在一定条件下等精度测量列随机误差的概率分布情况。在该条件下，任一单次测得值的随机误差 δ，一般都不等于 σ，但却认为这一系列测量中所有测得值都属同样一个标准差 σ 的概率分布。在不同条件下，对同一被测量进行两个系列的等精度测量，其标准差 σ 也不相同。

在等精度测量列中，单次测量的标准差按下式计算。

$$\sigma = \sqrt{\frac{\delta_1^2 + \delta_2^2 + \cdots + \delta_n^2}{n}} = \sqrt{\frac{\sum_{i=1}^{n} \delta_i^2}{n}} \tag{1-17}$$

式中，n 为测量次数（应充分大）；δ 为测得值与被测量的真值之差。

当被测量的真值为未知时，按式（1-17）不能求得标准差。实际上，在有限次测量情况下，可用残余误差 v_i 代替真误差，利用贝塞尔（Bessel）公式得到标准差的估计值。

$$\hat{\sigma} = \sqrt{\frac{1}{n-1} \sum_{i=1}^{n} (x_i - \bar{x})^2} = \sqrt{\frac{1}{n-1} \sum_{i=1}^{n} v_i^2} \tag{1-18}$$

4. 测量值的置信区间与置信概率

由于随机误差的影响，测量值偏离数学期望的大小和方向是随机的，我们需要知道测量值落在数学期望附近某一确定范围的可能性有多大，或者说希望知道测量的可信程度如何。这种可能性称为置信概率，这一确定的范围称为置信区间。把置信区间及置信概率两者结合起来称为置信度，即可信程度。

从统计学的角度正确说明一个测量结果，必须指明其可信度，亦即必须有置信区间和置信概率这两个指标。

由于测量值减去数学期望就是随机误差，因此可以从随机误差的角度定义置信区间和置信概率。

置信区间定义为随机误差取值的范围，用符号 $\pm l$ 或 ($-l \sim +l$) 表示。由于标准误差 σ 是正态分布的重要特征，因此，置信区间常以 σ 的倍数来表示，即 $\pm l = \pm Z\sigma$。

置信概率定义为随机误差 δ 在置信区间 $\pm l = \pm Z\sigma$ 内取值的概率。其对应图 1-6 中空白部分的面积，记为

$$\phi(Z) = P\{|\delta| \leqslant Z\sigma\} = \int_{-Z\sigma}^{+Z\sigma} f(\delta) \mathrm{d}\delta \tag{1-19}$$

置信水平表示随机误差在置信区间以外取值的概率，又称显著性水平。其对应图 1-6 中阴影部分的面积，记为

$$\alpha(Z) = 1 - \phi(Z) = P\{|\delta| > Z\sigma\} \tag{1-20}$$

正态分布的置信区间与置信概率如图 1-6 所示。显然，置信区间越宽，置信概率越大，随机误差的范围也越大，对测量精度的要求越低；反之，置信区间越窄，置信概率越小，随机误差的范围也越小，对测量精度的要求越高。

当置信区间取不同大小，或是 Z 取不同典型值时，置信概率的数值是多少？设置信区间为 $\pm l = \pm Z\sigma$，则置信概率为

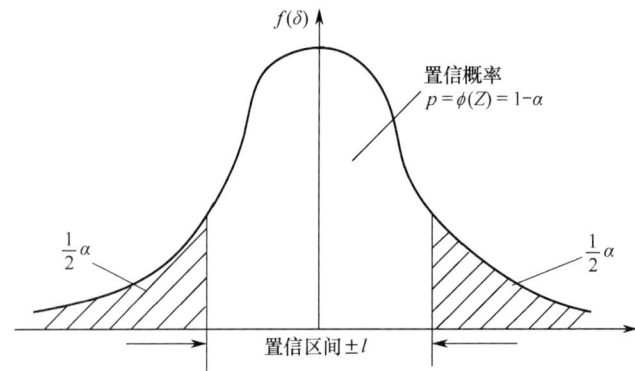

图 1-6 置信区间与置信概率

$$\phi(Z) = P\{|\delta| \leq Z\sigma\} = \int_{-Z\sigma}^{+Z\sigma} f(\delta) \mathrm{d}\delta$$
$$= \int_{-Z\sigma}^{+Z\sigma} \frac{1}{\sigma\sqrt{2\pi}} \mathrm{e}^{-\delta^2/2\sigma^2} \mathrm{d}\delta \quad (1-21)$$
$$= \frac{2}{\sigma\sqrt{2\pi}} \int_{0}^{Z\sigma} \mathrm{e}^{-\delta^2/2\sigma^2} \mathrm{d}\delta$$

变量置换，令 $\delta = Z\sigma$，则 $\mathrm{d}\delta = \sigma \cdot \mathrm{d}Z$，积分限 $(0 \sim Z\sigma)$ 变为 $(0 \sim Z)$，故有

$$\phi(Z) = \frac{2}{\sqrt{2\pi}} \int_{0}^{Z} \mathrm{e}^{-Z^2/2} \mathrm{d}Z \quad (1-22)$$

式（1-22）又称为拉普拉斯函数，统计工作者计算了该函数并制成表格供人们使用。表 1-1 列出了 Z 取不同数值时置信概率的数值。

表 1-1 正态分布下的置信概率

Z	$\phi(Z)$	Z	$\phi(Z)$	Z	$\phi(Z)$	Z	$\phi(Z)$
0	0.00000	0.9	0.63188	1.9	0.94257	2.7	0.99307
0.1	0.07966	1.0	0.68269	1.96	0.95000	2.8	0.99489
0.2	0.15852	1.1	0.72867	2.0	0.95450	2.9	0.99627
0.3	0.23585	1.2	0.76986	2.1	0.96427	3.0	0.99730
0.4	0.31084	1.3	0.80640	2.2	0.97219	3.5	0.99835
0.5	0.38293	1.4	0.83849	2.3	0.97855	4.0	0.99937
0.6	0.45149	1.5	0.86639	2.4	0.98361	4.5	0.99993
0.6745	0.50000	1.6	0.89040	2.5	0.98758	5.0	0.99999
0.7	0.51607	1.7	0.91087	2.58	0.99012	∞	1.00000
0.8	0.57629	1.8	0.92814	2.6	0.99068		

应当注意 Z 取几个特殊值的情况。

当 $Z=1$ 时，置信区间为 2 倍的标准误差的宽度，即 $\pm\sigma$，置信概率 $\phi(Z)=0.6827$。这种情况说明，随机误差落在 $\pm\sigma$ 区间内的机会为 68.27%，而落在 $\pm\sigma$ 区间外的机会为 31.73%。

当 $Z=2$ 时，置信区间取 $\pm 2\sigma$，置信概率 $\phi(Z)=0.9545$。

当 $Z=3$ 时，置信区间取 $\pm 3\sigma$，置信概率 $\phi(Z)=0.9973$。

后两种情况说明，对于一组既无系差，又无粗差的等精度测量来说，当置信区间取 $\pm 2\sigma$ 或 $\pm 3\sigma$ 时，误差值落在该区间之外的可能性仅有 5%或 0.3%。这种测量结果可以认为是很可靠的，因此人们常把二倍或三倍的标准误差值称为极限误差，或称最大可能出现的误差，又称随机不确定度。

1.2.2.2 系统误差

前面所述的随机误差处理方法，是以测量数据中不含有系统误差为前提的。实际上，测量过程中往往存在系统误差，在某些情况下，系统误差数值还比较大。因此，测量结果的精度不仅取决于随机误差，还取决于系统误差。由于系统误差和随机误差同时存在于测量数据之中，且不易被发现，多次重复测量又不能减小它对测量结果的影响，这种潜伏性使得系统误差比随机误差具有更大的危险性。因此，研究系统误差的特征与规律性，用一定的方法发现和减小或消除系统误差，就显得十分重要。否则，对随机误差的严格数学处理将失去意义，或者其效果甚微。

目前，对于系统误差的研究，虽已引起人们的重视，但是由于系统误差的特殊性，在处理方法上与随机误差完全不同，它涉及对测量设备和测量对象的全面分析，并与测量者的经验、水平，以及测量技术的发展密切相关。因此对系统误差的研究较为复杂和困难，研究新的、有效地发现减小或消除系统误差的方法，已成为误差理论的重要课题之一。

1. 产生原因

系统误差是由固定不变的或按确定规律变化的因素所造成的，这些误差因素是可以掌握的。

1）测量装置方面的因素

仪器机构设计原理上的缺点，如齿轮杠杆式测微仪的直线位移和转角不成比例；仪器零件制造和安装不正确，如标尺的刻度偏差、刻度盘和指针的安装偏心、仪器各导轨的误差、天平的臂长不相等；仪器附件制造偏差，如标准环规直径偏差等。

2）环境方面的因素

测量时的实际温度对标准温度的偏差；测量过程中温度、湿度等按一定规律变化的误差。

3）测量方法的因素

采用近似的测量方法或近似的计算公式等引起的误差。

4）测量人员方面的因素

由于测量者的个人特点，在刻度上估计读数时，习惯偏于某一方向；动态测量时，记录某一信号有滞后的倾向。

2. 特征

系统误差的特征是在同一条件下，多次测量同一量值时，误差的绝对值和符号保持不变，或者在条件改变时，误差按一定的规律变化。按系统误差的特点，可以将其分为恒定的系统误差（又称恒定系差）和变化的系统误差（又称变值系差）两种。

1）恒定的系统误差

恒定的系统误差是指误差大小和符号恒定不变的误差。例如，工业仪表校验时，标准表的误差会引起被校表的恒定系差；仪表零点的偏高或偏低、观察者读数时的角度不正确（对模拟式仪表而言）等所引起的误差也是恒定系差。

恒定系差又可分为恒正系差和恒负系差。

恒定系差利用前述的随机误差的处理方法是难以发现的。

设无恒定系差时，某测量列为 $x_1, x_2, \cdots, x_n$，其算术平均值 $\bar{x} = \frac{1}{n}\sum_{i=1}^{n} x_i$，残差 $v_i = x_i - \bar{x}$。假如存在恒定系差 ε 时，测量列每个值都将增加 ε，即 $x_1' = x_1 + \varepsilon, x_2' = x_2 + \varepsilon, \cdots, x_n' = x_n + \varepsilon$，此时，$\bar{x}' = \frac{1}{n}\sum_{i=1}^{n}(x_i + \varepsilon) = \bar{x} + \varepsilon$，$v_i' = x_i' - \bar{x}' = (x_i + \varepsilon) - (\bar{x} + \varepsilon) = v_i$。

由此可见，两种情况下的残差无任何区别，从残差 v_i 及标准偏差 σ 的数据中难以发现恒定系差 ε 的存在，这点是需要特别注意的。

2）变化的系统误差

变化的系统误差是一种按照一定规律变化的系差。根据变化特点又可分为累进性系差、周期性系差和复杂变化系差等。

累进性系差是一种在测量过程中，随着时间的增长误差逐渐加大或减少的系差。它可以随时间作线性变化（又称线性系差），也可以是非线性变化的，这往往是由于元件的老化、磨损，以及工作电池电压或电流随使用时间的加长而缓慢降低等引起的。

周期性系差是指测量过程中误差大小和符号均按一定周期发生变化的系差。例如，秒表指针的回转中心偏离刻度盘中心时会产生周期性误差；冷端为室温的热电偶温度计会因室温的周期性变化而产生周期性系差。

复杂变化系差是一种变化规律十分复杂的系差，一般用曲线、表格或经验公式表示。

3. 系统误差的发现

1）恒定系差的检查

恒定的系统误差无法从数据本身分析得出，当怀疑测量结果中有恒定系差时，可以采取一些方法来进行检查和判断。下面介绍几种常用的检查方法。

（1）校准和对比。由于检测系统是系统误差的主要来源，因此必须首先保证它的准确度符合要求。例如，定期送计量部门检定，给出校正后的修正值（数值、曲线、表格或公式等），即可发现恒定系差，并可利用修正值在相当程度上消除恒定系差的影响。有的自动检测系统可利用自校准方法来发现并消除恒定系差。当无法通过标准器具或自校准装置来发现并消除恒定系差时，还可以通过多台同类或相近的仪器进行相互对比，观察测量结果的差异，以便提供一致性的参考数据。

（2）非等精度测量。不少恒定系差与测量条件及工况有关，即在某一测量条件下为一确定不变的值，而当测量条件改变时又为另一确定的值。利用这一特性，可以通过有意识地改变测量条件，如调换测量人员或改变测量方法等，分别测出两组或两组以上的数据。然后比较其差异，便可判断是否含有系统误差，同时还可设法消除系统误差。如果测量中含有明显的随机误差，则上述系统误差可能被随机误差的离散性所淹没，在这种情况下，需要借助于统计学的方法。还应指出，由于各种原因需要改变测量条件进行测量时，也应判断在条件改变时是否引起系统误差。

（3）理论计算及分析。因测量原理或测量方法使用不当引起系统误差时，可以通过理论计算及分析的办法来加以修正。

2）变值系差的检查

变化的系统误差不但影响测量数据的算术平均值，还将影响各测得值的残差及其分布规律。因此，可以通过分析观察残差的变化情况，或检验它是否服从预知的分布规律来发现变值系差。下面介绍几种常用的检查方法。

（1）累进性系差的检查。由于累进性系差的特性是其数值随着某种因素而不断增加或减小，因此必须进行多次等精度测量，观察测量数据或相应的残差变化规律。如果累进性系差比随机误差大得多，则可以明显地看出其上升或下降的趋势；当累进性系差不比随机误差大很多时，可用马利科夫（М.Ф.Маликов）准则进行判断。

马利科夫提出下列判断累进性系差的准则。

设对某一被测量进行 n 次等精度测量，按测量先后顺序给出 $x_1, x_2, \cdots, x_n$ 等数值，相应的残差为 $v_1, v_2, \cdots, v_n$，把前面一半以及后面一半数据的残差分别求和，然后取其差值，可得

$$M = \sum_{i=1}^{k} v_i - \sum_{i=k+1}^{n} v_i \tag{1-23}$$

式（1-23）中，当 n 为偶数时，取 $k = n/2$；当 n 为奇数时，取 $k = (n+1)/2$。此时，求 M 的公式应改为

$$M = \sum_{i=1}^{k} v_i - \sum_{i=k}^{n} v_i \tag{1-24}$$

如 M 近似为零，则说明上述测量列中不含累进性系差；如 M 与最大的 v_i 相当或更大，则说明测量列中存在累进性系差；否则，不能肯定是否存在累进性系差。

若数据中存在野值时，应当排除野值后运用此判据。

（2）周期性系差的检查。当周期性系差是测量误差的主要成分时，是不难从测量数据或残差的变化规律中发现的。但是，如果随机误差很显著，则上述周期性规律便不易被发现。为此，曾提出过不同的统计判断准则，其中应用比较普遍的是阿卑—赫梅特（Abbe-Helmert）准则。设

$$A = \left| \sum_{i=1}^{n-1} v_i \cdot v_{i+1} \right| \tag{1-25}$$

当存在

$$A > \sqrt{n-1}\sigma^2 \tag{1-26}$$

则认为测量列中含有周期性系差。式中，v_i 为残差；σ 为标准差；n 为测量次数。

1.2.2.3 粗大误差

1. 产生原因

产生粗大误差的原因是多方面的，大致可归纳为以下两方面。

1）测量人员的主观原因

由于测量者工作责任感不强、工作过于疲劳，或者缺乏经验操作不当，或者在测量时不小心、不耐心、不仔细等，从而造成了错误的读数或错误的记录，这是产生粗大误差的主要原因。

2）外界条件的客观原因

由于测量条件意外地改变（如机械冲击、外界振动等），从而引起仪器示值或被测对象位置的改变而产生粗大误差。

2. 粗大误差的判别与消除

在重复试验过程中，得到一系列测量值，如果混杂有野值，则必然会歪曲测量结果，造成极大的误差。因此，必须在各个测量值中找出野值并舍弃，直到无野值时，才可进行有关的数据处理，从而得到正确的结果。

在测量或实验过程中，如发现读错、记错数据，或者因仪器及工作条件突然变化而造成明显的错误时，应该及时纠正或舍弃有关数据。但严格说来，原始数据必须实事求是地记录，并注明有关情况。在整理数据时，再舍弃上述有明显错误的数据。

在一般情况下，如不能及时确知哪个测量值是野值，此时必须根据统计法加以判别。其基本方法是给出一个置信概率，然后确定相应的置信区间，则超过此区间的误差被认为是粗大误差，相应的测量值是野值，应予以舍弃。

统计判别法的准则很多，根据理论上的严密性及使用上的简便性，下面重点介绍两种。

1）拉依达准则

设有一等精度独立测量列 x_i $(i=1,2,\cdots,n)$，其算术平均值为 $\bar{x}$，残余误差为 $v_i - \bar{x}$，按贝塞尔公式计算出的测量值的标准误差为 σ（对符号 σ 及 $\hat{\sigma}$ 可不加区别），则根据随机误差正态分布理论中极限误差为 3σ 的理论，可以得到拉依达准则，也称为 3σ 准则。凡残余误差大于三倍标准偏差的被认为是粗大误差，它所对应的测量值就是野值，应予以舍弃。上述意思可表示为

$$|v_b| = |x_b - \bar{x}| > 3\sigma \tag{1-27}$$

式中，x_b $(1 \leqslant b \leqslant n)$ 为应被舍弃的测量值，即野值；v_b 为野值的残余误差；$\bar{x}$ 为包括野值在内的全部测量值的算术平均值；3σ 为准则的判别值。

满足式（1-27）的测量值 x_b 是野值，应予以舍弃。舍弃野值后应重新计算算术平均值和标准偏差值，再用拉依达准则鉴别各个测量值，看有无新的野值出现，重复进行直到无新的野值出现为止，此时所有残余误差均在 3σ 范围内。

拉依达准则简便，易于使用，故应用广泛。但因为它是在重复测量次数趋于无穷大的前提下建立的，故当 n 有限，特别是 n 较小时，此准则不可靠，宜采用格拉布斯准则。

2）格拉布斯准则

格拉布斯（Grubbs）准则也是根据正态分布理论得出的，但它考虑了测量次数 n 以及标准偏差本身有误差的影响。理论上较严格，使用也较方便。

格拉布斯准则可表述为，凡残余误差大于格拉布斯鉴别值的误差被认为是粗大误差，其相应的测量值应予以舍弃。其数学表达式为

$$|v_b| = |x_b - \bar{x}| > g(n,\alpha)\hat{\sigma} \tag{1-28}$$

式中，$g(n,\alpha)\hat{\sigma}$ 为格拉布斯准则的鉴别值；$g(n,\alpha)$ 为格拉布斯准则判别系数，它和测量次数 n 及置信水平 α 有关。格拉布斯准则的判别系数详见表 1-2。

表 1-2　格拉布斯准则的判别系数

n \ α	0.05	0.01	n \ α	0.05	0.01	n \ α	0.05	0.01
3	1.15	1.15	12	2.29	2.55	21	2.58	2.91
4	1.46	1.49	13	2.33	2.61	22	2.60	2.94
5	1.67	1.75	14	2.37	2.66	23	2.62	2.96
6	1.82	1.94	15	2.41	2.71	24	2.64	2.99
7	1.94	2.10	16	2.44	2.75	25	2.66	3.01
8	2.03	2.22	17	2.47	2.79	30	2.75	3.10
9	2.11	2.32	18	2.50	2.82	40	2.87	3.24
10	2.18	2.41	19	2.53	2.85	50	2.96	3.34
11	2.23	2.48	20	2.56	2.88	100	3.21	3.59

下面举例说明上述判别法的应用及野值的舍弃。

【例 1-1】 有一组等精度无系差的独立的测量列 x_i ($i=1,2,\cdots,16$)：39.44，39.27，39.94，39.44，38.91，39.69，39.48，40.56，39.78，39.35，39.68，39.71，39.46，40.12，39.39，39.76。试用上述准则判别粗大误差及舍弃野值。

解： 根据式（1-18）得出标准偏差为

$$\hat{\sigma}_1 = \sqrt{\frac{\sum_{i=1}^{n} v_i^2}{n-1}} \approx 0.38$$

首先按拉依达准则判别。其鉴别值为 $3\hat{\sigma}_1 = 1.14$，没有一个值的残余误差超过 $3\hat{\sigma}_1$，即

$$|v_i| = |y_i - \bar{y}| = |y_i - 0.124| < 3\hat{\sigma}_1 = 1.14$$

故初步检查这组测量数据没有粗大误差及野值。

然后按格拉布斯准则复查。测量次数 $n=16$，取置信概率为 95%（$\alpha = 0.05$），据表 1-2 查得格拉布斯的判别系数 $g(n,\alpha) = 2.44$，其鉴别值为

$$g(n,\alpha)\hat{\sigma} = 2.44 \times 0.38 = 0.9272$$

发现第 8 个测量值 x_8 的残差 $v_8 = 0.94 > 0.9272$，故知 v_8 为粗大误差，第 8 个测量值为野值，应予以舍弃。舍弃后应进一步进行检查。

舍弃 x_8 后，重新计算标准偏差，得

$$\hat{\sigma}_2 \approx 0.30$$

按拉依达准则复查，可得 $3\hat{\sigma}_2 = 0.90$，没有一个值的残余误差超过 0.90，所以无野值。

按格拉布斯准则复查，可得 $n=15$，$\alpha = 0.05$，查表 1-2 得 $g(n,\alpha) = 2.41$，其鉴别值为

$$g(n,\alpha)\hat{\sigma} = 2.41 \times 0.30 = 0.72$$

检查各个测量值，所有残差均小于鉴别值，故无野值。

1.2.2.4 误差处理实例

对某量进行等精度直接测量时，为了得到合理的测量结果，应该按前述误差理论对各种误差进行分析处理，现以实例说明等精度直接测量结果数据处理方法与步骤。

【例 1-2】某雷达对一目标进行等精度测量 16 次，得到如表 1-3 所示的数据，求测量结果。

表 1-3 测量数据

序号	测量值 x_i	残差 v_i	序号	测量值 x_i	残差 v_i
1	3.944	−0.011	9	3.963	0.008
2	3.962	0.007	10	3.962	0.007
3	3.960	0.005	11	3.949	−0.006
4	3.944	−0.011	12	3.961	0.006
5	3.959	0.004	13	3.946	−0.009
6	3.965	0.010	14	3.956	0.001
7	3.948	−0.007	15	3.948	−0.007
8	3.954	−0.001	16	3.954	−0.001

假定该测量列不存在固定的系统误差，则可按下列步骤求测量结果。

（1）求算术平均值。根据式（1-15）求得测量列的算术平均值为

$$\bar{x} = \frac{\sum_{i=1}^{n} x_i}{n} = 3.955$$

（2）求残余误差。根据式（1-16）求得各测得值的残余误差 $v_i = x_i - \bar{x}$，并列入表 1-3 中。

（3）判断系统误差。根据残余误差观察法，由表 1-3 可以看出误差符号大体上正负相同，且无显著变化规律，因此可判断该测量列无变化的系统误差存在。

根据马利科夫准则可得

$$M = \sum_{i=1}^{8} v_i - \sum_{i=9}^{16} v_i = -0.003 \approx 0$$

因差值较小，故可判断不存在累进性系差。

（4）求测量列单次测量的标准差。根据贝塞尔公式，求得测量列单次测量的标准差 σ 为

$$\sigma = \sqrt{\frac{\sum_{i=1}^{n} v_i^2}{n-1}} = 0.007$$

（5）判断粗大误差。

首先根据拉依达准则，其鉴别值为 $3\sigma = 0.021$，没有一个残余误差超过，故初步判断这组测量数据没有粗大误差及野值。

然后根据格拉布斯准则复查。测量次数 $n = 16$，取置信概率为 95%（$\alpha = 0.05$），查表 1-2 得格拉布斯的判别系数为 2.44，其鉴别值为

$$g(16, 0.05)\sigma = 2.44 \times 0.007 = 0.01708$$

未发现测量值的残差大于鉴别值，因此无粗大误差。

若发现测量列存在粗大误差,应将含有粗大误差的测得值剔除,再按上述步骤重新计算,直至所有测得值皆不包含粗大误差时为止。

经过以上的判断和计算后,最后测量结果通常用算术平均值来表示真值。

1.3 编码与运算

武器控制系统中的电子计算机是一个典型的数字化设备,由于计算机中的数字电路具有两种不同的稳定状态(0和1)且能相互转换,因此在计算机系统中以二进制数的形式进行算术运算和逻辑操作。日常生活中人们使用的是十进制数,这就需要将十进制数转换成二进制数送入计算机,并将二进制结果转换成十进制供人们使用。此外,为了方便与计算机进行交互,人们还使用十六进制数。

1.3.1 数制及其运算

1.3.1.1 常用的数制

1. 十进制(Decimal)

以10为基数的计数制称为十进制计数制。十进制数具有如下几个特点。

(1) 拥有0~9共10个基本数码。

(2) 在加法中采用逢10进1的进位规则。

(3) 数的每一位的权值是10^n,n代表第几位。

为了显式表示一个数是十进制数,可在这个数后加一个字母D。由于十进制数是人们日常使用的数制,因此更多情况下不需要显式进行表示。例如,15072可展开为

$$15072 = 1\times10^4 + 5\times10^3 + 0\times10^2 + 7\times10^1 + 2\times10^0$$

2. 二进制(Binary)

以2为基数的计数制称为二进制计数制。二进制数具有如下几个特点。

(1) 拥有0和1共两个基本数码。

(2) 在加法中采用逢2进1的进位规则。

(3) 数的每一位的权值是2^n,n代表第几位。

为了与其他数制区别开,常在二进制数后加一个字母B,表示这是一个二进制数。例如,11101B根据二进制数的定义,有

$$11101B = 1\times2^4 + 1\times2^3 + 1\times2^2 + 0\times2^1 + 1\times2^0 = 29$$

3. 十六进制(Hexadecimal)

以16为基数的计数制称为十六进制计数制。十六进制数具有如下几个特点。

（1）拥有 0~9 和 A~F 共 16 个基本数码。
（2）在加法中采用逢 16 进 1 的进位规则。
（3）数的每一位的权值是 16^n，n 代表第几位。

为了与其他数制区别开，常在十六进制数后加一个字母 H，表示这是一个十六进制数。在有的汇编语言中，如果十六位数的最高位为 A~F，则还需要在前面加"0"，如 0FFH、0E13AH 等。在 C 等高级语言中，通过在十六进制数前添加"0x"前缀的形式来表示十六进制数，如 0xFF。

1.3.1.2 数制间的转换

1. 二进制数、十进制数、十六进制数之间的转换

人们使用计算机的过程中，需要在二进制、十进制和十六进制之间相互转换。其基本转换方法如图 1-7 所示。

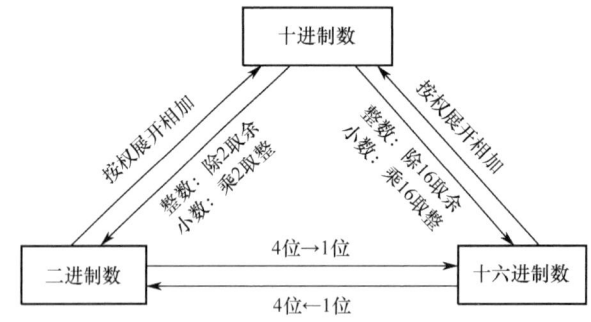

图 1-7 3 种常用数制间的转换方法

【例 1-3】将二进制数 1111111000111 B 转换为十六进制数。

解：

给定　1111111000111 B

分组　1 1111 1100　0111 B

补零　0001 1111 1100　0111 B

计算　1　　F　　C　　7 H

因此，1111111000111B=1FC7H。

【例 1-4】将十进制数 38947 转换为十六进制数。

解：

```
16 | 38947    3    第1次除16，余数为3，商为2434
 16 | 2434    2    第2次除16，余数为2，商为152
   16 | 152   8    第3次除16，余数为8，商为9
      16 | 9  9    第4次除16，余数为9，商为0
          0
```

因此，38947=9823H。

【**例1-5**】将十六进制数 1F3DH 转换为十进制数。

解：

给定　　1　　　F　　　3　　　D　　H
展开　$16^3×1$　$16^2×15$　$16^1×3$　$16^0×13$
求和　　4096 + 3840 + 48 + 13

因此，1F3DH=7997。

2．十进制数和 N 进制数之间的转换

日常生活中，除了上述的进制外，还有很多其他的进制数，如七进制（一周是 7 天）、十二进制（一年是 12 个月）等。因此有时候需要实现十进制数与这些进制数之间的相互转换，可统一为十进制数与 N 进制数之间的转换，具体方法如下。

（1）十进制数转换为 N 进制数，除 N 取余（整型数）。

（2）N 进制数转换为十进制数，按权展开相加。

【**例1 6**】某采用 N 进制数的微型计算机系统中，运算表达式 104×3–41=231 成立，确定 N 的值。

解： 将 N 进制数转换为十进制数，运算表达式转换为

$$(1×N^2+4)×3-(4×N+1)=2×N^2+3×N+1$$

解方程得到 N=2 或 5。由于 N 进制数的最大数字是 N−1，而由表达式"104×3–41=231"可判断 N≥5，所以 N=5，由此判断系统采用的是五进制数。

1.3.2　码制及其转换

1.3.2.1　定点数和浮点数

计算机中的数既有整数也有小数，无论是整数还是小数，都可以通过两种方式进行表示，一种是规定小数点的位置固定不变，这时的机器数称为定点数；另一种是小数点的位置可以浮动，这时的机器数称为浮点数。

1．定点数

所谓定点法，是指小数点在数的编码中的位置是固定不变的。以定点法表示的实数称为定点数。根据小数点位置的固定方法不同，又可分为定点整数和定点小数表示法。

如果小数点隐含固定在整个数值的最右端，符号位右边所有的位数表示的是一个整数，即为定点整数。假设机器字长为 16 位，符号位占 1 位，数值部分占 15 位，于是机器数 0100 0000 0000 0001 的等效十进制数为+16385。其符号位、数值位、小数点的位置示意如图 1-8 所示。

如果小数点隐含固定在数值的某一位置上，即为定点小数。如果小数点固定在符号位之后，即为纯小数。假设机器字长为 16 位，符号位占 1 位，数值部分占 15 位，于是机器

数 1100 0000 0000 0001 的等效十进制数为$-(2^{-1}+2^{-15})$。其符号位、数值位、小数点的位置示意如图 1-9 所示。

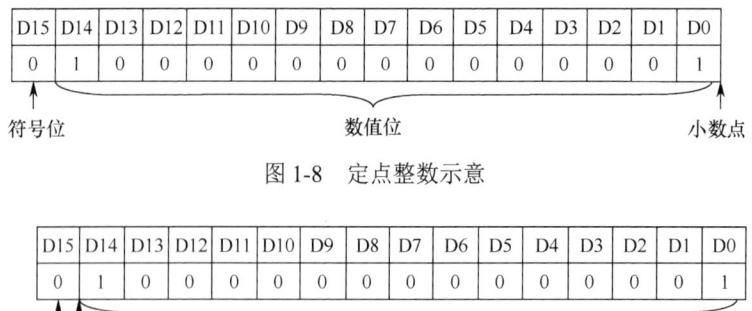

D15	D14	D13	D12	D11	D10	D9	D8	D7	D6	D5	D4	D3	D2	D1	D0
0	1	0	0	0	0	0	0	0	0	0	0	0	0	0	1

符号位　数值位　小数点

图 1-8　定点整数示意

D15	D14	D13	D12	D11	D10	D9	D8	D7	D6	D5	D4	D3	D2	D1	D0
0	1	0	0	0	0	0	0	0	0	0	0	0	0	0	1

符号位 小数点　数值位

图 1-9　定点纯小数示意

2. 浮点数

在计算机中，浮点数一般用来表示实数。所谓浮点数，是指计算机中数的小数点位置不是固定的，或者说是“浮动”的。采用浮点数最大的特点是，比定点数表示的范围更大。

由于一个实数可以表示成一个纯小数和一个乘幂之积，那么对于任何一个二进制数 N 都可以表示为

$$N=(2^{\pm E})\times(\pm S)$$

基于以上分析，通常采用阶码表示法来表示浮点数。计算机中浮点数编码的基本格式如图 1-10 所示。

阶符	阶码E（m位）	尾符	尾数编码S（n位）

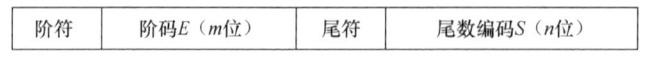

图 1-10　计算机中浮点数编码的基本格式

其中，E 称为阶码，阶符为 0 表示 E 为正，为 1 表示 E 为负。S 称为尾数编码，尾符为 0 表示 S 为正，为 1 表示 S 为负。由此可见，小数点的实际位置随着阶码 E 的大小和符号而浮动决定；S 为全部有效数据，称为尾数部分。

【例 1-7】某浮点数 X 以阶码表示法进行编码，编码为 0001 0000 1001 0011B，已知阶符和尾符各占 1 位，阶码编码位数 $m=6$，尾数编码位数 $n=8$，写出 X 的二进制小数形式。

解：$X=2^{1000B}\times(0.10010011B)=1001.0011B$。

1.3.2.2　有符号整数的表示方法

微型计算机中整数的使用最为频繁，下面重点考虑有符号整型数的表示方法。在计算机中，整数可分为有符号和无符号两类。

对于有符号数，机器数最高位为符号位，0 表示正数，1 表示负数。只有 8 位、16 位、32 位或 64 位机器数的最高位才是符号位。

对于无符号数，机器数最高位不作为符号位，而是当作数值对待。

为了改进运算方法、简化控制电路,人们研究出多种有符号数的编码形式,最常用的有原码、反码、补码 3 种。

1. 原码

数值部分用其绝对值,正数的符号位用 0 表示,负数的符号位用 1 表示。

1) 8 位原码数

(1) 表数的范围:FFH~7FH(-127~127)。

(2) 数零的表示:00H 为+0,80H 为-0。0 存在两种表示形式。

2) 16 位原码数

(1) 表数的范围:FFFFH~7FFFH(-32767~32767)。

(2) 数零的表示:0000H 为+0,8000H 为-0。0 存在两种表示形式。

3) 原码特点

(1) 简单易懂,与真值的转换方便。

(2) 0 的表示不唯一,存在两种表示形式。

(3) 两个异号数相加,或两个同号数相减,需要做减法运算,而计算机的硬件结构中只有加法器,不利于简化计算。

【例 1-8】分别计算+5 和-5 的原码(8 位二进制表示)。

解:$X1=+5=+00000101B$,$[X1]_原=00000101D$。

$X2=-5=-00000101B$,$[X2]_原=10000101B$。

2. 反码

正数的反码与原码相同。

负数的反码,符号位不变,数值部分按位取反。

1) 8 位反码数

(1) 表数的范围:80H~7FH(-127~127)。

(2) 数零的表示:00H 为+0,FFH 为-0。0 存在两种表示形式。

2) 16 位反码数

(1) 表数的范围:8000H~7FFFH(-32767~32767)。

(2) 数零的表示:0000H 为+0,FFFFH 为-0。0 存在两种表示形式。

【例 1-9】分别计算+4 和-4 的反码(8 位二进制表示)。

解:$X1=+4=+00000100B$,$[X1]_原=00000100B$,$[X1]_反=00000100B=04H$。

$X2=-4=-00000100B$,$[X2]_原=10000100B$,$[X2]_反=11111011B=FBH$。

3. 补码

(1) 正数的补码与原码相同。

(2) 负数的补码,反码加 1(原码取反加 1)。

【例 1-10】分别计算+4 和-4 的补码(8 位二进制表示)。

解:$X1=+4=+00000100B$,$[X1]_原=[X1]_反=[X1]_补=00000100B=04H$。

$X2=-4=-00000100B$,$[X2]_原=10000100B$,$[X2]_反=11111011B$,$[X2]_补=[X2]_反+1=$

11111100B=FCH。

1）8 位补码数

（1）表数的范围：80H～7FH（-128～127）。

（2）数零的表示：00H。只有一种表示形式。

2）16 位补码数

（1）表数的范围：8000H～7FFFH（-32768～32767）。

（2）数零的表示：0000H。0 只有一种表示形式。

80H 和 8000H 的真值分别是-128（-80H）和-32768（-8000H）。补码数 80H 和 8000H 的最高位既代表了符号为负，又代表了数值为 1。

3）进位和溢出

进位（CY）表示无符号数运算结果是否超出范围，进位发生时运算结果仍然正确。

溢出（OV）表示两个有符号数相加结果超出范围，溢出发生时表示运算结果错误。

计算机中设立了溢出标志位 OV，通过最高位的进位（符号位的进位）CY7 和次高位的进位（低位向符号位的进位）CY6 异或产生，即

$$OV=CY7 \oplus CY6$$

【例 1-11】计算 74+74，判断有无溢出。

解：

```
  0 1 0 0 1 0 1 0  B
+ 0 1 0 0 0 1 0 0  B
  ─────────────────
  1 0 0 1 0 1 0 0  B
  CY7 CY6
```

OV=CY7⊕CY6=1，所以产生溢出。

【例 1-12】计算-54-54，判断有无溢出。

解：

```
  1 1 0 0 1 0 1 0  B
+ 1 1 0 0 0 1 0 0  B
  ─────────────────
1 1 0 0 1 0 1 0 0  B
  CY7 CY6
```

OV=CY7⊕CY6=0，所以无溢出。

溢出和进位产生的原因不同，两者之间没有必然的联系，其判断方法也不同。溢出是由于两个补码数相加结果超出补码表示范围而产生的。当运算结果超出计算机位数的限制（8位、16 位）时，会产生进位，它是由最高位计算产生的，在加法中表现为进位，在减法中表现为借位。

1.3.3 编码

武器控制系统中，计算机不但要处理数值计算问题，还要处理报文、语音、视频、图像等非数值计算问题。无论是十进制数，还是报文、语音、视频等，都必须转换成二进制代码，只有这样才能被计算机识别、接收、存储、处理和传送。本节重点介绍计算机中常见的编码。

1.3.3.1 ASCII 码

ASCII（American Standard Code for Information Interchange）码是美国信息交换标准代码的简称，主要用于西文字符的编码。

ASCII 码采用 7 位二进制数表示一个字符，包括 32 个标点符号，10 个阿拉伯数字，52 个英文大小写字母，34 个控制符号，共 128 个字符。但在计算机系统中，存储单元的长度通常为 8 位二进制数（即一个字节），为了方便存取，规定一个存储单元存放一个 ASCII 码，其中低 7 位表示字符本身的编码，第 8 位用于奇偶校验或规定为零（通常如此）。因此，也可以认为 ASCII 码的长度为 8 位。

为了能表示更多字符，各厂商制定了很多种 ASCII 码的扩展规范，在 ASCII 码基础上增补一些符号编码。例如，IBM 公司扩展了 128 个用于框线、音标和欧洲非英语系的字母，日本则扩展了片假名等符号。各种经过扩展的 ASCII 码不可能超过 256 个，即不能超过 1 个字节的表示范围。

标准 ASCII 码表参见附录 A，请记下如下结论。

（1）数字 0~9 对应的 ASCII 码是 30H~39H。
（2）大写字母 A~Z 对应的 ASCII 码是 41H~5AH。
（3）小写字母 a~z 对应的 ASCII 码是 61H~7AH。

【例 1-13】将"HI！123"转换成 ASCII 码以便计算机通过串口发送出去。

解：通过查 ASCII 码表并逐一进行替换，得到如下二进制串。
01001000 01001001 00100001 00100001 00110001 00110010 00110011
为了读写方便，用十六进制表示为 48H 49H 21H 31H 32H 33H。

1.3.3.2 BCD 码

在十进制数的各种编码中有一种编码，直接利用十进制数每一位所对应的二进制数来进行编码，简称二进制编码的十进制数（Binary Coded Decimal，BCD），这就是 BCD 码。

BCD 码通常用于输入（如拨码开关）、输出（如数码管）设备，以便和人进行信息交互。输入的和显示的都是十进制数，但是通过这些设备不能直接输入和显示十进制数，所以要用 BCD 码。数码管的显示通常使用 BCD 码，日常生活中，电梯楼层、时间日期的显示、输入等都要用到 BCD 码。以电梯的楼层显示为例（电梯的楼层大多采用数码管进行显示，很少用显示屏显示楼层），显示楼层以前，通过指令将计算机内部的代表楼层的二进制整数转换为两位 BCD 码（一个字节），然后将这两位 BCD 码（每一位都用 4 位二进制数表示）分别送给两个数码管的译码驱动芯片，从而完成楼层的正确显示。如果没有 BCD 码，就完不成这项工作。

BCD 码和十进制数转换为二进制数的过程是不同的。十进制数和二进制数之间的转换体现的是数值的等价，十进制数转换成 BCD 码体现的是将十进制数作为一种符号替换成另一种符号。在计算机内部，可以用指令将 BCD 码转换为整数。

BCD 码有多种，常用的 BCD 码是 8421 加权 BCD 码，其又可分为非压缩 BCD 码和压缩 BCD 码两种。

1. 非压缩 BCD 码

用 8 位二进制数编码表示 1 个十进制数位，如下所示：

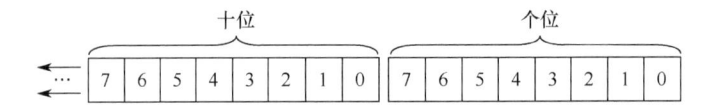

```
        十位                    个位
   ┌─────────────┐       ┌─────────────┐
···│7│6│5│4│3│2│1│0│     │7│6│5│4│3│2│1│0│
   └─────────────┘       └─────────────┘
```

十进制数和非压缩 BCD 码的对照如表 1-4 所示。

表 1-4 十进制数和非压缩 BCD 码的对照

十进制数	0	1	2	3	4
二进制表示	0000 0000	0000 0001	0000 0010	0000 0011	0000 0100
十进制数	5	6	7	8	9
二进制表示	0000 0101	0000 0110	0000 0111	0000 1000	0000 1001

【例 1-14】 计算十进制数 876 的非压缩 BCD 码。

解： $[876]_{BCD}$ = 00001000 00000111 00000110B＝080706H。

2. 压缩 BCD 码

非压缩 BCD 码每个字节的高 4 位均为 0，传输和存储时需要处理这些无用的 0，浪费存储空间和传输带宽。于是，人们有时用 4 位二进制数编码表示 1 个十进制数位，这就是压缩 BCD 码。

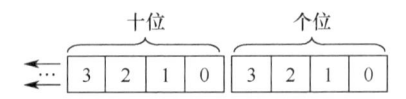

```
     十位        个位
   ┌───────┐   ┌───────┐
···│3│2│1│0│   │3│2│1│0│
   └───────┘   └───────┘
```

十进制数和压缩 BCD 码的对照如表 1-5 所示。

表 1-5 十进制数和压缩 BCD 码的对照

十进制数	0	1	2	3	4
二进制表示	0000	0001	0010	0011	0100
十进制数	5	6	7	8	9
二进制表示	0101	0110	0111	1000	1001

3. BCD 码的运算

计算机内部执行加减运算时，都是按二进制运算规则进行处理的。因此，BCD 码运算过程中要进行十进制调整。调整规则是：当计算结果有非 BCD 码（和大于 9，如 1100B）或产生进位/借位时，加法进行+6、减法进行−6 调整运算。

这样做的原因是，机器按二进制相加，所以 4 位二进制数相加时，是按"逢十六进一"的原则进行运算的，而实质上是两个十进制数相加，应该按"逢十进一"的原则相加，16 与 10 相差 6，所以当和超过 9 或有进位时，都要加 6 进行修正。

1.3.3.3 汉字编码

汉字输入计算机之前,也需要进行编码转换。汉字数量多,不可能在 ASCII 码的基础上扩展实现,必须重新制定编码策略。通常采用两个字节进行汉字编码,GB 2312 为简体中文编码,Big5 为繁体中文编码,还有其他编码,如 GB 18030 字符集解决了中文、日文、朝鲜语等的编码。

GB 2312 标准全称为《信息交换用汉字编码字符集——基本集》,英文名为 Code of Chinese Graphic Character Set for Information Interchange: Primary Set,自 1981 年 5 月 1 日起实施,通行于中国大陆,新加坡等地也采用此编码。几乎所有中文系统和国际化软件都支持 GB 2312。GB 2312 共收录汉字 6763 个,其中一级汉字 3755 个,二级汉字 3008 个,同时还收录了包括拉丁字母、希腊字母、日文平假名及片假名、俄罗斯语西里尔字母在内的 682 个全形字符。

GB 18030 是 GB 2312 的扩展,GB 18030—2000 收录汉字 27533 个,GB18030—2005 收录汉字 70217 个,自 2006 年起正式实施。

1.3.3.4 统一字符编码

统一字符编码标准 Unicode 的全称是 Universal Multiple-Octet Coded Character Set,简称 UCS,又称统一码、万国码、单一码,是计算机科学领域里的一项业界标准。

广义的 Unicode 是一个编码标准,它定义了一个字符集以及一系列的编码规则,即 Unicode 字符集和 UTF-8、UTF-16、UTF-32 等编码规则。

Unicode 字符集通常采用 2 个字节对世界上所有的文字、字符进行统一编码。在 Unicode 中,每种语言中的每个字符都拥有统一并且唯一的二进制编码,很好地解决了跨语言、跨平台时的文本转换、处理的问题。

UTF-8、UTF-16、UTF-32 是 Unicode 编码标准的字符编码方案。

UTF-8 是最常见的 Unicode 字符编码方案,它以字节为单位对 Unicode 进行编码,是一种可变长度编码。UTF-16 以 16 位无符号整数为单位,UTF-32 以 32 位无符号整数为单位。

目前,很多软件开发工具都支持 Unicode,但是在具体的编码方案上则有不同的选择。在进行跨平台软件开发时,要注意采用统一的编码方案。

1.3.3.5 角度的编码

在武器装备中经常需要和角度数据打交道,如武器平台探测设备的转动角度、目标的方位、高低等角度信息。现在的武器装备上都可以直接给出角度的十进制显示(内部处理仍然采用二进制),但在 20 世纪 80 年代以前,这几乎是不可能的。早期的装备通过发光二极管阵列来显示角度,灯亮为 1,灯灭为 0。图 1-11 所示为采用 16 个指示灯的二进制角度显示。

● ● ○ ● ○ ● ● ● ○ ○ ● ○ ● ● ○ ●
1 1 0 1 0 1 1 1 0 0 1 0 1 1 0 1

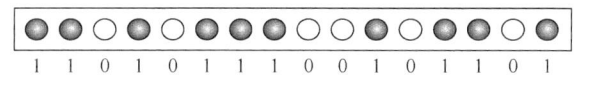

图 1-11 二进制角度显示

最高位的指示灯代表 180°，次高位的指示灯代表 90°，依此类推，角度分别为 45°、22.5°等。当所有指示灯都灭时角度为 0°，都亮时角度为 $(360 - 360/2^N)°$，N 代表灯的个数。

将上述灯的亮灭状态用二进制序列表示，就是角度的二进制编码，角度的分辨率为 $360/2^N$，二进制位数越多，二进制的角度越精确。

地面雷达一般采用当地的地理坐标系，方位角以正北方向为 0°，向东为正向角度；俯仰角水平方向为 0°，向上为正向角度。机载雷达一般采用机载雷达坐标系，是将飞机机体坐标系为基准坐标系，原点平移到雷达天线回转中心，机载雷达坐标系 x 轴沿天线轴方向，y 轴指向飞机右侧机翼，z 轴按照右手定则确定。目标的方位角 0° 在 x 轴方向，向 y 轴方向偏转为正向角度。俯仰角 0° 在 xy 平面，z 轴反方向为正向角度。采用这种编码的好处是对角度大小的主观感觉非常好，前两位指示灯指示当前角度在第几象限。如当最高两位为"10"时，说明角度在第二象限，即西南方向；前三位指示灯指示角度在第几卦限，如当最高三位为"101"时，为第五卦限，即西略偏南的方向。角度卦限如图 1-12 所示。

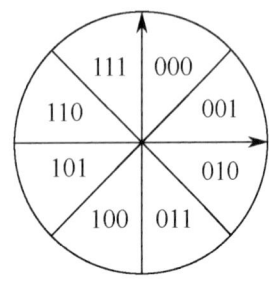

图 1-12 角度卦限

【例 1-15】计算图 1-11 中的 LED 灯阵列所表示的角度值 θ，结果精确到角秒。

解：$\theta = 2\pi(\dfrac{1}{2} + \dfrac{1}{2^2} + \dfrac{1}{2^4} + \dfrac{1}{2^6} + \dfrac{1}{2^7} + \dfrac{1}{2^8} + \dfrac{1}{2^{11}} + \dfrac{1}{2^{13}} + \dfrac{1}{2^{14}} + \dfrac{1}{2^{16}}) = 302°35'27''$。

1.4 小结

武器控制系统由火控计算机系统、人机交互系统、目标探测系统、平台测量系统、环境测量系统以及多个发射控制系统组成。武器控制系统主要有两种系统结构：集中式系统结构和分布式系统结构。早期的系统由于受计算机技术的限制，都是采用集中式系统结构，现在多采用分布式系统结构。

武器控制系统的主要技术包括火力控制计算机硬件技术、火力控制计算机软件技术、计算机网络与接口技术、人机交互技术、典型传感器技术。

被测对象的真实大小称为真值，测量的结果同真值相比总会存在误差。误差可分为系统误差、随机误差和粗大误差。系统误差具有已知的函数规律，是可以修正的；随机误差服从统计规律，多数情况下服从正态规律；粗大误差是在一定条件下测量结果显著地偏离其实际值所对应的误差。在测量中应及时发现系统误差产生的原因并通过合理的测量设计和数据处理来削弱和消除系统误差。

十进制数到 N 进制数的转换方法是"除 N 取余"。N 进制数转换为十进制数的方法是"按权展开相加"。溢出和进位产生的原因不同，两者之间没有必然的联系，其判断方法也不同。溢出是由于两个补码数相加结果超出补码表示范围而产生的。当运算结果超出计算机位数的限制时，会产生进位，它是由最高位计算产生的，在加法中表现为进位，在减法中表现为借位。

1.5 思考与练习题

1. 名词解释
武器运载平台　武器系统　武器控制系统　武器控制技术
2. 武器控制系统的种类有哪些？
3. 武器控制系统由哪些子系统组成？功能各是什么？
4. 武器控制系统有哪两种结构？
5. 武器控制技术主要有哪几个？
6. 计算机网络与计算机接口有何异同？
7. 嵌入式系统的定义是什么？有几类形式？
8. 传感器按输出信号分类与接口类型如何对应？
9. 膺数字信号也称短周期时间信号或频率信号。从计算机的角度讨论一下膺数字信号属于模拟信号吗？计时器算并行接口还是串行接口？
10. 给出 157° 的 16 位二进制角度编码。
11. 影响火炮精度的因素有很多，考虑简单情况，假设火炮的有效攻击距离是 15km，要求炮弹的散布在 50m 范围内，角度指示系统精度不能低于多少？
12. 8 位无符号数 X=44，Y=113，列竖式计算 $X+Y$，体会溢出的产生。
13. 8 位无符号数 X=44，Y=113，列竖式计算 $X-Y$，体会借位的产生。
14. 什么是随机误差？正态分布随机误差具有什么特点？
15. 什么是系统误差？有哪几种类型的系统误差？能否从数据本身判断恒定系统误差是否存在？
16. 判定测量数据中存在野值时，应当如何处理？

第 2 章

武器控制系统硬件基础

武器控制系统由火控计算机系统、人机交互系统、目标探测系统、平台测量系统、环境测量系统以及多个发射控制系统组成,这些系统都是以计算机为处理中心的系统。本章主要从计算机的角度介绍武器控制系统的硬件知识。

2.1 总线系统

通常将多个装置或部件连接起来并传送信息的公共通道称为总线(Bus)。总线实际上是印制电路板上的一组传输信号的导线,是各种公共信号线的集合,是微型计算机各种组成部分传输信息的公共通道。要了解总线结构,首先要了解计算机系统的组成结构。

2.1.1 系统组成结构

2.1.1.1 第一台电子数字计算机

1946 年 2 月,世界上第一台电子数字计算机 ENIAC(Electronic Numerical Integrator and Computer,电子数字积分计算机)在美国宾夕法尼亚大学诞生。因为它是第一台电子数字计算机,所以人们认为它是计算机的始祖。ENIAC 电路结构十分复杂,使用了约 18800 个电子管,1500 个继电器,70000 个电阻,10000 个电容。它运行时功耗达 150kW,体积庞大,占地面积超过 170m^2,重达 30t,俨然是一个庞然大物。

ENIAC 主要存在两个缺点:一是存储容量太小,只能存储 20 个字长为 10 位的十进制数;二是用线路连接的办法来编排程序,因此每次解题都要依靠人工连线,准备时间远远大于计算时间。尽管如此，ENIAC 的运算速度仍然比人的运算速度快得多，它每秒能进行 5000 次加法运算。

ENIAC 的出现，其意义不仅是实现了制造第一台通用计算机的目标，还标志着计算工具进入了一个崭新的时代，是人类文明发展史上的一个里程碑。

2.1.1.2 微机系统组成结构

鉴于 ENIAC 在运行过程中暴露出的两大缺点，参与研制 ENIAC 的冯·诺依曼等考虑研制另一台计算机，以改进 ENIAC 计算机的缺点。1945 年 3 月，由冯·诺依曼牵头的研发小组，拟订了存储程序式电子计算机设计方案，并将其命名为 EDVAC（Electronic Discrete Variable Automatic Computer，离散变量自动电子计算机）。

1945 年 6 月，冯·诺依曼发表了《关于 EDVAC 的报告草案》(*First Draft of a Report on the EDVAC*)，这篇报告奠定了现代计算机的基础，其核心思想有三点。

1. 二进制的使用

ENIAC 采用的是十进制，但是由于数字计算机中的电路具有两种不同的稳定状态且能相互转换，因此应该采用二进制形式表示计算机中的指令和数据。

2. 存储程序思想的提出

计算机要具有程序存储的功能，即将二进制程序和数据一样存储到计算机内部的存储器中，现代电子计算机均按照存储程序的原理设计。首先将为解决特定问题而编写的程序存放在计算机存储器中，计算机在工作时按一定顺序从存储器中取出指令；然后执行，直至程序执行结束。存储程序思想可归结为以下几点。

（1）计算机通过执行程序来完成指定的任务。
（2）程序在执行前存放在计算机的存储部件中。
（3）程序不需要人工干预而自动执行。

存储程序的思想开创了程序设计的时代，虽然计算机技术发展很快，但存储程序原理至今仍是计算机内在的基本工作原理。

3. 计算机系统结构构想

存储程序计算机由运算器、存储器、控制器、输入设备、输出设备五大部件组成，其基本组成结构如图 2-1 所示。现在习惯将具有这种组成结构的计算机称为冯·诺依曼计算机。

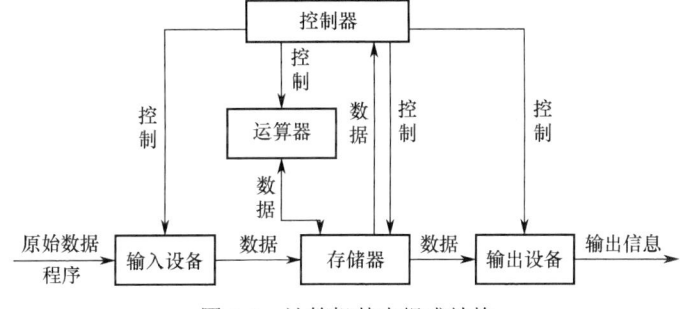

图 2-1 计算机基本组成结构

控制器和运算器一起构成处理器，处理器是计算机的控制核心，主要功能是执行指令，完成算术和逻辑运算，对整机进行控制。存储器用于存放计算机工作过程中需要操作的数据和程序，从读写方式上可将存储器分为 RAM 和 ROM，有关存储器的内容详见 2.4 节。存储器、输入/输出设备和处理器之间通过总线相连。

2.1.2 总线

2.1.2.1 总线的分类

总线的分类方法有多种。例如，按总线的层次结构，可分为片内总线、局部总线、系统总线和外部总线；按总线中信息的传输类型，可分为数据总线、地址总线和控制总线；按总线的连接方式，可分为单总线结构和多总线结构。

1. 按总线的层次结构分类

（1）片内总线位于芯片内部，是用来连接各功能单元的信息通路。例如，CPU 内部、算术逻辑单元和寄存器之间的信息通路。

（2）局部总线又称片总线，是电路板上连接各芯片之间的公共通路。例如，CPU 及其支持芯片与其局部资源之间的通路。

（3）系统总线又称 I/O 通道总线、内总线，是用来与扩展插槽上的各扩展板相连的总线。它用于部件一级的连接，通过它将各部件连接成一个计算机系统。通常所说的总线一般专指系统总线，如 ISA、AGP、PCI 总线等。

（4）外部总线又称通信总线，是微型计算机系统与系统之间、系统与外部设备之间的连接通道。这种总线的数据传输方式可以是并行的，也可以是串行的，如 RS-232、USB 等。

2. 按总线中信息的传输类型分类

（1）数据信息：数据总线（Data Bus, DB），用于传输数据，是双向总线。

（2）地址信息：地址总线（Address Bus, AB），用来传送 CPU 发出的主存储器与设备的地址。

（3）控制信息：控制总线（Control Bus, CB），主要用来传送控制信号、时序信号、状态信息。

早期的计算机一般采用单 CPU，计算机内部的总线结构如图 2-2 所示。

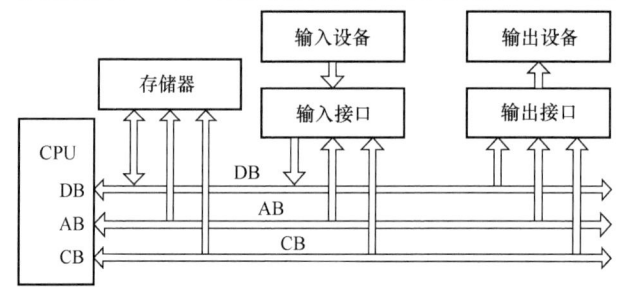

图 2-2 早期计算机内部的总线结构

在单 CPU 总线结构中，CPU 是总线的唯一主控者，不能满足多 CPU 环境的要求，并且总线信号是 CPU 引脚信号的延伸，与 CPU 密切相关，通用性差。现在流行的总线结构多采用标准总线，满足包括多个 CPU 在内的主控者环境需求，如图 2-3 所示。

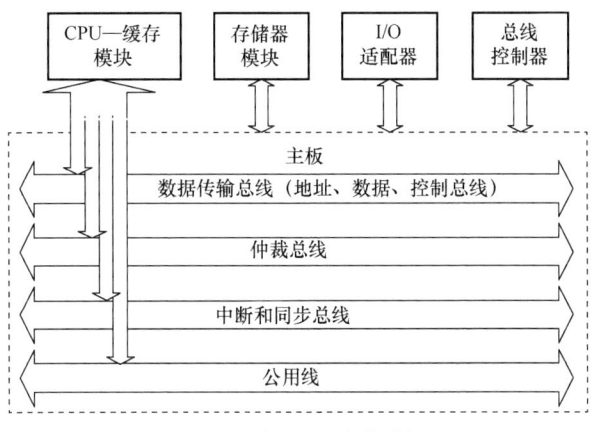

图 2-3 多 CPU 总线结构

在多 CPU 总线结构中，CPU 和其私有缓存作为一个模块与总线相连，系统中允许有多个这样的模块。总线控制器完成多个总线请求者之间的协调与仲裁。数据传输总线由地址、数据和控制总线组成，结构上与单 CPU 总线结构类似。仲裁总线包括总线请求线和总线授权线。中断和同步总线用于处理带优先级的中断操作，包括中断请求线和中断认可线。公用线包括时钟信号线、电源线、系统复位线、加电或断电时序信号线等。

3. 按总线连接方式分类

1）单总线结构

早期的很多单处理器计算机中，使用单一的系统总线来连接 CPU、存储器和输入/输出设备，这种结构就是单总线结构，如图 2-4 所示。

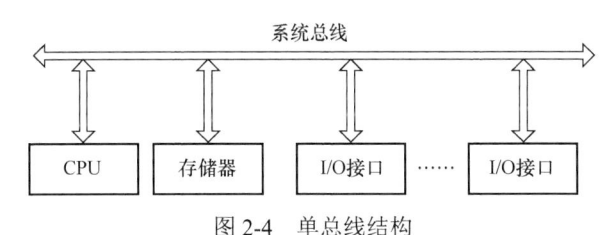

图 2-4 单总线结构

如前所述，从信息传输类型看，系统总线又分为数据总线、地址总线和控制总线。因此，图 2-4 和图 2-2 呈现的实际上是同一种总线结构。

在单总线结构下，CPU 通过数据总线、地址总线和控制总线与外部交换信息。数据总线传输指令码和数据信息，是信息的公共通道，各外围设备都并行连接在数据总线上和 CPU 进行信息交互。为了避免读写总线的冲突，外围设备还要分时使用数据总线，方法是通过地址总线上传输的地址信息选择外围设备，通过控制总线上由 CPU 发出的控制信号来实现对被选中设备指定地址的读写操作。

在单总线结构中，连接到总线上的设备必须高速运行，否则，低速设备会带来很大的时间延迟，并从整体上降低总线传输效率和吞吐量。

2）多总线结构

在单总线结构中，所有高速设备和低速设备都挂接在同一条总线上，并且只能分时复用，导致信息传输效率和总线带宽受到限制，随着技术的进步，很多系统开始采用多总线结构。多总线结构确保高速、中速、低速设备能够连接到不同的总线上同时工作，有效地提高了总线的传输效率和吞吐量，并且处理器的结构变化不影响高速总线。

现代计算机大多采用分层次的多总线结构。在分层次多总线结构下，访问速度差异较大的设备连接到不同速度的总线上，访问速度相近的设备连接到同一类总线上。其优点是解决了单一总线负载过重的问题，简化了总线设计，并且能够充分发挥不同总线的效能。图 2-5 所示为 Intel Pentium 计算机主板总线结构框图，其采用的是三层多总线结构，即 CPU 总线、PCI 总线和 ISA 总线。

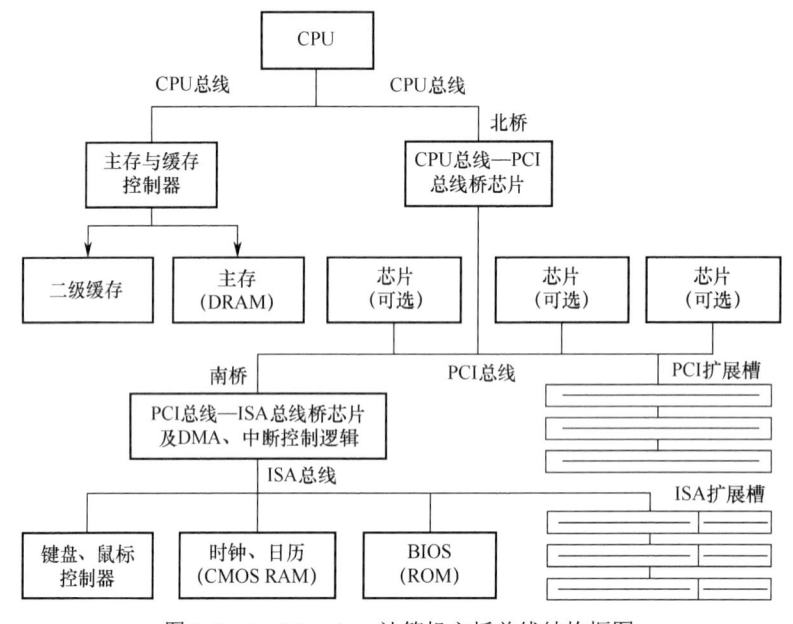

图 2-5 Intel Pentium 计算机主板总线结构框图

CPU 总线、PCI 总线和 ISA 总线通过北桥、南桥芯片连成一个整体。南北桥芯片的主要功能是电平转换、信号缓冲和协议转换。PCI 总线主要用于连接高速 I/O 设备，如网络控制器、硬盘控制器、显示器适配器等。ISA 总线主要用于连接低速 I/O 设备。

2.1.2.2 总线的仲裁

连接到总线上的设备按照主从关系分为主设备和从设备。主设备可以启动一个总线周期，发起和控制总线的数据传输，从设备只能响应主设备的请求。很明显，CPU 或 I/O 处理器、DMA 控制器既可以作为主设备，也可以作为从设备，而存储器只能作为从设备。在一个总线操作周期中，只能有一个主设备拥有总线控制权。

第2章 武器控制系统硬件基础

总线上一般都有多个主设备，为了解决这些主设备同时竞争总线控制权的问题，必须进行总线仲裁，以便通过某种方式将总线控制权交给其中的一个主设备。总线仲裁的策略有多种，如采用优先级的总线仲裁、采用公平策略的总线仲裁等。具体来说，有链式查询、计数查询、独立请求和分布式仲裁等解决方式。前几种方式需要借助总线控制器或总线仲裁器实现，分布式仲裁不需要总线仲裁器。

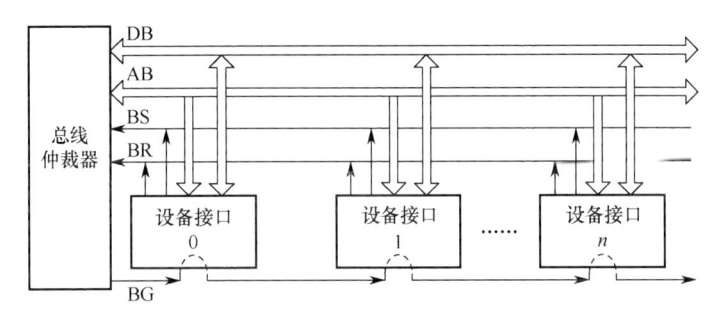

1. 链式查询仲裁方式

链式查询仲裁方式的原理如图 2-6 所示。其中，BS 为总线服务信号，0 表示未提供服务，1 表示正在提供服务；BR 为总线请求信号，0 表示无服务请求，1 表示有服务请求；BG 为总线授权信号，0 表示未授予总线控制权，1 表示授予总线控制权。

图 2-6 链式查询仲裁方式的原理

链式查询仲裁方式的工作过程是，总线上的任一设备要使用总线时，通过总线请求线 BR 发出总线请求，总线仲裁器接收到总线请求信号 BR 后查询总线是否被占用，如果 BS=0 表示没有设备占用总线，则通过查询方式进行仲裁。总线授权信号 BG 顺序地从一个设备接口传送到下一个设备接口，直到所在设备接口有总线请求，则停止继续向下查询。

显然，在链式查询仲裁方式下，离总线仲裁器最近的设备具有最高响应优先级，离总线仲裁器越远，优先级越低。因此，链式查询仲裁方式是通过设备接口的优先级排队电路来实现的。其优点是设计简单，通过很少的线就可以实现总线仲裁，并且结构扩展性好。其缺点是对查询链的电路故障很敏感，如果某个设备的接口中有关查询链的电路出现故障，则该设备接口后的所有设备都不能正常工作。另外，查询链的优先级是事先固定的，如果优先级高的设备总线请求很频繁，则优先级较低的设备可能长期不能取得总线控制权。

2. 计数查询仲裁方式

计数查询仲裁方式的原理如图 2-7 所示。总线仲裁器接收到 BR 信号后，在 BS=0 的情况下启动计数器开始计数，计数值通过一组地址总线发往各个设备。总线上的每个设备都有一个设备地址判别电路，当地址总线上的计数值与请求总线的设备地址一致时，该设备置位 BS 信号，获得总线控制权，此时停止计数查询。

每次计数，都可以从 0 开始，也可以从上次停止的位置开始。如果从 0 开始，各设备的优先级顺序与链式查询仲裁方式相同，优先级顺序是固定的。如果从上次停止的位置开始，则每个设备使用总线的优先级都是相同的，因为计数器计满以后，就会继续从 0 开始计数。

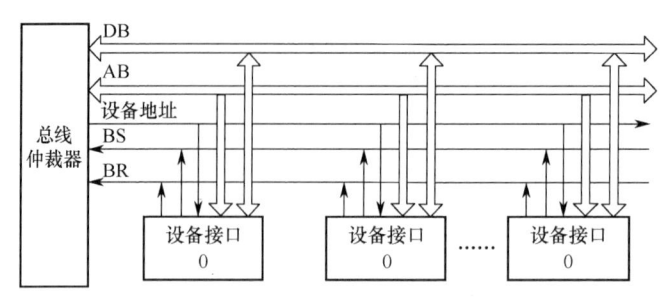

图 2-7 计数查询仲裁方式的原理

3. 独立请求仲裁方式

在独立请求仲裁方式下，总线上的每个设备都拥有独立的总线请求线 BR_i 和总线授权线 BG_i。当设备要使用总线时，便通过独立的请求线发出请求信号。总线仲裁器有一个排队电路，它根据一定的优先级顺序决定首先响应哪个设备的请求，并通过该设备的总线授权线发出授权信号。

独立请求仲裁方式的优点是响应快，省去了查询法的查询过程，并且对各设备优先级的控制比较灵活，可以预先设定，也可以通过程序进行控制。现代计算机系统中普遍采用独立请求仲裁方式。独立请求仲裁方式的缺点是需要多条总线请求线和总线授权线。

4. 分布式仲裁方式

分布式仲裁方式不需要集中的总线仲裁器，各个主设备共享仲裁总线。图 2-8 所示为拥有 8 台主设备的分布式仲裁结构。主设备拥有一个 8 位的仲裁号和仲裁器，每个设备的仲裁号都是唯一的。当设备需要请求总线控制权时，首先把仲裁号发送到仲裁总线上，每个设备的仲裁器都将仲裁总线上的仲裁号与自己的仲裁号进行比较，如果仲裁总线上的仲裁号大，则本设备的总线请求被驳回，并且撤销本设备仲裁号。其次，把获胜的仲裁号留在仲裁总线上。分布式仲裁方式是一种基于优先级的仲裁策略。

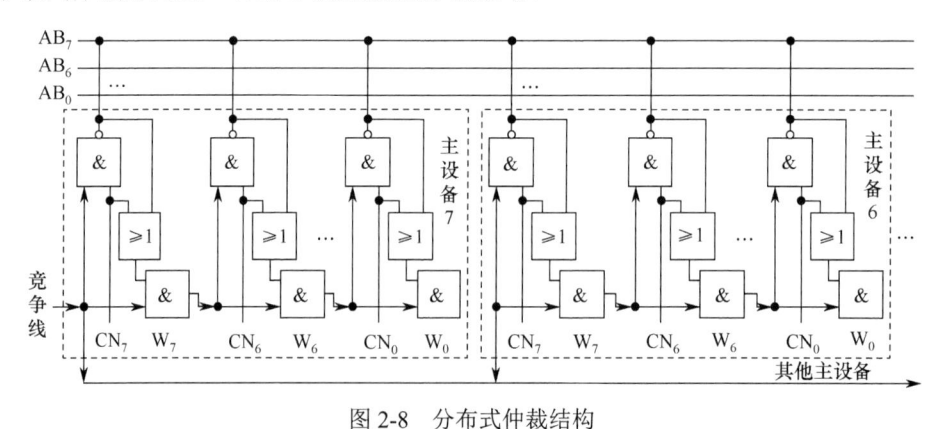

图 2-8 分布式仲裁结构

分布式仲裁通过线与逻辑实现总线仲裁，结合图 2-8，具体步骤如下。

（1）初始状态下，AB 线均为高电平，表示没有设备发起总线请求，此时所有主设备的

CN_i 为 0。

（2）当需要请求总线时，主设备将本设备的仲裁号 CN 取反后送往仲裁总线 AB，由于竞争线为高电平，相当于设备仲裁号与仲裁总线实现线与逻辑。这样，AB 线低电平时表示至少有一个主设备的 CN_i 为 1，反之，没有设备发起总线请求。

（3）竞争时，CN 与 AB 从最高位到最低位逐位比较。CN_i 和 AB_i 的比较结果保存在 W_i 中，在两种情况下 $W_i=1$，一是 $CN_i=1$，二是 $CN_i=0$ 且 $AB_i=1$。无论是哪种情况，只要 $W_i=1$ 都表示迄今为止，尚未出现比当前设备优先级还要高的设备。如果 $W_i=0$，则将屏蔽掉该设备后续所有的仲裁号，使其无法实现线与操作。

（4）竞争失败的设备自动撤销其仲裁号。在竞争期间，由于 W 的输入作用，各设备在其内部的 CN 线上保持其仲裁号并不会破坏 AB 线上的信息。

【例 2-1】两台主设备 S 和 T，仲裁号分别为 20 和 16，在分布式仲裁方式下，如果 S 和 T 竞争总线控制权，分析仲裁过程和结果。

解：分别以 CN_S 和 CN_T 表示两台主设备的仲裁号，以 W_S 和 W_T 表示仲裁过程中计算得到的 W。则有

$$CN\_S=20=00010100B, \quad CN\_T=15=000001111B$$

详细仲裁过程如表 2-1 所示。在前 3 轮的仲裁中，主设备 S 和 T 的仲裁号都有效。由于主设备 S 的优先级更高，在第 4 轮仲裁中，$W\_S_4=1$，主设备 S 的仲裁过程继续有效，而 $W\_T_4=0$，导致主设备 T 的仲裁过程失效，最终 AB=11101011B，S 获得总线控制权。

由于参加竞争的设备访问速度不同，因此各轮比较过程要反复进行，保证最慢的设备也能参与竞争。

表 2-1 双主设备总线请求仲裁过程

信号参数	第1轮	第2轮	第3轮	第4轮	第5轮	第6轮	第7轮	第8轮
位	7	6	5	4	3	2	1	0
AB 初始状态	1	1	1	1	1	1	1	1
AB 仲裁后状态	1	1	1	0	1	0	1	1
CN_S	0	0	0	1	0	1	0	0
$\overline{CN\_S}$	1	1	1	0	1	0	1	1
W_S	1	1	1	1	1	1	1	1
CN_T	0	0	0	0	1	1	1	1
$\overline{CN\_T}$	1	1	1	1	0	0	0	0
W_T	1	1	1	0	1	1	1	1

2.1.2.3 总线的操作时序

微型计算机系统各部件之间的信息交换是通过总线操作周期完成的，一个总线周期通常分为以下 4 个阶段。

（1）总线请求和仲裁阶段。当有多个模块提出总线请求时，必须由仲裁机构仲裁，确定将总线的控制权分配给哪个模块。

（2）寻址阶段。取得总线控制权的模块，经总线发出本次要访问的存储器或设备接口的

地址和有关命令。

（3）传送数据阶段。主模块（指取得总线控制权的模块）与其他模块之间进行数据的传输。

（4）结束阶段。主模块将有关信息从总线上撤除，主模块交出对总线的控制权。

根据时钟信号的不同，总线操作方式可分为同步方式、异步方式和准同步方式。

1. 同步方式

采用同步方式时，发送、接收双方使用统一的时钟信号，收发双方之间没有应答信号，完全由同步时钟确定收发时刻。图2-9所示为同步方式下的总线操作时序。

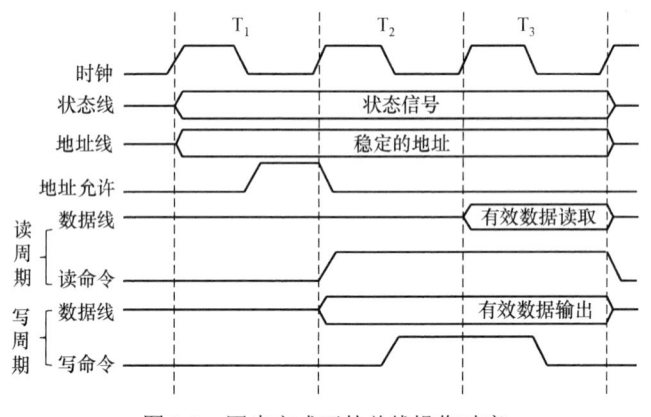

图2-9 同步方式下的总线操作时序

在同步总线操作时序中，事件出现在总线上的时刻由总线时钟信号确定，因此总线中包含时钟信号线。通常事件都出现在时钟信号的上升沿，大多数事件只占据一个时钟周期。

在总线读周期，CPU 在 T_1 将存储器地址送往总线，它亦可发出一个启动信号，指明控制信息和地址信息已经出现在总线上。在 T_2 发出一个读命令，存储器模块识别地址码，经过一个时钟周期延迟（存取时间）后，将数据和认可信息发送到总线上，被 CPU 读取。如果是总线写周期，CPU 在 T_2 开始时将数据送往总线，数据稳定后，CPU 发出一个写命令，存储器模块在 T_3 周期存入数据。

由于采用公共时钟信号，因此可以达到较高的总线传输频率，适用于总线长度较短、各功能模块存取速度比较接近的情况。当接入总线上的功能模块存取速度差异较大时，由于时钟信号必须按照存取速度最慢的那个功能模块进行设计，会从整体上拖慢总线传输频率，降低总线效率。

2. 异步方式

异步方式下，收发双方根据自身的工作速度来确定总线传输的步调，没有统一的时钟信号，特点是各设备以自身的速度工作，时间利用率高。

在异步总线操作时序中，后一事件出现在总线上的时刻取决于前一事件的出现时刻，即建立在应答或互锁基础上。由于不需要统一的公共时钟信号，总线周期长度是可变的。图2-10所示为异步总线操作时序。

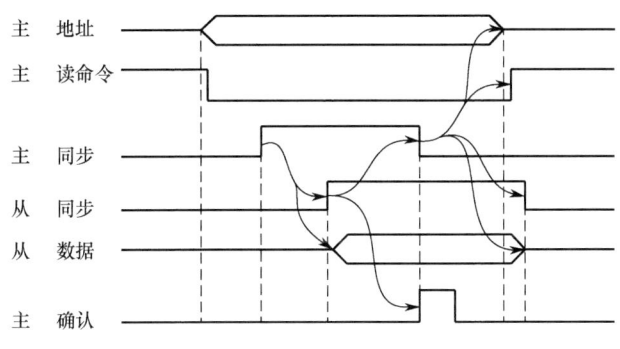

图 2-10 异步总线操作时序

在总线读周期，CPU 首先将地址信号和读信号发送到总线上。信号稳定后，发出主同步信号。从设备接收到主同步确认信号后，进行地址译码并将数据发送到总线上，同时发出从同步确认信号，通知 CPU 数据可用。CPU 接收到从同步信号后，从数据线上读取数据，发出读主确认命令，同时撤销主同步信号。随后，从设备撤销数据和从同步信号，CPU 撤销地址信息和读命令信号。

在总线写周期，CPU 将数据发送到总线上，同时启动状态线和地址线。从设备接受写命令向数据线上写入数据，并使确认线上信号有效。然后，CPU 撤销写命令，存储器模块撤销确认信号。

异步总线的优点是周期长度可变，不把响应时间强加到功能模块上，因而允许快速和慢速功能模块都能同时连接到同一总线上，缺点是复杂性和成本提高。

3. 准同步方式

同步总线的优点是控制简单，适用于功能模块存取速度差异较小的情况。当总线上接入的功能模块大部分的存取速度相当，只有少量设备存取速度较慢时，为了提高总线传输效率，可以借鉴异步总线的思想，在同步总线的基础上进行扩展，得到准同步总线。

在整体上，准同步总线仍然采用同步总线的操作方式，其总线周期是时钟周期的整数倍。不同之处在于，增加一根信号联络线，如低电平有效的准备好信号，由此决定是否需要延长时钟周期。

图 2-11 所示为准同步总线操作时序。基本总线周期由 $T_1 \sim T_3$ 构成，只有当参与总线操作的设备准备好以后，才发出准备好信号。总线控制逻辑在 T_2 的下一个时钟周期的前沿检测准备好信号是否有效，如果无效，则在 T_2 后插入一个等待周期 T_W，并继续在后续的时钟周期（T_W）前沿检测准备好信号是否有效。当检测到准备好信号有效后，才进入 T_3 周期。

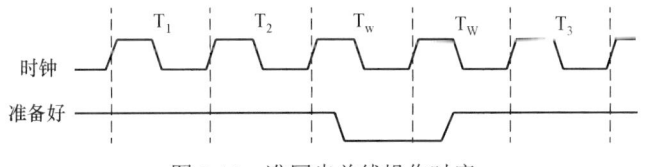

图 2-11 准同步总线操作时序

半准同步总线既具有同步总线设计简单的优点，又具有异步总线适应能力较强的特点，因此，很多同步总线都已经扩展为准同步总线。

2.2 微型控制器

熟悉一种嵌入式处理器，对于从整体上熟悉装备工作原理具有积极的作用。本节以 8 位嵌入式微控制器作为主要教学内容，介绍微型控制器的基本知识。51 系列单片机是一款应用非常广泛的 8 位嵌入式微控制器，也是很多非计算机专业人士学习嵌入式计算机的首选。这里以 51 系列单片机中的基本型 80C51 单片机为原型介绍嵌入式微控制器的基本知识。本书不追求完整全面地讲述 51 单片机的知识，而是面向装备应用，保留核心技术，通过功能裁剪，降低学习难度，使读者能够更清晰地了解武器装备中嵌入式微控制器的基本原理和有关知识。

2.2.1 80C51 单片机内核

80C51 单片机属于 8 位嵌入式微控制器，内部功能模块框图如图 2-12 所示。它把那些作为控制应用所必需的基本功能部件都集成在一块电路芯片上。

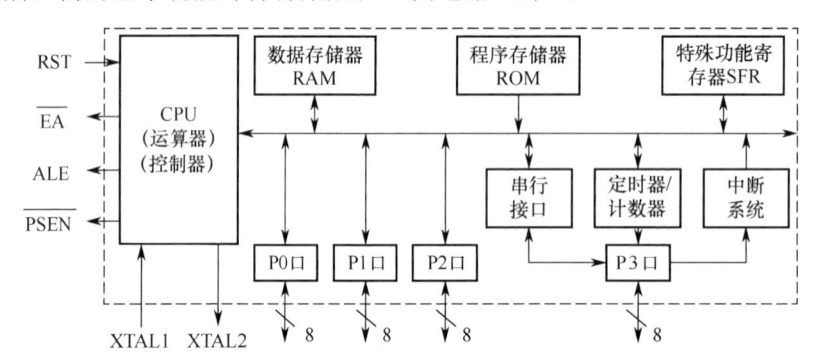

图 2-12 80C51 单片机内部功能模块框图

80C51 单片机拥有 16 条外部地址总线（P0+P2），寻址空间 64KB，8 条外部数据总线（P0）；提供两个外部事件计数引脚（T0 和 T1）、两个外部事件中断引脚（$\overline{INT0}$ 和 $\overline{INT1}$）、两个时钟引脚（XTAL1 和 XTAL2）、一个可编程全双工串行接口（RXD 和 TXD）、4 个 8 位的可编程 I/O 接口（P0～P3），片内拥有 RAM、ROM、特殊功能寄存器、定时器/计数器、中断系统等功能部件。

80C51 单片机各功能部件通过片内单一总线连接而成，其基本结构仍然是如图 2-4 所示的 CPU 加上外围芯片的传统微型计算机结构，但 CPU 对各功能部件的控制是采用特殊功能寄存器（Special Function Register，SFR）的集中控制方式。图 2-13 更加详细地描述了 80C51 单片机的片内硬件组成结构。

寄存器是单片机提供的宝贵资源，通过寄存器，用户可以使用单片机提供的各种功能。

基本型 80C51 单片机设计有 21 个特殊功能寄存器，常用的寄存器有 A、B、PSW、R0～R7、PC、SP、DPTR，除此之外，其他寄存器大多与单片机提供的具体功能联系在一起。

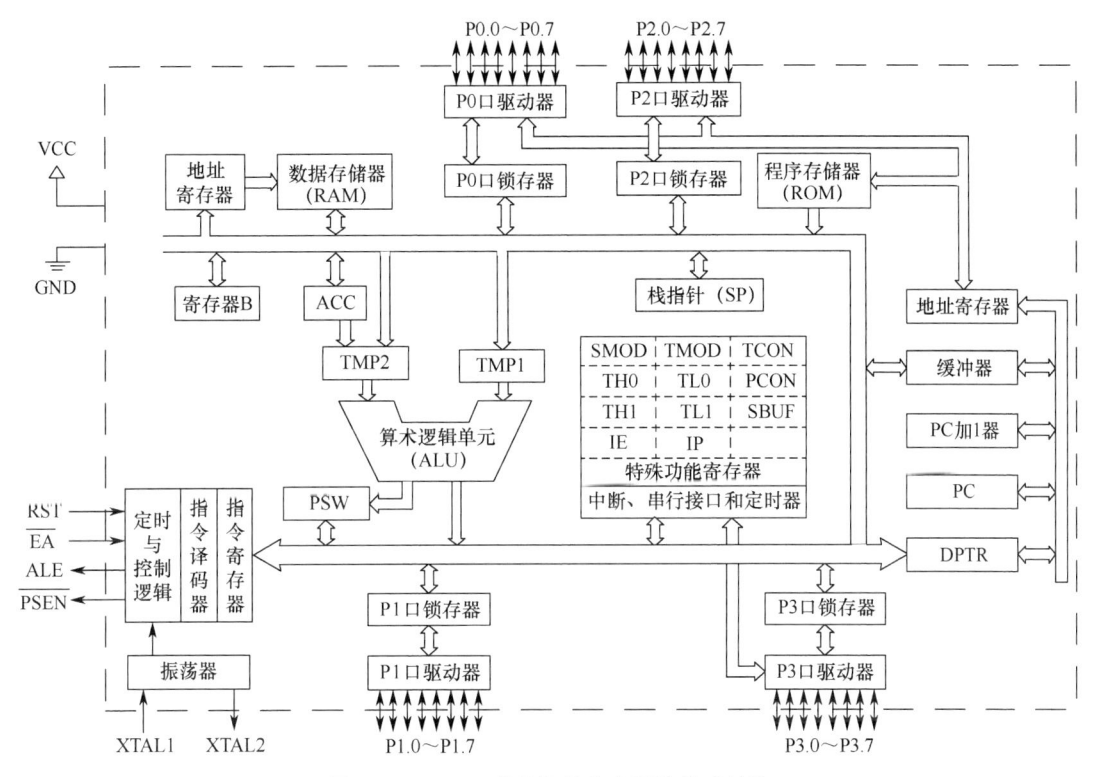

图 2-13　80C51 单片机的片内硬件组成结构

1. 累加器 A

累加器 A 是 CPU 使用最频繁的一个 8 位寄存器，它既是 ALU 单元（Arithmetic and Logic Unit，算术逻辑单元）的输入数据源之一，又是 ALU 运算结果的存放单元。所有的算术运算、逻辑运算及移位操作都需要通过累加器 A 完成。

2. 寄存器 B

寄存器 B 与累加器 A 配合使用，一般用于乘法和除法运算。寄存器 B 存放第二操作数，对于乘法运算，寄存器 B 存放乘积结果的高 8 位数据，累加器 A 存放低 8 位数据；对于除法运算，寄存器 B 存放除法结果的余数部分，累加器 A 存放商值。

3. 程序状态字 PSW

程序状态字 PSW 用于记录程序的运行状态，它反映了程序运行过程中的状态信息。PSW 是一个 8 位寄存器，格式如图 2-14 所示。

D7	D6	D5	D4	D3	D2	D1	D0
CY	AC	—	RS1	RS0	OV	—	P

图 2-14　PSW 的格式

（1）CY 位是进位/借位标记，反映加减运算过程中有无进位/借位的情况发生。CY=1 表明有进位/借位的情况发生。

（2）AC 位是辅助进/借位标志。8 位加法运算时，如果低半字节的 D3 向 D4 有进位，则 AC=1，否则 AC=0。8 位减法运算时，如果低半字节的 D3 向 D4 有借位，则 AC=1，否则 AC=0。

（3）RS1 和 RS0 位是工作寄存器组选择位。由 RS1 和 RS0 构成的二进制数（RS1 在高位）的值 0~3 来选择工作寄存器组 0~3。

（4）OV 位是溢出标志位，表明补码运算的运算结果有无发生溢出。OV=1 表明结果超出有符号数的表示范围，即溢出。

（5）P 位是奇偶标志位，表明累加器 A 中"1"的个数是奇数还是偶数。P=1 表明累加器中有奇数个"1"。奇偶标志在数据通信中用于进行数据检错。

4. 通用寄存器 R0~R7

作为通用寄存器使用时，用于保存临时数据，其功能完全一致。此外，R0 和 R1 还可用作间接寻址寄存器。

5. 栈指针 SP

栈指针 SP 是用于栈操作的寄存器。在计算机系统中，栈主要用于子程序调用前保存返回地址，或者执行中断服务前保存返回地址和现场状态。对于 80C51 单片机，CPU 上电或复位后，SP 的初值为 07H，而 PSW 的值为 0，这样就保证了系统上电后，使用的栈与用户默认使用的统计寄存器组 R0~R7 不会出现读写冲突。

栈操作包括入栈（PUSH）和出栈（POP）两种。入栈时，栈向地址高的方向增长，先移指针，后入数据。例如，将累加器内容入栈的指令 PUSH A，假如累加器 A 的内容为 ABH，执行指令时，先将 SP 的内容加 1，即指向 08H 单元，再将 ABH 送入 08H 单元。出栈时，正好相反，先弹后移。执行指令 POP A，即先将栈顶的 ABH 弹到累加器 A 中，然后指针减 1。这种类型的堆栈也称为满递增类型堆栈，因为从压栈角度看，指针所指的内存单元已经有数据，是满的，必须先移指针，指针向地址增加的方向移动。图 2-15 所示为满递增栈的操作过程。除了满递增栈，还有满递减栈、空递减栈、空递增栈等，具体内容参见 2.4 节。

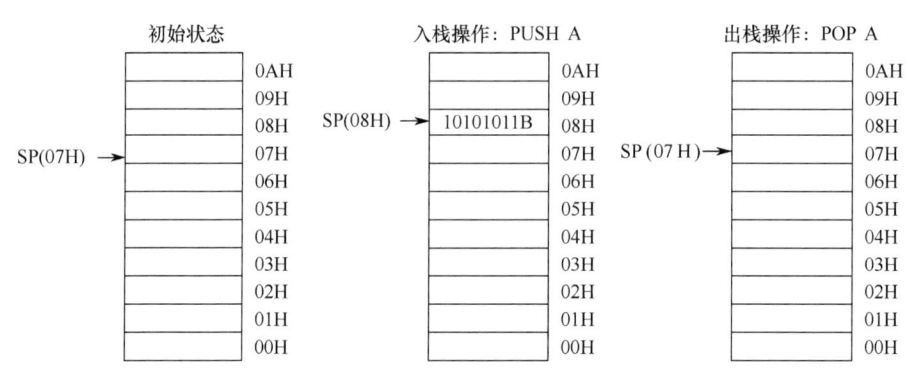

图 2-15 满递增栈的操作过程

6. 程序计数器 PC

程序计数器 PC 是控制器中最基本的寄存器，它总是指向下一条要执行的指令。PC 是一个 16 位的寄存器，访问的程序空间最多可以达到 64KB。PC 具有自动加 1 的功能，由系统维护，用户不可访问。在 PC 的控制下程序顺序执行，各种分支指令通过对 PC 的值修改实现分支和跳转功能。计算机上电或复位时，PC 值为 0000H，因此 CPU 从 0000H 地址开始执行程序。

7. 数据指针 DPTR

数据指针 DPTR 是一个 16 位寄存器，用于提供所要访问的数据存储单元的地址。其访问的地址空间可以达到 64KB，这个地址可以指向程序存储区中的数据区，也可以指向片外数据存储区的存储单元。利用 DPTR 访问程序存储器时，一般用于执行查表操作。由于 8 位计算机难以完成 16 位寄存器的直接赋值，故将其分成两部分，高 8 位为 DPH 寄存器，低 8 位为 DPL 寄存器。

2.2.2　80C51 片内外设

虽然把常用的外设集成到芯片内部，在使用过程中，还需要把它们当成一个个独立的 I/O 接口设备。CPU 内核通过片内总线访问每个 I/O 接口内部的数据寄存器、状态寄存器和控制寄存器，这些寄存器统一集中在 SFR 中。

1. 80C51 单片机外部引脚

80C51 单片机有多种不同的封装方式，教学中常用双列直插封装，其外部引脚布局如图 2-16 所示。

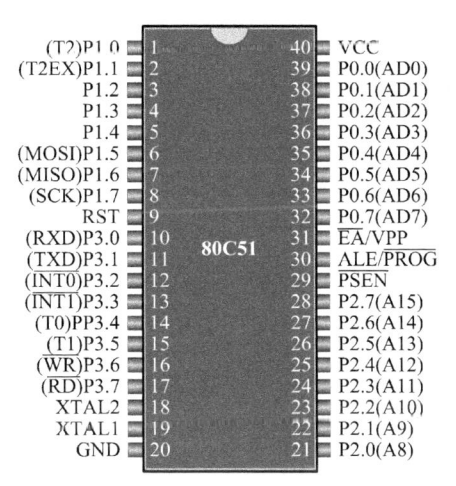

图 2-16　80C51 双列直插封装方式的引脚布局

各个引脚的功能介绍如下。

（1）VCC：+5V 电源。

（2）GND：地。

（3）RST：复位信号，用于完成单片机的硬件电路的复位，程序从零地址开始执行。

（4）XTAL1 和 XTAL2：外接石英晶体引线端，也可用于接外部时钟脉冲信号。

（5）P0.0～P0.7：P0 口 8 位双向口线。

（6）P1.0～P1.7：P1 口 8 位双向口线。

（7）P2.0～P2.7：P2 口 8 位双向口线。

（8）P3.0～P3.7：P3 口 8 位双向口线。

（9）ALE、$\overline{INT0}$ 和 $\overline{EA}$：用于对单片机的功能扩展，包括扩展程序存储器、数据存储器和外部接口芯片。

从图 2-16 可以看出，大部分引脚都有多项功能，需通过初始化程序具体配置在实际产品设计中的功能。例如，两个外部中断信号 $\overline{INT0}$ 和 $\overline{INT1}$、串口通信接收信号 RXD 和发送信号 TXD 都是和 P3 口共用引脚的。

2. 可编程 I/O 接口

I/O 接口是各种工程领域计算机产品最常用的接口。例如，开关状态的输入和发光二极管指示灯的输出都可以采用 I/O 接口。80C51 单片机虽然芯片只有 40 个引脚，但可以提供的 I/O 功能的引脚多达 32 个，且引脚可以灵活地配置为输入和输出。

并行 I/O 接口内部结构及用法的详细内容将在第 5 章介绍。

3. 定时器/计数器

定时器和计数器没有本质区别，在内部都要采用计数器电路。80C51 单片机采用加计数器电路，当该电路对 CPU 芯片内部产生的固定周期信号进行计数，计满后给出中断信号或状态标记时，该电路称为定时器。当该电路对芯片外部的事件脉冲进行计数时，能给出计数结果的就是计数器，计数器计满也可以给出中断信号或状态标记。

80C51 单片机拥有两个定时器/计数器，分别记为 T0 和 T1。为了满足各种场合的工作需要，提供了 4 种工作方式。图 2-17 所示为定时器/计数器 T0 工作于方式 1 时的逻辑框图。

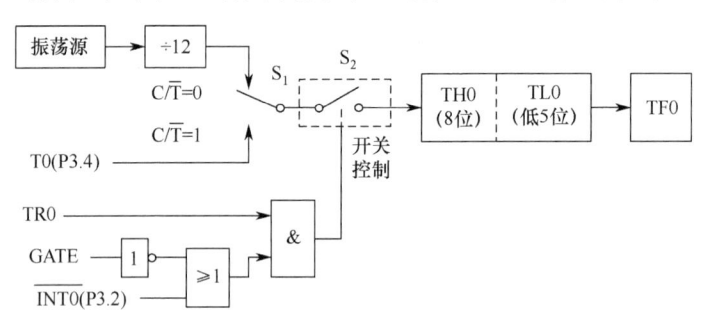

图 2-17 T0 工作于方式 1 时的逻辑框图

由图 2-17 可知，如果工作于定时器（$C/\overline{T}=0$），计数脉冲来自 CPU 芯片内部，为晶体振荡器振荡频率 f_{osc} 的 12 分频信号。如果工作于计数器（$C/\overline{T}=1$），计数脉冲来自芯片外部的 T0（P3.4）引脚。控制位 $C/\overline{T}$ 用于选择计数脉冲来源，该位为 0 时 S_1 开关打在上方，工作于定时器。

S_2 开关接通或断开计数脉冲,实现计数的启动/停止控制。计数的启停可以接受多种信号的灵活控制,既可以接受外部 $\overline{INT0}$ 引脚的控制,也可以接受内部控制位 GATE 和 TR0 的控制。

TH0 和 TL0 两个寄存器构成加 1 计数器。工作于方式 1 时,计数器的位数是 16 位,单次最大计数 65536 个。工作于方式 0 时,计数器的位数是 13 位,其他电路完全相同。计数器计满后对 TF0 标志位置 1 并触发中断。

80C51 单片机定时器/计数器的更多知识参见 2.2.4 节。

4. 串行通信接口

在武器装备中,串行通信是一种非常普遍的通信方式。串行通信时,传送数据的各位按照严格的时钟节拍一位一位顺序传送(如先低位、后高位)。其优点是传输线少、费用低、适合长距离传送,缺点是传送速度较低。

串行通信有多种实现方式,80C51 单片机片内集成了 UART 接口电路。UART 是 Universal Asynchronous Receiver and Transmitter(通用异步收发器)的缩写,也称异步串行通信,是一种最常用的通信方式,各种台式计算机的 9 针串口就是采用这一通信方式。1 路 UART 具有发送和接收两个独立的传输通道。

UART 接口电路也包括数据寄存器、状态寄存器和控制寄存器。数据寄存器保存即将发送和刚完成接收的数据;控制寄存器用于配置对串行通信的发送和接收速率、数据发送格式等;状态寄存器用于指示是否发送完毕、是否接收到数据等。

串行通信的更多内容参见 4.2 节。

5. 中断控制器

中断是微机系统中非常重要的一项技术,是对微机系统的有效扩展。利用中断技术,计算机系统可以实时响应外部设备的服务请求,及时处理外部意外或紧急事件。80C51 单片机总体上可以认为由 CPU 内核和片内外设两部分组成。内核功能简单,没有来自内核的中断,所有中断均来自片内外设或芯片外部。通过片内外设的中断控制器来管理来自芯片内外的各种中断,即通过程序配置中断控制器,实现中断源的开放与禁止、设定优先级的高低等。基本型 80C51 单片机中设计了 5 个中断源。

(1)外部中断 0:来自芯片外其他外设的中断。
(2)定时器 0:来自芯片内部定时器/计数器 0 的中断。
(3)外部中断 1:来自芯片外其他外设的中断。
(4)定时器 1:来自芯片内部定时器/计数器 1 的中断。
(5)串口中断:来自芯片内部 UART(简称串行接口)的中断。

中断控制和处理的内容较多,因此单独介绍,详见 2.2.3 节。

6. 片内外设编址

片内外设虽然已经集成在芯片内部,但它们仍需通过接口电路与 CPU 内核相连。CPU 和 I/O 接口打交道本质上是和接口中的端口寄存器打交道。端口寄存器分为数据寄存器、状态寄存器和控制寄存器,每个寄存器都有唯一的地址。80C51 单片机对所有片内外设及其端口寄存器进行了统一设计和管理，采取独立编址方案，对所有的端口寄存器进行了地址统一分配。80C51 单片机中，范围在 80H～FFH 的 I/O 地址空间，属于 I/O 专用寄存器 SFR 所有，各寄存器的地址空间均位于该范围内。

80C51 单片机片内有数据空间（RAM 空间）、程序空间（ROM 空间）和 I/O 空间（SFR 空间）共 3 个不同的地址空间，如图 2-18 所示。

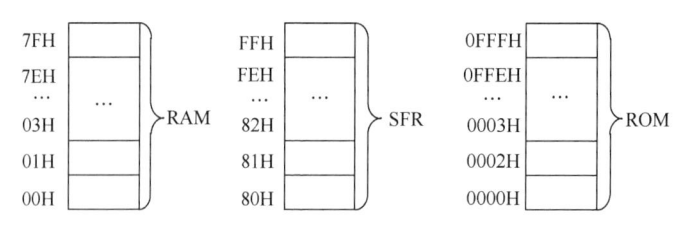

图 2-18　80C51 内部存储器空间编址

关于存储器的更多内容，详见 2.4 节。

2.2.3　中断系统

本节首先介绍中断技术的一般知识，使读者对中断的基本概念、处理过程有整体的认识，在此基础上，进一步介绍 80C51 单片机的中断系统。

1. 中断基础知识

所谓中断，是指当 CPU 正在执行某程序时，由于某种原因，外界向 CPU 发出了暂停目前工作去处理更重要事件的请求，程序被打断，CPU 响应该请求并转去执行请求 CPU 为之服务的内、外部事件所对应的服务程序，待该服务程序执行完后，再返回到原来程序被打断的位置，继续原来的工作，这一过程称为中断。其过程如图 2-19 所示。

中断发生后，原来运行的被中断的程序称为主程序。从主程序中转入的相应事件处理程序称为中断服务程序。向 CPU 发出中断的请求信号称为中断源。由于中断的发生，主程序暂停执行，主程序中即将执行但由于中断没有被执行的那条指令的地址称为中断断点，简称断点。

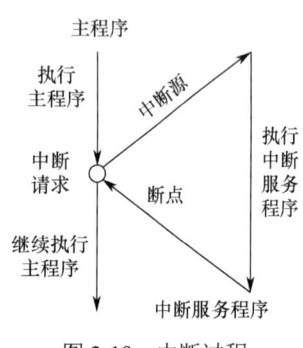

图 2-19　中断过程

对于几乎所有的微控制器，中断都是一项重要的技术。早期微控制器中的中断一般是由硬件（如外设和外部输入引脚）产生的事件，随着技术的发展，中断已不再限于只能由硬件产生，也可由程序安排即软件实现。

1）中断源

中断源是指引起 CPU 中断的事件，常见的中断源有如下几种。

（1）外部设备中断源。

外部设备的主要功能是为微型计算机输入和输出数据，故它是最原始和最广泛的中断源。在用作中断源时，通常要求它在输入或输出一个数据时能自动产生一个中断请求信号（TTL 低电平、高电平或 TTL 下降沿、上升沿）送到 CPU 的中断请求输入线，以供 CPU 检测和响应。例如，打印机打印完一个字符时，可以通过打印中断请求 CPU 为它送下一个打印字符；人们在键盘上按下一个按键时，也可以通过键盘中断请求 CPU 从它那里提取输入的键符编码。因此，打印机和键盘等计算机外设都可以用作中断源。

（2）控制对象中断源。

在计算机用于实时控制时，被控对象常常被用作中断源，用于产生中断请求信号，要求 CPU 及时采集系统的控制参量、超限参数及要求发送和接收数据等。例如，电压、电流、温度、压力、流量和流速等超越上限和下限，以及开关和继电器的闭合或断开，都可以作为中断源来产生中断请求信号，要求 CPU 通过执行中断服务程序加以处理。因此，被控对象常常是用于实时控制的计算机的中断源。

（3）故障中断源。

故障中断源是产生故障信息的源泉，把它作为中断源是要 CPU 以中断方式对已发生的故障进行分析处理。故障中断源有内部和外部之分，CPU 内部故障源引起内部中断，如被零除中断等；CPU 外部故障源引起外部中断，如硬件损坏、掉电中断等。在掉电时，掉电检测电路会自动产生一个掉电中断请求信号，CPU 检测到后，便在大滤波电容维持正常供电的几秒钟内，通过执行掉电中断服务程序来保护现场和启用备用电池，以便电源恢复正常后继续执行掉电前的用户程序。与上述 CPU 故障中断源类似，被控对象的故障源也可用作故障中断源，以便对被控对象进行应急处理，从而减少系统在发生故障时的损失。

（4）定时脉冲中断源。

定时脉冲中断源又称定时器中断源，实际上是一种定时脉冲电路或定时器。定时脉冲中断源用于产生定时器中断，定时器中断有内部和外部之分。内部定时器中断由 CPU 内部的定时器/计数器溢出时自动产生，故又称内部定时器溢出中断；外部定时器中断通常由外部定时电路的定时脉冲通过 CPU 的中断请求输入线引起。无论是内部定时器中断还是外部定时器中断，都可以使 CPU 进行计时处理，以便达到时间控制的目的。

（5）软件引起的中断源。

软件引起的中断源有程序出错、运算错误、为调试程序而人为设置的断点等。

2）中断嵌套

如果 CPU 正在执行中断服务程序时，又有新的中断源发出申请，CPU 该如何处理呢？

如果新来的中断优先级高于 CPU 现行服务的中断优先级，则允许中断，否则把这个中断优先级低的中断请求暂时搁置起来，等到处理完优先级高的中断请求后再来响应这个优先级低的中断。

当 CPU 正在处理一个中断源请求时（执行相应的中断服务程序），发生了另一个优先级比它更高的中断源请求，则 CPU 暂停执行原来中断源的服务程序，转而去处理优先级更高的中断源请求，处理完以后，再回到原来优先级较低的中断源服务程序，这样的过程称为中断嵌套。支持中断嵌套的中断系统称为多级中断系统，没有中断嵌套功能的中断系统称为单级中断系统。图 2-20 所示为中断嵌套过程。

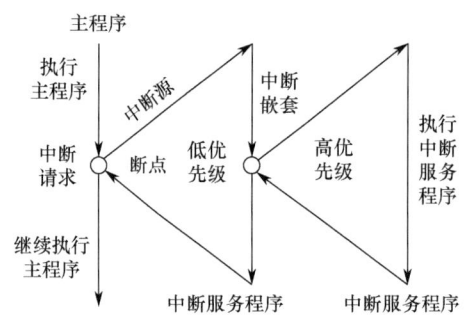

图 2-20 中断嵌套过程

3）中断的作用

中断技术被广泛用于分时操作、实时处理、故障及时处理等场合。利用中断技术，微机系统可以实时响应外部设备的服务请求，能够及时处理外部意外或紧急事件。

（1）提高 CPU 工作效率。

CPU 有了中断功能就可以通过分时操作启动多个外设同时工作，并能对它们进行统一管理。CPU 执行人们在主程序中安排的有关指令，同时可以让各外设与它并行工作，而且任何一个外设在工作完成后（如处理完第一批打印信息的打印机）都可以通过中断得到满意服务（如给打印机送第二批需要打印的信息）。因此，CPU 在与外设交换信息时通过中断就可以避免不必要的等待和查询，从而大大提高它的工作效率。

（2）提高数据处理时效。

在实时控制系统中，被控系统的实时参量、超限数据和故障信息等必须为计算机及时采集、分析判断和处理，以便对系统实施正确的调节和控制。因此，计算机对实时数据的处理时效常常是被控系统的生命，是影响产品质量和系统安全的关键。

（3）提高系统的可靠性。

系统的失常和故障情况被检测到后，可以通过中断立刻通知 CPU，使它迅速对系统做出应急处理，从而提高了系统的可靠性。

4）中断的分类

按中断产生的位置分类，可以分为外部中断和内部中断。外部中断又称外部硬件实时中断，它是由外部送到 CPU 的某一特定引脚上产生的。内部中断又称软件指令中断，是为了处理程序运行过程中发生的一些意外情况或方便调试程序而提供的中断。

按接收中断的方式分类，可以分为可屏蔽中断（INTR）和非屏蔽中断（NMI）。可屏蔽中断可以通过指令使 CPU 根据具体情况决定是否接收中断请求。对于非屏蔽中断，只要中断源提出请求，CPU 就必须响应，主要用于一些紧急情况的处理，如掉电等。

I/O 设备产生的中断请求均为可屏蔽中断，硬件故障则产生非屏蔽中断。

对于某一种类型的微型计算机可能只具备其中的某几种方式，如 80C51 单片机就不具备非屏蔽中断和内部中断，而 ARM 系列微处理器则拥有上述所有的中断方式。

5）中断优先级

一个中断系统通常有多个中断源，这样就可能出现一个问题，当有多个中断源同时发出中断请求时，CPU 应该响应哪一个？解决办法是首先按照轻重缓急为每个中断源赋予一个中断优先级（优先权），当中断发生时，按照优先级顺序进行响应。

判断中断源优先级的方法有软件查询法和硬件排队法两种。软件查询法不需要额外增加设备，但中断源较多时，查询所花费的时间较长，影响 CPU 的响应速度。硬件排队法的响应时间不受中断源数量的影响，响应速度较快，但增加了成本。

有了中断判优机制，通过判断中断优先级，CPU 率先响应优先级较高的中断源的中断请求，而把中断优先级较低的中断请求暂时搁置起来，等到处理完优先级高的中断请求后再来响应优先级低的中断。

2. 中断处理过程

中断处理的一般过程可分为 4 个阶段：中断请求、中断响应、中断服务和中断返回。

1）中断请求和响应

中断请求是指由中断源向 CPU 发出中断请求信号。对 CPU 而言，中断源产生的中断请求是随机发生且无法预料的。因此，CPU 必须不断检测中断输入线上的中断请求信号，而且相邻两次检测时间不能相隔太长，否则就会影响响应中断的时效。通常，CPU 总是在每条指令的最后状态对中断请求进行一次检测，因此从中断源产生中断请求信号到被 CPU 检测到它的存在一般不会超过一条指令的时间。

（1）中断响应的条件与时机。

当外设的中断请求发送给 CPU 后，对于可屏蔽中断请求，还必须满足以下条件才可响应中断。一是 CPU 允许中断。CPU 内部设有中断允许触发器，可以用指令对其进行设置，如果关闭，即使有中断请求，也不会响应，只有它被允许时，才能响应外设的中断请求。在一些计算机系统中，为了处理紧急情况，也允许某些中断请求不受 CPU 的这一限制，非屏蔽中断请求即为一例。二是当前指令被执行完。若中断请求发送给 CPU 的时刻，CPU 正在执行一条指令，则必须等这条指令执行完后，才能响应。因为 CPU 是在每条指令的最后一个机器周期才会去检测是否有中断请求。

（2）中断响应的过程。

满足以上两个条件后，CPU 进入中断响应周期，首先保护断点，然后转到中断服务程序入口地址。

CPU 在一条指令执行完毕后，响应中断，此时 PC 的值为下一条指令的地址，即断点地址，为了确保 CPU 在执行完中断处理程序后，仍能回到断点处继续执行主程序，必须在服务程序入口地址送入 PC 之前，将断点地址送入堆栈保护起来，这一工作由硬件自动完成。

一般情况下，计算机带有多个中断源，计算机响应中断后必须首先确定响应的是哪个中断源的请求，然后将该中断源的服务程序的第一条指令地址即入口地址送入 PC，使 CPU 转去执行服务程序。确定入口地址的具体方式对于不同的 CPU 来说并不相同，通常有两种方式。一种是软件查询法，即对所有的中断源按照优先级别从高到低逐个查询，先查到的即响应，该中断源的入口地址也就确定了。另一种是中断向量法，由被响应的中断源自动送上一个中断向量，不同的中断源有各自不同的中断向量，根据中断向量经过某种计算或查表，便可得到中断服务程序的入口地址，从而转入中断服务程序。

2）中断服务

中断服务就是执行中断服务程序，一般要完成以下操作。

（1）保护现场。

由于在执行服务程序时需要使用 CPU 的某些寄存器来进行运算、传送、保存中间结果，这样一来，就使得断点处的这些寄存器的原值被改变，中断返回后，继续执行主程序时就会产生错误。因此，在正式执行服务程序之前必须采取保护措施，将断点处的有关寄存器的值送入堆栈保护，具体保护哪些寄存器的内容，应根据具体情况而定。

（2）执行中断服务程序。

执行中断源所需要的服务程序，如使用输入/输出指令和外设交换信息等，不同的中断源有各自不同的服务程序。

（3）恢复现场。

执行完服务程序之后，要回到主程序。为此，必须将前面保护现场时送到堆栈中的 CPU 各寄存器的内容，重新从堆栈中弹回到各寄存器，使主程序能正确执行，这一工作称为恢复现场。

3）中断返回

中断返回实际上是 CPU 硬件断点保护的相反操作。它从堆栈中取出断点信息，使 CPU 能够从中断处理程序返回到被中断的程序上继续执行。一般中断返回操作都是在中断服务程序最后安排一条中断返回指令（RETI）来实现的。该指令的功能是将堆栈中保存的断点地址弹出到程序计数器中，以返回被中断的程序继续运行。

中断处理过程如图 2-21 所示。

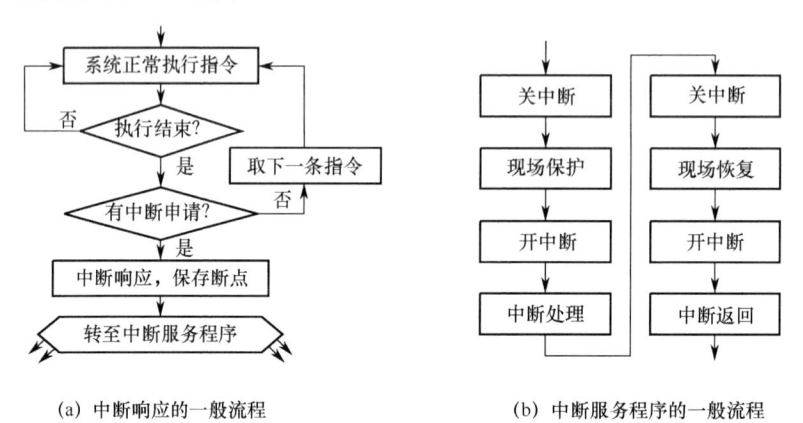

(a) 中断响应的一般流程　　(b) 中断服务程序的一般流程

图 2-21　中断处理过程

（1）现场保护和现场恢复。

所谓现场，是指进入中断前计算机中某些寄存器和存储单元中的数据或状态。为了使中断服务程序的执行不破坏这些数据或状态，以免在中断返回后影响主程序的运行，需要把它们送入堆栈保存起来，这就是现场保护。现场保护一定要在中断处理程序的前面。中断处理完毕后，在返回主程序前，则需要把保存的现场内容从堆栈中弹出，以恢复那些寄存器和存储单元中的原有内容，这就是现场恢复。现场恢复一定要在中断处理程序的后面。

80C51 单片机的堆栈操作指令 PUSH direct 和 POP direct，主要是供现场保护和现场恢复使用的。至于要保护哪些内容，应该由用户根据中断处理程序的具体情况来决定。

（2）关中断和开中断。

在图 2-21（b）中，现场保护前和现场恢复前的关中断，是为了防止此时有高一级的中断进入，避免现场被破坏；在现场保护后和现场恢复后的开中断是为下一次的中断做好准备，也为了允许有更高级的中断进入。这样做的结果是，中断处理可以被打断，但原来的现场保护和现场恢复不允许更改，除了现场保护和现场恢复的片刻，仍然保持该中断嵌套的功能。

（3）中断处理。

中断处理是中断源请求中断的具体目的。应用设计者应根据任务的具体要求，来编写中断处理部分的程序。

（4）中断返回。

中断服务程序的最后一条指令必须是返回指令，使 CPU 从堆栈中自动取出断点地址和标志寄存器内容，并从断点处继续执行被中断的程序。

至此，我们了解了有关中断系统和中断处理过程的一般情况，但是，对于不同的计算机其细节是不尽相同的。下面具体介绍 80C51 单片机的中断系统。

3. 80C51 单片机中断系统

1）中断源

80C51 单片机的中断源如表 2-2 所示。

从表 2-2 可以看出，每个中断服务程序仅预留了 8B 的地址空间，如果服务程序不超过 8B，则可以直接放在该空间内；如果超过 8B，则需安排一条跳转指令，跳转到其他程序空间继续执行。中断服务程序的入口地址也称为中断向量。

此外，80C51 单片机上电或复位后，从 0000H 地址开始执行，由于 0003H 以后的空间被用作中断服务程序入口，所以必须在该地址安排一条跳转指令，如指令 020030H（汇编指令 LJMP 0030H），跳转到地址 0030H 继续执行。

表 2-2 80C51 单片机的中断源

符　号	名　称	中断服务程序入口	默认优先级顺序
$\overline{INT0}$	外部中断 0	0003H	最高
T0	定时器 0	000BH	↓
$\overline{INT1}$	外部中断 1	0013H	
T1	定时器 1	001BH	
TI/RI	串口中断	0023H	最低

2）优先级控制

80C51 单片机采用两级优先级：高优先级和低优先级。每个中断源均可通过软件设置为高优先级或低优先级中断，实现两级中断嵌套。80C51 单片机通过中断优先级寄存器 IP 实现对中断优先级的管理。IP 的格式如表 2-3 所示。

表 2-3 中断优先级寄存器 IP 的格式

IP	—	—	—	PS	PT1	PX1	PT0	PX0
位地址	—	—	—	BCH	BBH	BAH	B9H	B8H
位含义	—	—	—	串行接口高/低	T1 高/低	$\overline{INT1}$ 高/低	T0 高/低	$\overline{INT0}$ 高/低

在默认情况下，各中断源的优先级均为低优先级，为了防止优先级相同的中断源同时发出中断请求，又进一步规定了 CPU 对各中断源的默认响应顺序。

$$\overline{INT0} \rightarrow T0 \rightarrow \overline{INT1} \rightarrow T1 \rightarrow RI/TI$$

3）中断允许控制

CPU 对中断源开放或屏蔽的控制，通过片内中断允许寄存器 IE 实现。IE 的各位对应相应的中断源，如果允许该中断源中断则该位置 1，禁止中断则该位置 0。IE 的字节地址为 A8H，可按位寻址。其具体格式如表 2-4 所示。

表 2-4 中断允许寄存器 IE 的格式

IE	EA	—	—	ES	ET1	EX1	ET0	EX0
位地址	AFH	—	—	ACH	ABH	AAH	A9H	A8H
位含义	中断总控允/禁	—	—	串行接口允/禁	T1 允/禁	$\overline{INT1}$ 允/禁	T0 允/禁	$\overline{INT0}$ 允/禁

EA 位为中断允许总开关，EA=0 表示所有中断请求都会被屏蔽。

4）中断请求

单片机内的中断请求过程是定时器/计数器控制寄存器 TCON 和串行接口控制寄存器 SCON 的中断请求标志位置 1 的过程，当 CPU 响应中断时，中断请求标志位才由硬件或软件清 0。定时器/计数器控制寄存器 TCON 的格式如表 2-5 所示。

表 2-5 定时器/计数器控制寄存器 TCON 的格式

TCON	TF1	TR1	TF0	TR0	IE1	IT1	IE0	IT0
位地址	8FH	8EH	8DH	8CH	8BH	8AH	89H	88H
位含义	T1 请求 有/无	T1 工作 启/停	T0 请求 有/无	T0 工作 启/停	$\overline{INT1}$ 请求 有/无	$\overline{INT1}$ 方式 0：低电平触发 1：下降沿触发	$\overline{INT0}$ 请求 有/无	$\overline{INT0}$ 方式 0：低电平触发 1：下降沿触发

串行接口控制寄存器 SCON 的入口地址为 98H，地址范围为 9FH～98H，其中的低 2 位是 RI 和 TI 锁存串行接口的接收和发送中断请求标志位，格式如表 2-6 所示。

表 2-6 串行接口控制寄存器 SCON 的低 2 位格式

SCON	—	—	—	—	—	—	TI	RI
位地址	—	—	—	—	—	—	99H	98H
位含义	—	—	—	—	—	—	发送中断请求标志	接收中断请求标志

串口每发送完一帧串行数据后，硬件自动对 TI 置 1，提示 CPU 及时发送下一帧数据，必须在中断服务程序中用软件对 TI 标志位清 0。串口每接收完一帧串行数据后，硬件都自动对 RI 置 1，提示 CPU 及时接收当前收到的一帧数据，RI 标志位也需要在中断服务程序中用软件清 0。SCON 其余各位用于串行接口工作方式设定和串行接口发送/接收控制，这部分内容将在 4.2 节详细介绍。

5）中断查询和响应

中断查询和响应也是由 CPU 自动完成的。中断查询就是由 CPU 测试 TCON 和 SCON 中的各标志位的状态，以确定有无中断请求以及是哪个提出中断请求。80C51 单片机中断处理的时序如图 2-22 所示。

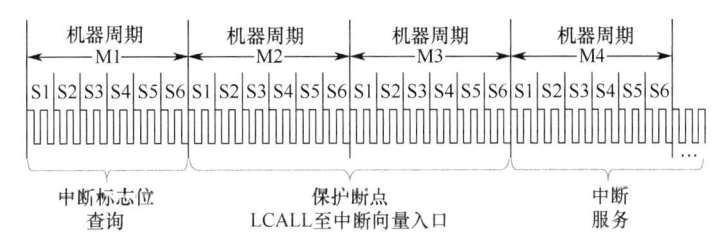

图 2-22 80C51 单片机中断处理的时序

CPU 在每个机器周期的最后一个状态 S6 都按照优先级及默认响应顺序查询中断请求标志位。如果查询到有标志位被置位，且具备响应中断的条件，则在随后的第 2 和第 3 个机器周期开始响应中断。具体工作包括保护断点、关中断、通过 LCALL 长调用指令调用对应的服务程序。因此，在理想情况下，80C51 单片机的中断响应过程（从标志位置 1 到进入相应的中断服务程序）至少需要 3 个完整的机器周期。

对于 80C51 单片机而言，出现以下 3 种情况时，CPU 不响应中断。

（1）当前指令未执行完。

（2）当前响应了同级或高级中断。

（3）正在操作 IE、IP 或执行 RETI 指令。

需要注意的是，在上述 3 种情况下，即使中断标志有效也仍然不会被响应。当阻碍条件消失时，中断标志不再有效，中断将不再被响应。即，如果中断标志有效时没有响应中断，之后将不再被记忆，每个查询周期都会更新有置位的那些中断标志，忽略没有置位的中断标志。

6）中断处理和返回

中断处理应根据具体的任务编写中断服务程序。通常情况下，中断服务程序需要完成保护现场、中断服务、恢复现场等操作。

对于 80C51 单片机而言，中断服务程序的最后一条指令必须是返回指令 RETI，它是中断服务程序结束的标志。CPU 执行完这条指令后，把响应中断时所置 1 的不可寻址的优先级状态触发器清 0，然后从堆栈中弹出栈顶的 2 个字节的断点地址并送到程序计数器 PC 中，弹出的第 1 个字节送入 PCH，弹出的第 2 个字节送入 PCL，于是 CPU 就从断点处重新执行被中断的主程序。

7) 中断控制器

中断控制器属于片内外设部分，通过软件配置实现芯片内部和外部所有中断的开放和禁止、设定优先级的功能，其工作原理如图 2-23 所示。80C51 单片机的中断控制器实现对 6 个中断源的控制，图 2-23 中的 T2 为定时器/计数器 2 中断，这是增强型 51 单片机增加的一个中断源，其原理及用法与 T0 和 T1 类似。

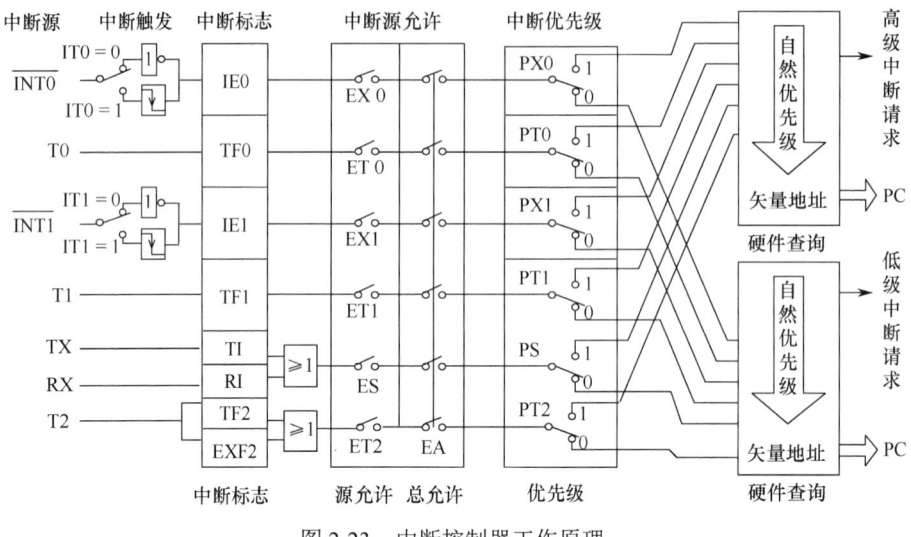

图 2-23 中断控制器工作原理

中断触发选择的作用是，通过对触发选择 IT0 和 IT1 控制位进行编程设定，确定外部中断 0 和外部中断 1 是采用电平触发方式还是边沿触发方式。

中断标志寄存器的作用是，所有中断发生时都会在相应的标志寄存器中进行登记，这可以允许程序通过程序查询方式完成对外部中断的处理。每个中断源都必须对应一个中断标志位，当某中断源提出中断申请时，对应的标志位置 1。一旦程序响应中断，必须立刻清除该中断标志位。IE0 和 IE1 为来自芯片引脚的外部中断 0 和外部中断 1 标志位，低电平有效。TF0 和 TF1 为来自芯片内部的定时器 0 和定时器 1 中断标志位，加计数器电路计满后发出中断信号。TI 和 RI 为来自芯片内部的串行通信接口中断标志位，当发送缓冲寄存器的所有数据位发送完成后给出 TI 中断信号，提示 CPU 应该立刻送来下一个数，否则就无数可发了；当接收缓冲寄存器的所有数据位都收到数据后给出 RI 中断信号，提示 CPU 应该立刻取走数据，否则就会被后面接收的数据覆盖掉。TI 和 RI 是两个中断，通过或电路组合在一起形成了串口通信中断，统一进行中断的屏蔽控制和优先级设定。当 CPU 响应串口通信中断后，还需通过查询标志寄存器确定是发送中断还是接收中断，再转入相应的中断服务程序。

中断源允许控制的作用是，对每个中断源进行开放或屏蔽。有的外部中断源可能对产品设计没有用，这时可以直接将该中断源屏蔽掉，以免因干扰引起中断影响系统程序运行。有的产品设计需要该中断源，但当系统初始化没有完成不具备响应该中断的条件，或者在某段时间该中断源不该提出申请时，可以对该中断源予以屏蔽，禁止其提出中断。中断源允许控制中,还有一个全局中断源允许控制 EA,其作用是同时允许或禁止所有中断源。CPU 有时需要执行特别重要的任务,这时不允许任何外部中断源来干扰,就可以直接屏蔽掉所有中断源。

中断优先级寄存器的作用是,对每个中断源指定优先级。80C51 单片机的功能简单,每个中断源只有"高"和"低"两个优先级可以设定。当中断优先级寄存器相应位置 1 时,表明设定为高优先级。高优先级可以中断低优先级的任务获得优先响应,所以,高优先级的任务必须是立刻做出响应的紧迫任务,一般只能有 1~2 个。如果多个任务的优先级相同且同时提出中断申请,则按默认优先级顺序选出一个进行中断服务。

80C51 单片机的中断系统根据优先级寄存器 IP 中存储的优先级,将中断源分为高级中断请求和低级中断请求,在两个分组中通过硬件查询确定中断响应顺序。

2.2.4 定时器/计数器

2.2.4.1 定时器/计数器基础

1. 定时与计数

所谓计数,主要是指对外部事件进行计数,而外部事件的发生以输入脉冲表示,因此计数功能的实质就是对外来脉冲进行计数。

定时的本质也是计数,只不过定时过程中计数的脉冲是由内部基准时钟产生的周期信号,每个脉冲都对应一小段固定的时间。把这些小片的固定时间累加起来,就可以获得一个较长的时间段,从而实现计时或定时功能。例如,以纳秒为单位,计满 1000ns 为 1ms,计满 1000ms 为 1s,等等。因此,在实际使用中,有时把定时与计数混为一谈,或者说把定时操作当成计数操作来处理。

在微型计算机应用系统中的定时,可分为内部定时和外部定时两类。内部定时是计算机本身运行的时间基准,计算机每个操作都是在精确的定时信号控制下按照严格的时间节拍执行的。外部定时是外部设备实现某种功能时,CPU 与外部设备之间所需要的一种时序关系。

内部定时已由 CPU 硬件结构确定了,是固定的时序关系,无法更改,其他一切定时都应以此为基准。对于外部定时,由于外设或被控对象的任务、内部结构和功能的不同,所需要的定时信号也各不相同,不可能有统一的模式,因此往往需要由用户或研制者根据 I/O 设备的要求自行设定。在考虑外设或被控对象与 CPU 连接时,不能脱离 CPU 的定时要求,应以 CPU 的时序关系为依据来设计外部定时系统,以满足计算机的时序要求,这称为与主机的时序配合。

总的来说,内部定时的作用是:为 CPU 内部元件提供统一的时钟信号;为分时操作系统计时,控制程序切换。

外部定时的作用是:向 I/O 设备输出周期可控的时序信号;串行通信中用作可编程波特率发生器。

计数的作用是：统计外部环境中某一事件发生的次数。

2. 实现方式

定时方式一般有软件定时和硬件定时两种，硬件定时又可分为不可编程硬件定时和可编程硬件定时两种方式，如图 2-24 所示。

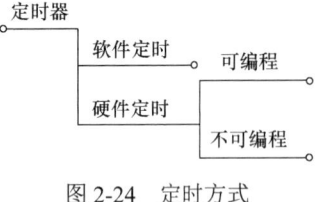

图 2-24 定时方式

1）软件定时

软件定时是让计算机执行一个程序段，这个程序段本身没有具体的执行目的，但由于执行每条指令都需要时间，因此执行这个程序段本身就花费一段固定的时间。软件定时只要选用合适的指令和循环次数就很容易实现，因此具有很好的通用性和灵活性。但软件定时占用 CPU 的时间，降低了 CPU 的利用率，因此这种方法适合于定时时间不长、重复次数有限的场合。

2）不可编程硬件定时

这种硬件定时方式常采用小规模集成电路元件构成定时电路。它不占用 CPU 的时间，但是这种电路的定时时间要靠电路中的元件参数来确定。在硬件电路连接好以后，要改变定时时间和定时范围，就要改变电路中的电子元件，因此通用性和灵活性差。

3）可编程硬件定时

可编程定时是为了方便微型计算机系统的设计和应用而研制的。它既是硬件定时，又可以很容易地通过指令来设置和改变定时时间并启动定时，定时电路启动后与 CPU 并行工作。可编程硬件定时通过软件编程就能够满足不同的定时和计数要求，且运行时不占用 CPU 的时间，因而得到广泛应用。

3. 基本类型

按照定时器/计数器的计数方向，可以将定时器/计数器分为两类，累加式定时器/计数器和累减式定时器/计数器，有时也称其为加计数器和减计数器。图 2-25 所示为两个 16 位加/减计数器示意图。

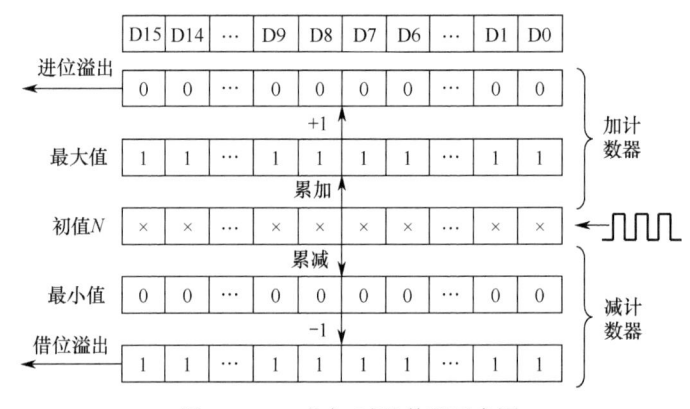

图 2-25 16 位加/减计数器示意图

对于累加式定时器/计数器，每当输入一个脉冲信号后，寄存器的值都增加 1，直到发生溢出，触发定时器/计数器中断。对于累减式定时器/计数器，每当输入一个脉冲信号后，寄存器的值都减少 1，直到发生借位，触发定时器/计数器中断。

51 系列单片机属于累加式定时器/计数器，给定初值 N 后，最终的计数结果 $X=M-N$，M 为寄存器最大计数值。

4. 80C51 单片机的定时器/计数器模块

80C51 单片机的定时器/计数器模块如图 2-26 所示。

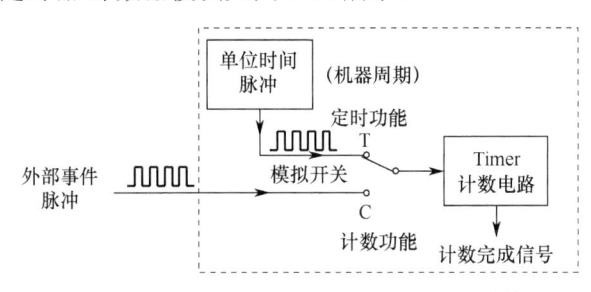

图 2-26　80C51 单片机的定时器/计数器模块

通过分析定时器/计数器模块，可以得出以下结论。
（1）该模块既具有定时功能又具有计数功能。
（2）定时与计数实际上都是对脉冲进行计数。
（3）定时的输入脉冲周期是可知的，而计数的输入脉冲周期是未知的。

2.2.4.2　定时器/计数器工作原理

1. 定时器/计数器结构框图

80C51 单片机内部有两个 16 位的定时器/计数器分别为 T1 和 T0，它们受特殊功能寄存器 TMOD 和 TCON 的控制，其结构框图如图 2-27 所示。定时器/计数器 T0 由特殊功能寄存器 TH0、TL0 构成，定时器/计数器 T1 由特殊功能寄存器 TH1、TL1 构成。

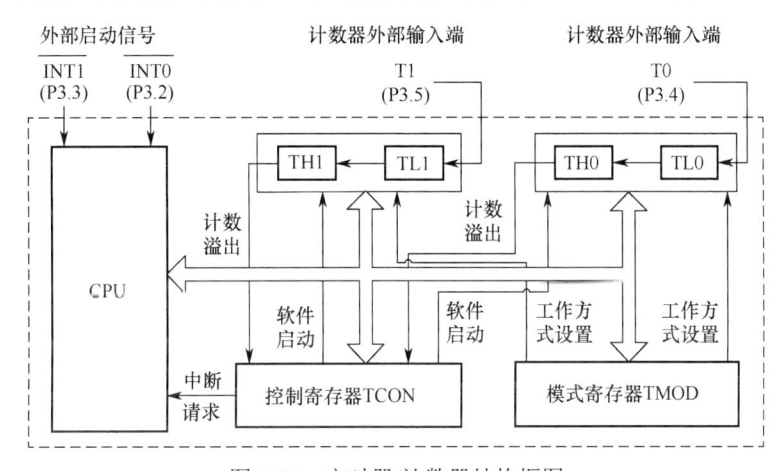

图 2-27　定时器/计数器结构框图

定时器/计数器在硬件上由双字节加 1 计数器 TH 和 TL 组成。作为定时器使用时，计数脉冲由内部时钟振荡器提供，计数频率为时钟的 12 分频，即每个机器周期加 1。作为计数器使用时，计数脉冲由 P3 口的 P3.4（或 P3.5），即 T0（或 T1）引脚输入，外部脉冲的下降沿触发计数。计数器在每个机器周期的 S5P2 期间采样外部脉冲，如果在一个机器周期的采样值为 1，而在下一个机器周期的采样值为 0，则计数器加 1，故识别一个从 1 到 0 的跳变需要两个机器周期，所以对外部计数脉冲的最高计数频率为机器周期的 1 分频，同时还要求外部脉冲的高低电平保持时间均要大于一个机器周期。

2. 定时器/计数器工作方式

定时器/计数器 T1 和 T0 都有 2 种工作模式（计数模式、定时模式）和 4 种工作方式（方式 0、方式 1、方式 2、方式 3）。

1）工作方式 0

工作方式 0 是 13 位定时器/计数器方式，其逻辑框图如图 2-28 所示。当 TL0 的低 5 位溢出时置 0，同时向 TH0 进位；TH0 溢出时置 0，同时硬件置位 TF0，申请中断。

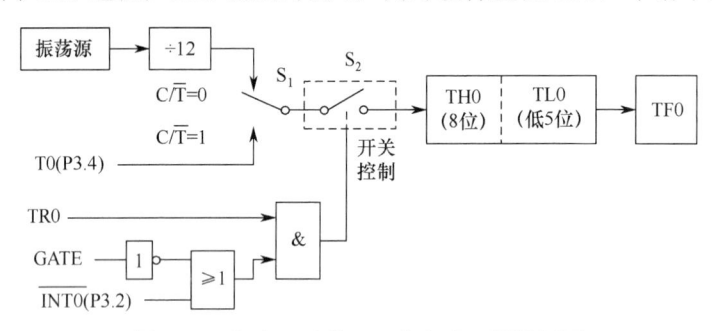

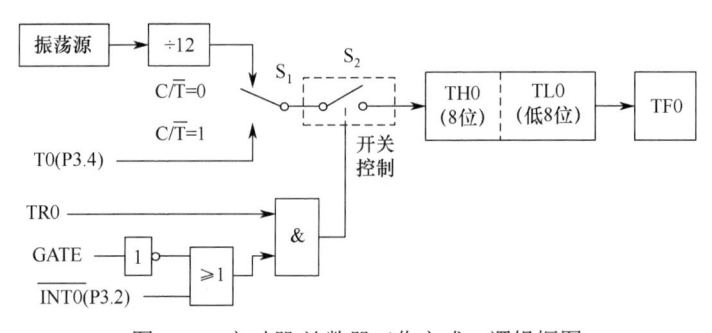

图 2-28 定时器/计数器工作方式 0 逻辑框图

用于计数方式时，最大计数值为 2^{13} = 8192。
用于定时工作时，定时时间为
$$t = (2^{13} - T0\ 初值) \times 时钟周期 \times 12$$

工作方式 0 是为了和以前的单片机兼容，现在已基本不使用了。

2）工作方式 1

工作方式 1 是 16 位定时器/计数器方式，其逻辑框图如图 2-29 所示。TH0 提供高 8 位、TL0 提供低 8 位计数初值。

图 2-29 定时器/计数器工作方式 1 逻辑框图

用于计数方式时,最大计数值为 $2^{16}=65536$。

用于定时工作时,定时时间为

$$t=(2^{16}-T0\text{初值})\times\text{时钟周期}\times12$$

3) 工作方式 2

工作方式 2 是 8 位可自动重装载定时器/计数器方式,其逻辑框图如图 2-30 所示。TL0 用作 8 位计数器,TH0 用于保持计数初值。TL0 计数溢出时,置位 TF0,TH0 中的初值自动装入 TL0,循环重复计数。

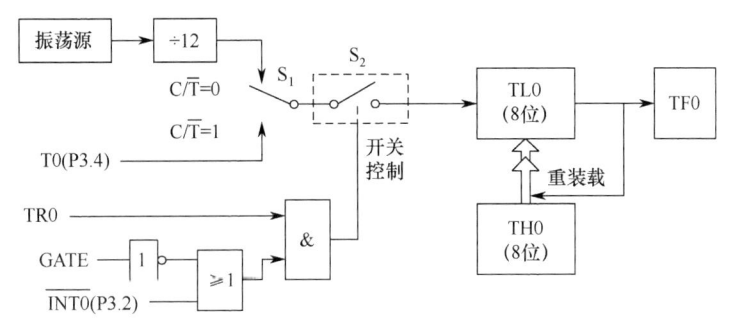

图 2-30 定时器/计数器工作方式 2 逻辑框图

用于计数方式时,最大计数值为 $2^8=256$。

用于定时方式时,定时时间为

$$t=(2^8-TH0\text{初值})\times\text{振荡周期}\times12$$

4) 工作方式 3

T0 工作在方式 3 时,占用了 T1 的 TR1 及 TF1,此时 T1 只能工作在方式 0、1 或 2 下,常作为波特率发生器使用,其逻辑框图如图 2-31 所示。

工作方式 3 是为了增加一个附加的 8 位定时器/计数器而提供的,从而使单片机具有 3 个定时器/计数器。只有定时器/计数器 T0 可以工作在方式 3 下,定时器/计数器 T1 不能工作在方式 3 下。如果硬要设置 T1 工作在方式 3 下,则 T1 停止工作。

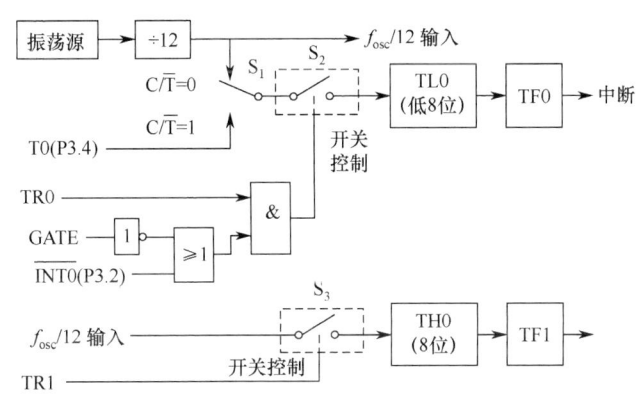

(a) 工作方式3下的定时器/计数器T0

图 2-31 定时器/计数器工作方式 3 逻辑框图

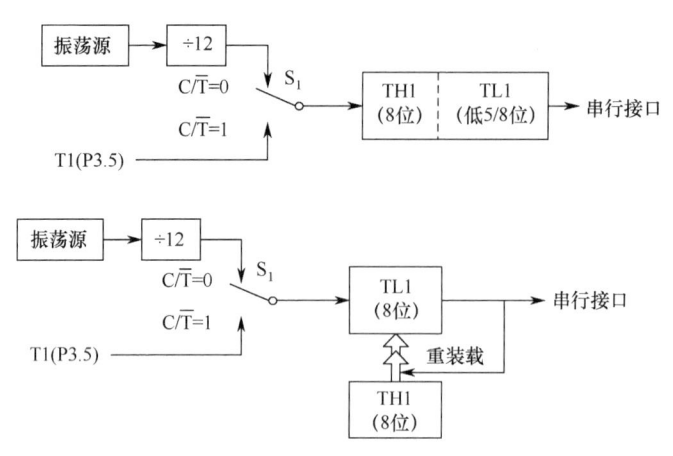

(b) 工作方式3下的定时器/计数器T1

图 2-31　定时器/计数器工作方式 3 逻辑框图（续）

2.2.4.3　应用举例

测量目标的距离是雷达的基本任务之一。无线电波在均匀介质中以固定的速度直线传播（在空气中的传播速度约等于光速 $c=3\times10^5$ km/s）。

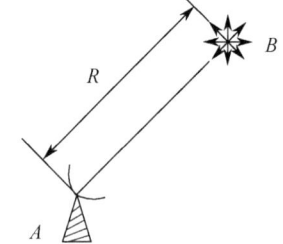

在图 2-32 中，雷达位于 A 点，而在 B 点有一目标，则目标至雷达的距离（斜距）R 可以通过测量电波往返一次所需的时间 t_R 得到，即

$$t_R = \frac{2R}{c}$$

得到

$$R = \frac{1}{2}ct_R$$

图 2-32　目标距离的测量

而时间 t_R 也就是回波相对于发射信号的延迟。因此，目标距离的测量就是要精确测定延迟时间 t_R。根据雷达发射信号的不同，测定延迟时间通常可以采用脉冲法、频率法和相位法。脉冲法是目前应用最广泛的一种方法。

数字式自动测距器（或自动距离跟踪系统）具有测量精度高、响应速度快、系统可靠性好、便于集成化等优点，其输出数据为二进制数码，可以方便地和数据处理系统进行信息交互，被广泛用于现代雷达系统中。

在数字式自动测距器中，以稳定的计数脉冲振荡器（晶体振荡器）驱动高速计数器来代替模拟的锯齿电压波，用数字寄存器（距离寄存器）的数码来等效代表距离的模拟比较电压。因此，读出跟踪状态下距离寄存器数码所代表的延迟时间 t 即可产生相应的跟踪波门并得到目标的距离数据。

数字式测距首先要将时间量用离散的二进制数码表示出来，可以采用通常的计数方法来达到上述要求，其原理图和相应的时序图如图 2-33 所示。距离计数器在雷达发射高频脉冲的同时开始对计数脉冲计数，一直到回波脉冲到来后停止计数。在图 2-33 中，回波脉冲一方面作为与门的关门信号，另一方面作为计数输出电路的控制信号，按位读取计数器的计数结果。

只要记录了在此期间计数脉冲的数目 n，根据计数脉冲的重复周期 T 就可以计算出回波脉冲相对于发射脉冲的延迟时间 t_R。这里，T 为已知值，测量 t_R 实际上变成读出距离计数器的数码值。为了减小测读误差，通常计数脉冲产生器和雷达定时器触发脉冲在时间上是同步的。

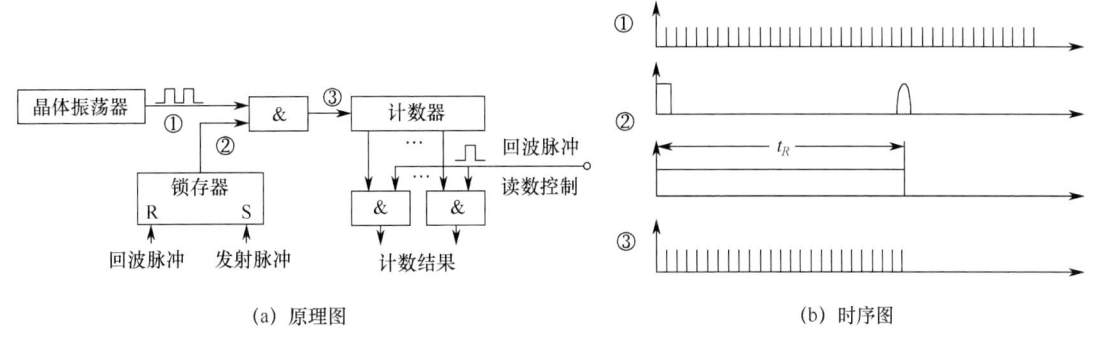

(a) 原理图　　　　　　　　　　(b) 时序图

图 2-33　数字式测距

目标距离 R 与计数器读数 n 之间的关系为

$$n = t_R f = \frac{2R}{c} f$$

得到

$$R = \frac{c}{2f} n$$

式中：f 为计数脉冲重复频率。

如果需要读出多个目标的距离，则控制触发器置 0 的脉冲应在相应的最大作用距离以后产生，各个目标距离数据的读出根据回波不同的延迟时间去控制读出门，读出的距离数据分别送到相应的距离寄存器中。

由上可见，数字式测距中，对目标距离 R 的测定转换为测量脉冲数 n，从而把时间这个连续量变成了离散的脉冲数。从提高测距精度、减小量化误差的观点来看，计数脉冲重复频率 f 越高越好，这时对器件速度的要求提高，计数器的级数应相应增加。

应用定时器/计数器时应注意以下事项：

（1）计算机识别一个外部脉冲需要时间。
（2）计数频率受到基准时钟频率的限制。
（3）对脉冲信号的电平保持时间有要求。

当定时器/计数器工作在计数器模式时，计数脉冲来自外部引脚 T0 或 T1。当输入信号产生由 1 至 0 的跳变（下降沿）时，计数器加 1。在每个机器周期的 S5P2 期间，都对外部引脚采集电平，即采集到脉冲的下降沿需要 2 个机器周期，即 24 个振荡周期。因此，对外部引脚输入的信号频率最高不能超过晶振的 24 分频，否则外部信号的计数会出现很大的误差。对于外部输入信号的占空比并没有什么限制，但为了确保某一个给定的电平在变化之前被采样，则这一电平至少要保持一个机器周期。

如图 2-34 所示，由于外部脉冲频率高于晶振频率的 24 分频，导致计数器计数错误。

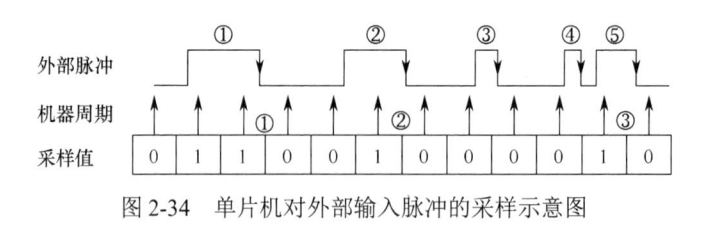

图 2-34 单片机对外部输入脉冲的采样示意图

2.3 指令系统及执行过程

计算机通过识别指令编码确定每一步需要进行的工作，本节以 80C51 单片机为例，介绍微型计算机指令系统及执行时序。

2.3.1 指令系统

计算机通过执行程序完成人们指定的功能，而程序是由一系列指令构成的。从计算机组成的层次结构看，指令又有微指令、机器指令和宏指令之分。微指令是微程序级的命令，它属于硬件。宏指令是由若干条机器指令组成的软件指令，它属于软件。机器指令介于微指令与宏指令之间，简称指令。本小节讨论的指令，特指机器指令。

2.3.1.1 指令格式

机器指令是计算机执行某种操作的命令，以计算机可以识别的二进制编码的形式存储在计算机程序存储器中。指令的编码由两部分组成，操作码字段和操作数字段。操作码字段表征指令的操作特性与功能，如加、减、乘、除、取与、取反、跳转等。操作数字段通常指定参与操作的操作数或操作数的地址。一条指令中可以没有操作数字段，如 NOP 指令；操作数可以是 1 个，称为单操作数指令，如取反操作；操作数可以是两个，如加减乘除指令；有的 CPU 还支持 3 个操作数，如比较跳转指令。

80C51 是 8 位单片机，由于指令字较短，所以指令结构是一种可变字长形式。指令格式包含单字长指令、双字长指令、三字长指令等，格式如图 2-35 所示。

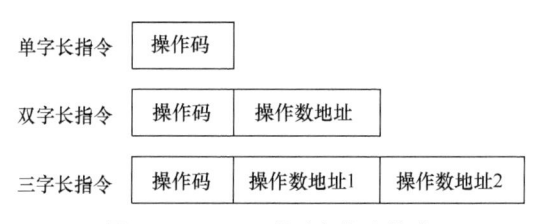

图 2-35 80C51 单片机指令格式

操作符对应操作码字段，声明具体的数据加工操作。双操作指令有两个操作数，操作数地址 1 存放参与运算的目的操作数，也存放运算结果；操作数地址 2 存放参与运算的源操作数。

【例 2-2】 编写机器指令，将地址为 20H 的存储单元的内容传送到地址为 90H 的存储单元中。

根据 80C51 指令系统编码，上述操作的操作码为 85H，操作数地址 1 为 90H，操作数地址 2 为 20H，则完整的机器指令为 859020H，如表 2-7 所示。

表 2-7 例 2-2 指令

指 令	操 作 码	操作数地址 1	操作数地址 2
二进制机器码	1000 0101B	1000 0000B	0010 0000B
十六进制机器码	85H	90H	20H

上述的执行效果相当于（90H）←（20H）。

单字长指令只有操作码，没有操作数地址。双字长或三字长指令包含操作码和地址码，地址码一般为操作数的地址，有时也可以直接是操作数本身。由于内存按字节编址，所以单字长指令每执行一条指令，指令地址加 1；双字长指令或三字长指令每执行一条指令，都必须从内存连续读出 2 字节或 3 字节代码，所以指令地址要加 2 或 3。

2.3.1.2 汇编语言

1. 汇编语言的基本概念

计算机能够直接识别和执行的语言只有机器语言，但人们用机器语言编写程序很不方便。为了方便书写和记忆，通常用指令助记符（英文字母缩写）代替机器语言编码，这种用助记符表示的面向机器的程序设计语言称为汇编语言。

汇编语言是机器语言的符号表示，每条指令都有相对应的机器码。对于编程者而言，用汇编语言编写程序比用机器语言语义明确，而且便于记忆、修改和调试。同时由于汇编语言编译效率高，执行速度快，特别适用于实时控制等响应速度要求比较高的场合。

计算机并不能直接识别和执行用汇编语言编写的程序，这时就需要有一种软件工具将指令助记符转换成二进制编码的目标程序，这个过程称为汇编，如图 2-36 所示。

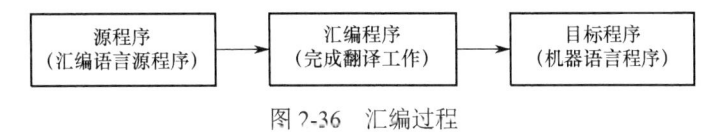

图 2-36 汇编过程

将汇编相关的几个概念整理如下。

（1）汇编语言源程序是借助汇编语言助记符编写的程序。

（2）目标程序是计算机能识别的机器码程序，即机器语言。大多数情况下，机器语言和汇编语言之间存在一一映射关系，但是也有例外。例如，X86 指令系统的重复字符串操作前缀 rep 指令，会根据具体的执行情况，存在一对多的映射关系。

（3）汇编是将汇编语言源程序转换为由二进制码组成的机器码程序的过程。
（4）反汇编是将由二进制码组成的机器码程序转换为汇编语言源程序的过程。

2. 汇编语言的语句格式

汇编语言的语句一般由 4 个字段组成：标号、操作码、操作数和注释。它们之间应该用分隔符隔开，常用的分隔符包括空格、冒号、逗号和分号。空格的数目可以连续多个，所有的分隔符均为英文半角状态。

汇编语言的语句格式如下。

```
[标号:]    操作码   操作数       [;注释]
```

其中，[ ]中的项为可选项，操作码与操作数之间用一个或多个空格分隔，也可用制表符进行分隔，操作数与注释之间用分号分隔。操作数可以有多个，此时各个操作数之间用逗号分隔。凡是可以添加逗号的地方，都可以通过制表符进行分隔。

标号是语句所在地址的标志符号。有了标号，程序中的其他语句就可以通过跳转指令访问该语句。标号由用户定义，规则如下。

（1）标号由 1~8 个 ASCII 字符构成，第一个字符必须是字母。
（2）不能使用汇编语言已经定义的符号作为标号。
（3）标号不可重复定义。

【例 2-3】编写汇编语句，将地址为 20H 的存储单元的内容传送到地址为 90H 的存储单元中。

由例 2-2 可知，完成上述功能的机器码是 859020H，对应的汇编语句为

```
MOV 90H,20H      ;将20H存储单元的内容传送到90H存储单元中
```

由于地址为 90H 的片内外设是 P1 端口，所以上述语句与 MOV P1,20H 的效果是相同的。

2.3.1.3　寻址方式

寻址方式即寻找操作数或操作数所在地址的方式。操作数的存放位置不同，寻址方式也不同。支持寻址方式的种类多少也决定了 CPU 的性能。目的操作数和源操作数都需要寻址，对于双操作数指令，本书默认以源操作数的寻址来讲解寻址方式。

1. 立即寻址

指令中直接给出操作数的寻址方式称为立即寻址，在立即数前面必须加上前缀"#"。

【例 2-4】

```
MOV R0,#20H      ;将十六进制数20H送给R0,对应的机器码为7820H
MOV R1,#32       ;将十进制数32送给R1,对应的机器码为7920H
```

立即数虽然和指令在一起，但增加了指令的长度，需要分两次才能将指令从程序存储器中取出送入 CPU 执行。

2. 直接寻址

指令中直接给出操作数地址的方式称为直接寻址。

【例 2-5】

```
MOV A,20H        ;将 RAM 地址 20H 的内容送给累加器,机器码为 E520H
MOV A,P1         ;将 P1 端口的内容送给累加器,机器码为 E590H
MOV A,90H        ;将 SFR 地址 80H 的内容送给累加器,机器码为 E590H
```

直接寻址是 SFR 的唯一寻址方式,可通过地址或寄存器符号给出(A、B、DPTR 除外)。片内外设的地址在 SFR 区,P1 的端口地址是 90H,汇编软件会自动将 P1 转换为 90H,增加了程序的可读性。

3. 寄存器寻址

以 A、B、DPTR 和通用寄存器 R0~R7 的内容作为操作数的寻址方式称为寄存器寻址。

【例 2-6】

```
MOV A,R0         ;将寄存器 R0 的内容送给累加器,对应的机器码为 E8H
ADD A,R1         ;将寄存器 R1 的内容累加到 A 中,对应的机器码为 28H
MOV 28H,R0       ;将寄存器 R0 的内容送给地址为 28H 的存储器,机器码为 8828H
```

4. 寄存器间接寻址

以寄存器的内容作为指针指向一个存储单元,以该存储单元的内容作为操作数的寻址方式称为寄存器间接寻址。R0、R1、DPTR、SP 可作为间接寻址的寄存器,以实现各种数组或指针的效果。

【例 2-7】

```
MOV A,@R0        ;将 R0 指向的存储单元内容送给累加器,机器码为 E6H
ADD A,@R1        ;将 R1 指向的存储单元内容累加到 A 中,机器码为 27H
MOVX A,@DPTR     ;将 DPTR 指向的外部存储单元内容送给累加器 A,机器码为 E0H
```

5. 变址寻址

将基址寄存器内容与变址寄存器内容相加作为一个地址指向一个存储单元,以该单元内容作为操作数的寻址方式称为变址寻址。各种查表操作离不开变址寻址。80C51 单片机变址寻址仅用于访问程序存储器,将 DPTR 或 PC 作为基址寄存器,将累加器 A 作为变址寄存器,二者内容相加作为指向程序存储器的一个单元,将该单元内容作为操作数。

【例 2-8】

```
MOV DPTR,#3000H  ;立即数 3000H 送给 DPTR,机器码为 903000H
MOV A,#20H       ;立即数 20H 送给 A,机器码为 7420H
MOVC A,@A+DPTR   ;取 ROM 中 3020H 单元中的数送给 A,机器码为 93H
```

6. 相对寻址

程序中各种跳转的实现方式有两种,一种是绝对跳转,另一种是相对跳转。程序中用得更多的是相对跳转,采用相对寻址实现。以 PC 当前值为基准,加上相对偏移量 rel 形成转移地址的寻址方式称为相对寻址。rel 为 1 字节补码,所以可以相对当前 PC 前后跳转,经常用于实现分支转移。

【例 2-9】

```
JNZ  MAIN            ;如果结果不为 0，转移到标号 MAIN 处执行
```

标号 MAIN 为一个地址，相对于当前 PC 有一个偏移量 rel，rel 一般由汇编程序自动计算。

2.3.1.4　80C51 单片机的指令集

学习指令集是理解计算机的功能和工作原理的有效方式。掌握计算机具备哪些指令比掌握具体指令的运用更有意义，因为现在各种 CPU 的开发环境都提供了全面的指令帮助文档供随时查阅。人们习惯于按照指令的功能对指令进行分类，以便根据需要查找指令。通常将指令分为五大类：数据传送指令、算术运算指令、逻辑运算指令、控制转移指令和其他指令。

1. 数据传送指令

数据传送指令一般是将源操作数传送给目的操作数，传送后源操作数不变且不影响程序状态字 PSW 的各个标志位。数据传送是程序中使用最多的指令，其指令的种类和效率对 CPU 的影响很大。

1）片内数据传送指令

这类指令的特点是数据在单片机内部传送，助记符为 MOV。其传送关系如图 2-37 所示。

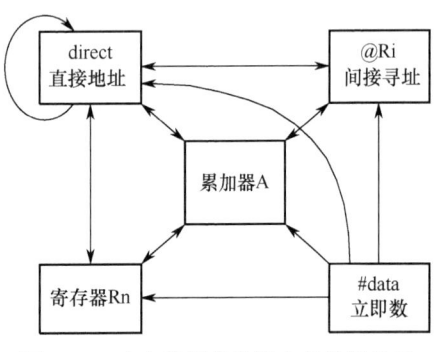

图 2-37　片内数据传送指令的传送关系

【例 2-10】

```
MOV A,Rn             ;将 Rn 中的内容送给累加器 A，Rn 代表 R0～R7 之一
MOV @Ri,A            ;将累计器 A 中的内容送到地址为 Ri 的存储单元中，Ri 代表 R0 和 R1 之一
MOV direct,#data     ;将数据 data 送往地址为 direct 的存储单元
```

2）片外数据传送指令

这类指令的助记符是 MOVX，可访问片外 RAM 或 I/O 接口。MOVX 指令共有 4 种指令格式。

【例 2-11】

```
MOVX A,@Ri           ;读外部 RAM 或 I/O 接口，寻址空间为 0000H～00FFH
MOVX @Ri,A           ;写外部 RAM 或 I/O 接口，寻址空间为 0000H～00FFH
MOVX A,@DPTR         ;读外部 RAM 或 I/O 接口，寻址空间为 0000H～FFFFH
MOVX @DPTR,A         ;写外部 RAM 或 I/O 接口，寻址空间为 0000H～FFFFH
```

3）查表指令

这类指令的助记符是 MOVC，也称程序存储器数据表项传送指令。MOVC 指令共有两条。

【例 2-12】

```
MOVC A,@A+PC      ;以 PC 作为基址寄存器,A 的内容(无符号)和 PC 的当前值(下一条指令的起
                  始地址)相加后得到一个新的 16 位地址,把由该地址指定的程序存储器单元的内容送给累加器 A
MOVC A,@A+DPTR    ;以 DPTR 作为基址寄存器,A 的内容(无符号)和 DPTR 的内容相加后得到一个
                  新的 16 位地址,把由该地址指定的程序存储器单元的内容送给累加器 A
```

以上指令是仅有的两条读取程序存储器中表格数据的指令,由于程序存储器只读不写,因此传送是单向的。

4)堆栈操作指令

80C51 单片机在内部 RAM 中设定有一个满递增栈,其基本操作有入栈和出栈两种,对应的操作指令分别是 PUSH 和 POP。

【例 2-13】

```
PUSH  direct      ;入栈操作,SP+1→SP,(direct)→(SP)
POP   direct      ;出栈操作,(SP)→(direct),SP-1→SP
```

5)数据交换指令

数据交换指令的功能是把两个操作数的内容进行全字节或半字节交换。

【例 2-14】

```
XCH  A,Rn         ;A 与 Rn 的内容互换,Rn 代表 R0~R7 之一
XCHD A,@Ri        ;A 的低半字节与地址为 Ri 的存储单元的低半字节内容互换,Ri 代表 R0 或 R1
SWAP A            ;累加器 A 的高半字节和低半字节内容互换
```

【例 2-15】如果要将累加器 A 的内容入栈,指令是否可以写成 PUSH A?

大部分汇编软件中这样写是不正确的,因为 A 代表寄存器,不属于直接寻址方式。但累加器 A 还有一个直接寻址地址 E0H,可以通过直接寻址方式入栈,一般写成 PUSH ACC,ACC 代表直接寻址的累加器的别名,机器码对应为 C0E0,也证明 ACC 是直接寻址方式。

【例 2-16】判断下列指令用法是否正确。

```
MOV  29H,R7       ;正确
MOV  56H,#70H     ;正确
MOV  R3,R7        ;错误,不能直接传送数据
MOV  R3,#D2H      ;错误,应修改为"#0D2H"
MOV  A,#280H      ;错误,超出有效表数范围
MOV  25H,P1       ;正确
MOV  34H,28H      ;正确
MOV  @R3,R7       ;正确
MOV  #34H,28H     ;错误,不能把地址送往数据
MOV  P3,P1        ;正确
```

2. 算术运算指令

80C51 单片机算术运算指令都是针对 8 位二进制无符号数的,如果要进行带符号数或多

字节二进制数运算，需要编写相应的运算程序来实现。

算术运算指令的一个特点是，运算结果大多影响 PSW 的进位 CY、辅助进位 AC、溢出 OV 和奇偶校验 P 这几个标志位。

1）加法指令

加法指令包括不带进位加法指令 ADD、带进位加法指令 ADDC 和加 1 指令 INC。ADD 多用于单字节数相加，ADDC 多用于多字节数相加。使用 ADD 和 ADDC 指令时，要注意累加器 A 中的运算结果对 PSW 中各标志位的影响。

（1）如果位 7 有进位，则 CY 置 1，否则清零。

（2）如果位 3 有进位，则 AC 置 1，否则清零。

（3）如果累加器 A 中 1 的个数为奇数，则 P=1，否则 P=0。

（4）如果位 7 有进位，而位 6 没有进位，或者位 6 有进位，而位 7 没有进位，则溢出标志位 OV 置 1，否则清零。OV 的状态只有在有符号数加法运算时才有意义。

8 位加法指令的一个操作数总是来自累加器 A，另一个操作数可由立即寻址、直接寻址、寄存器寻址和寄存器间接寻址等方式得到，加法结果总是存放在累加器 A 中。加法指令的传送关系如图 2-38 所示。

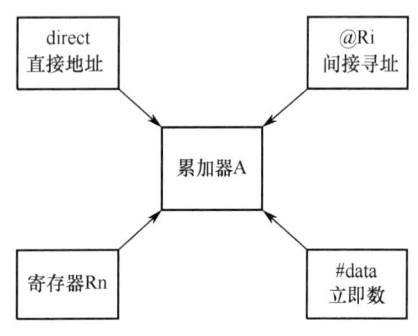

图 2-38 加法指令的传送关系

ADDC 的功能是将源操作数、进位标志 CY 及累加器 A 的内容相加，并将结果存放到累加器 A 中。

【例 2-17】编写代码，计算 12F0H+242FH。

多字节数相加，需要使用 ADDC 指令，并且要编写程序实现，代码如下。

```
MOV A,#0F0H        ;低 8 位送累加器 A
ADD A,#2FH         ;低 8 位相加
MOV R0,A           ;保存低 8 位相加结果到 R0 中
MOV A,#12H         ;高 8 位送累加器 A
ADDC A,#24H        ;高 8 位相加
MOV R1,A           ;保存高 8 位相加结果到累加器 A 中
```

指令执行结果为 371FH，其中 R0=1FH，A=37H。如果不使用 ADDC 命令而是使用 ADD 命令，结果将变成 361FH，从而导致错误。

【例 2-18】

```
INC A              ;累加器加 1
INC Rn             ;寄存器内容加 1
INC @Ri            ;寄存器间接寻址单元加 1
INC 30H            ;直接寻址单元加 1
INC DPTR           ;数据指针加 1
```

2）减法指令

减法指令包括带借位减法指令 SUBB 和减 1 指令 DEC 两类。DEC 和 INC 使用方式相同，都不影响标志位，可用于各种寻址方式。SUBB 指令的功能是从累加器 A 中减去源操作数的内容及 CY，结果仍存放在 A 中。带借位减法指令对标志位的影响如下。

（1）如果位 7 需借位，则 CY 置 1，否则清零。
（2）如果位 3 需借位，则 AC 置 1，否则清零。
（3）如果累加器 A 中 1 的个数为奇数，则 P=1，否则 P=0。
（4）如果位 7 需借位，而位 6 不需借位，或者位 6 需借位，而位 7 不需借位，则溢出标志位 OV 置 1，否则清零。OV 的状态只有在有符号数减法运算时才有意义。

【例 2-19】

```
SUBB A,Rn        ;A-Rn-CY→A
SUBB A,@Ri       ;A-(Ri)-CY→A
```

3）乘除指令

乘法和除法指令各有一条，分别为 MUL 和 DIV。
MUL 指令对标志位的影响如下。
（1）执行 MUL 后，CY=0。
（2）如果乘积超出 FFH，OV=1，否则 OV=0。
（3）奇偶校验标志位 P 随 A 变化而变化。
DIV 指令对标志位的影响如下。
（1）执行 DIV 后，CY=0。
（2）当除数 B=0 时，OV=1，否则 OV=0。
（3）奇偶校验标志位 P 随 A 变化而变化。

【例 2-20】

```
MUL AB           ;累加器A和寄存器B内容相乘，结果高位在B中，低位在A中
DIV AB           ;被除数为A，除数为B，结果商在A中，余在B中
```

3. 逻辑运算指令

逻辑运算包括按位进行的与、或、异或指令，以及移位指令。
1）与、或、异或指令
与、或、异或指令分别为 ANL、ORL、XRL。这 3 个指令的使用方法相同。

【例 2-21】

```
ANL A, Rn        ;累加器与寄存器
ANL A, @Ri       ;累加器与内部RAM
ANL A, #30H      ;累加器与立即数
ANL A, 30H       ;累加器与直接寻址单元
ANL 30H, A       ;直接寻址单元与累加器
ANL 30H, #30H    ;直接寻址单元与立即数
```

【例 2-22】使用汇编语句实现以下功能。
（1）累加器 A 的高 4 位清零，低 4 位保持不变。
（2）累加器 A 的低 4 位置 1，高 4 位保持不变。
（3）累加器 A 的低 4 位取反，高 4 位保持不变。
对应的汇编语句为

```
ANL A,#0FH
ORL A,#0FH
XRL A,#0FH
```

2）移位指令

移位指令包括循环左移、循环右移、带进位循环左移、带进位循环右移 4 条指令。

【例 2-23】

```
RL  A      ;循环左移 1 次，参见图 2-39（a）
RLC A      ;带进位 CY 的循环左移 1 次，参见图 2-39（b）
RR  A      ;循环右移 1 次，参见图 2-39（c）
RRC A      ;带进位 CY 的循环右移 1 次，参见图 2-39（d）
```

(a) 循环左移

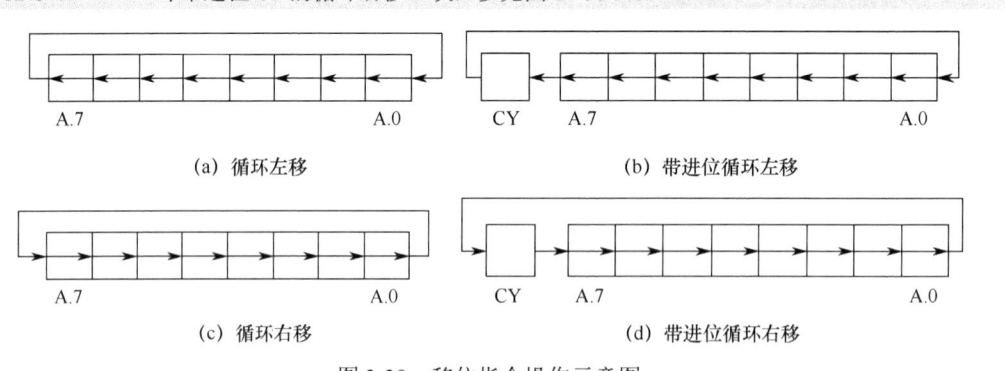

(b) 带进位循环左移

(c) 循环右移

(d) 带进位循环右移

图 2-39　移位指令操作示意图

4. 控制转移指令

控制转移指令包括无条件转移指令、条件转移指令、子程序调用和返回指令、中断返回指令 4 类。

1）无条件转移指令

LJMP 是一条绝对跳转指令，通过将 16 位立即数送给 PC，实现程序的绝对跳转。SJMP 是一条相对跳转指令，以当前 PC 为基值，加上 1 个字节的补码偏移量实现跳转。此外，无条件转移指令还有单字节转移指令 JMP 和短转移指令 AJMP。

【例 2-24】

```
LJMP addr16      ;addr16→PC
AJMP addr11      ;PC+2→PC, addr11→PC10~0, PC15~11 不变
JMP @A+DPTR      ;(A)+(DPTR)→PC
SJMP rel         ;PC+2→PC, PC+rel→PC
```

2）条件转移指令

条件转移指令包括 JZ、JC、JB、JNZ、JNC、JNB、JBC、CJNE、DJNZ。

【例 2-25】

```
JZ rel        ;累加器结果为 0 时转移
JNZ rel       ;累加器结果不为 0 时转移
JC rel        ;C 置位时转移
JNC rel       ;C 清零时转移
```

这 4 条转移指令都是相对转移指令，以当前 PC 为基值，加上 1 个字节的补码偏移量。

【例 2-26】

```
JC rel              ;CY=1 时转移
JBC bit,rel         ;bit=1 时转移，且 0→bit
CJNE A,direct, rel  ;A≠(direct)，则 PC+3+rel→PC，否则 PC+3→PC
DJNZ Rn,rel         ;Rn-1→Rn，若 Rn≠0，则 PC+2+rel→PC，否则 PC+2→PC
```

3）子程序调用和返回指令、中断返回指令

子程序调用指令为 LCALL　SUB_NAME。SUB_NAME 为子程序入口的符号化地址。
子程序返回指令为 RET。
中断返回指令为 RETI。

5. 其他指令

进位标志清零指令为 CLR C，表示对 PSW 的 CY 位清 0。
进位标志置位指令为 SETB C，表示对 PSW 的 CY 位置 1。

2.3.2　指令执行过程

2.3.2.1　微型计算机工作原理

基于冯·诺依曼结构的微型计算机，其工作原理可概括为取指、译码、执行 6 个字。下面以逻辑运算 A=A3H+1BH 为例，简要分析其工作过程。

```
MOV A,#0A3H    ;A3H→A，机器码为 74A3H
ADD A,#1BH     ;A3H+1BH→A，机器码为 241BH
```

上述指令的机器码为 74A3241BH，要让计算机执行上述功能，需要将机器码程序烧写到程序存储器中。指令执行过程如图 2-40 所示。

1. 第 1 条指令的执行过程

（1）CPU 上电或复位后，将 PC 的内容 0000H 送入地址寄存器，随后 PC+1→PC。
（2）将指令寄存器的内容通过地址总线送至存储器，经地址译码器译码，选中 0000H 存储单元。

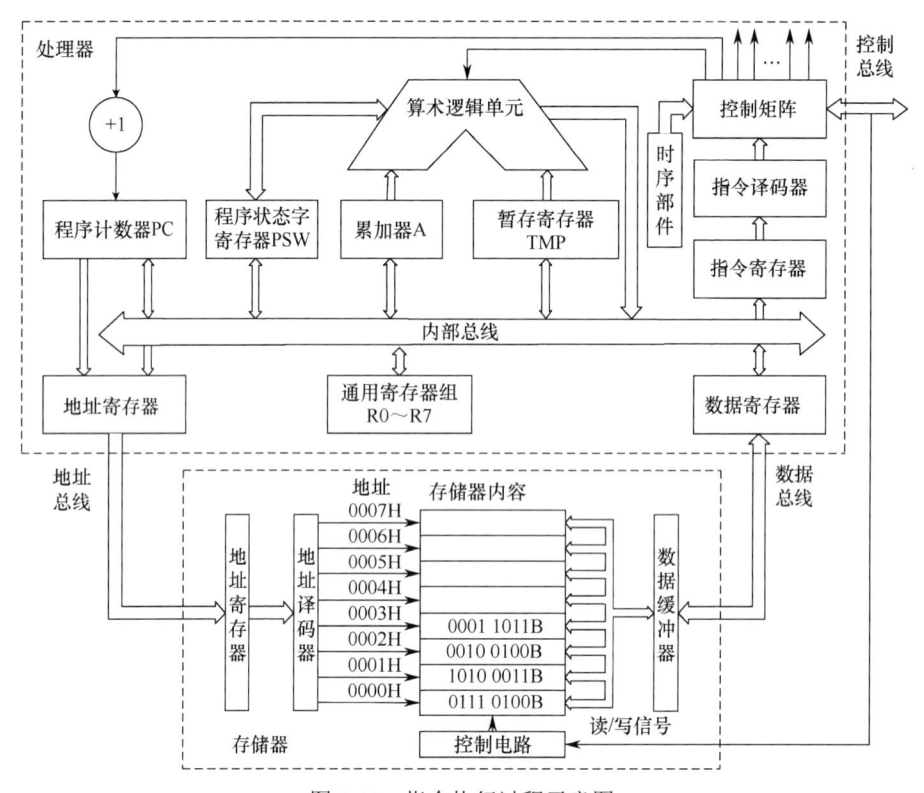

图 2-40 指令执行过程示意图

（3）CPU 的控制器发出读命令，在读命令控制下，把所选中单元的内容（指令操作码，此处为 74H=011110100B）读到数据总线。

（4）读出的内容经数据总线送到数据寄存器。

（5）指令译码（因为取出的是指令的操作码，故数据寄存器把它送到指令寄存器，然后再送到指令译码器）。

（6）执行。根据译码结果，需要取下一存储单元的数据，执行步骤（2）和（3），将操作数 A3H 送往累加器 A，完成 A=A3H 的操作。至此，第 1 条指令执行完毕。

2. 第 2 条指令的执行过程

第 1 条指令执行结束后，PC=0002H，在此基础上，执行第 2 条指令，过程如下。

（1）将 PC 的内容 0002H 送入地址寄存器，随后 PC+1→PC。

（2）将指令寄存器的内容通过地址总线送至存储器，经地址译码器译码，选中 0002H 存储单元。

（3）CPU 的控制器发出读命令，在读命令控制下，把所选中单元的内容（指令操作码，此处为 24H=001010100B）读到数据总线。

（4）读出的内容经数据总线送到数据寄存器，并进一步送到指令寄存器和指令译码器。

（5）指令译码。

（6）执行。根据译码结果，重复步骤（1）～（3），将操作数 1BH 送往暂存寄存器 TMP，最后完成 A+1BH 的操作,结果存放在 ALU 中。最后,经内部总线将 ALU 的运算结果送到累加器 A 中,并根据运算结果修改 PSW 的值。

至此,第 2 条指令执行完毕,CPU 继续按照取指、译码、执行的过程执行程序。

由此可见,微型计算机的工作过程是,程序预先存放到存储器中,执行程序的过程就是循环反复取指、译码和执行的过程。

在标准的 8 位 CPU 中,程序的执行是按照上述过程循环完成的,每条指令执行结束后,CPU 必须等待下一条指令完全取出后才能执行。在 16 位及以上的 CPU 中,由于流水线技术的应用,取指和译码、执行是可以重叠进行的。

2.3.2.2 流水线技术

处理器是按照一系列步骤来执行每条指令的,典型的步骤如下。
(1)从存储器读取指令(fetch)。
(2)译码以鉴别它属于哪条指令(decode)。
(3)从指令中提取指令的操作数(这些操作数往往存在于寄存器中)。
(4)将操作数进行组合以得到结果或存储器地址(在 ALU 中进行)。
(5)如果需要,则访问存储器以存储数据(mem)。
(6)将结果写回到寄存器堆(res)。

并不是所有的指令都需要上述每个步骤,但是,多数指令需要其中的多个步骤。这些步骤往往使用不同的硬件功能,如 ALU 可能只在步骤(4)中用到。因此,如果一条指令不是在前一条指令结束之前就开始,那么在每一步内处理器只有少部分的硬件在使用。

有一种方法可以明显改善硬件资源的使用率和处理器的吞吐量,这就是在当前一条指令结束之前就开始执行下一条指令,即通常所说的流水线(Pipeline)技术。使用流水线,可在取下一条指令的同时译码和执行其他指令,从而加快执行的速度。

采用流水线技术,处理器可以这样来执行:当一条指令刚刚执行完步骤(1)并转向步骤(2)时,下一条指令就开始执行步骤(1)。从原理上说,这样的流水线应该比没有重叠的指令执行速度快 6 倍,但由于硬件结构本身的一些限制,实际情况会比理想状态差一些。

在微控制器中,典型的 3 级流水线如下。
(1)取指令,从寄存器装载一条指令。
(2)译码,识别被执行的指令,并为下一个周期准备数据通路的控制信号。在这一级,指令占有译码逻辑,不占用数据通路。
(3)执行,处理指令并将结果写回寄存器。

当处理器执行简单的数据处理指令时,使用流水线技术使得平均每个时钟周期都能完成一条指令。但一条指令需要 3 个时钟周期来完成,因此,有 3 个时钟周期的延时(latency),但吞吐率是每个周期一条指令。3 级流水线执行过程如图 2-41 所示。

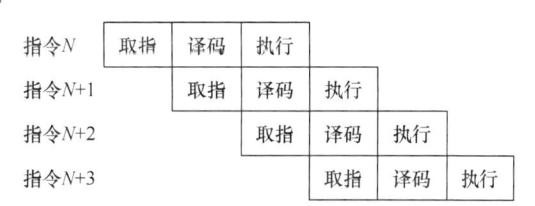

指令N	取指	译码	执行		
指令N+1		取指	译码	执行	
指令N+2			取指	译码	执行
指令N+3				取指	译码	执行

图 2-41 3 级流水线执行过程

2.3.2.3 指令执行时序

1. 时序单位

时序是指指令执行过程中，CPU 控制器发出的一系列特定控制信号在时间上的序列关系。时序描述的是指令执行过程中各信号之间的相互关系。计算机整体是一个时序电路，没有时钟信号将不可能工作。在 80C51 单片机中，共有 4 种周期时钟信号，分别是时钟周期、状态周期、机器周期、指令周期，如图 2-42 所示。

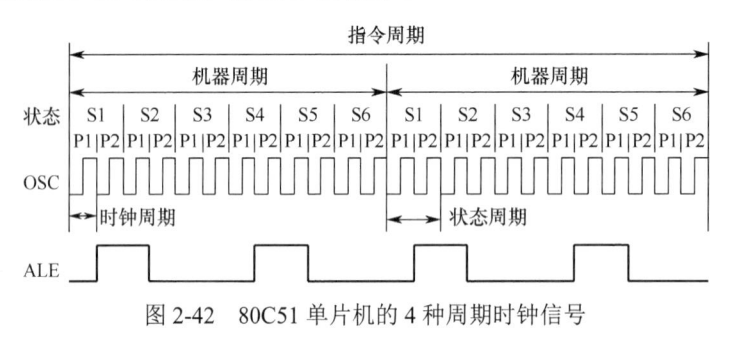

图 2-42　80C51 单片机的 4 种周期时钟信号

1）时钟周期

时钟周期是晶振的振荡周期，又称振荡周期，定义为时钟脉冲频率（f_{osc}）的倒数，是计算机中最基本也是最小的时间单位，用 P 表示。

2）状态周期

振荡频率经单片机内的分频器 2 分频后成为内部的时钟信号，用作单片机内部各功能部件按序协调工作的控制信号，称为状态周期，用 S 表示。一个状态周期包含 2 个振荡周期，分别对应节拍 P1、P2。

3）机器周期

完成一个基本操作所需要的时间称为机器周期。规定一个机器周期有 6 个状态，分别为 S1~S6，对应 12 个时钟周期，分别为 S1P1、S1P2、…、S6P1、S6P2。一个机器周期包含 12 个时钟周期，即机器周期是时钟周期的 12 分频。

4）指令周期

指令周期是执行一条指令所需的时间，一般由若干机器周期组成，80C51 指令执行时间一般为 1~3 个机器周期，乘法和除法执行时间最长，需要 4 个机器周期。

【例 2-27】已知 80C51 单片机晶振频率为 6MHz，计算系统的时钟周期、状态周期和机器周期，进一步计算执行一条乘法指令的时间。

解： 时钟周期 $T_c=1/f_{osc}=1/6\mu s$，状态周期 $T_s=2T_c=2/f_{osc}=1/3\mu s$，机器周期 $T_m=6T_s=12T_c=12/f_{osc}=2\mu s$。一条乘法指令的执行周期为 4 个机器周期，因此指令周期 $T_i=4T_m=8\mu s$。

2. 内部执行时序

80C51 单片机的指令按其长度可分为单字节指令、双字节指令和三字节指令；按执行时间可分为单周期指令、双周期指令、三周期指令和四周期指令。80C51 单片机指令系统中共有 111 条指令，按照指令长度和执行时间分类如下。

单字节单周期指令（38条），如 INC　A。
单字节双周期指令（10条），如 INC　DPTR。
单字节四周期指令（2条），如 MUL　A B。
双字节单周期指令（26条），如 ADD　A, #data。
双字节双周期指令（18条），如 POP　direct。
三字节双周期指令（17条），如 MOV　direct, #data。

1）单字节单周期指令

【例2-28】INC　A 的执行时序。

INC　A 为单字节单周期指令，指令占用一个字节的存储空间，执行时间为一个机器周期，机器码为04H，执行时序如图2-43所示。

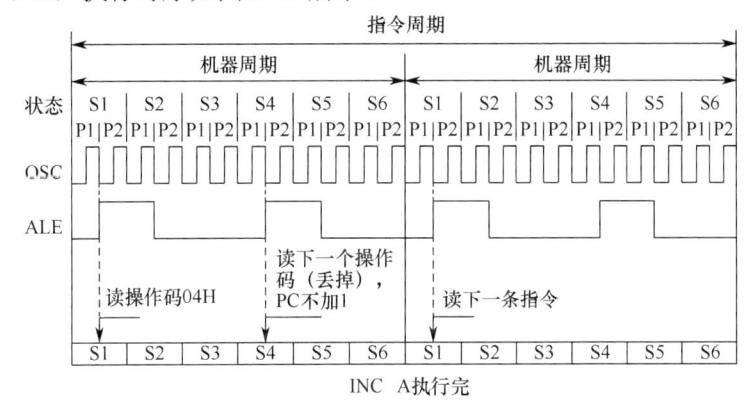

图 2-43　单字节单周期指令执行时序示例

ALE 是地址锁存信号，该信号有效时就会对存储器进行一次取指操作，也就是在每个机器周期的 S1P2 和 S4P2 期间取指。对于 INC　A 指令而言，CPU 在 S1P2 期间读入操作码并锁存在指令寄存器中，译码结果表明这是一条单字节指令，因此使 S4P2 的取指操作无效，PC 也不增加 1，单周期指令 INC　A 在当前周期的 S6P2 期间执行完毕。

2）双字节单周期指令

【例2-29】ADD　A, #20H 的执行时序。

ADD　A, #20H 为双字节单周期指令，指令占用两个字节的存储空间，执行时间为一个机器周期，机器码为2420H，执行时序如图2-44所示。

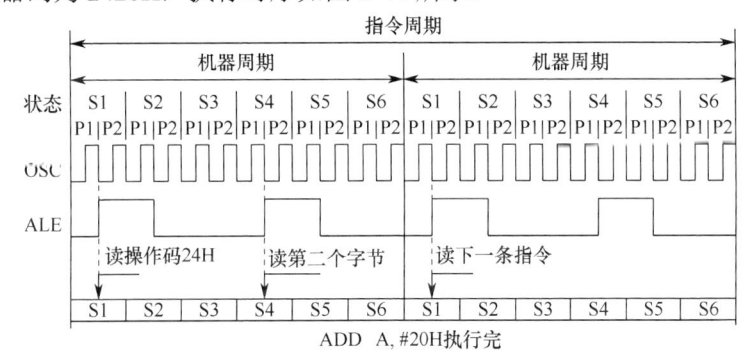

图 2-44　双字节单周期指令执行时序示例

CPU 在 S1P2 期间读入操作码并锁存在指令寄存器中，译码结果表明这是一条双字节指令，因此 S4P2 期间的取指操作有效，指令在当前周期的 S6P2 期间执行完毕。

3）单字节双周期指令

【例 2-30】INC DPTR 的执行时序。

INC DPTR 为单字节双周期指令，指令占用一个字节的存储空间，执行时间为两个机器周期，机器码为 A3H，执行时序如图 2-45 所示。

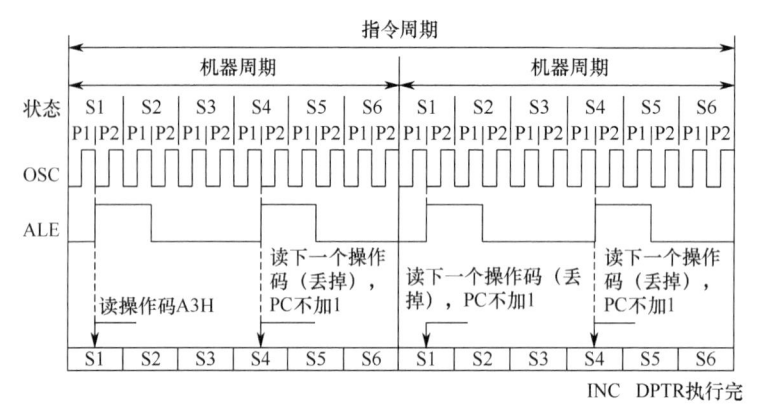

图 2-45 单字节双周期指令执行时序示例（DPTR）

CPU 在 S1P2 期间读入操作码并锁存在指令寄存器中，译码结果表明这是一条单字节指令，因此 S4P2 和后一个周期的所有取指操作无效，指令在下一个周期的 S6P2 期间执行完毕。INC DPTR 是双周期指令的主要原因是 80C51 是 8 位单片机，而 DPTR 是 16 位寄存器，8 位 CPU 需要通过两个周期完成 16 位的加 1 运算。

【例 2-31】MOVX A, @DPTR 的执行时序。

MOVX A, @DPTR 为单字节双周期指令，指令占用一个字节的存储空间，执行时间为两个机器周期，机器码为 E0H，执行时序如图 2-46 所示。

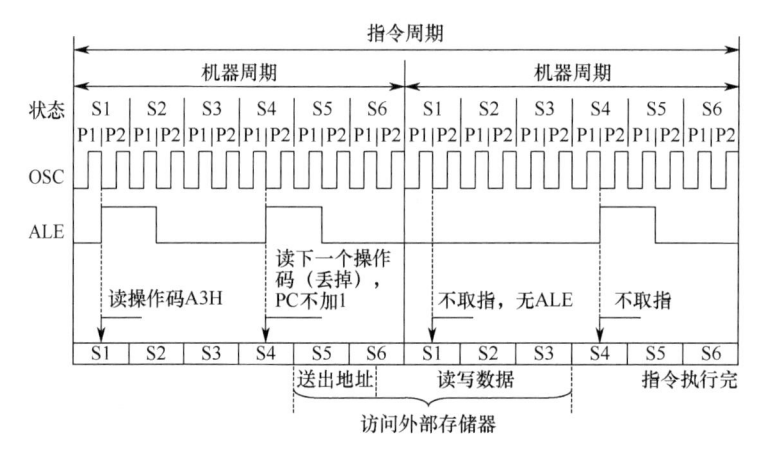

图 2-46 单字节双周期指令执行时序示例（MOVX）

CPU 在 S1P2 期间读入操作码并锁存在指令寄存器中，译码结果表明这是一条单字节指令，因此 S4P2 和后一个周期的所有取指操作无效，指令在第 1 个周期的 S5 期间送出外部数据存储器地址，随后在 S6 到下一个机器周期的 S3 期间送出或读入数据，并在第 2 个周期的 S6P2 期间执行完毕。地址锁存信号 ALE 在第 2 个机器周期的 S1P2 期间未出现高电平信号，主要原因是进行数据读写时，不允许 ALE 影响地址锁存器中存储的地址信号，因此 ALE 在第 2 个机器周期中丢失一个正脉冲。在第 2 个机器周期，即外部数据存储器已被寻址和选通后，也不产生取指操作。

2.4 存储器系统

英国教育学者 Eben Upton 说："If you understand memory technology thoroughly, you're halfway to understanding anything else in a modern computer system."（了解存储器技术对于了解计算机基本原理助益良多）。因此，本节单独介绍存储器的有关知识。

2.4.1 存储技术与存储器类型

存储器主要用来存放计算机系统工作时所用的信息——程序和数据，是计算机系统中必不可少的组成部分，其主要优点如下。

（1）速度快，存取时间可达到纳秒级。

（2）高度集成化，存储单元、译码电路和缓冲寄存器都制作在同一芯片中，体积特别小。

（3）消耗功率小，一般只需几十毫瓦。因此被大量用于微机的内存和高速缓存中。

从工作特点、作用和制作工艺的角度划分，存储器可以分为 RAM（Random-Access Memory，随机存储器）和 ROM（Read-Only Memory，只读存储器），具体分类如图 2-47 所示。

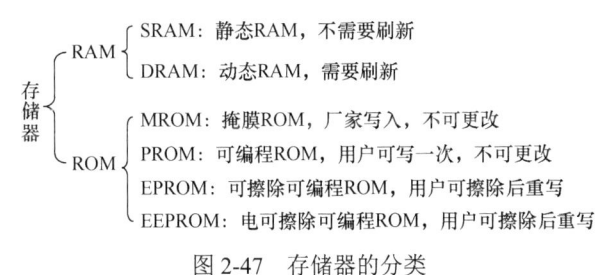

```
       ┌ RAM ┌ SRAM：静态RAM，不需要刷新
       │     └ DRAM：动态RAM，需要刷新
存储器 ┤
       │     ┌ MROM：掩膜ROM，厂家写入，不可更改
       │     │ PROM：可编程ROM，用户可写一次，不可更改
       └ ROM ┤ EPROM：可擦除可编程ROM，用户可擦除后重写
             └ EEPROM：电可擦除可编程ROM，用户可擦除后重写
```

图 2-47 存储器的分类

1. SRAM

SRAM（Static RAM，静态 RAM），静态的意思是指只要不掉电，里面保存的信息就不会丢失。SRAM 在技术实现上采用数字电子技术的锁存器，一个锁存器保存一位数据，需要 6 个三极管，占用半导体面积大，耗电多，突出特点是访问速度快，是计算机高速缓存的主要组成部分。

由于制造成本较高，缓存通常容量比较小。有的计算机系统缓存又分为一级缓存和二级缓存甚至三级缓存。一级缓存容量少，直接和 CPU 速度匹配；二级缓存容量是一级缓存的 5 倍左右，速度是一级缓存的 1/5 左右；三级缓存依此类推。通过高速缓存，实现了存储器的整体高速度。

早期的计算机如 Intel 8086 等没有缓存，Intel 486 计算机的缓存设置在主板上，Intel 586 以后，一级缓存集成在 CPU 内部，二级缓存设置在主板上。奔腾和酷睿以后，无论一级还是二级缓存，都已经集成到 CPU 内部。由于缓存进入 CPU 内部，通常意义的存储器则主要指主存储器（主存）。

单片机 CPU 整体速度不够快，一般不采用缓存技术，其主存储器是 SRAM。

缓存容量对计算机的性能影响很大，缓存容量大，就不需要频繁从内存调进调出程序或数据，运行速度就快。由于缓存已经集成到 CPU 内部，大容量的缓存生产难度大，直接影响 CPU 的成品率，所以，缓存容量对 CPU 的成本影响很大。

2. DRAM

DRAM（Dynamic RAM，动态 RAM），是主存储器的主要类型。DRAM 利用半导体 MOS 管和自身的结电容保存数据，只占用一个半导体 MOS 管的面积，因此存储密度可以很大。当结电容存有足够多电荷时为 1，没有电荷时为 0。由于电荷的积累和释放均需要一定时间，因此 DRAM 的存取速度不可能很快，一般是二级缓存速度的 1/5 左右。

DRAM 存储密度大，由于一个地址对应一个存储单元，因此 DRAM 存储媒介容量一般较大，这就需要更大的地址空间。例如，1MB 空间就需要 20 条地址线，对应 20 个引脚。由于芯片面积小，空间有限，难以安排这么多引脚。解决方法是将地址分两次送入，这样只需要 10 条地址线，先送高 10 位地址，称为行地址，再送低 10 位地址，称为列地址。主存速度虽慢，但和 CPU 直接通过三大总线相连，一般要与 DRAM 控制器相连，可以直接交换数据，这时就需要 CPU 等待主存准备好数据。

DRAM 技术发展很快，现在主要的有以下几种。

（1）SDRAM，同步的 DRAM，在自动刷新基础上芯片内部具有自我刷新逻辑，可简化刷新电路设计，由于和 CPU 时钟同步，支持数据并发传输，传输速度快。

（2）DDR，双通道的 SDRAM，2B 传输。

（3）DDRII，双通道的 DDR，4B 传输。

（4）DDRIII，双通道的 DDRII，8B 传输。

（5）DDRIV，基本为双倍速的 DDRIII。

通用计算机的内存容量可以升级，但使用何种内存取决于 CPU 和计算机主板，不能改变内存种类。武器装备中嵌入式计算机的可靠性要求高，目前以 SDRAM 和 DDR 内存为主，且内存和 CPU 一样直接焊接在主板上，不能随便更换升级。

综上所述，SRAM 和 DRAM 都属于 RAM。SRAM 存储密度小，速度快，但耗电多，价格贵；DRAM 存储密度大，耗电少，但速度慢，价格便宜，需要定时刷新。

【例 2-32】如何理解 DRAM 中"动态"二字的含义？

用结电容保存电荷的一个最大问题是电容漏电，如果原来充满电，代表该位信息为 1，随着时间流逝，电荷越来越少，就会慢慢变成 0，一旦数据发生改变，结果将是灾难性的。

因此，在电荷数量漏到一定程度以前（早期是 2ms，现在一般是 64ms），将该数据位通过专用电路读一下，如果是 1，将电荷继续充满；如果是 0，就维持电荷为 0 的状态，该电路需要定时自动工作，该过程称为自动刷新。

3. ROM

RAM 只能在计算机有电时保存程序和数据，一旦掉电，程序和数据就全部丢失了。而有一类存储器，在计算机掉电的情况下仍然能够保存数据和程序，这类存储器称为 ROM。例如，计算机中的 BIOS（基本输入/输出系统）是一段开机启动程序，这段启动程序必须永久保持，计算机掉电之后程序也不能丢失，且一上电就能和 CPU 协同工作，这段程序就保存在 ROM 中。ROM 在存储器层次上和 RAM 相同，直接连接三大总线，都属于主存层次，目前 ROM 发展出很多种类。

（1）EPROM（Erasable Programmable ROM，可擦除可编程 ROM）。该类存储器中的数据可通过紫外线擦除，这类存储器的一个突出标志是外部有一个透光窗口。编程前必须先擦除干净，即将所有内存单元恢复成 1 的状态。该类存储器由于编程和擦除速度都慢，目前已经被淘汰。

（2）EEPROM（Electrically Erasable Programmable ROM，电可擦除可编程 ROM）。该类存储器中的数据通过工作电压即可完成擦除，擦除速度快。EEPROM 可以支持在线编程。

（3）FLASH ROM 是一种可擦除和编程速度更快的存储器，现在计算机主板上的 BIOS 主要采用该类芯片。早期的优盘采用该技术实现，由于容量小，价格贵，现在的大容量优盘已经不采用。

ROM 的存储容量一般不大，所以，每条地址线都有对应引脚。不同种类 ROM 的速度虽然有差异，但总体来讲比 DRAM 略慢或相当。

4. RAM、ROM 与运行程序的关系

二者都直接连接在三大总线（系统总线）上，都属于主存层次，可以直接读写（如 EPROM）任意一个字节单元，即每个存储单元都有唯一地址；具有"跳"的能力，给出一个单元地址，立马可以读写数据，这是程序运行的基本要求。概括来说，程序运行需要指令能随机读，数据能随机读写。相对来说，还有一类存储器称为顺序存储器，由于存储单元只能顺序读写（也称访问），不能运行程序，不能作为主存使用。

2.4.2 存储器的组织

2.4.2.1 存储器的层次结构

现代计算机系统希望存储器的工作速度更快，存储容量更大，同时成本又可控，而高速、大容量以及低成本之间是相互矛盾的。计算机系统往往采用多种存储技术，组成具有多层次结构的存储系统予以解决。图 2-48 所示为现代微机系统中使用的一种典型的存储系统层次结构。

典型的存储系统包括 6 个层次，其基本组成原则是，从上往下各层的存储容量越来越大，单位价格越来越低，访问速度越来越慢，CPU 的访问频度越来越低。其中指令和数据缓冲栈属于 CPU 中的一级 Cache，一般采用 SRAM，已在现代微机中大量使用。高速缓存器 SRAM 属于二级 Cache，根据不同的系统架构，有的集成在主板上，有的系统已经将其集成到了 CPU 内部。

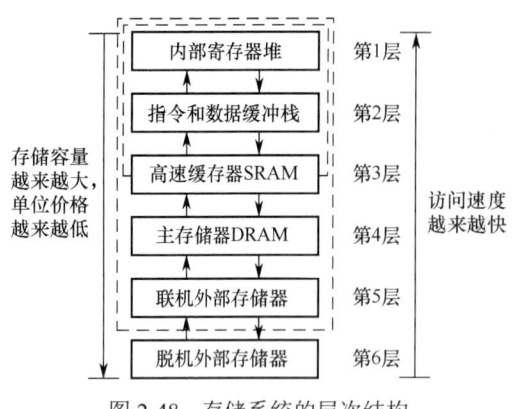

图 2-48 存储系统的层次结构

Cache 主要用于解决 CPU 工作速度与内存工作速度不匹配的问题。利用程序执行时访问存储器操作时间与空间上的局部性特点，将预计 CPU 即将要使用的程序与数据预先从内存读取到 Cache 中。CPU 需要时可直接到 Cache 中访问，仅在访问 Cache 失败时，才访问内存。因此，减少了 CPU 访问内存的次数，提高了其访问程序和数据的速度。

层次化设计的存储系统的总体目标是，工作速度接近于 Cache，存储容量和单位价格接近于外存。

2.4.2.2 存储器的组织结构

1. 冯·诺依曼结构

冯·诺依曼结构又称普林斯顿体系结构，是一种将程序指令存储器和数据存储器合并在一起的存储器结构。在冯·诺依曼结构中，取指令和取操作数都在同一总线上，通过分时复用的方式进行，缺点是在高速运行时，不能同时取指令和取操作数，从而形成了传输过程的瓶颈。由于程序指令存储地址和数据存储地址指向同一个存储器的不同物理位置，因此程序指令和数据的宽度相同，如英特尔公司的 8086 中央处理器的程序指令和数据都是 16 位宽。

冯·诺依曼结构中的存储器编址及系统架构如图 2-49 所示。目前使用冯·诺依曼结构的 CPU 和微控制器有很多，包括英特尔公司的 8086 及其他 CPU、TI 公司的 MSP430 处理器、ARM 公司的 ARM7、MIPS 公司的 MIPS 处理器。

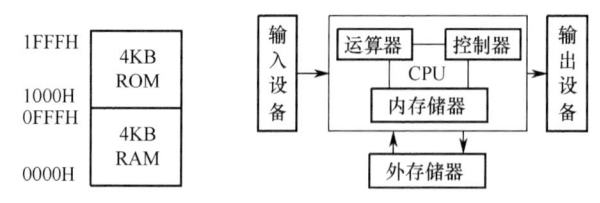

图 2-49 冯·诺依曼结构中的存储器编址及系统架构

冯·诺依曼结构的特点如下。
（1）物理上使用同一个存储器保存程序指令和数据，逻辑上统一编址。
（2）指令和数据的读写使用同一总线结构的存储器架构。
（3）程序指令和数据的宽度相同。

是否使用同一总线结构是冯·诺依曼结构的主要划分依据。

2. 哈佛结构

哈佛结构是一种将程序指令存储和数据存储分开的存储器结构。它的主要特点是将程序和数据存储在不同的存储空间中，即程序存储器和数据存储器是两个独立的存储器，每个存储器独立编址、独立访问，目的是减轻程序运行时的访问瓶颈。

由于程序存储器和数据存储器采用不同的总线，因此提供了较大的存储器带宽，使数据的移动和交换更加方便，尤其提供了较高的数字信号处理性能。

哈佛结构下的存储器编址及系统架构如图2-50所示。目前使用哈佛结构的中央处理器和微控制器有很多，包括Microchip公司的PIC系列芯片，Zilog公司的Z8系列，Atmel公司的AVR系列，ARM公司的ARM9、ARM10、ARM11和Cortex-M3/M4。

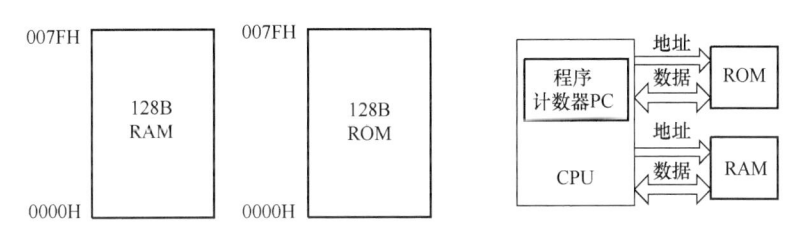

图2-50 哈佛结构下的存储器编址及系统架构

哈佛结构的特点如下。

（1）物理上使用独立的程序存储器和数据存储器。
（2）逻辑上独立编址。
（3）使用独立的总线访问程序存储器和数据存储器。
（4）可同时读取指令和数据。

哈佛结构是为了高速处理数据而设计的，因为可以同时读取指令和数据（分开存储的），大大提高了数据吞吐率，其缺点是结构复杂。

随着CPU设计的发展，流水线的增加，指令和数据的互斥读取影响了CPU指令的执行速度。哈佛结构中数据存储器与程序存储器分开，各自有自己的数据总线和地址总线，取操作数与取指令能同时进行。但是需要CPU提供大量的数据线，因而很少将哈佛结构作为CPU外部架构来使用。对于CPU内部，通过使用不同的数据和指令缓存，可以有效地提高指令的执行效率，因而目前大部分计算机体系都是在CPU内部使用哈佛结构，在CPU外部使用冯·诺依曼结构。

存储器的结构类型要按照总线结构来判断。80C51单片机虽然数据和指令存储区域是分开的，但总线是分时复用的，相当于改进型的哈佛结构。

【例2-33】存储器中字节序的概念。

假设一个双字节数X保存在存储器中，如果在存储器中的存储结果如图2-51所示，则系统采用的字节序将决定X的值。

（1）小端模式，将低字节存储在起始地址。数据的高位存储在高地址空间，数据的低位存储在低地址空间，其优点是符

图2-51 双字节数的存储结果

合人的逻辑思维。如果采用小端模式，则 X=3412H。

（2）大端模式，将高字节存储在起始地址。数据的高位存储在低地址空间，数据的低位存储在高地址空间，其优点是符合人的直观印象。如果采用大端模式，则 X=1234H。

2.4.2.3　80C51 单片机的数据存储器空间

80C51 单片机片内有 128B RAM、128B SFR 和 4KB ROM 共 3 个存储器空间。图 2-52 所示为内部 RAM 的配置情况，从功能上划分为 3 个区域：通用寄存器区、位寻址区和数据缓冲区。

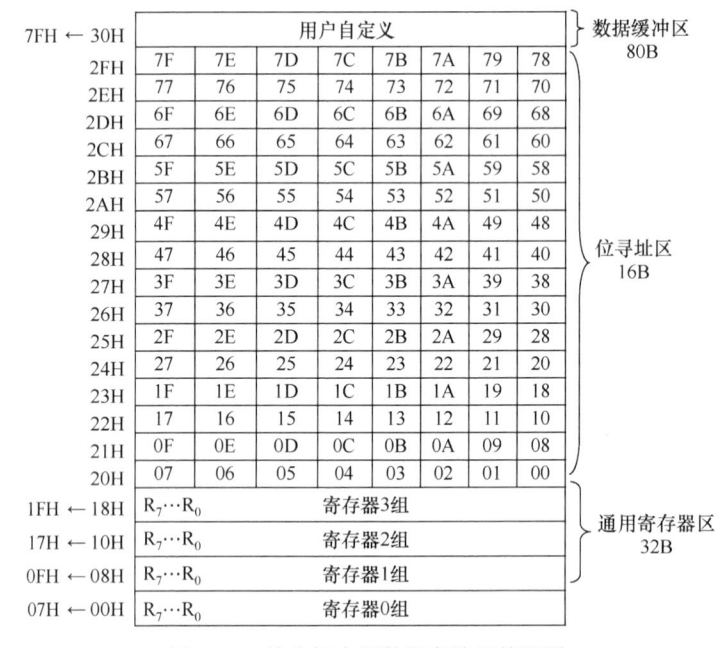

地址				内容					区域
7FH ← 30H	用户自定义								数据缓冲区 80B
2FH	7F	7E	7D	7C	7B	7A	79	78	位寻址区 16B
2EH	77	76	75	74	73	72	71	70	
2DH	6F	6E	6D	6C	6B	6A	69	68	
2CH	67	66	65	64	63	62	61	60	
2BH	5F	5E	5D	5C	5B	5A	59	58	
2AH	57	56	55	54	53	52	51	50	
29H	4F	4E	4D	4C	4B	4A	49	48	
28H	47	46	45	44	43	42	41	40	
27H	3F	3E	3D	3C	3B	3A	39	38	
26H	37	36	35	34	33	32	31	30	
25H	2F	2E	2D	2C	2B	2A	29	28	
24H	27	26	25	24	23	22	21	20	
23H	1F	1E	1D	1C	1B	1A	19	18	
22H	17	16	15	14	13	12	11	10	
21H	0F	0E	0D	0C	0B	0A	09	08	
20H	07	06	05	04	03	02	01	00	
1FH ← 18H	$R_7 \cdots R_0$			寄存器3组					通用寄存器区 32B
17H ← 10H	$R_7 \cdots R_0$			寄存器2组					
0FH ← 08H	$R_7 \cdots R_0$			寄存器1组					
07H ← 00H	$R_7 \cdots R_0$			寄存器0组					

图 2-52　单片机内部数据存储器的配置

通用寄存器区分为 4 组，每组 8 个单元，用作 8 个寄存器，都以 R0～R7 来表示。同一时刻只能使用一组通用寄存器，其他各组不工作待用。哪组工作由程序状态字 PSW 的 RS1 和 RS0 两位进行选择。初始化时或复位时，自动选中 0 组。通用寄存器区供用户编程时使用，临时寄存 8 位信息。

位寻址区又称位地址区，共 16 个单元，每单元有 8 个位，每位有一个位地址，共 128 位，既可位寻址，又可字节寻址。30H～7FH 单元是数据缓冲区，即用户 RAM 区，共 80 个单元。通用寄存器区和位寻址区中未用的单元也可作为数据缓冲区，使片内 RAM 得以充分利用。

SFR 空间共计 128B，目前仅使用了部分存储单元。SFR 的名称、符号，以及该寄存器字节对应的地址和复位后的默认值如表 2-8 所示。

SFR 也称专用寄存器，专门用于控制、管理单片机内部算术逻辑部件、并行 I/O 接口、定时器/计数器、中断系统等功能模块的工作，用户在编程时可以进行置数设定，但不能移为他用。

表 2-8 SFR 的名称及其他内容

序 号	SFR 符号	SFR 名称	字节地址	位 地 址	复 位 值
1	P0	P0 口寄存器	80H	87H~80H	FFH
2	SP	栈指针	81H	—	07H
3	DPL	数据指针 DPTR 低字节	82H	—	00H
4	DPH	数据指针 DPTR 高字节	83H	—	00H
5	PCON	电源控制寄存器	87H	—	0×××0000B
6	TCON	定时器/计数器控制寄存器	88H	8FH~88H	00H
7	TMOD	定时器/计数器方式控制	89H	—	00H
8	TL0	定时器/计数器 0（低字节）	8AH	—	00H
9	TL1	定时器/计数器 1（低字节）	8BH	—	00H
10	TH0	定时器/计数器 0（高字节）	8CH	—	00H
11	TH1	定时器/计数器 1（高字节）	8DH	—	00H
12	P1	P1 口寄存器	90H	97H~90H	FFH
13	SCON	串行控制寄存器	98H	9FH~98H	00H
14	SBUF	串行发送数据缓冲器	99H	—	×××× ××××B
15	P2	P2 口寄存器	A0H	A7H~A0H	FFH
16	IE	中断允许控制寄存器	A8H	AFH~A8H	0××0 0000B
17	P3	P3 口寄存器	B0H	B7H~B0H	FFH
18	IP	中断优先级控制寄存器	B8H	BFH~B8H	××00 0000B
19	PSW	程序状态字寄存器	D0H	D7H~D0H	00H
20	A（ACC）	累加器	E0H	E7H~E0H	00H
21	B	B 寄存器	F0H	F7H~F0H	00H

2.4.3 堆栈及其操作

在单片机应用中，堆栈是个特殊存储区。堆栈属于 RAM 空间的一部分，主要用于函数调用、中断切换时保存和恢复现场数据。堆栈中的物体具有一个特性，第 1 个放入堆栈中的物体总是被最后拿出来，这个特性通常称为先进后出（FILO）。堆栈中定义的两个最重要的操作是 PUSH 和 POP。堆和栈是两个概念，二者的主要区别如表 2-9 所示。

表 2-9 堆和栈的主要区别

主要区别	栈	堆
英文名称	Stack	Heap
操作方式	FILO，PUSH/POP	无特殊要求
空间分配	操作系统自动分配和释放，位于连续的内存空间中	由程序员分配和释放，不一定位于连续的内存空间中
缓存方式	一级缓存，速度快	二级缓存，速度慢
管理方式	编译器自动分配和释放，存放函数参数值和局部变量的值等	由程序员申请和释放，大小和内容也由程序员确定

（1）空间分配。

栈由操作系统自动分配和释放，存放函数的参数值、局部变量的值等。其操作方式类似于数据结构中的栈。

堆一般由程序员分配和释放，若程序员不释放，程序结束时可能由操作系统回收，分配方式类似于链表。

（2）缓存方式。

栈存放在一级缓存中，被调用时通常都处于存储空间中，调用完毕立即释放。

堆存放在二级缓存中，生命周期由虚拟机的垃圾回收算法来决定，调用速度相对较慢。

（3）管理方式。

Java：栈（stack）和堆（heap）都是 Java 用来在 RAM 中存放数据的地方。与 C++不同，Java 自动管理栈和堆，程序员不能直接地设置栈或堆。

C/C++：栈由编译器自动分配和释放。例如，在函数中声明一个局部变量（int b），系统自动在栈中为 b 开辟空间。堆需要程序员自己申请，并指明大小，在 C 语言中使用 malloc()函数。

根据生长方向，栈可以分为递增栈和递减栈，如图 2-53 所示。

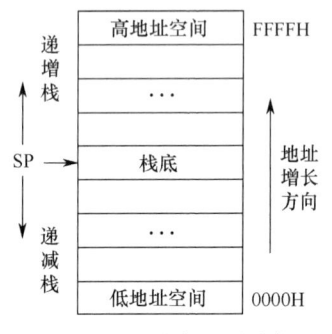

图 2-53 递增栈与递减栈

（1）递增栈：堆栈向内存地址增加的方向生长。

（2）递减栈：堆栈向内存地址减小的方向生长。

根据栈指针的位置，栈可以分为 Full 栈和 Empty 栈，如图 2-54 所示。

（1）Full 栈：栈指针始终指向最后压入的数据。

（2）Empty 栈：栈指针始终指向下一个要被压入的数据。

综上分析，栈有 4 种类型，分别为满递减栈 FD（Full Descending）、空递减栈 FD（Empty Descending）、满递增栈 FA（Full Ascending）、空递增栈 EA（Empty Ascending）。80C51 单片机使用的是满递减栈 FA，如图 2-55 所示。

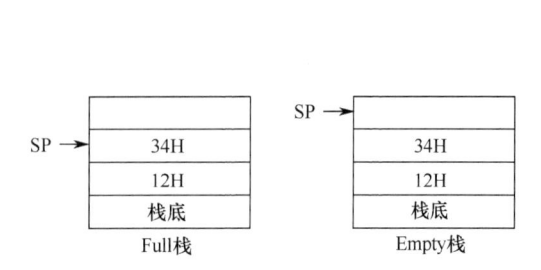

图 2-54 Full 栈与 Empty 栈

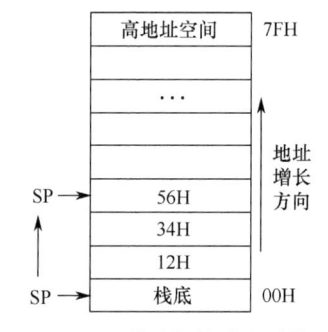

图 2-55 80C51 单片机的满递减栈 FA 示意图

2.5 小结

计算机由运算器、存储器、控制器、输入设备、输出设备五大部件组成,现在习惯将具有这种组成结构的计算机称为冯·诺依曼计算机。

总线的分类方法有多种。按总线的层次结构,可分为片内总线、局部总线、系统总线和外部总线;按总线中信息的传输类型,可分为数据总线、地址总线和控制总线;按总线的连接方式,可分为单总线结构和多总线结构。

基于冯·诺依曼结构的微型计算机,其工作原理可概括为取指、译码、执行 6 个字。

存储器可以分为 RAM 和 ROM。RAM 又可分为 SRAM 和 DRAM。现代计算机系统往往采用多种存储技术,组成具有多层次结构的存储系统。

存储器的组织结构有两种:冯·诺依曼结构和哈佛结构。

栈有 4 种类型:满递减栈、空递减栈、满递增栈、空递增栈。

2.6 思考与练习题

1. 某总线在一个总线周期中并行传送 4 个字节的数据,假设一个总线周期等于一个总线时钟周期,总线时钟频率为 33MHz,则总线带宽是多少?

2. 某总线在一个总线周期中并行传送 64 位数据,假设一个总线周期等于一个总线时钟周期,总线时钟频率为 66MHz,则总线带宽是多少?

3. 用异步通信方式传送字符"A"和"8",数据位 7 位,奇偶校验位 1 位,起始位 1 位,停止位 1 位,请画出波形图。

4. 系统总线中,控制总线的功能是(   )。
   A. 提供主存储器、I/O 接口设备的控制信号和响应信号
   B. 提供数据信息
   C. 提供时序信号
   D. 提供主存储器、I/O 接口设备的响应信号

5. 系统总线中,地址总线的功能是(   )。
   A. 选择主存储器单元地址
   B. 选择进行信息传输的设备
   C. 选择外部存储器地址
   D. 指定主存储器、I/O 设备接口电路的地址

6. 如何理解 RAM 英文全称中的 Random 和 Access 的含义?

7. 简述 RAM 类型中,静态和动态的具体含义。

第 3 章

武器控制系统软件开发

武器控制系统既包括嵌入式微控制器等硬件，也包括应用软件和嵌入式操作系统等软件。第 2 章介绍了武器控制系统中的硬件，本章重点介绍武器控制系统中的软件，包括软件开发环境、程序开发以及嵌入式操作系统的有关知识。

3.1 软件开发环境

系统和应用软件的开发工作必须在特定的开发环境下开展，面向不同的硬件平台其开发环境是不同的，特别是在嵌入式系统应用领域。本节主要以 80C51 单片机为例，介绍常用的软件开发环境。

3.1.1 Keil μVision 软件

Keil μVision（简称 Keil）是 Keil Software 公司开发的一个集成软件开发环境，提供了包括 C 编译器、宏汇编、连接器、库管理和一个功能强大的仿真调试器等在内的完整开发方案，可以完成从工程建立到管理、编译、链接、目标代码生成、软件仿真和硬件仿真等完整的开发流程。Keil μVision 有多个版本，本节以 Keil μVision 4 为例进行介绍，其主界面如图 3-1 所示。

基于 Keil μVision 4 的 80C51 单片机应用程序开发过程大致包括以下几个步骤：创建项目、设置项目属性、编写源程序、编译和调试源程序、生成可执行 Hex 代码文件。

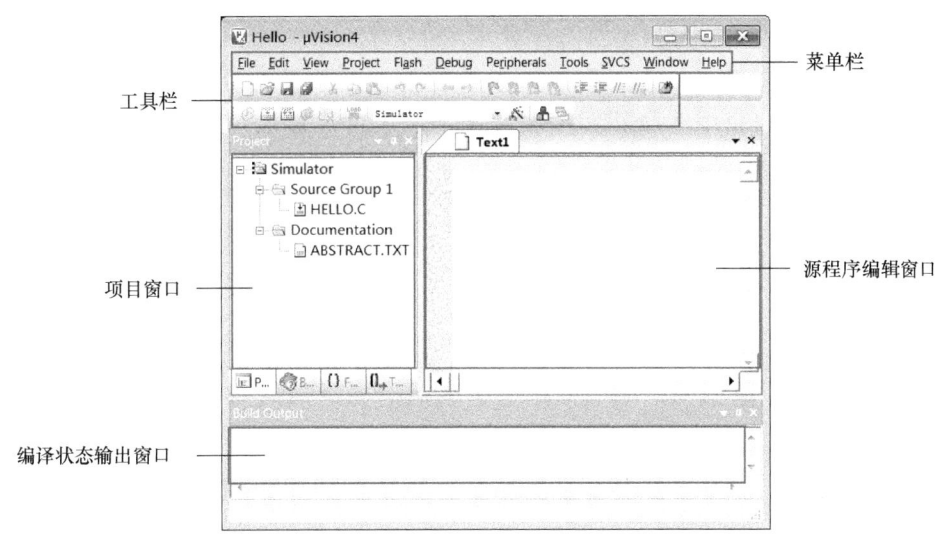

图 3-1　Keil μVision 4 主界面

3.1.1.1　项目创建与设置

1. 创建项目

在图 3-1 的主界面中，单击菜单栏上的"Project"菜单，选择"New Project"命令，根据提示输入项目名，为新建的项目选择路径后保存。随后，在弹出的"Select Device for Target"对话框中，选择对应的单片机。接着会弹出一个提示对话框，其作用是提示用户是否需要将单片机标准启动代码复制并添加到项目中以便简化用户操作。如果使用汇编语言进行程序设计，单击"否"按钮；如果使用 C51 语言进行程序设计，可以视情况单击"是"按钮。

2. 设置项目属性

单击菜单栏上的"Project"菜单，选择"Options for Target 'Target 1'"命令，弹出工程属性设置对话框，默认选择"Target"选项卡，如图 3-2 所示。

"Target"选项卡主要用于设置目标系统的基本属性，包括时钟频率 Xtal（MHz）、是否使用片内 ROM（Use On-chip ROM）、存储器模式（Memory Model）、代码规模（Code ROM Size）、操作系统（Operating System）、片外 ROM 和 RAM 配置情况等。

"Output"选项卡用于设置输出目标文件的路径、名称、是否输出 Hex 文件等。

"C51"选项卡用于设置编译器 C51 操作的相关属性。

"Debug"选项卡用于设置调试方式和参数，左侧部分用于设置软件仿真，右侧部分用于设置硬件仿真。其中，左侧的"Use Simulator"为默认选项，表示使用 Keil μVision 软件虚拟的 51 内核进行调试，右侧的"Use"选项供用户根据需求选择不同的硬件仿真，如图 3-3 所示。

3. 编写源程序

在图 3-1 的主界面中，单击菜单栏上的"File"，选择"New"命令，就会创建一个名为

Text 的源程序编辑窗口，该编辑窗口需要用户手动保存并添加到工程中。具体方法是，在项目窗口中右击"Source Group 1"，选择"Add Files to Group 'Source Group 1'"命令，在弹出的添加源程序文件对话框中选择源程序文件，单击"Add"按钮，完成源文件的添加工作。

图 3-2 "Target"选项卡

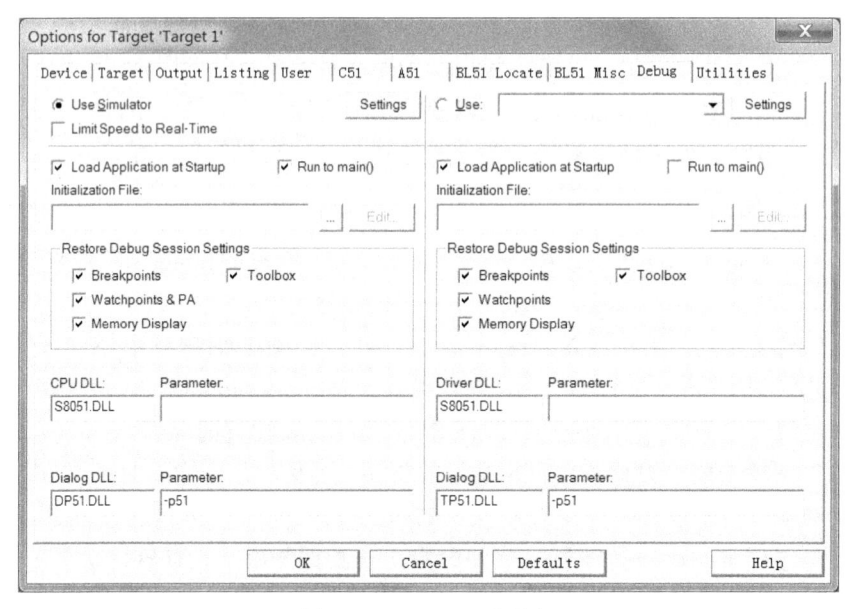

图 3-3 "Debug"选项卡

3.1.1.2 常用工具栏

熟练使用工具栏可以有效提高代码编写和调试效率。Keil μVision 4 中常用的编译、文本处理和调试工具栏如图 3-4 所示。

(a) 编译工具栏　　(b) 文本处理和调试工具栏

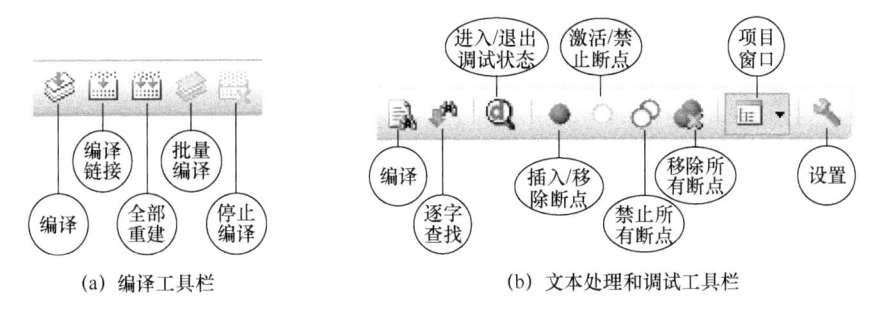

图 3-4　编译、文本处理和调试工具栏

在图 3-4（b）所示的工具栏中，单击 图标，程序进入调试状态，会出现调试工具栏，如图 3-5 所示。

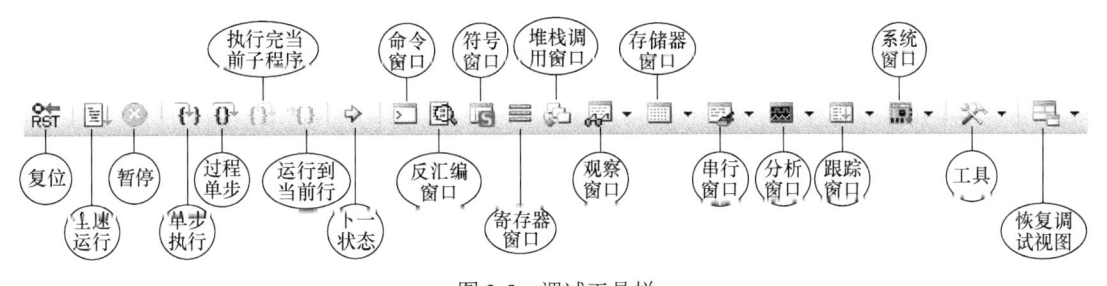

图 3-5　调试工具栏

3.1.1.3　常用窗口

Keil μVision 4 软件提供了多个窗口，如图 3-6 所示。图的左边为正常编辑状态下的窗口，图的右边为调试状态下新增的窗口。用户可以根据需要通过 View 菜单显示或隐藏窗口。

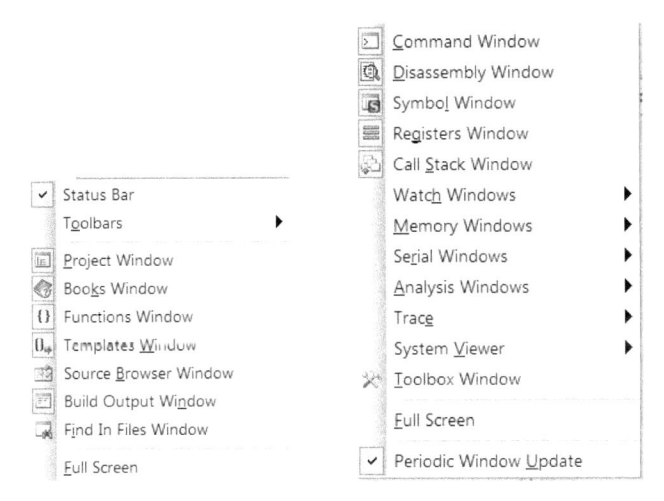

图 3-6　View 下拉菜单

1. 程序调试辅助窗口

在调试程序时提供了多个变量观察窗口，包括寄存器窗口、输出窗口、变量观察窗口、存储器窗口、串行输入/输出信息窗口和外围设备窗口（中断、定时器/计数器、串行接口和并行 I/O 接口）等。这些窗口主要位于主菜单"View"下。

1）Register 窗口

Register 窗口提供了常用寄存器的状态，包括通用寄存器组 R0~R7，特殊功能寄存器组 A、B、SP、DPTR、PSW 以及 PC 的信息等。除此之外，还有 sec 和 states 两项，主要提供程序执行时间和运行周期数的信息。

2）Watch 窗口

Watch 窗口下有 3 个选项卡，分别为 Locals、Watch1 和 Watch2。在"Locals"选项卡中可以观察和修改当前运行函数的所有局部变量，在"Watch1"和"Watch2"选项卡中可以观察用户指定的变量。

3）Memory 窗口

Memory 窗口有 4 个选项卡，分别为 Memory1、Memory 2、Memory 3、Memory 4，可以观察 4 个不同的存储空间。用户只需要在各选项卡中的"Address"文本框中按照"字母:数字"的格式输入正确的信息即可观察对应的存储器内容。"字母"可以是 C（ROM）、D（直接寻址片内 RAM）、I（间接寻址片内 RAM）、X（片外 RAM）中的某一个，"数字"为需要查看的存储器起始地址。

4）Serial 窗口

Serial 窗口是编译器利用单片机串行接口进行输入/输出操作的窗口。若在程序中加入串行通信参数，可用 printf 语句输出程序运行的结果和用 scanf 语句输入程序需要的参数。

2. 外围设备窗口

外围设备窗口位于菜单栏"Peripherals"中，包括 Interrupt、I/O-Ports、Serial 和 Timer 共 4 个子菜单，分别可打开不同的窗口，主要用于观察和设置单片机中断、并行 I/O 接口、串行接口和定时器/计数器等片内外设的运行状态和相关寄存器的值。

1）Interrupt 窗口

Interrupt 窗口主要提供外部中断 0、定时器 0、外部中断 1、定时器 1、串行接收和发送中断的状态信息。

2）I/O-Ports 窗口

I/O-Ports 窗口主要提供并行端口 P0~P3 的状态信息，包括 P0~P3 口输出状态以及 I/O 接口引脚输入信号。

3）Serial 窗口

Serial 窗口用于选择串行通信的工作方式，设置串行通信相关寄存器的值，包括 SCON、SBUF、SM2、REN、TB8、RB8、SMOD、TI、RI 等。

4）Timer 窗口

Timer 窗口主要用于选择定时器/计数器工作方式和定时/计数模式，同时还可以进行寄存器 TCON、THx、TLx 的设置工作，以及定时器/计数器启动方式的设置。

3.1.2 Proteus 软件

Proteus 是 Labcenter Electronics 公司研发的嵌入式系统仿真开发软件，提供了从电路原理图设计、VSM 虚拟单片机系统仿真到印制电路板（Printed Circuit Board，PCB）设计的完整解决方案。本节以 Proteus 8.9 版本为例，重点介绍电路原理图设计和仿真的有关知识。

3.1.2.1 软件界面

安装 Proteus 8.9 并启动后，在图 3-7 所示的主界面工具栏中，单击原理图绘制图标，就会进入 Scheme Capture（原理图绘制）用户编辑界面，如图 3-8 所示。

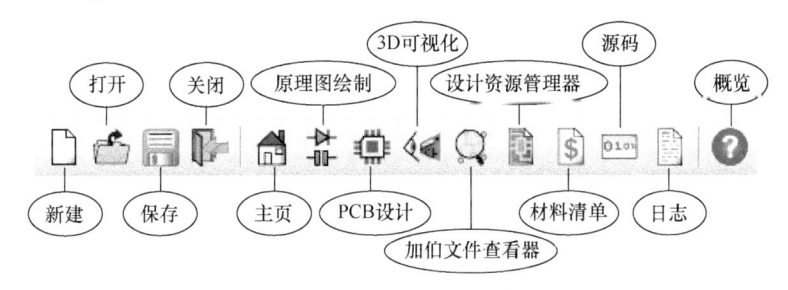

图 3-7 主界面工具栏

原理图绘制用户编辑界面中有主菜单栏、主工具栏、辅工具栏、仿真运行工具栏、原理图预览窗口、原理图编辑窗口和元器件选择窗口等。

1. 主菜单栏

Scheme Capture 主菜单栏包括 File（文件）、Edit（编辑）、View（视图）、Tools（工具）、Design（设计）、Graph（图形）、Debug（调试）、Library（库）、Template（模板）、System（系统）和 Help（帮助）菜单。

（1）File：文件菜单。用于文件的新建、打开、保存、打印、显示和退出等文件操作功能。

（2）Edit：编辑菜单。用于撤销/恢复操作、元器件查找与编辑、元器件剪切/复制/粘贴、设置多个对象的层叠关系等。

（3）View：视图菜单。用于显示网络、设置格点距离、显示或隐藏各种工具栏和放大/缩小电路图等。

（4）Tools：工具菜单。用于实时标注、自动布线、查找并标记、属性分配工具、电气规则检查、网络标号编译、模型编译、将网络标号导入 PCB 或从 PCB 返回原理设计等。

（5）Design：设计菜单。用于图纸编辑、选择等与设计相关的操作。

（6）Graph：图形菜单。用于图形的编辑、仿真、清除等。

（7）Debug：调试菜单。用于启动测试、执行仿真、单步运行、设置断点和重新布排弹出窗口等。

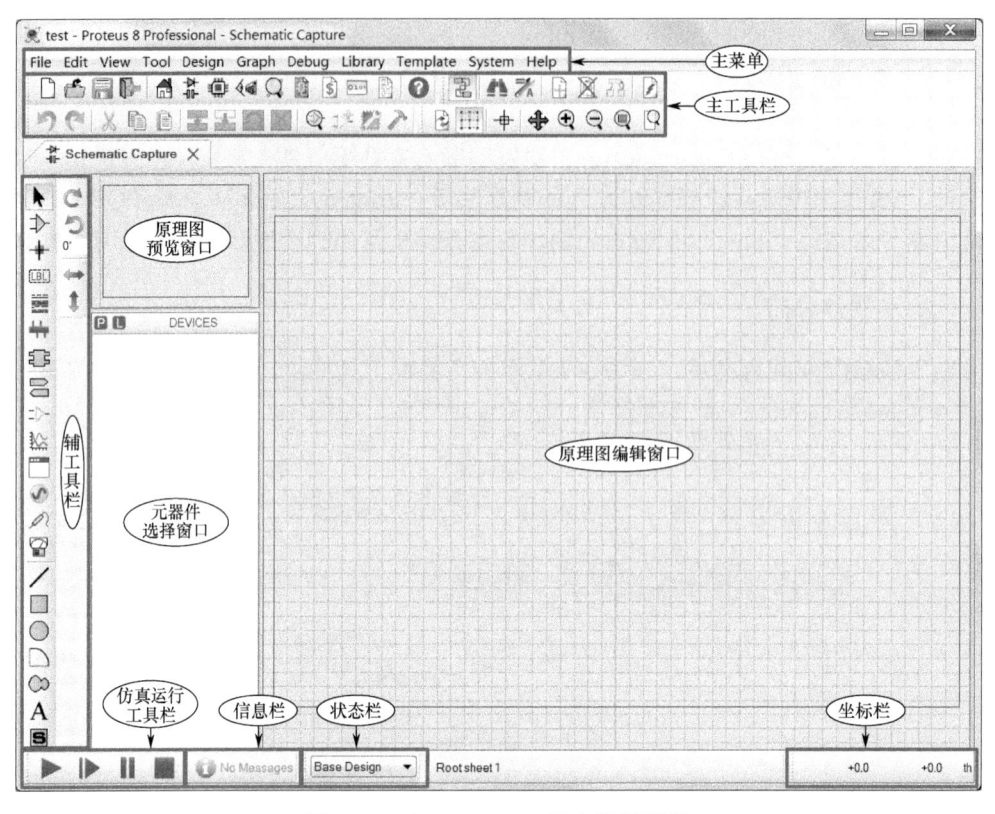

图 3-8 Scheme Capture 用户编辑界面

（8）Library：库操作菜单。用于选择元器件及符号、制作元器件及符号、设置封装工具、分解元器件、编译库、自动放置库、校验封装和调用库管理器等。

（9）Template：模板菜单。用于设置图样图形格式、文本格式、颜色、节点形状等。

（10）System：系统菜单。用于设置输出清单（BOM）格式、系统环境、路径、图样尺寸、标注字体、快捷键、仿真参数和模式等。

（11）Help：帮助菜单。包括版权信息、Proteus ISIS 学习教程和示例等。

2. 主工具栏

Scheme Capture 快捷工具栏分为主工具栏和辅工具栏。主工具栏位于菜单栏下方，以图标形式给出，包括 Edit（编辑）工具栏、View（视图）工具栏和 Design（设计）工具栏，如图 3-9 所示。每个工具栏包括若干快捷按钮，均对应一个具体的菜单命令。通过在菜单栏中选择"View"→"Toolbar"命令，可打开或关闭上述工具栏。

3. 辅工具栏

辅工具栏位于原理图预览窗口和元器件选择窗口左侧，包括模型选择、配件模型、绘制几何图形 3 个部分，如图 3-10 所示。除此之外，还有一个方向选择工具栏。

(a) Edit工具栏

(b) View工具栏　　(c) Design工具栏

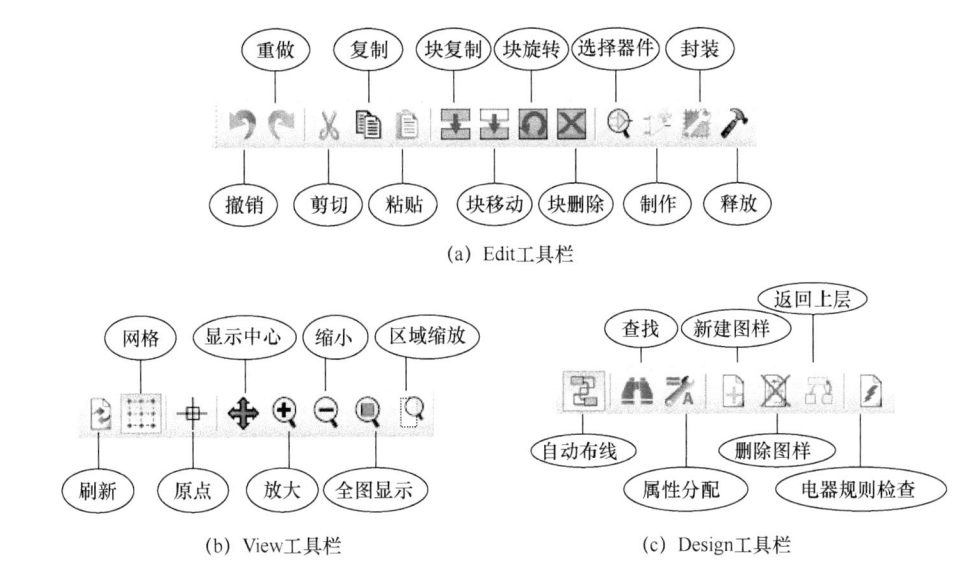

图3-9　主工具栏

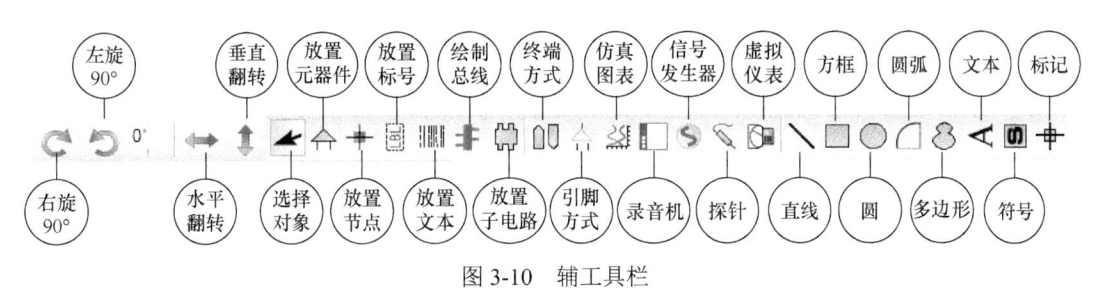

图3-10　辅工具栏

4. 仿真运行工具栏

仿真运行工具栏位于 Scheme Capture 编辑窗口左下方，如图 3-11 所示。可在 Scheme Capture 编辑界面中仿真运行原理电路图和程序，观测运行效果。

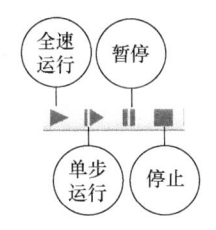

图3-11　仿真运行工具栏

3.1.2.2　电路原理图设计和编辑

电路原理图的设计和编辑流程如图 3-12 所示。

1. 元器件库

Proteus 提供了丰富的电路元器件。Proteus 8.9 版本集成了超过 50000 种元器件，品种齐全，目前仍在不断扩充之中。与单片机应用有关的常用元器件如表 3-1 所示。

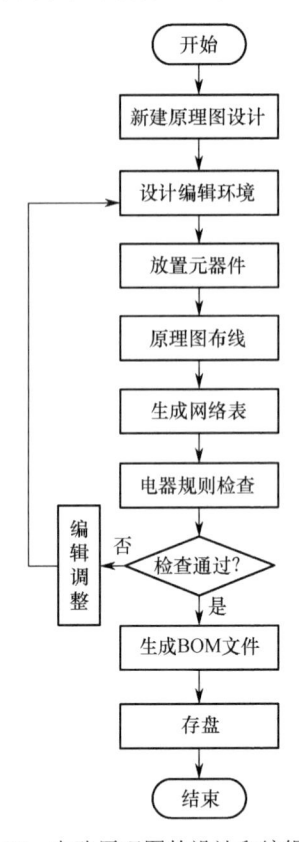

图 3-12 电路原理图的设计和编辑流程

表 3-1 Proteus 元件库中常用元器件

大 类 名 称	子类常用元器件
Analog ICs	模拟集成电路（运放、电压比较器、滤波器、稳压器和各种模拟集成电路）
Capacitors	各种电容
CMOS 4000 series	CMOS 4000 系列数字集成电路
Connectors	连接器（插头、插座、各种连接端子）
Data Converters	模/数转换器、数/模转换器、采样保持器、光传感器、温度传感器
Debugging Tools	调试工具（逻辑激励源、逻辑状态探针、断点触发器）
Diodes	各种二极管（整流、开关、稳压、变容等）、桥式整流器
Electromechanical	电动机（步进、伺服、控制）
Inductors	电感器、变压器
Memory ICs	存储器
Microprocessor ICs	微控制器（51 系列、AVR、PIC、ARM 等单片机芯片和各类外围辅助芯片）
Miscellaneous	多种器件（天线、电池、晶振、熔丝、RS-232、模拟电压表、电流表）
Operational Amplifiers	运算放大器（单运放、双运放、3 运放、4 运放、8 运放、理想运放）
Optoelectronics	光电器件（LCD 显示屏、LED 显示屏、发光二极管、光耦合器、排阻）

续表

大 类 名 称	子类常用元器件
Resistors	电阻器（普通电阻、绕线电阻、可变电阻、热敏电阻、排阻）
Simulator Primitives	仿真源（触发器、门电路、直流/脉冲波/正弦波电压源、直流/脉冲波/正弦波电流源、数字方波源等）
Speaker & Sounders	扬声器与音响器（压电式蜂鸣器）
Switches & Relays	开关与继电器（键盘、开关、按钮、继电器）
Switching Devices	开关器件（单、双向晶闸管）
Transducers	传感器（距离、湿度、温度、压力、光敏电阻）
Transistors	晶体管
TTL 74LS series	74LS 系列低功耗肖特基数字集成电路
TTL 74HC series	74HC 系列数字集成电路
TTL 74HCT series	74HCT 系列数字集成电路

在辅工具栏中单击放置元器件图标 ⇒ 或选择对象图标 ▸ ，再单击元器件选择窗口左上方的 P ，弹出"Pick Devices"对话框，如图 3-13 所示。其中，左侧的"Category"（元器件种类）列表框中列出元器件大类名称，其余为空白。在"Keywords"文本框中输入要查找的元件的名称或关键字，即可查找、预览并选择元器件。

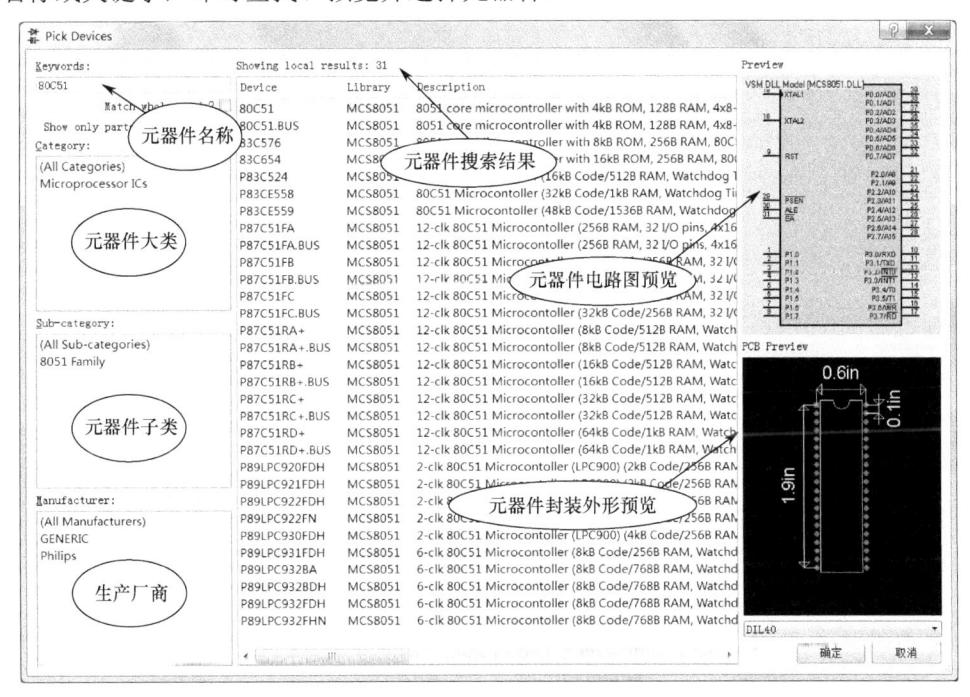

图 3-13 "Pick Devices"对话框

2. 对象操作

对象操作主要指元器件的移动、编辑、复制、删除、属性设置等操作。要操作某一个对象，首先选中该对象，然后右击，会弹出右键快捷菜单，用户可根据需要选择不同的操作选项（不同对象弹出的右键快捷菜单略有不同），也可双击打开对象的属性设置对话框（不同对象的属性设置对话框略有不同），进行属性设置。图 3-14 所示为 80C51 单片机的属性设置对话框。

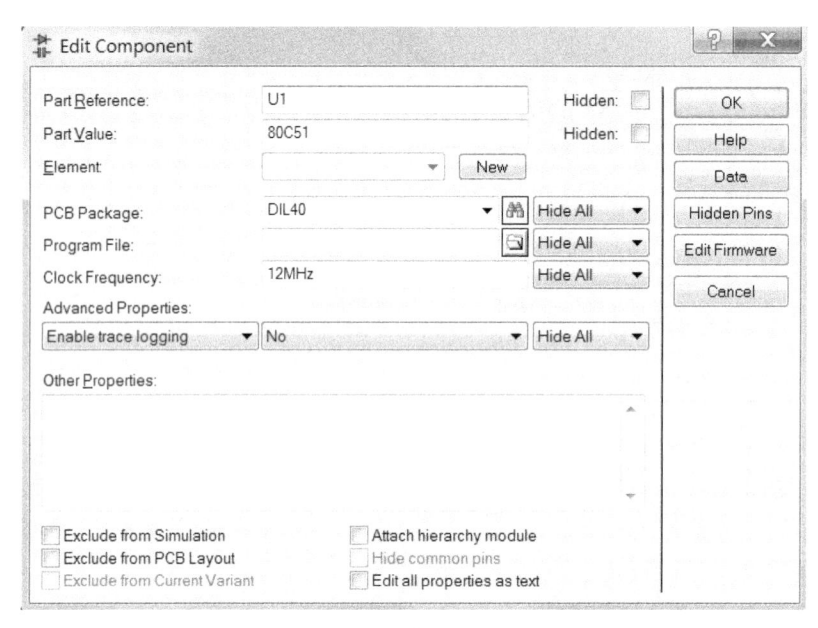

图 3-14　80C51 单片机的属性设置对话框

其中，Part Reference 表示元器件的唯一编号；Part Value 表示元器件型号或标称值；Clock Frequency 表示时钟频率；Program File 为单片机要执行的程序文件，通过单击右侧的文件夹图标导入。

3. 放置终端

绘制电路原理图，除放置元器件外，还需要各种终端符号，Proteus 提供了输入、输出、电源、接地、I/O 接口和总线等多种终端。单击辅工具栏中的图标，即可调出不同的终端选项。

4. 布线

元器件间的布线通常有 3 种形式：普通连接、标签连接和总线连接。

（1）普通连接。普通连接就是两个元器件之间的有线连接。布线时，将鼠标移至要布线的引脚上，当该引脚出现红色方框后单击，随后将鼠标移至待连线的另一个引脚处，按相同操作即可完成布线。连线过程中，如果需要拐弯，在需要拐弯的地方单击，此后如果鼠标移动方向改变，连线会在单击处拐弯。如果要绘制斜线，连线过程中按住 Ctrl 键即可。

（2）标签连接。普通连接用于连线较少的场合，当元器件较多时，普通连接方式会导致原理图过于繁杂，此时可以采用标签连接方式。标签连接有多种实现方式，一种是利用终端符号进行标签连接，右击终端符号，选择"Edit Properties"命令，在弹出的对话框中输入终端标签即可，如图 3-15 所示，连接在一起的两个终端的标签必须相同，并且唯一。另一种是采用设置连线标签的方式进行标签连接，在连线上右击，选择"Place Wire Label"命令。采用这种连接方式时，可以不需要终端，只需要在引脚处引出一条连线，双击后系统会终止连线并在终端处放置一个表示连线终止的小圆点，随后可在连线上设置标签，实现标签连接。

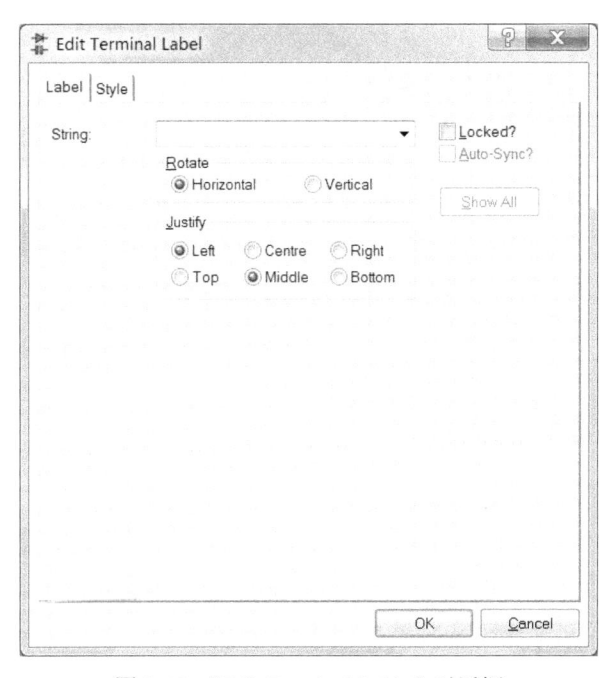

图 3-15 "Edit Terminal Lable"对话框

（3）总线连接。在单片机电路图中，用总线连接，可使电路原理图更加清晰整洁。单击辅工具栏中的绘制总线图标 ，在拟放置总线的起点处单击，然后拖动绘制，在总线终点处双击，即可完成总线的绘制。引脚接入总线时，互相连接的两个引脚要设置相同的标签。图 3-16 所示为基于总线连接的电路原理示例图。

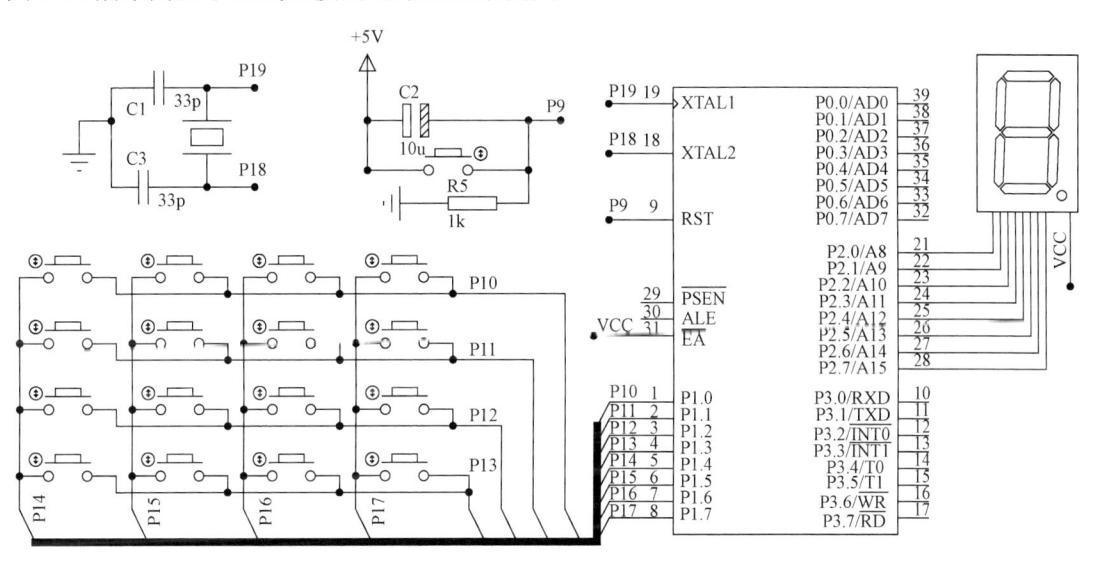

图 3-16 基于总线连接的电路原理示例图

3.1.2.3 虚拟仿真

Proteus 软件具备一定的源代码编辑、编译功能,但是功能上不如 Keil μVision 软件丰富,因此通常采用 Keil μVision 与 Proteus 相结合的仿真方式。首先在 Keil μVision 软件中完成应用程序的编译和调试,生成单片机可执行的机器码文件。然后在 Proteus 的仿真电路图中,导入由 Keil μVision 软件生成的机器码文件。

以 80C51 单片机为例,双击单片机,打开属性设置对话框(见图 3-14),单击"Program File"文本框右侧的文件夹图标,导入机器码文件,再单击仿真运行工具栏中的不同按钮,进行仿真调试。要观察程序单步运行的电路状态,可单击单步运行图标。要观察某一瞬时 80C51 特殊功能寄存器或外围元件的状态,可单击暂停图标,单击菜单栏中的"Debug",在下拉菜单中选择不同的命令,可弹出有关存储单元数据的对话框。

3.2 汇编语言程序开发

微型计算机主要有两种编程语言,即汇编语言和高级语言。汇编语言是用助记符表示的面向机器的程序设计语言,用汇编语言编写的程序简短,占用空间小,执行快,能充分发挥计算机的硬件功能,特别适用于实时控制等对响应速度要求比较高的场合。高级语言是一种接近自然语言和数学算法的程序设计语言,优点是编程快捷,代码编写效率高,可缩短软件开发周期。但使用高级语言一般无法直接使用寄存器等计算机硬件特性,在一定程度上也影响了很多程序设计技巧的发挥。本节以 80C51 单片机为例,介绍汇编语言程序开发的有关知识。

3.2.1 汇编语言程序设计基础

本书 2.3 节已经介绍了汇编语言的一些基本概念,CPU 只能识别由二进制码组成的指令代码(也称机器码),而不能识别由汇编语言编写的源程序。因此,必须将汇编语言程序转换为二进制码组成的机器码后,计算机才能执行,这个过程就是汇编,如图 3-17 所示。

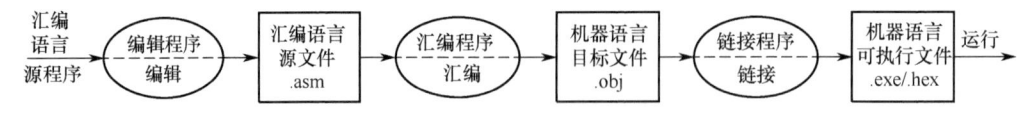

图 3-17 汇编语言源程序的汇编过程

在图 3-17 中,椭圆表示编辑软件及其操作,矩形框表示磁盘文件。此图说明了从源程序输入、汇编到生成可执行文件并运行的全过程。首先,用编辑程序在计算机上建立并修改用户编写的汇编语言源程序,形成格式为.asm 的汇编语言源文件,再经过汇编程序进行汇编,生成格式为.obj 的二进制代码表示的目标程序,并保存。.obj 文件虽然已经是二进制码文件,但是它还不能直接上机运行,必须经过链接程序把目标文件与库文件以及其他目标文件链接在一起,形成格式为.exe/.hex 的可执行文件。

3.2.1.1 伪指令操作

汇编语言程序设计主要是利用指令系统的具体指令来编程的。汇编语言除了指令助记符外，还要实现两部分功能，一是需要一些帮助人们提高程序可读性、可维性的技巧；二是当利用编译软件将指令助记符转换为机器码时，能够按照人们的期望运行，如指令运行的起始地址的指定、进行宏定义等。基于以上考虑，在汇编语言中就出现了两类语句：指令语句和伪指令语句。指令语句是 CPU 指令系统中的语句，由操作码和操作数两部分组成，每一条语句在汇编时都会产生一个相应的机器码。伪指令语句是一种指示性语句，它只是用来对汇编过程进行某种控制或对符号和标号进行赋值，指导编译软件正确地完成从源程序到机器码的转换，本身不被 CPU 执行，也没有对应的机器码。

在 80C51 单片机的汇编语言程序设计中，常用的伪指令汇总如表 3-2 所示。

表 3-2 常用的伪指令

伪指令	功能	格式	作用
ORG	起始指令	ORG nn	指示此语句后面的程序或数据块以 nn 为起始地址,连续存放在程序存储器中
END	汇编结束	END	指示源程序段结束
EQU	等值指令	标号 EQU 表达式	用来对程序中出现的标号进行赋值
DB	字节定义	DB 字节常数、字符或表达式	指示在 ROM 中以标号为起始地址的单元里存放的数为字节数据（八位二进制数）
DW	字定义	[标号:] DW 字常数或表达式	从指定的地址单元开始，存放若干字
DS	保留字节	[标号:] DS 数值表达式	从指定的地址单元开始，保留若干单元备用
BIT	位定义	标号 BIT 位地址	同 EQU，定义的是位操作地址
DATA	数据地址赋值	标号 DATA 表达式	将一个表达式的值赋给一个字符名称

【例 3-1】阅读下面的代码段，了解伪指令的用法。

```
X       EQU     20H
Y       EQU     21H
        ORG     0000H           ;ORG 伪操作，通知汇程序起始地址为 0000H
        JMP     START           ;复位入口，跳转至 START 处执行
        ORG     0030H           ;ORG 伪操作，通知汇程序起始地址为 0030H
START:  MOV     DPTR, #LABEL    ;将表首地址送给 DPTR
        MOV     A, X
        MOVC    A, @A+DPTR
        MOV     Y, A
        JMP     $
LABEL:  DB      30H,31H,32H,33H,34H     ;定义 ASCII 表
        DB      35H,36H,37H,38H,39H
        END
```

算法分析：本实例中，主要使用了 EQV、ORG、DB、END 这 4 条伪指令，其主要作用及格式说明如下。

（1）EQU 伪指令。

功能：等值指令。

格式：标号 EQU 表达式。

作用：表示 EQU 两边的量等值。

（2）ORG 伪指令。

功能：起始指令。

格式：ORG nn。

作用：指示此语句后面的程序或数据块以 nn 为起始地址，连续存放在程序存储器中。

（3）DB 伪指令。

功能：字节定义。

格式：DB 字节常数、字符或表达式。

作用：指示在 ROM 中以标号为起始地址的单元里存放的数为字节数据（8 位二进制数）。

（4）END 伪指令。

功能：汇编结束。

格式：END。

作用：指示源程序段结束。

不同型号的 CPU，其指令集是不同的，汇编语言程序的伪操作方式也不同。一般而言，伪操作数量越多，汇编语言的功能越强大。为了进一步说明伪操作的重要作用，下面介绍一个应用实例。

【例 3-2】编写一个汇编语言源程序，计算等差为 d 的等差数列 $a_1, a_2, \cdots, a_n$ 的和。

程序的输入有 3 个：起点值 a_1、终点值 a_n、等差 d。为了演示伪指令的用法，此处以累加求和的方式进行介绍。好的程序设计思路是，编写好程序后，每次只需要修改起点值、终点值和等差 3 个参数的值就能立即得到求和结果，而不是每次根据不同的数列重新编写程序。为了提高程序的通用处理能力，就需要使用伪指令。

（1）符号化常量。

对于每种数列而言，数据的起点值、终点值和等差都是固定的，即数据本身就是一个常量。如果给这个常量一个符号，即用这个符号代替具体的数字，就称为符号化常量。

如果用符号 a1 代替起点值，用符号 an 代替终点值，用符号 d 代替公差，这样，程序就避免了和具体的数字打交道，而且可读性大大增强。

以计算 0+3+6+…+21 为例，伪指令代码如下。

```
a1      EQU     0
an      EQU     21
d       EQU     3
```

采用这种符号化常量代换后，程序其他部分就不需要出现具体数字了。

（2）符号化变量。

在累加过程中，累加和是不断变化的，是一个变量，为了完成求和程序，可能还需要中间变量。以累加和变量为例,需要一个存储空间来保存,这个存储空间可以有两种选择。

第 1 种选择是在数据存储空间中找一个单元保存累加和。

假如这个存储单元地址是 20H,即将每次的累加结果保存到 20H 单元,但软件中如果出现 20H,则很难记住 20H 是干什么用的,另外,或许过几天之后又想用 30H 单元保存累加和。为了解决这个问题,可以采用一个符号作为变量代替累加和存储单元,在此选择 Sn 作为符号。完成这一过程采用 DATA 伪操作,代码如下。

```
Sn      DATA        20H
```

采用这种符号化变量代换后,程序其他部分就不需要出现具体的地址了。

第 2 种选择是用一个寄存器作为存储单元保存累加和。可用 EQU 伪操作,如用寄存器 R2 保存累加和,Sn 符号等价于 R2,代码如下。

```
Sn      EQU         R2
```

上述两种方式都可行,但是在执行时有细微的区别。如果采用 EQU 伪操作,编译软件仅是完成符号代换;如果采用 DATA 伪操作,则由编译软件分配地址。

(3) 符号化地址。

求和程序需要判断是否累加到最后一个数,如果累加到就保存结果,如果没有累加到就需要循环累加。循环累加程序流程图如图 3-18 所示。

在图 3-18 中,temp 为完成软件功能定义的临时变量,这是一个局部变量,保存待累加的数值。当 CPU 判断临时变量 temp 的值不大于最后一个数值时,需要通过跳转指令返回累加循环点 LOOP 继续累加。LOOP 是一条指令的地址,要跳转到这一个地址。若采用绝对跳转,需要指令中给出绝对地址;若采用相对跳转和条件转移,则需要指令中给出偏差量。无论是绝对地址还是偏差量,本质上都是一个数。如果采用一个符号如"LOOP",实现程序返回到该地址的意图,而由编译软件来完成绝对地址或偏差量的计算工作,则既省事又增加可读性。

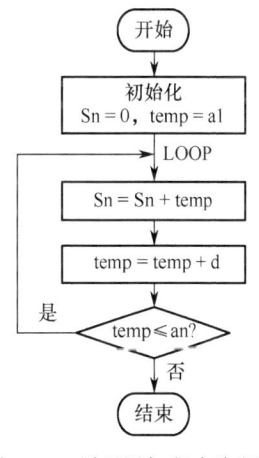

图 3-18 循环累加程序流程图

采用符号表示跳转地址称为符号化地址,经常称为"标号"。标号是符号的一种,但标号定义不涉及伪操作。

3.2.1.2 80C51 单片机的程序结构

对于 80C51 单片机,在程序存储器中,有几个存储单元具有特殊的作用,具体如下。

(1) 0000H:CPU 复位后,PC 的值为 0000H,程序从该地址开始执行。
(2) 0003H:外部中断 0 的中断服务程序入口地址。
(3) 000BH:定时器 0 的中断服务程序入口地址。
(4) 0013H:外部中断 1 的中断服务程序入口地址。
(5) 001BH:定时器 1 的中断服务程序入口地址。

（6）0023H：串行通信的中断服务程序入口地址。

（7）002BH：定时器 2 的中断服务程序入口地址（增强型单片机的功能）。

编写程序时一般通过伪指令语句"ORG 0000H"告诉编译器从该地址处存放机器的指令码，为了避免自己编写的代码覆盖 03H～2BH 这部分具有特殊功能的存储器区域，一般通过一条跳转语句绕开该区域，因此通常把 03H～2BH 的存储器区域称为中断向量表。

规范的程序结构如下所示。

```
        ORG    0000H
        AJMP   START
        ORG    0030H
START:  ;此处为程序代码
        SJMP   $
        END
```

程序执行过程如图 3-19 所示。

地址	内容
0000H	执行的第1条指令
0001H	JMP
0002H	
0003H	外部中断0服务程序入口
……	
000BH	定时器0中断服务程序入口
……	
0013H	外部中断1服务程序入口
……	
001BH	定时器1中断服务程序入口
……	
0023H	串行口中断服务程序入口
……	
002BH	定时器2中断服务程序入口
……	
0030H	START
……	

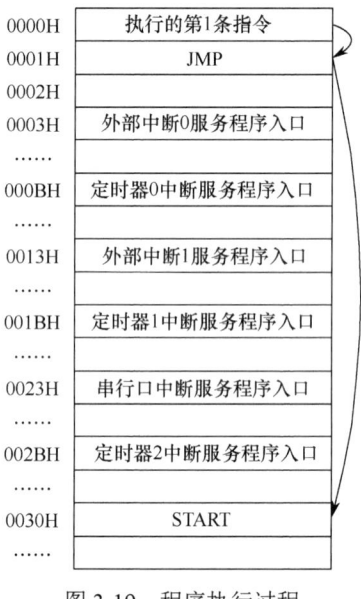

图 3-19　程序执行过程

注意，图 3-19 中程序主体的入口地址不一定是 0030H，只要避开 03H～2BH 这块区域即可。

3.2.1.3　基本的程序设计结构

1966 年，Corrado Böhm 和 Giuseppe Jacopini 两位学者深入研究发现，只用 3 种基本的控制结构就能够实现任何单入口单出口的程序。这 3 种基本的控制结构就是顺序结构、分支结构和循环结构。

1. 顺序程序设计

顺序程序结构是最简单的一种设计结构。在顺序程序中，CPU 沿着代码顺序执行。在顺序程序中没有跳转指令。

在例 2-17 中，为了对比分析 ADD 和 ADDC 指令，列举了一个双字节数相加的例子。这里，同样以此为例，介绍顺序程序设计。

【例 3-3】 计算两个 16 位无符号数 4848（12F0H）与 9263（242FH）的和（分别保存在 R3R2 和 R1R0 中），要求结果保存在 R1R0 中。

算法分析：80C51 单片机只能直接执行 8 位数的加法，所以必须先进行低 8 位相加，再进行高 8 位相加，高 8 位相加时需考虑低 8 位相加的进位。其算法原理如图 3-20 所示。

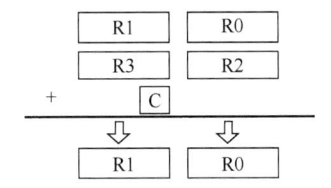

图 3-20 16 位无符号数相加算法原理

16 位无符号数不能直接加载到两个寄存器中，必须分成高 8 位和低 8 位分别加载。这里介绍两个伪操作 HIGH 和 LOW，分别用于取 16 位数的低 8 位和高 8 位，这一工作是在编译阶段完成的。程序代码如下。

```
NUM1    EQU     4848                ;伪操作
NUM2    EQU     9263                ;伪操作
        ORG     0000H               ;伪操作，设置起始地址
        LJMP    START               ;复位后第一条指令，跳转到标号 START
        ORG     0030H               ;伪操作，重新设置起始地址
START:  CLR     C                   ;进位位清零
        MOV     R0, #LOW NUM1       ;第一个数低位送给 R0
        MOV     R1, #HIGH NUM1      ;第一个数高位送给 R1
        MOV     R2, #LOW NUM2       ;第二个数低位送给 R2
        MOV     R3, #HIGH NUM2      ;第二个数高位送给 R3
        ;------------先算低 8 位------------
        MOV     A, R0               ;R0 送给累加器
        ADD     A, R2               ;R2 加到累加器
        MOV     R0, A               ;累加器送给 R0
        ;------------再算高 8 位------------
        MOV     A, R1               ;R0 送给累加器
        ADDC    A, R3               ;R2 和进位位一起加到累加器
        MOV     R1, A               ;累加器送给 R1
HALT:   SJMP    HALT                ;原地跳转
        END                         ;程序结束
```

程序中 START 部分是该双字节加法程序的主要功能区，顺序执行。最后安排的原地跳转指令是使程序进入死循环，这样能避免仿真调试过程中执行到无效代码区域。

2. 分支程序设计

分支程序需要先判断条件,根据判断结果做出处理,一般要结合跳转指令来实现。

【例 3-4】在通信收发中,有时规定无论对方发送来的字符是大写还是小写,统一按照大写处理,因此需要判断字符的大小写,如果是小写,将其转换为大写。假定接收的字符存放在数据存储单元 30H 中,编写汇编语言源程序,判断该单元字符的大小写,如果是小写,则将其转换为大写。

算法分析:小写字母 a～z 的 ASCII 码范围是 61H～7AH,大写字母 A～Z 的 ASCII 码范围是 41H～5AH,所以如果 30H 单元的内容比 60H 单元的大,就是小写,如果判断为小写,就将 30H 单元的内容减去数值 20H 就转换为大写了。程序流程图如图 3-21 所示。

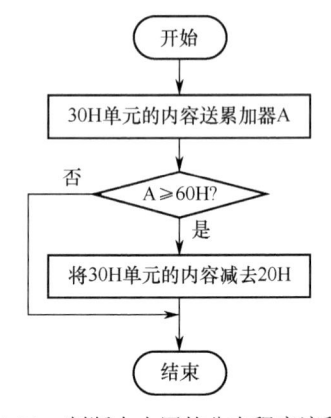

图 3-21 判断大小写的分支程序流程图

程序代码如下。

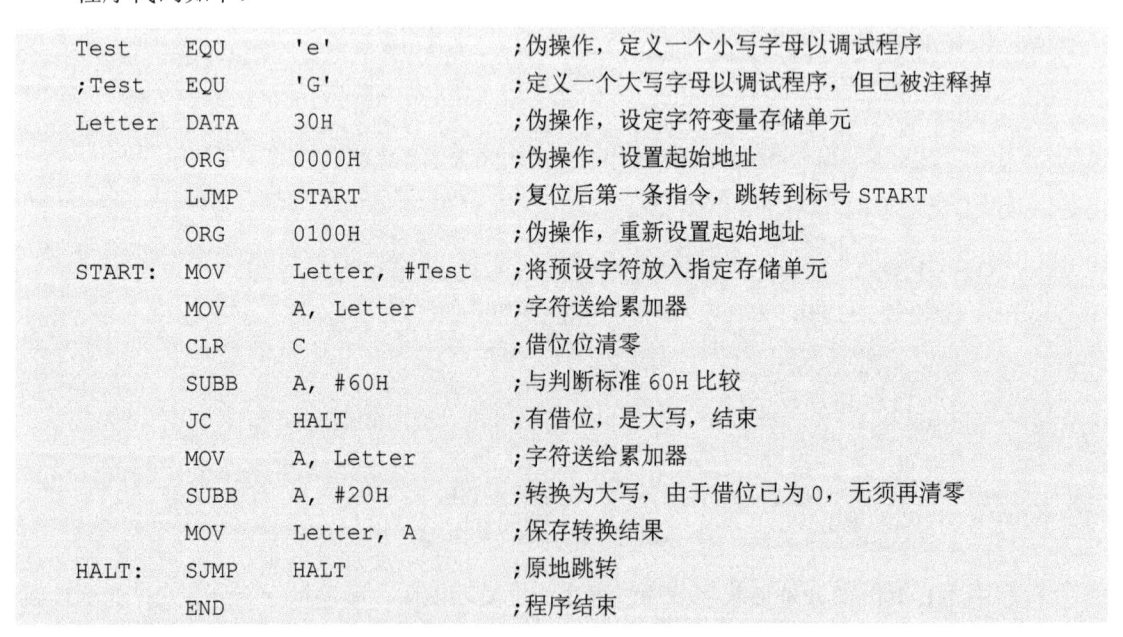

```
Test    EQU     'e'             ;伪操作,定义一个小写字母以调试程序
;Test   EQU     'G'             ;定义一个大写字母以调试程序,但已被注释掉
Letter  DATA    30H             ;伪操作,设定字符变量存储单元
        ORG     0000H           ;伪操作,设置起始地址
        LJMP    START           ;复位后第一条指令,跳转到标号 START
        ORG     0100H           ;伪操作,重新设置起始地址
START:  MOV     Letter, #Test   ;将预设字符放入指定存储单元
        MOV     A, Letter       ;字符送给累加器
        CLR     C               ;借位位清零
        SUBB    A, #60H         ;与判断标准 60H 比较
        JC      HALT            ;有借位,是大写,结束
        MOV     A, Letter       ;字符送给累加器
        SUBB    A, #20H         ;转换为大写,由于借位已为 0,无须再清零
        MOV     Letter, A       ;保存转换结果
HALT:   SJMP    HALT            ;原地跳转
        END                     ;程序结束
```

前面两行程序可以选择注释掉其中任意一行,以运行调试程序。

3. 循环程序设计

循环程序设计可以看成一种特殊的分支程序。

【例 3-5】 针对例 3-2 的等差数列，假设 $a_1=0$，$a_n=21$，$d=3$，编写程序，计算等差数列 $a_1, a_2, \cdots, a_n$ 的和，将结果保存到 30H 单元中。

为方便修改程序参数并增加可读性，采用下面的伪操作。

```
a1      EQU     0
an      EQU     21
d       EQU     3
```

采用图 3-18 所示的循环程序设计流程，参考代码如下。

```
a1      EQU     3               ;伪操作，定义第一个数
an      EQU     21              ;伪操作，定义最后一个数
d       EQU     3               ;伪操作，定义步进
Sn      DATA    30H             ;伪操作，定义 30H 为输出结果存储单元
Temp    DATA    20H             ;伪操作，定义 20H 单元为临时变量
        ORG     0000H           ;伪操作，设置起始地址
        LJMP    START           ;复位后第一条指令，跳转到标号 START
        ORG     0030H           ;伪操作，重新设置起始地址
START:  MOV     Sn,#a1          ;第一个数送给累加和
        MOV     Temp,#a1        ;第一个数送给临时变量
;-------计算 Temp=Temp+d-----------------------
LOOP:   CLR     C               ;清除进位标志
        MOV     A,Temp          ;暂存器内容送 A
        ADDC    A,#d            ;计算数列中的下一个数
        MOV     Temp,A          ;暂存器中保存数列中的当前数
;-------计算 Sn=Sn+Temp-----------------------
        CLR     C               ;清除进位标志
        MOV     A,Sn            ;求和结果送 A
        ADDC    A,Temp          ;求下一个数的和
        MOV     Sn,A            ;更新求和结果
;-------判断是否满足结束条件-----------------------
        CLR     C               ;清除进位标志
        MOV     A,Temp          ;A 中保存数列中当前的数
        SUBB    A,#an           ;判断是否加到最后一个数
        JNC     HALT            ;满足条件，结束
        SJMP    LOOP            ;不满足条件，继续循环
HALT:   SJMP    HALT            ;原地等待
        END                     ;程序结束
```

在求数列累加和的过程中要注意，结果不能超出 8 位有符号数的最大表示范围，否则将

产生溢出。

3.2.1.4 子程序与宏指令

1. 子程序

80C51 单片机汇编程序支持子程序设计。当一段程序需多次应用，或为多人应用时，可将这段程序编写为子程序。

子程序的定义如下。

子程序名：　　子程序代码
　　　　　　　RET

子程序的调用如下。

ACALL　　　　子程序名
LCALL　　　　子程序名

编写子程序的注意事项如下。

（1）子程序结束标志为 RET。
（2）子程序可以嵌套。
（3）需要进行现场保护和恢复工作。

为避免子程序与主程序所使用的寄存器或存储单元发生冲突，在子程序开始运行时要进行相应的寄存器和存储单元内容的保存工作，这项工作称为保护现场。子程序运行结束时，还要将之前保护起来的那些寄存器和存储单元恢复原貌，以保证调用程序的正常运行，这项工作称为恢复现场。现场保护和恢复有两种实现形式：在主程序中实现和在子程序中实现，如表 3-3 所示。

在主程序中进行现场保护和恢复的优点是实现方式更加灵活，而在子程序中进行现场保护和恢复的优点是程序结构更加规范、清晰。

表 3-3　两种现场保护和恢复的实现方式

在主程序中进行现场保护和恢复			在子程序中进行现场保护和恢复		
PUSH	PSW	;入栈保护	SUBR:	PUSH	PSW
PUSH	ACC	;入栈保护		PUSH	ACC
PUSH	B	;入栈保护		PUSH	B
MOV	PSW,#10	;修改 PSW		MOV	PSW,#10
CALL	SUBR	;调用子程序	;此处为子程序实现代码		
POP	B	;出栈恢复		POP	B
POP	ACC	;出栈恢复		POP	ACC
POP	PSW	;恢复 PSW		POP	PSW

用户在编写程序的过程中，时刻要注意保护堆栈，不能破坏堆栈的原有结构和内容，否则程序容易出现功能性错误，下面举例说明。

【例 3-6】分析表 3-4 中的代码执行后，寄存器 B 的值是多少。

表 3-4 代码清单

编　号	指令长度	起始地址	指令代码
1	2	0000H	ORG　0000H AJMP　BG
2	3	0030H	ORG　0030H BG: MOV　SP,#40H
3	2	0033H	MOV　A,#30H
4	2	0035H	ACALL　SBR
5	2	0037H	ADD　A,#10H
6	2	0039H	MOV　B,A
7	2	003BH	JMP　$
8	3	003DH	SBR:MOV　DPTR,#0039H
9	2	0040H	PUSH　DPL
10	2	0042H	PUSH　DPH
11	2	0044H	RET END

算法分析：如果不考虑子程序调用时的现场保护和恢复，容易得出 B=10H 的错误结论。实际上，由于在了程序中修改了堆栈的内容，破坏了之前被保护起来的现场，导致恢复现场时出现错误，如图 3-22 所示。

由于在子程序执行过程中进行了压栈操作，而没有对称地进行出栈操作，在从子程序返回后，原有的现场被破坏了，但是 CPU 依然按照原有的现场进行恢复，结果将 43H 和 44H 单元中的内容错误地恢复到 PC 指针中，从而导致表 3-4 中第 5 行的指令（ADD A, #10H）不会被执行，最终寄存器 B=30H。

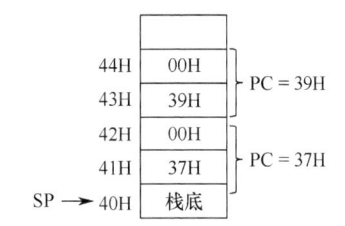

图 3-22 保护和恢复现场时堆栈的操作

【例 3-7】已知嵌入式微控制器使用的晶振为 6MHz，设计一个延时 10ms 的延时子程序，要求延时误差不超过±0.1ms。

算法分析：延时时间与两个因素有关，晶振频率和循环次数。

（1）计算机器周期。

$$T_m=12T_c=12/(6\times10^6)s=2\mu s$$

（2）对循环模式 N、源代码单次执行时间 t 和循环次数 n 进行设计。根据总延时时间 T，分解得到合理的 N、t 和 n。

$$10ms=10000\mu s=250\times8\times5=125\times10\times8=\cdots$$

（3）记住几条指令的执行周期：NOP、DJNZ、MOV。利用上述指令，完成程序。

（4）程序设计原则如下。

① 循环代码不要过长，可通过增加循环次数缩短代码长度。

② 能用单循环实现的，不要使用嵌套循环。

③ 使用嵌套循环时，外循环次数要尽量少，内循环次数要尽量多，以降低延时误差。

（5）实现代码如下。

```
DELAY:  MOV    R0, #05H      ;1 个机器周期
LOOP2:  MOV    R1, #0FAH     ;1 个机器周期
LOOP1:  NOP                  ;1 个机器周期
        NOP                  ;1 个机器周期
        DJNZ   R1, LOOP1     ;2 个机器周期
        DJNZ   R0, LOOP2     ;2 个机器周期
        RET                  ;1 个机器周期
```

上述子程序 DELAY 的内循环次数为 250，外循环次数为 5，代码执行时间为 8μs。

内部循环时间为(1+1+2)×2μs×250=2000μs。

外部循环时间为(1×2μs+2000μs+2×2μs)×5=10030μs。

整体延时时间为 10030μs+2×2μs=10034μs=10.034ms。

达到设计要求。

注意，软件定时方式是以消耗 CPU 宝贵的运算能力为代价的，并且软件定时方式有一定的误差。

2．宏

通常情况下，宏是用来代表一个具有特定功能的程序段。它只需在源程序中定义一次，就可在源程序中多次引用。

对于程序中经常用到的独立功能的程序段，可以将其设计成子程序的形式，供需要时调用。但使用子程序需要付出一些额外的开销。有些简单功能的重复，如果也设计成子程序，则这些额外的开销很可能会超过执行指令的时间。为了解决重复使用和额外开销二者之间的矛盾，可借助宏指令功能。

宏指令是用户为重复指令序列定义的名字。它像指令操作助记符一样，定义后可以在程序中用这个名字代替指令序列，并允许传递参数，并且参数传递方式也比子程序简单。

宏指令的调用要经过宏定义、宏调用和宏扩展 3 个步骤。前两个步骤由用户完成，第 3 个步骤由宏汇编程序在汇编期间完成。

X86 微处理器中宏的定义和调用格式如表 3-5 所示。

表 3-5　X86 微处理器中宏定义和调用格式

格　　式		举　　例		
宏名字	MACRO [形参 1,形参 2,…]	SUM	MACRO	X,Y,Z
	宏定义体代码		MOV	A,X
	ENDM		ADD	A,Y
			MOV	Z,A
宏名字	[实参]		ENDM	

3．宏指令与子程序的区别

宏指令与子程序都可以用来处理程序中需要重复使用的程序段，缩短程序长度，使源程

序结构简洁、清晰。但是,宏指令与子程序是两个完全不同的概念,有着本质的区别。

(1)处理的时间和方式不一样。宏指令在宏汇编期间由宏汇编程序 MASM 处理。在每个宏调用处,MASM 都用其对应的宏定义体代码进行置换,同时实参置换为形参。汇编结束,宏定义也随之消失。子程序是目标程序运行期间由 CPU 直接执行,子程序调用和返回不发生代码和参数的置换。子程序调用需要 CPU 实现转返,需要保护现场和恢复现场,需要指令传递参数,而宏指令不存在这些额外的开销,因此宏指令的执行速度较子程序快。

(2)目标程序的长度和执行速度不同。宏指令简化了源程序,但并没有简化目标程序。汇编后,在宏定义处不产生机器码,但对每一次宏调用都要进行宏扩展,因而使用宏指令会导致目标程序变长,占用内存空间更大。而对于子程序,在目标程序中,定义子程序的地方将产生相应的机器码。因此对于子程序的调用,无论调用多少次,子程序的目标代码只会出现一次,因此可以使目标程序变短,节省内存单元。

(3)参数传递的方式不同。宏调用可以实现参数的代换,代换方法简单、方便、灵活,参数的形式也不受限制,可以是指令、寄存器、标号、变量、常量等。子程序传递的参数一般为地址或数据,传递方式由用户编程时具体安排,比较麻烦。

究竟是采用宏指令还是子程序,要权衡内存空间、执行速度、参数的多少。当重复的程序段不长时,速度是主要矛盾,通常用宏指令。而当重复的程序段较长时,额外开销的时间就不明显了,节省内存空间是主要矛盾,则通常采用子程序。

4. 宏汇编程序

在基本汇编的基础上,进一步允许在源程序中,把一个指令序列定义为一条宏指令的汇编程序,就称为宏汇编程序。

宏汇编程序允许用户方便地定义和使用宏指令,适用于程序中多处出现、具有一定格式、可以通过少量参数调节改变的程序段落的场合。采用这种方式,不仅能减少程序长度,增加可读性,而且程序段落的格式需要改变时,只需要改动定义处,而不必改动每一处。

宏汇编程序不仅包含一般汇编程序的功能,而且用到了高级语言中使用的数据结构,是一种接近高级语言程序的汇编程序。

3.2.2 中断程序设计

2.2.3 节讲解了中断的硬件管理,本节讲解中断程序设计。

【例 3-8】已知控制电路如图 3-23 所示。编写汇编语言源程序,基于中断机制实现 4 路开关对 4 个 LED 灯的控制。初始时发光二极管全黑,每中断一次,P1.0~P1.3 所接的开关状态分别反映到发光二极管上。例如,P1.0 所接开关闭合,则 P1.4 所接的发光二极管点亮;P1.1 所接开关断开,则 P1.5 所接的发光二极管熄灭。

参考代码如下。

```
        ORG     0000H
        AJMP    MAIN
        ORG     0003H           ;INT0 中断入口
```

```
                AJMP    INIT0           ;转中断服务程序
                ORG     0030H           ;主程序
        MAIN:   SETB    IT0             ;下降沿触发中断
                SETB    EX0             ;允许外中断 0 中断
                SETB    EA              ;开中断开关
                SJMP    $               ;待机
        INIT0:  MOV     P1, #0FFH       ;初始化 P1 口
                MOV     A, P1           ;读 P1 口
                SWAP    A               ;高低半字节内容互换
                MOV     P1, A           ;写 P1 口
                RETI                    ;中断返回
                END
```

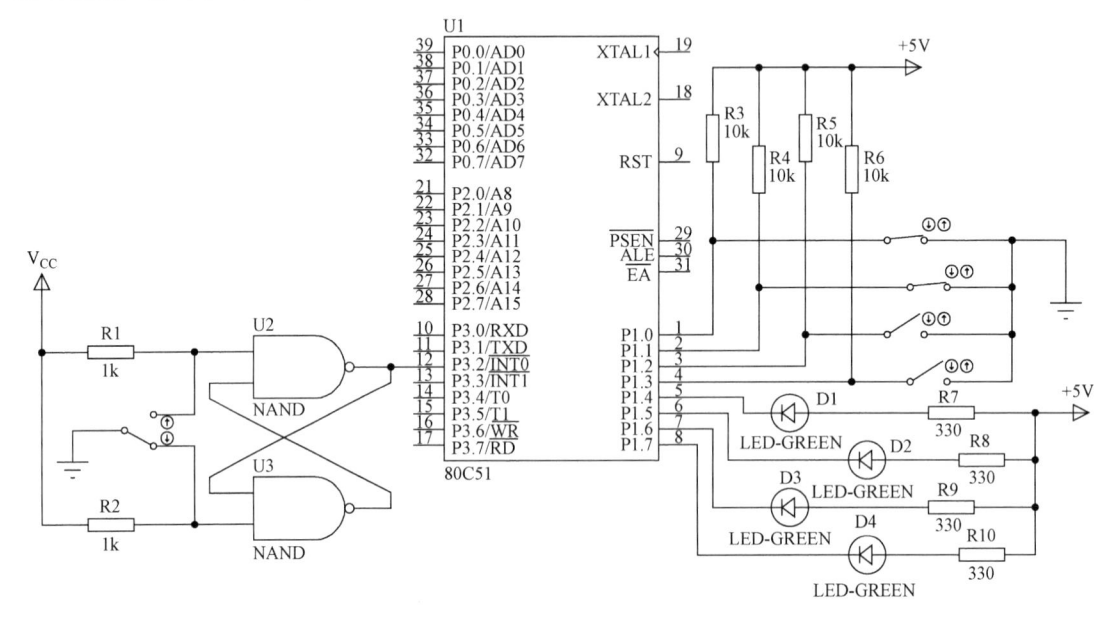

图 3-23 控制电路

3.2.3　定时器程序设计

【**例 3-9**】已知仿真电路如图 3-24 所示，工作模式寄存器 TMOD 格式如表 3-6 所示。编写汇编语言源程序，应用定时器/计数器 T0 的工作方式 1 实现 60s 倒计时，将倒计时过程显示在共阳极数码管上，直到显示 00 为止，已知晶振频率为 12MHz。

门控位 GATE=0 为自启动方式，GATE=1 为外启动方式。

（1）定时方式，$C/\overline{T}=0$。定时过程中，每过一个机器周期，计数器 TH0 和 TL0 加 1，直至计满预定值，TH0 和 TL0 回零，置位定时器/计数器中断标志 TF0（或 TF1），产生溢出中断。定时频率不超过 $f_{osc}/12$。

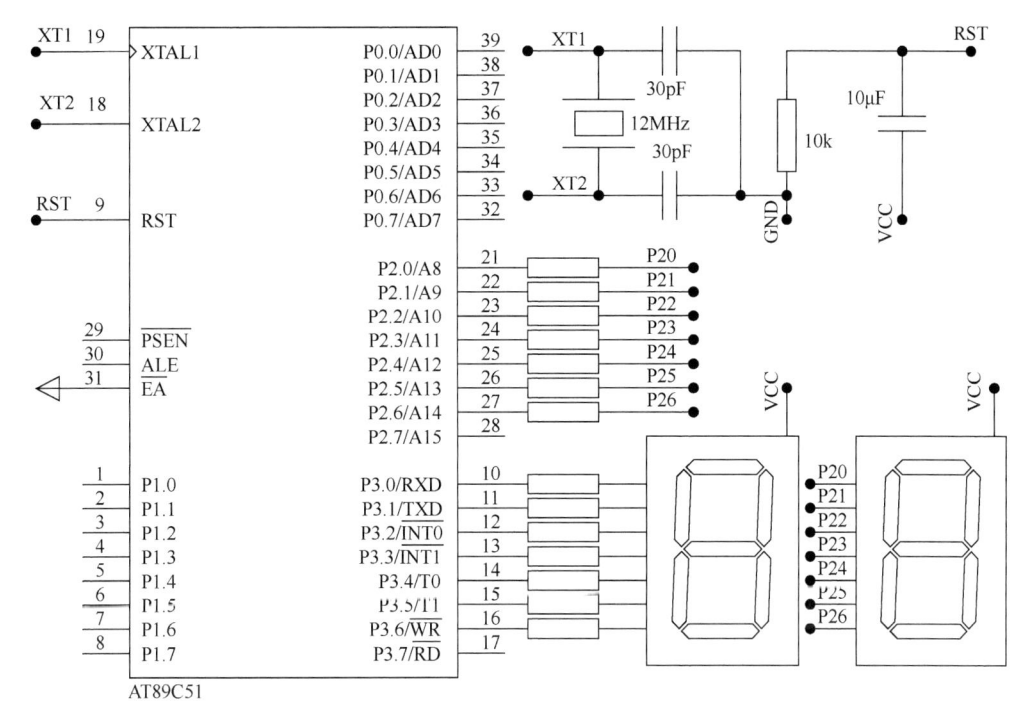

图 3-24 仿真电路

表 3-6 工作模式寄存器 TMOD 格式

D7	D6	D5	D4	D3	D2	D1	D0
GATE	C/$\overline{\text{T}}$	M1	M0	GATE	C/$\overline{\text{T}}$	M1	M0
门控位	定时或计数选择位	工作方式选择位		门控位	定时或计数选择位	工作方式选择位	

（2）计数方式，C/$\overline{\text{T}}$=1。计数过程中，计数器对外部脉冲的下降沿进行加 1 计数，直至计满预定值，TH0 和 TL0 回零，置位定时器/计数器中断标志 TF0（或 TF1），产生溢出中断。计数频率不超过 $f_{osc}/24$。

参考代码如下。

```
        ORG     0000H
        JMP     START
        ORG     000BH
        JMP     TIS             ;转 T1 中断服务程序
        ORG     0030H
START:  MOV     R2,#60          ;倒计时初值
        MOV     R4,#20          ;定时中断溢出计数器 R4 初值为 20
        MOV     IE,#82H         ;T0 开中断
        MOV     TMOD,#01H       ;T0 工作方式 1
        MOV     TH0,#3CH        ;定时初值
        MOV     TL0,#0B0H       ;定时初值
        SETB    TR0             ;启动 T0
        CALL    DIS             ;调用显示子程序
```

```
              JMP     $
    TIS:      MOV     TH0,#3CH              ;中断程序
              MOV     TL0,#0B0H             ;重装初值
              DJNZ    R4,T1S1               ;定时1s到否
              MOV     R4,#20                ;到1s，重置R4=20
              DJNZ    R2,T1S0               ;倒计时递减
              CLR     TR0                   ;倒计时结束，关定时器
    T1S0:     CALL    DIS                   ;调用显示子程序
    T1S1:     RETI                          ;中断返回
    SEG7:     INC     A
              MOVC    A,@A+PC               ;取显示段
              RET
              DB      0C0H,0F9H,0A4H,0B0H   ;0~3
              DB      99H, 92H, 82H, 0F8H   ;4~7
              DB      80H, 90H, 88H, 83H    ;8~B
              DB      0C6H,0A1H,86H, 8EH    ;C~F
    DIS:      MOV     A,R2                  ;单字节十六进制数转换为十进制数
              MOV     B,#10
              DIV     AB
              CALL    SEG7
              MOV     P3,A                  ;显示十位
              MOV     A,B
              CALL    SEG7
              MOV     P2,A                  ;显示个位
              RET
              END
```

3.3 高级语言程序开发

3.3.1 高级语言程序设计基础

在嵌入式系统应用开发领域，C语言的应用最为广泛。面向80C51单片机的高级语言是C51语言。C51语言是在标准C语言的基础上，针对单片机硬件资源进行相应裁剪后，面向80C51单片机开发的高级语言。考虑到通用C语言的学习资源比较丰富，本书主要介绍C51语言的新特性，未涉及的地方，读者可参考C语言的相关书籍。

3.3.1.1 C51语言基本语法

1. 变量的定义

C51语言中，变量的定义格式如下。

[存储种类]数据类型[存储器类型]变量名表

其中，[ ]中为可选项，即变量定义时存储种类和存储器类型是可选的。

存储种类是指变量在程序执行过程中的作用范围，它决定了变量的生存时间和作用范围。变量的存储种类有4种。

（1）自动（auto）：默认值。

（2）外部（extern）：定义一个已经在函数/程序模块外部定义过的外部变量。

（3）静态（static）：局部静态变量（代码模型）和全局静态变量。

（4）寄存器（register）：编译器自动识别，用户无须专门声明。

存储器类型指明该变量所处的单片机的存储器空间位置。C51语言支持多种存储器类型，如表3-7所示。

表3-7 C51语言支持的存储器类型

关 键 字	功 能
data	直接寻址内部数据存储区，访问变量速度最快
bdata	可位寻址内部数据存储区，允许位与字节混合访问
idata	间接寻址内部数据存储区，可访问全部地址空间
pdata	分页外部数据存储区，由操作码 MOVX @Ri 访问
xdata	外部数据存储区，由操作码 MOVX @DPTR 访问
code	代码存储区，由操作码 MOVC @A+DPTR 访问

如果未定义变量的存储器类型，编译器以默认存储器模式进行变量存储。默认存储器模式有如下3种。

（1）SMALL 模式：参数及局部变量放入可直接寻址的内部数据存储器，默认存储类型为 data。

（2）COMPACT 模式：参数及局部变量放入分页外部数据存储器，默认存储类型为 pdata。

（3）LARGE 模式：参数及局部变量直接放入外部数据存储器，默认存储类型为 xdata。

2. 数据类型

C51语言支持的数据类型如图3-25所示，各种数据类型的表示范围如表3-8所示。

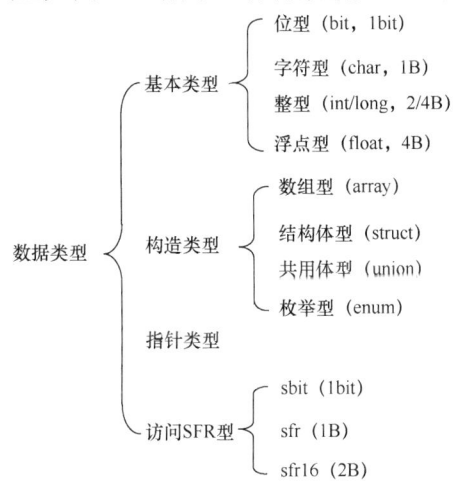

图3-25 C51语言支持的数据类型

表 3-8 数据类型的表示范围

数 据 类 型	长 度	表示范围
unsigned char	1B	0～255
char	1B	−128～+127
unsigned int	2B	0～65535
int	2B	−32768～+32767
unsigned long	4B	0～4294967295
long	4B	−2147483648～+2147483647
float	4B	±1.175494E−38～±3.402823E+38
*	1B～3B	对象的地址
bit	1bit	0 或 1
sfr	1B	0～255
sfr16	2B	0～65535
sbit	1bit	0 或 1

与 C 语言相比,在数据类型上,C51 语言的变化体现在以下方面。

(1) 取消了布尔变量 bool。

(2) 增设位变量 bit、sbit。

(3) 增设 SFR 型变量 sbit、sfr、sfr16。

关键字 bit 和 sbit 都可以定义位变量,但是在用法上有明显区别。bit 用于定义位变量的名字,编译器会对其分配地址。位变量分配在内部 RAM 的 20H～2FH 单元相应的位区域,位地址范围是 00H～7FH,共 128 个。sbit 用于定义位变量的名字和地址,地址是确定的且不用编译器分配。它可以是 SFR 中可进行位寻址的确定位,也可以是内部 RAM 的 20H～2FH 单元中的确定位。

用 C51 语言定义特殊功能寄存器 SFR 的方法如下。

```
sfr    SCON=0x98;
sfr    TMOD=0x89;
sfr    ACC=0xe0;
sfr    P1=0x90;
```

用 C51 语言定义位变量的方法如下。

(1) 将变量用定义符定义为 bit 类型。

```
bit mn;
```

mn 为位变量,其值只能是"0"或"1",其位地址由 C51 自行安排在可位寻址区的 bdata 区。

(2) 采用"字节寻址变量.位"的方法。

```
Bdata int ibase;
Sbit  mybit=ibase^15;
```

这里位运算符"^"相当于汇编中的".",其后的最大取值依赖于该位所在的字节寻址变量的定义类型,如定义为 char,则最大值只能为 7。

对特殊功能寄存器定义位变量的方法如下。

(1) 使用头文件及 sbit 定义符,多用于无位名的可寻址位。

```
#include <reg51.h>
sbit    P1_1=P1^1;
sbit    ac=ACC^7;
```

(2) 使用头文件 reg51.h,再直接用位名称。

```
#include <reg51.h>
RS1=1;
RS0=0;
```

(3) 用字节地址位表示。

```
sbit    OV=0xD0^2;
```

(4) 用"寄存器名.位"定义。

```
sfr     PSW=0xd0;
sbit    CY=PSW^7;
```

3. 函数的声明

C51 语言函数的声明格式与 C 语言基本相同,但是增加了部分面向 80C51 单片机硬件特性的语法。C51 语言完整的函数声明格式如下。

```
返回值 数名([参数]) [模式] [重入] [interrupt n] [using m]
```

其中,[ ]为可选项。注意,不是所有的函数声明都需要上述格式中的所有选项。

1) 模式

模式为 small、compact 或 large,用来指定函数中局部变量和参数的存储空间。关键性、经常性的函数可以将模式声明为 small,使得函数内部变量使用内部 RAM,提高运行速度。模式项缺省时,使用默认的模式。

2) 重入

属性关键字 reentrant 将函数定义为可重入函数。可重入函数 reentrant 主要用于多任务环境,这种类型的函数可以由多于一个任务并发使用,而不必担心数据错误。可重入函数简单来说就是可以在任意时刻被中断的函数。可以在这个函数执行的任何时刻中断它,稍后再继续运行该函数时,不会丢失数据。可重入函数要么使用本地变量,要么使用受保护的全局变量来保护自己的数据。

在处理函数的过程中,80C51 单片机和 PC 机不同。PC 机使用堆栈传递参数,且静态变量以外的内部变量都保存在堆栈中,而 80C51 单片机一般使用寄存器(如 R0~R7、A 和 B)传递参数,因此函数重入时会破坏上次调用的数据。

对于 80C51 单片机，解决重入问题的方法有两种。

（1）在相应的函数前使用"#pragma disable"声明，只允许主程序或中断之一调用该函数。

（2）将该函数声明为可重入的，即使用 reentrant 关键字。使用 reentrant 关键字后，编译器会为可重入函数生成一个模拟栈，通过模拟栈完成参数的传递和局部变量的保存。

由于使用寄存器传递函数的参数，因此在 C51 语言中，普通函数（非重入的）不能递归调用，只有可重入函数才可被递归调用。

在高级语言程序设计中，与"重入"相近的术语还有"嵌套""递归嵌套"。这三者的概念示意如图 3-26 所示。

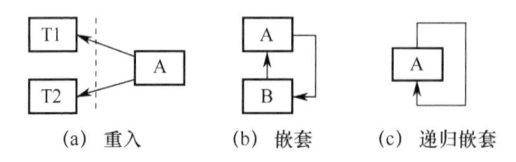

(a) 重入　　(b) 嵌套　　(c) 递归嵌套

图 3-26　重入、嵌套、递归嵌套的概念示意

两个任务 T1 和 T2 同时调用函数 A，并且互不干扰，此时对函数 A 而言为重入。函数 A 调用函数 B，而函数 B 中又调用了函数 A，对函数 A 而言为嵌套。如果函数 A 中直接又调用了函数 A，对函数 A 而言为递归嵌套。

3）interrupt n

该选项表示将函数声明为中断服务函数。n 为中断源编号，可以是 0～31 的整数，不允许是带运算符的表达式，对于 51 单片机，n 通常取值 0～5。

4）using m

该选项定义函数使用的工作寄存器组。m 的取值范围为 0～3，可缺省。它对目标代码的影响是，函数入口处将当前寄存器保存，使用 m 指定的寄存器组，函数退出时原寄存器组恢复。选不同的工作寄存器组，可方便实现寄存器组的现场保护。

3.3.1.2　高级语言程序的编译和执行

1. 解释性语言和编译性语言

计算机不能直接运行高级语言，只能直接运行机器语言，所以必须要把高级语言翻译成机器语言，计算机才能执行。翻译的方式有两种，一种是编译，另一种是解释。由此产生了两种不同类型的高级语言：解释性语言和编译性语言。

无论是解释性语言还是编译性语言，最终都要转换为计算机能够执行的机器语言。两种语言的区别主要在于对语言翻译的时间不同，如表 3-9 所示。

2. 程序的基本结构

一个完整的 C 语言程序通常由头文件声明区、常量/变量/宏/函数声明区、主程序代码区、函数代码区等组成，如表 3-10 所示。

表 3-9　解释性语言和编译性语言的区别

项目	解释性语言	编译性语言
特征	解释性语言的程序不要编译，解释性语言在运行程序的时候才翻译。例如，Java 语言，专门有一个解释器可以直接执行 Java 程序，每一条语句都是执行时才翻译。解释性语言程序每执行一次就要翻译一次，执行效率比较低	编译性语言就是编译的时候直接编译成机器可以执行的文件（.exe、.dll、.ocx），编译和执行是分开的。例如，C++、ASM、C 是直接编译成 .exe 文件。对于 .exe 文件，以后要运行的话就不用重新编译了，直接运行就行了。因为翻译只做了一次，运行时不要翻译，所以编译性语言程序的执行效率高
区别	一些网页脚本、服务器脚本以及辅助开发接口等对速度要求不高，对不同系统的兼容性有一定要求的程序通常使用解释性语言，如 Java、JavaScript、VBScript、Perl、Python、Ruby、Matlab 等。解释型语言如 Java 语言，程序首先通过编译器编译成 class 文件，如果在 Windows 平台上运行，则通过 Windows 平台上的 Java 虚拟机进行解释。如果在 Linux 平台上运行，则通过 Linux 平台上的 Java 虚拟机进行解释。所以说能跨平台，前提是平台上必须要有相匹配的 Java 虚拟机。如果没有 Java 虚拟机，则不能进行跨平台	由于程序执行速度快，同等条件下对系统的要求比较低，因此像开发操作系统、大型应用程序、数据库系统时都采用它，如 C/C++、Pascal/Object Pascal 等都是编译性语言。编译性语言如 C 语言，用 C 语言开发程序后，需要通过编译器把程序编译成机器语言（即计算机可以识别的二进制文件），因为不同的操作系统识别的二进制文件是不同的，所以 C 语言程序进行移植后，需要重新编译（如 Windows 编译成 .exe 文件，Linux 编译成 .erp 文件）
优点	可移植性好，只要有解释环境，就可以在不同的操作系统上运行。代码修改后就可以运行，不需要编译过程。在解释执行时可以动态改变变量的类型、对程序进行修改以及在程序中插入良好的调试诊断信息等，而将解释器移植到不同的系统上，则程序不用改动就可以在移植了解释器的系统上运行	运行速度快，代码效率高，编译后程序不可以修改，保密性好
缺点	运行需要解释环境，运行起来比编译的要慢，占用的资源也要多一些，代码效率低。不仅要给用户程序分配空间，解释器本身也占用了宝贵的系统资源。封装底层代码时，严重依赖平台，不能像 C++、VB 那样直接操作底层	代码需要经过编译方可运行，可移植性差，只能在兼容的操作系统上运行

表 3-10　C 语言程序结构

程序结构	代码举例
头文件声明区	#include <reg52.h>
常量/变量/宏/函数声明区	#define uint unsigned int uint add(uint a,uint b);

主程序代码区	void main (void)
	{
	　　uint x=2;
	　　uint y=10;
	　　uint xy=add(x,y);
	}

续表

程 序 结 构	代 码 举 例

函数代码区
（可以有多个）
	#pragma disable
	uint add(uint a,uint b)
	{
	　　return a+b;
	}

头文件声明通过 include 预处理命令实现，常量/变量/宏/函数的声明通常通过 define 预处理命令实现。下面简单介绍常用的预处理命令。

1）#include 预处理命令

将指定文件的一个副本包含到该命令所在的位置上，主要用于包含标准函数库的头文件。

2）#define 宏定义命令

该命令用于创建符号常量（以符号形式表示的常量），或者创建宏（以符号形式定义的操作）。实际上，符号常量也是一种宏。

【例 3-10】#define 预处理命令举例。

```
#define PI 3.1415926
#define CIRCLE_AREA(x) ( (PI)*(x)*(x) )
```

宏调用如下。

```
area=CIRCLE_AREA(2.5);
```

预处理后，相当于 area= ((3.1415926)*(2.5)*(2.5))。

通过函数可以实现与宏相同的功能。例如，对于宏 CIRCLE_AREA(x)，可编写函数如下。

```
double circleArea(double x)
{
    return 3.1415926*x*x;
}
```

与宏相比，使用函数需要更大的存储器开销，因为涉及参数传递、现场保存和恢复等操作。宏在编译的时候执行，嵌入代码中，而子程序可以多次调用、重复使用。

3）#pragma 预处理命令

该命令用于设定编译器状态，或者指示编译器完成一些特定动作。例如，"#pragma disable"声明只允许主程序或中断之一调用该函数，"#pragma comment(…)"声明会将一条注释记录放入可执行文件中。

3. 程序编译和执行

C 语言程序的开发过程通常需要经过 6 个步骤：编辑器编辑（Edit）、预编译器预处理（Preprocess）、编译器编译（Compile）、链接器链接（Link）、载入器加载（Load）、CPU 执行（Execute），如图 3-27 所示。

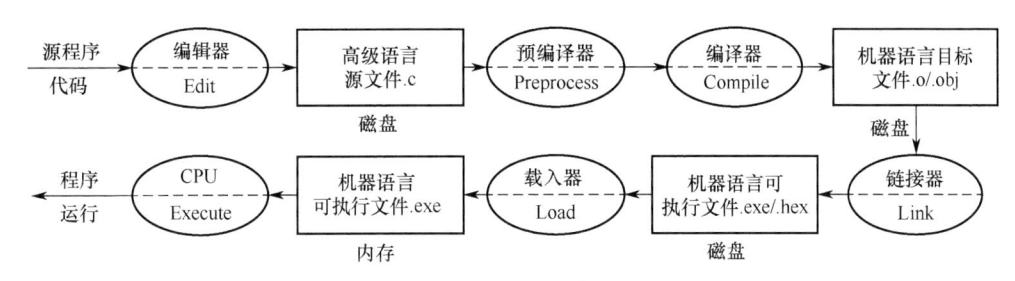

图 3-27 C 语言程序开发执行过程

1）编辑器编辑

程序员在编辑器中输入源程序代码，将其编辑成一个文件，并将文件存入磁盘。

2）预编译器预处理

预编译器在编译工作开始前自动执行。其主要工作是，在程序被编译之前，按照程序中的预处理命令对程序进行相应的处理，具体工作如下。

（1）处理#include 头文件，将#include 指向的文件插入该行处。

（2）展开所有通过#define 预处理命令定义的宏（文本替换）和常量（数值替换）。

（3）处理所有的条件编译指令，如#ifdef、#ifndef、#endif 等。

（4）删除所有注释。

（5）添加行号和文件标示，以便在调试和编译期间出错时给出具体位置的错误信息。

（6）保留#pragma 预处理命令，这条预处理命令的作用是设定编译器状态，编译器需要使用它们，所以保留。

3）编译器编译

编译器创建目标代码，并将目标代码存入磁盘。

4）链接器链接

多个模块的程序链接成一个可执行的程序，如标准库函数，或者是同一个软件项目组中其他成员编写的函数。C 语言编译器生成的目标代码中会为这些暂缺的部分留出空间，链接器的任务就是把目标代码与这些暂缺的部分链接起来，得到一个完整的可执行文件，并将可执行文件存入磁盘。

5）载入器加载

CPU 只能访问内存中的程序，载入器的任务就是将程序从磁盘中载入内存。载入器也被称为装载程序。

6）CPU 执行

CPU 取出每条机器指令并执行。

4. Keil µVision 软件中的操作

Keil µVision 软件提供了 C 语言源程序编辑、编译和生成可执行文件的功能，如图 3-28 所示。其编辑工具栏中提供了 3 个选项：Translate、Build 和 Rebuild。

1）Translate

编译当前有改动的源文件，检查语法错误，生成机器语言目标文件.obj，但不链接，也不生成可执行文件。

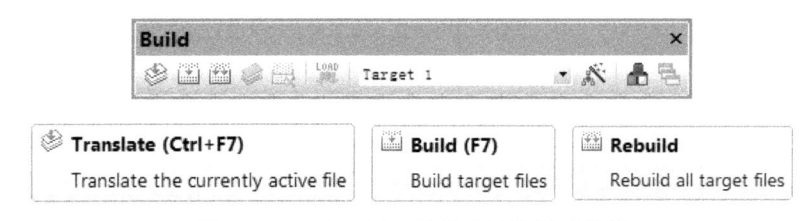

图 3-28 Keil μVision 软件中的编译工具栏

2）Build

编译工程中有改动的文件及其他依赖于这些修改过的文件的模块，同时重新链接生成可执行文件.hex。如果工程没有编译、链接过，则会直接调用 Rebuild。

3）Rebuild

不管工程中的文件有没有编译过，都会对工程中的所有文件重新进行编译，生成可执行文件.hex，因此时间较长。

3.3.1.3 基本的程序设计

1. 顺序程序设计

【例 3-11】编写 C51 语言源程序，将外部数据存储器的 0EH 和 0FH 单元的内容相互交换。参考代码如下。

```
#include <absacc.h>
void main()
{   char c;
    For (; ;)
    {       c=XBYTE[14];          //0EH=14
            XBYTE[14]=XBYTE[15];  //0FH=15
            XBYTE[15]=c;
    }
}
```

这是一个典型的顺序执行的程序。为了访问片外存储单元，用到了头文件 absacc.h，为数据的读写提供了极大的便利，这也体现出高级语言的优势。头文件 absacc.h 中提供了若干绝对地址访问函数，具体如下。

（1）CBYTE：访问 code 区 char 型。

（2）DBYTE：访问 data 区 char 型。

（3）PBYTE：访问 pdata 或 I/O 区 char 型。

（4）XBYTE：访问 xdata 或 I/O 区 char 型。

（5）CWORD：访问 code 区 int 型。

（6）DWORD：访问 data 区 int 型。

（7）PWORD：访问 pdata 或 I/O 区 int 型。

（8）XWORD：访问 xdata 或 I/O 区 int 型。

在 Keil 软件中，进入程序调试环节，查看汇编语言源代码，如图 3-29 所示。

```
C:0x0000    020013    LJMP    STARTUP1(C:0013)
C:0x0003    90000E    MOV     DPTR,#0x000E
C:0x0006    E0        MOVX    A,@DPTR
C:0x0007    FF        MOV     R7,A
C:0x0008    A3        INC     DPTR
C:0x0009    E0        MOVX    A,@DPTR
C:0x000A    90000E    MOV     DPTR,#0x000E
C:0x000D    F0        MOVX    @DPTR,A
C:0x000E    A3        INC     DPTR
C:0x000F    EF        MOV     A,R7
C:0x0010    F0        MOVX    @DPTR,A
C:0x0011    80F0      SJMP    main(C:0003)
C:0x0013    787F      MOV     R0,#0x7F
C:0x0015    E4        CLR     A
C:0x0016    F6        MOV     @R0,A
C:0x0017    D8FD      DJNZ    R0,IDATALOOP(C:0016)
C:0x0019    758107    MOV     SP(0x81),#0x07
C:0x001C    020003    LJMP    main(C:0003)
```

图 3-29 汇编语言源代码

观察图 3-29 中程序的执行流程，可以得出以下结论。

（1）执行 C 语句前系统要进行初始化，主要工作是将 128B 的 RAM 区清零，将 SP 初始化为 07H 等。

（2）C51 语言自动安排 R0～R7 传递参数，因此对具体地址赋值要避开 R0～R7。

（3）若不指定变量存储类型，通常安排在片内 RAM 中。

2. 分支程序设计

【例 3-12】80C51 单片机内部 RAM 的 20H、21H 单元和 22H、23H 单元分别存放着两个 16 位无符号数 x 和 y（20H 和 21H 单元存放 x，22H 和 23H 单元存放 y），24H 和 25H 单元中存放着另一个 16 位无符号数 z，编写一个 C51 语言源程序，按以下关系为存放变量 z 的存储单元 24H 和 25H 赋值。

$$z = \begin{cases} x, & x > y \\ 0, & x = y \\ y, & x < y \end{cases}$$

参考代码如下。

```
#define uint unsigned int
main()
{
    unsigned int *x,*y,*z;
    x=(uint*)0x20;
    y=(uint*)0x22;
    z=(uint*)0x24;
    if(*x>*y)  { *z=*x; }
    if(*x==*y) { *z=0;  }
    if(*x<*y)  { *z=*y; }
}
```

3. 循环程序设计

【例 3-13】在 80C51 单片机中计算从整数 m 到整数 n 的阶乘（$m<n$），并通过串口依次打印输出。

利用 C51 语言编写程序，在 Proteus 软件中利用串口终端打印输出，输出仿真电路如图 3-30 所示。

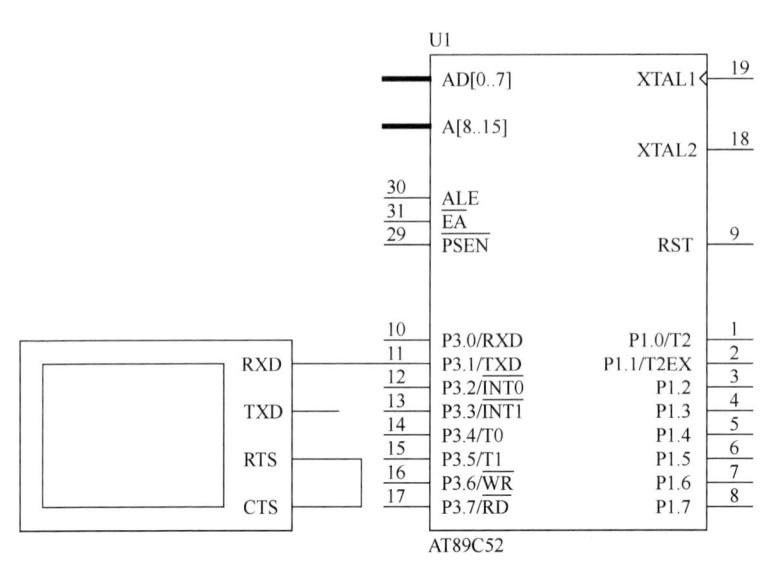

图 3-30 输出仿真电路

以计算 5 到 10 的阶乘为例，参考代码如下。

```
#include<REG51.H>
#include<stdio.h>
#define    uint    unsigned int
#define    m       5                    //m=5
#define    n       10                   //n=10
void initUart(void);                    //初始化打印输出串口
uint factorial(uint k);                 //计算阶乘函数
void main (void)                        //main 函数
{
    uint i,fac;
    initUart();                         //初始化串口
    for(i=m;i<=n;i++)                   // 输出 m 到 n 的阶乘
    {
        fac=1;
        for(j=1;j<=i;j++)
        {
            fac=fac*j;
        }
```

```
            printf("%u!=%u\n",i,fac);          //打印输出
            while(1){}
}
void initUart(void)                            // 初始化串口
{
    //晶振频率 11.0592MHz，波特率 9600 bps
    SCON=0x50;
    TMOD|=0x20;
    TH1=0xfd;
    TR1=1;
    TI=1;
}
```

initUart()函数的主要功能是实现串行接口的初始化，此处读者了解即可，关于串行接口的更多内容参见 4.2 节。

上述代码以嵌套循环的方式实现了从 m 到 n 的阶乘的计算和显示，利用宏定义#define 实现了程序的通用化处理。

3.3.2　中断程序设计

1. 中断函数定义

利用 C51 语言，用户可以编写高效的中断服务程序，编译器在规定的中断源的矢量地址中放入无条件转移指令，使 CPU 响应中断后自动地从矢量地址跳转到中断服务程序的实际地址，而无须用户去安排。中断服务程序定义为函数，函数的完整定义格式如下。

返回值 函数名（[参数]）[模式][重入][interrupt n] [using m]

关键字 interrupt 表示将函数声明为中断服务函数，n 为中断源编号，n 通常取值 0~5，取不同值时 CPU 会自动跳转到不同的中断服务程序中，如表 3-11 所示。

表 3-11　n 的取值及对应的中断服务程序

n 的取值	调用的中断服务程序
0	外部中断 0
1	定时器/计数器 0 溢出中断
2	外部中断 1
3	定时器/计数器 1 溢出中断
4	串行接口发送与接收中断
5	定时器/计数器 2 中断

中断服务函数具有以下几个特点。

（1）不能返回任何值。

（2）中断函数不带任何参数。

(3) 中断源编号是识别中断的唯一标志。

(4) 编译器自动分配寄存器组。

中断函数的定义格式如下。

```
void 函数名() interrupt n [using m]
```

中断函数不允许用于外部函数,它对目标代码的影响如下。

(1) 当调用函数时,SFR 中的 ACC、B、DPH、DPL 和 PSW 在需要时入栈。

(2) 如果不使用寄存器组切换,中断函数所需的所有工作寄存器 Rn 都入栈。

(3) 函数退出前,所有的工作寄存器都出栈。

(4) 函数由 RETI 指令终止。

2. 中断程序设计举例

【例 3-14】已知控制电路如图 3-23 所示。编写高级语言源程序,基于中断机制实现 4 路开关对 4 个 LED 灯的控制。初始时发光二极管全黑,每中断一次,P1.0～P1.3 所接的开关状态分别反映到 P1.4～P1.7 所接的发光二极管上。例如,P1.0 所接开关闭合,则 P1.4 所接的发光二极管点亮;P1.1 所接开关断开,则 P1.5 所接的发光二极管熄灭。

参考代码如下。

```
#include<reg51.h>
void myint0() interrupt 0       /*INT0 中断函数*/
{
    P1=0x0ff;                   /*输入端先置1,灯灭*/
    P1=P1<<4;                   /*开关状态反映在发光二极管上*/
}
main()
{
    P1=0x0ff;
    IT0=1;                      /*下降沿触发,本语句不可后置*/
    EX0=1;                      /*允许 INT0 中断*/
    EA=1;                       /*开中断总开关*/
    while(1);                   /*等待中断*/
}
```

3.4 嵌入式操作系统

嵌入式操作系统(Embedded Operating System,EOS)是指用于嵌入式系统的操作系统,通常包括与硬件相关的底层驱动软件、系统内核、设备驱动接口、通信协议、图形界面等。

从嵌入式应用开发的角度看,对于简单的单任务应用,基于单片机裸机的开发就可以满足要求,一般不需要嵌入式操作系统的支持。对于复杂的多任务应用,通常要基于操作系统进行开发，以便充分运用操作系统提供的硬件驱动接口和标准协议支持，实现灵活的时间管理和任务调度。

3.4.1 嵌入式操作系统基础

嵌入式操作系统主要负责嵌入式系统全部软硬件资源的分配调度以及控制协调并发活动，通常具有时间管理、任务管理、内存管理、中断管理及任务扩展等功能。嵌入式操作系统在系统实时高效性、硬件的相关依赖性、软件固态化以及应用的专用性等方面具有较为突出的特点。

3.4.1.1 时间管理

系统时间管理主要包括时钟管理和定时器管理。时钟管理负责维护系统时基、设置和获取时间信息。定时器管理可以为系统提供多个"软定时闹钟"，以满足对多种不同的定时事件进行处理的需求。

操作系统的时间管理以系统时钟为基础，系统时钟由定时器产生的输出脉冲触发中断而产生，输出脉冲的周期称为一个时钟滴答，或 Tick。Tick 与具体时间的对应关系可通过定时器设定，时间长度可以调整。通常来说，在定时管理方面，操作系统主要负责创建、启动、停止、复位或删除软件定时器。在时间管理方面，操作系统提供以下功能。

（1）维持相对时间（以 Tick 为单位）和日历时间。
（2）任务有限等待的计时。
（3）定时功能。
（4）时间片轮转调度的计时。

上述时间管理功能主要通过 Tick 处理程序实现，如图 3-31 所示。

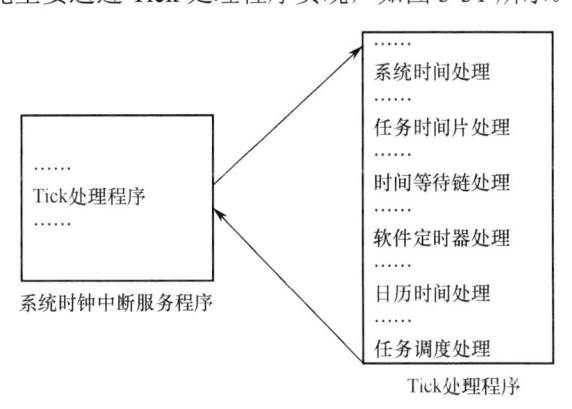

图 3-31 Tick 处理程序

定时器发生中断后，执行系统时钟中断服务程序，并在中断服务程序中调用 Tick 处理程序，实现系统中与时间和定时相关的操作。Tick 处理程序作为实时内核的一部分，与具体的定时器硬件无关，由系统时钟中断服务程序调用，使实时内核具有对不同定时器硬件的适应性。

3.4.1.2 任务管理

任务是一个具有独立功能的、无限循环的程序段的一次运行活动,具有动态性、并行性和异步独立性等特点。在嵌入式多任务系统中,任务是被调度执行和竞争资源的基本实体单元。嵌入式操作系统的基本功能之一就是任务管理,任务管理通过对任务控制块 TCB 的操作来实现对任务状态的直接控制和访问。

1. 任务状态与转换

在嵌入式操作系统中,任务通常具有等待、就绪、运行等不同的状态。在一定条件下,任务会在不同的状态之间转换,如图 3-32 所示。对处于就绪态的任务,获得 CPU 控制权后,就进入运行态。处于运行态的任务如果被高优先级任务抢占,任务就会回到就绪态。处于运行态的任务如果需要等待资源,任务会被切换到等待态。对处于等待态的任务,如果需要的资源得到满足,就会转换为就绪态,等待被调度执行。

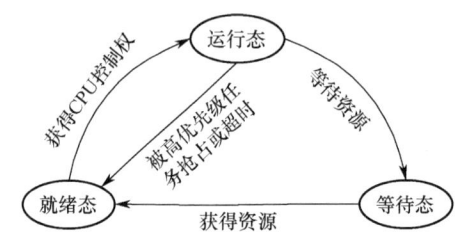

图 3-32 任务状态转换

任务管理的核心是任务调度,嵌入式实时操作系统一般采用基于优先级的可抢占调度策略,同优先级的任务还可以采用时间片轮转调度策略。

2. 基于优先级的可抢占调度

在基于优先级的可抢占调度方式中,如果出现具有更高优先级的任务处于就绪态,则当前任务将停止运行,把 CPU 的控制权交给高优先级任务,使高优先级任务得到执行。因此,实时内核需要确保 CPU 总是被具有最高优先级的就绪任务所控制。

图 3-33 所示为多个任务在基于优先级的可抢占调度方式下的运行情况。任务 1 被具有更高优先级的任务 2 抢占,然后任务 2 又被任务 3 抢占。当任务 3 完成运行后,任务 2 继续执行。当任务 2 完成运行后,任务 1 才得以继续执行。

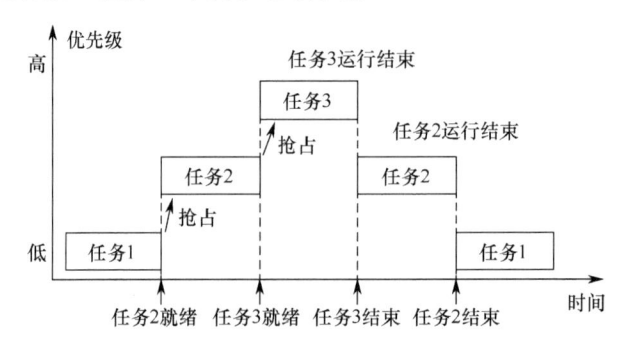

图 3-33 可抢占调度方式下的任务运行情况

3. 时间片轮转调度

时间片轮转调度（Round-robin Scheduling）指当有两个或多个就绪任务具有相同的优先级，且它们是就绪任务中优先级最高的任务时，任务调度程序按照这组任务就绪的先后顺序调度第一个任务，让第一个任务运行一段时间，然后调度第二个任务，让第二个任务又运行一段时间。依此类推，直到该组最后一个任务也得以运行一段时间后，接下来又让第一个任务运行。这里，任务运行的这段时间称为时间片（Time Slicing）。

在时间片轮转调度方式中，当任务运行完一个时间片后，该任务即使还没有停止运行，也必须释放处理器让下一个与它相同优先级的任务运行，使实时系统中优先级相同的任务具有平等的运行权利。释放处理器的任务被排到同优先级就绪任务链的链尾，等待再次运行。

采用时间片轮转调度算法时，任务的时间片大小要恰当选择。时间片大小的选择会影响系统的性能和效率。时间片太大，时间片轮转调度就没有意义；时间片太小，任务切换过于频繁，处理器开销大，真正用于运行应用程序的时间将会减小。

图 3-34 所示为多个任务在时间片轮转调度方式下的运行情况。任务 1 和任务 2 具有相同的优先级，按照时间片轮转的方式轮流执行。当高优先级任务 3 就绪后，正在执行的任务 2 被抢占，高优先级任务 3 得到执行。当任务 3 完成运行后，任务 2 才重新在未完成的时间片内继续执行。随后任务 1 和任务 2 又按照时间片轮转的方式运行。

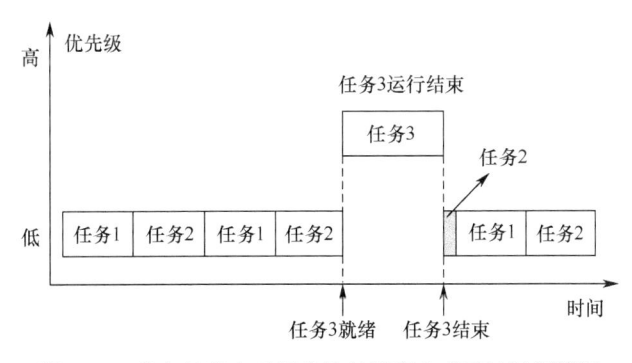

图 3-34 多个任务在时间片轮转调度方式下的运行情况

3.4.2 RTX-51 嵌入式操作系统

RTX-51 是 Keil Software 公司开发的专门用于 80C51 系列单片机的多任务实时操作系统，可以在单个 CPU 上管理多个任务，简化了复杂系统和软件的设计，缩短了工程开发周期，有效提高了代码可移植性。

RTX-51 操作系统有 2 个版本，RTX-51 Full 和 RTX-51 Tiny。RTX-51 Full 允许 4 个优先级任务的循环和切换，还能并行地利用中断功能。RTX-51 Tiny 是 RTX-51 Full 的子集，支持按时间片循环调度任务，支持任务间的信号传递，也可以并行地利用中断，但是 RTX-51 Tiny 不支持存储区的分配和释放，不支持可抢占调度。

RTX-51 Tiny 完全集成在 Keil C51 编译器中，要求的硬件资源比 RTX-51 Full 更少，能够更好地在 80C51 系列单片机上运行，并且支持 RTX-51 Full 的大部分功能。本书重点介绍 RTX-51 Tiny 的有关知识。表 3-12 所示为 RTX-51 Tiny 操作系统性能。

表 3-12 RTX-51 Tiny 操作系统性能

类　　别	说　　明
最大任务数目	16
最大活动任务数目	16
代码存储器需求	最大 900B
最大数据存储器需求	7B
堆栈需求	3B
外部数据存储器需求	无
定时器需求	定时器 0
系统时钟因子	1000～65535
中断等待时钟周期	最大 20 个时钟周期
任务切换时间	100～700 个时钟周期

1. RTX-51 Tiny 系统函数

使用 RTX-51 Tiny 进行程序设计时，需要在源代码中包含头文件 rtx51tny.h，所有的库函数和常数都在该头文件中定义，语法格式如下。

```
#include<rtx51tny.h>
```

RTX-51 Tiny 提供了 13 个系统函数，用于任务的创建、删除和信号交互等，如表 3-13 所示。所有系统函数的详细信息参见附录 B "BRTX-51 Tiny 系统函数"。

表 3-13 RTX-51 Tiny 系统函数

序　号	函数名称	功　　能
1	isr_send_signal	给指定 ID 的任务发送一个信号
2	isr_set_ready	将指定 ID 的任务置为就绪态
3	os_clear_signal	清除由 ID 指定的任务信号标志
4	os_create_task	启动指定 ID 的任务
5	os_delete_task	删除指定 ID 的任务
6	os_reset_interval	调整时间间隔定时器
7	os_running_task_id	确认当前正在执行的任务的 ID
8	os_send_signal	向指定 ID 的任务发送一个信号
9	os_set_ready	将由 ID 指定的任务置为就绪态
10	os_switch_task	停止当前执行的任务，切换到另一个任务
11	os_wait	挂起当前任务，并等待一个或几个事件
12	os_wait1	挂起当前任务，并等待一个事件发生
13	os_wait2	挂起当前任务，并等待一个或几个事件发生

RTX-51 Tiny 操作系统与 80C51 单片机的中断函数并行运作，中断服务程序可以通过发送信号（isr_send_signal 函数）或设置任务的就绪标志（isr_set_ready 函数）与 RTX-51 Tiny

的任务通信。RTX-51 Tiny 并不对中断服务进行管理，因此如果要使用中断系统，用户必须自行在 RTX-51 Tiny 的应用中对中断进行相应的初始化操作并且开启中断。

此外，RTX-51 Tiny 不支持对 80C51 再入栈的任何管理，所以如果在程序中使用再入栈函数，必须确保该函数不调用任何 RTX-51 Tiny 的库函数，且不被循环任务切换所打断。

2. RTX–51 Tiny 时间片管理

RTX-51 Tiny 通过循环方式来实现多任务机制，它把 80C51 单片机的运行时间分成很多个时间片，在每个时间片内执行一个任务，执行完之后在下一个时间片里切换到另外一个任务。

RTX-51 Tiny 使用单片机定时器 T0 的工作方式 1 来定时生成一个周期性的中断，该中断事件就是 RTX-51 Tiny 的定时滴答。RTX-51 Tiny 中的所有超时和时间间隔都是基于该定时滴答来完成的。默认情况下，RTX-51 Tiny 在单片机的每 10000 个机器周期内产生一个定时滴答。

3. RTX–51 Tiny 任务管理

编写基于 RTX-51 Tiny 的应用程序时，程序必须至少包含一个任务函数，且用户不需要建立 main() 函数，因为程序执行时会自动从任务 0 开始运行。通常在任务 0 中调用 os_create_task() 函数以启动其他任务。

任务就是一个简单的 C 函数，返回类型为 void，参数列表为 void。在 RTX-51 Tiny 中，使用 "_task_" 关键字来定义任务。任务有运行态、等待态、就绪态、删除态和超时态 5 种状态，如表 3-14 所示。任何时候都只有一个任务处于运行态，当系统中的所有任务都被阻塞后，运行空闲任务。

表 3-14 RTX-51 Tiny 的任务状态

状　态	说　　明
运行态	正在运行的任务处于运行态。在任何时候都只能有一个任务处于该状态，可以使用 os_running_task_id 函数返回当前正在运行的任务 ID
就绪态	准备运行的任务处于就绪态。一旦正在运行的任务完成了，RTX-51 Tiny 就选择一个就绪的任务运行。一个任务可以通过用 os_set_ready 函数设置就绪标志来使其立即就绪
等待态	正在等待一个事件的任务处于等待态。一旦事件发生，任务切换到就绪态，就可以使用 os_wait 函数将一个任务置为等待态
删除态	未被启动或已被删除的任务处于删除态。可以使用 os_delete_task 函数将一个已经用 os_create_task 函数启动的任务置为删除态
超时态	被超时循环中断的任务处于超时态。在循环任务程序中，该状态相当于就绪态

RTX-51 Tiny 利用事件来控制任务的运行。一个任务可能等待一个事件，也可能向其他任务发送任务标志。常见的事件有超时事件（Timeout）、时间间隔事件（Interval）和信号事件（Signal）。

RTX-51 Tiny 中有一个任务调度机制，当前任务中断运行的规则如下。

（1）有任务调用了 os_switch_task 函数并且有另一个任务正准备运行。

（2）有任务调用了 os_wait 函数并且指定的事件没有发生。

（3）有任务当前运行时间超过时间片长度。

另一个任务启动运行的规则如下。

（1）无其他任务运行。

（2）要启动的任务处于就绪态或超时态。

RTX-51 Tiny 可以配置为用循环方式进行多任务处理，循环方式允许以时间片的形式并行执行多个用户任务，时间片的持续时间可以由用户决定。如果 RTX-51 Tiny 没有配置为循环方式，就必须让用户任务以协作的方式运作，在每个任务里调用 os_wait 函数或 os_switch_task 函数以通知 RTX-51 Tiny 从当前任务切换到另一个任务。

3.4.3 嵌入式操作系统的应用

本小节以 Keil μVision 提供的实例程序 Traffic 为例（在 Keil 软件安装目录下，路径为 C51\RtxTiny2\Examples\Traffic），介绍 RTX-51 Tiny 嵌入式操作系统的应用。

Traffic 是 Keil μVision 提供的一个交通灯控制实例，基本功能是实现机动车道上 3 个交通灯（RED、YELLOW、GREEN）和人行道上两个交通灯（STOP、WALK）的综合控制。机动车道上的交通灯按照 RED—YELLOW—GREEN—YELLOW—RED 的规律周期点亮，人行道上的交通灯按照 WALK—STOP—WALK 的规律周期点亮。机动车道上的红灯点亮并持续一段时间后，人行道上的 WALK 指示灯才点亮，提示行人过马路。人行道上的 STOP 灯点亮并持续一段时间后，机动车道上的交通灯才按照 YELLOW—GREEN 的顺序依次点亮，提示车辆通行。

人行道上还设置了一个行人红绿灯按键。当行人需要过马路并且当前机动车道上的交通灯为绿灯时，行人可以按下该按键，此时机动车道上的绿灯会缩短点亮时间，并按照 YELLOW—RED 的顺序切换为红灯，提示车辆等待，随后点亮人行道上的 WALK 指示灯。

Traffic 交通灯控制实例通过 RTX-51 Tiny 嵌入式操作系统实现，编程语言采用 C51，工程文件中包含 3 个源文件，其功能如表 3-15 所示。

表 3-15 Traffic 交通灯控制实例工程的源文件及功能

序　号	源　文　件	主　要　功　能
1	TRAFFIC.C	交通灯控制主程序
2	SERIAL.C	串行接口配置程序
3	GETLINE.C	命令行交互程序

Traffic 交通灯控制实例的微控制单元（Micro Controller Unit，MCU）中选用的是 P89LPC932 单片机：一款 Philips 公司生产的基于 80C51 内核的少引脚、高集成度 Flash 单片机。与基本型 51 单片机不同，P89LPC932 没有专用的 I/O 接口，所有的并行接口都是复用的，外部引脚只有 28 个，与 80C51 单片机有较大差异。为了保持全书 MCU 模块的统一，本书对 Traffic 实例源代码进行少量修改，使之能够运行于 80C51 单片机，代码修改明细如表 3-16 所示。

表 3-16 代码修改明细

序 号	文 件	行 号	原 代 码	调 整 结 果
1	TRAFFIC.C	021	#include <REG932.H>	#include <reg51.h>
2	TRAFFIC.C	049	P2M1 = 0x1F;	//注释掉本行代码
3	TRAFFIC.C	253-254	os_wait (K_TMO, 150, 0); red = 0;	red = 0; os_wait (K_TMO, 150, 0);
4	TRAFFIC.C	281	if (key)	if (!key)
5	SERIAL.C	007	#include <REG932.H>	#include <reg51.h>
6	SERIAL.C	133-138	P1M1 = 0xFE; SCON = 0x52; BRGR0 = 0xF0; BRGR1 = 0x02; BRGCON = 0x03;	SCON = 0x50; TMOD = 0x20; TL1 = 0xFD; TH1 = 0xFD; TR1 = 1; TI = 1;
7	Conf_tny.A51	036	INT_CLOCK EQU 36865;	INT_CLOCK EQU 9216;

1. 系统仿真电路

为了更直观地观察 Traffic 交通灯控制实例的运行效果,读者可在 Proteus 中按图 3-35 所

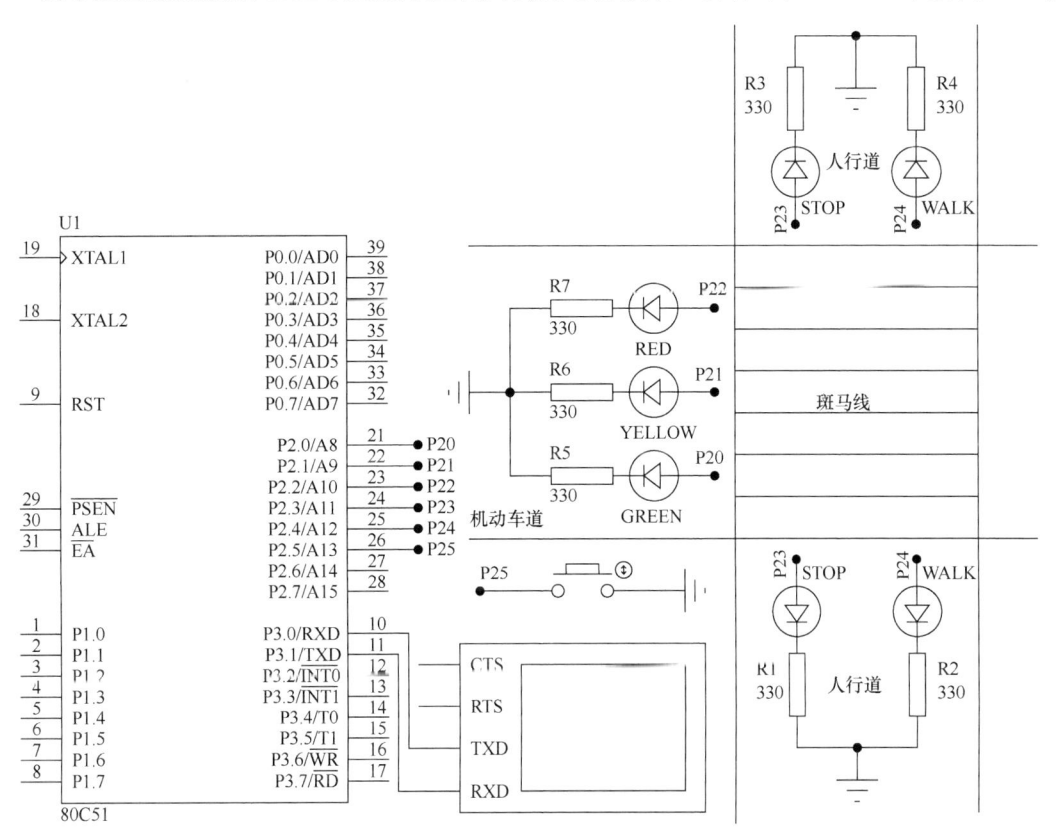

图 3-35 Traffic 实例仿真电路图

示搭建仿真电路图。仿真电路中使用的电子元器件主要包括 80C51、BUTTON、RES、LED-GREEN、LED-YELLOW、LED-RED、VIRTUAL TERMINAL。

在 Traffic 交通灯控制实例中,机动车道和人行道上的交通灯采用共阴极 LED 设计,各 LED 灯阳极分别连接到单片机的 P2.0~P2.4 引脚,行人红绿灯按键一侧接地,另一侧连接到 P2.5 引脚。

2. 系统流程图

在 Traffic 交通灯控制实例中,共创建了 7 个任务,如表 3-17 所示。

表 3-17 系统任务明细

序 号	任 务	功 能
1	INIT	初始化串行接口,创建并启动其他任务
2	CLOCK	根据系统滴答信号,维护交通灯控制系统的时钟
3	COMMAND	处理用户通过命令行输入的命令
4	LIGHTS	在规定的时间段内,按照设计好的程序控制交通灯
5	KEYREAD	监视并处理行人按压行人红绿灯按钮的事件
6	GET_ESC	检测用户是否输入 Esc 按键
7	BLINKING	在规定的时间段之外,按照设计好的程序控制交通灯闪烁

图 3-36 所示为系统主要任务及其交互关系。其中 INIT 为任务 0,是系统运行时第一个运行的任务,相当于函数 main()。

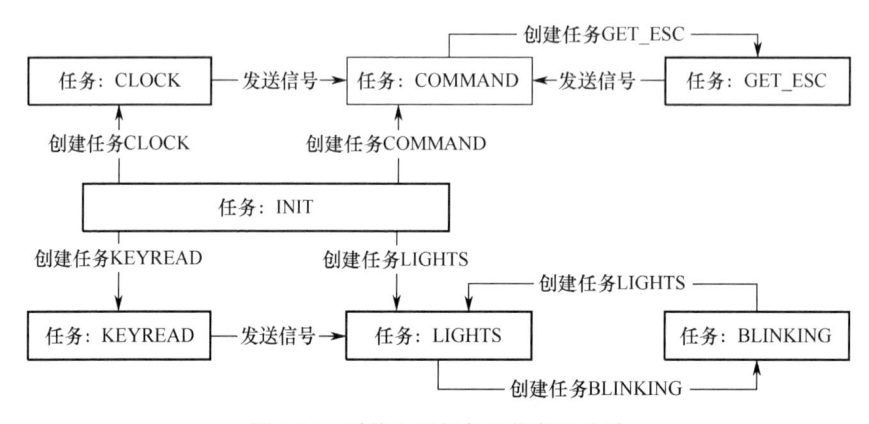

图 3-36 系统主要任务及其交互关系

图 3-37 所示为系统主程序 INIT 的流程图。在 INIT 中启动 CLOCK、COMMAND、LIGHTS 和 KEYREAD 共 4 个任务,完成任务启动后,INIT 删除自身任务。

图 3-38~图 3-44 分别为 Traffic 交通灯控制实例应用中各任务的运行流程图。

关于 RTX-51 Tiny 的详细信息,读者可参阅官方提供的文档。方法是在 Keil μVision 软件中,依次选择 Help→μVision Help 命令,打开 C51 Development Tools,在左侧的目录导航栏中,找到 RTX-51 Tiny User's Guide。

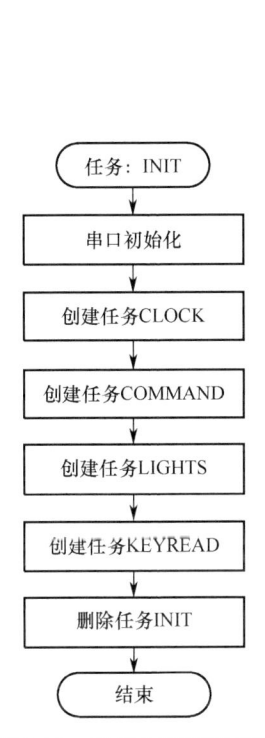

图 3-37　系统主程序流程图

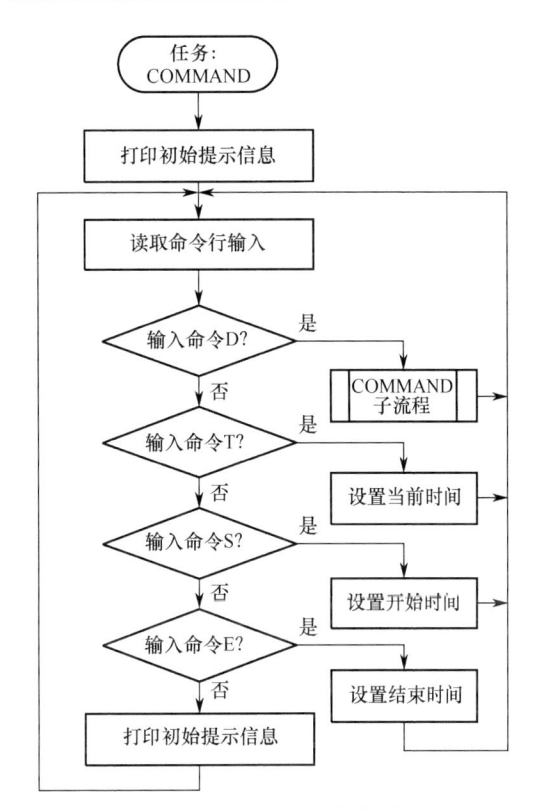

图 3-38　COMMAND 任务流程图

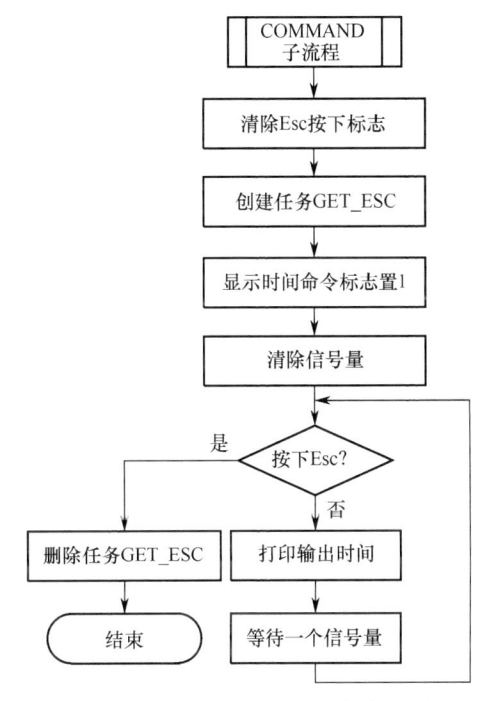

图 3-39　COMMAND 子任务流程图

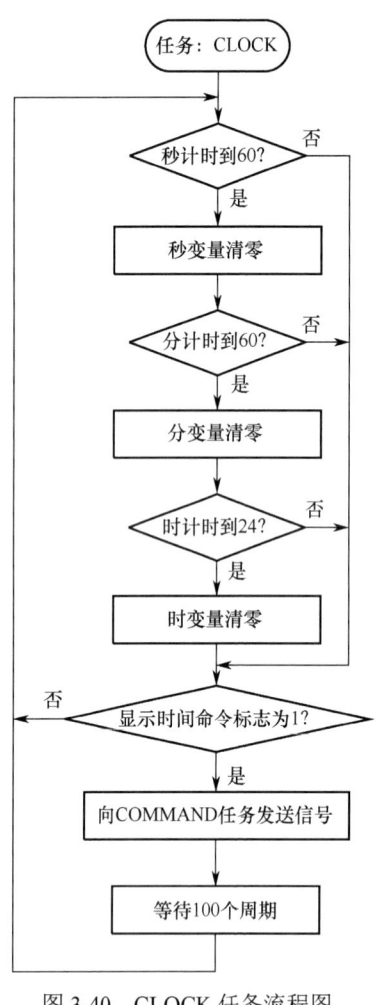

图 3-40　CLOCK 任务流程图 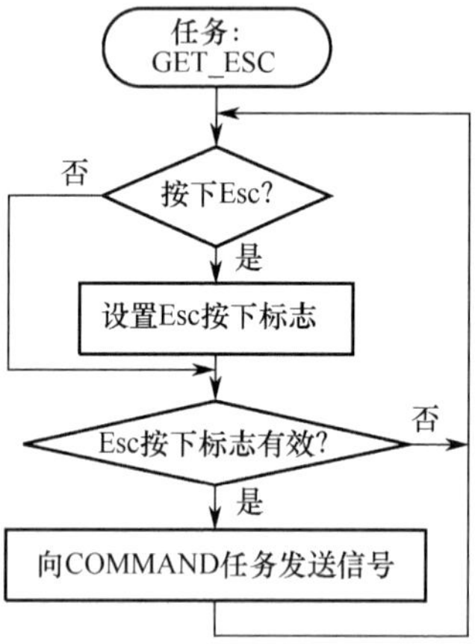　　　　　图 3-41　GET_ESC 任务流程图

3. 实现代码

下面是 Traffic 交通灯控制实例中所有任务的源代码。这是 Traffic 交通灯控制实例的主要代码，其他小部分代码请参阅 Traffic 工程实例。

1）INIT 任务

```
void init(void)_task_INIT{
    serial_init();                      //初始化串行接口
    os_create_task(CLOCK);              //启动任务 CLOCK
    os_create_task(COMMAND);            //启动任务 COMMAND
    os_create_task(LIGHTS);             //启动任务 LIGHTS
    os_create_task(KEYREAD);            //启动任务 KEYREAD
    os_delete_task(INIT);               //停止任务 INIT（不再需要）
}
```

第 3 章 武器控制系统软件开发

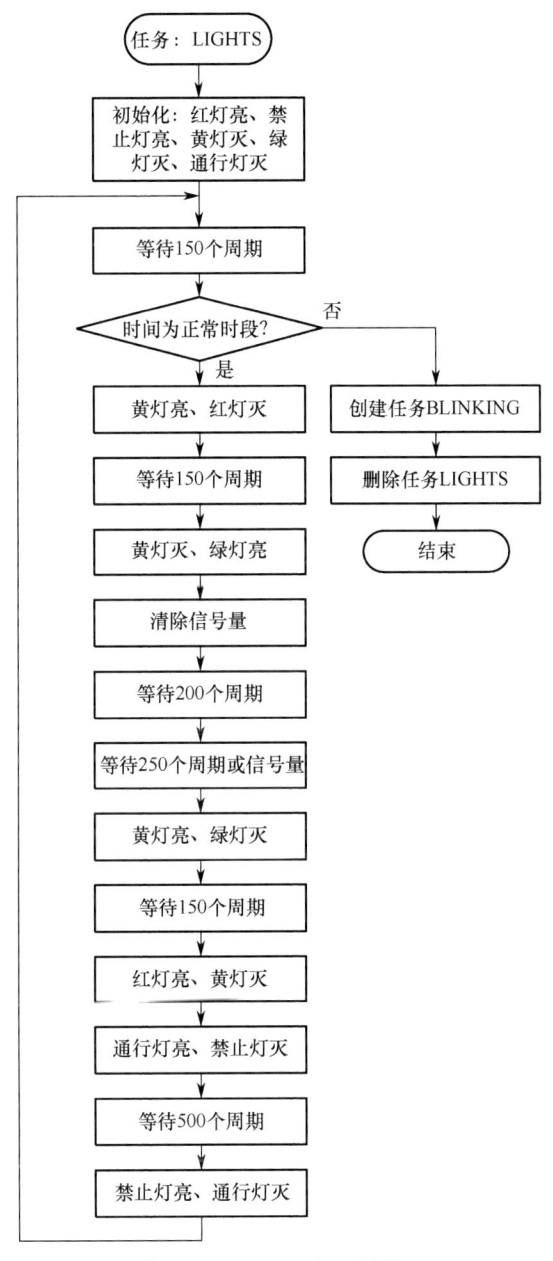

```
                ┌──────────────┐
                │ 任务：LIGHTS │
                └──────┬───────┘
                       ▼
              ┌─────────────────┐
              │ 初始化：红灯亮、禁 │
              │ 止灯亮、黄灯灭、绿 │
              │ 灯灭、通行灯灭    │
              └─────────┬───────┘
         ┌──────────────▼
         │      ┌─────────────┐
         │      │ 等待150个周期 │
         │      └──────┬──────┘
         │             ▼
         │         ╱╲      否    ┌─────────────────┐
         │     ╱时间为正常╲─────▶│ 创建任务BLINKING │
         │     ╲ 时段？   ╱      └────────┬────────┘
         │         ╲╱是                   ▼
         │             ▼            ┌──────────────┐
         │      ┌─────────────┐    │ 删除任务LIGHTS│
         │      │ 黄灯亮、红灯灭│    └────────┬─────┘
         │      └──────┬──────┘             ▼
         │             ▼                 ( 结束 )
         │      ┌─────────────┐
         │      │ 等待150个周期 │
         │      └──────┬──────┘
         │             ▼
         │      ┌─────────────┐
         │      │ 黄灯灭、绿灯亮│
         │      └──────┬──────┘
         │             ▼
         │      ┌─────────────┐
         │      │  清除信号量  │
         │      └──────┬──────┘
         │             ▼
         │      ┌─────────────┐
         │      │ 等待200个周期 │
         │      └──────┬──────┘
         │             ▼
         │      ┌──────────────────┐
         │      │等待250个周期或信号量│
         │      └────────┬─────────┘
         │               ▼
         │      ┌─────────────┐
         │      │ 黄灯亮、绿灯灭│
         │      └──────┬──────┘
         │             ▼
         │      ┌─────────────┐
         │      │ 等待150个周期 │
         │      └──────┬──────┘
         │             ▼
         │      ┌─────────────┐
         │      │ 红灯亮、黄灯灭│
         │      └──────┬──────┘
         │             ▼
         │      ┌───────────────┐
         │      │通行灯亮、禁止灯灭│
         │      └──────┬────────┘
         │             ▼
         │      ┌─────────────┐
         │      │ 等待500个周期 │
         │      └──────┬──────┘
         │             ▼
         │      ┌───────────────┐
         │      │禁止灯亮、通行灯灭│
         │      └──────┬────────┘
         └────────────┘
```

图 3-42 LIGHTS 任务流程图

2）CLOCK 任务

```
void clock(void)_task_CLOCK{
 while(1){                              //循环
        if(++ctime.sec==60){
            ctime.sec=0;
            if(++ctime.min==60){        //计算分
                ctime.min=0;
```

```
            if(++ctime.hour==24){        //计算小时
                ctime.hour=0;
            }
        }
    }
    if(display_time){                    //命令状态为显示时间
        os_send_signal(COMMAND);         //向 COMMAND 任务发送时间更新信号
    }
    os_wait(K_IVL,100,0);                //等待 100 个 Ticks
    }
}
```

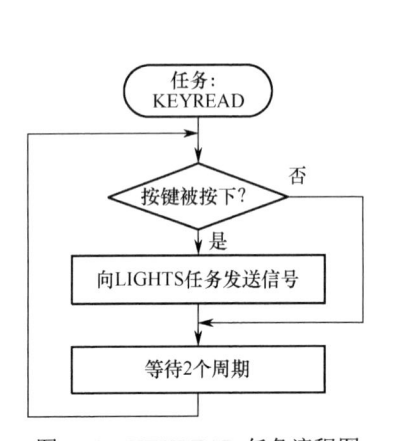

图 3-43　KEYREAD 任务流程图

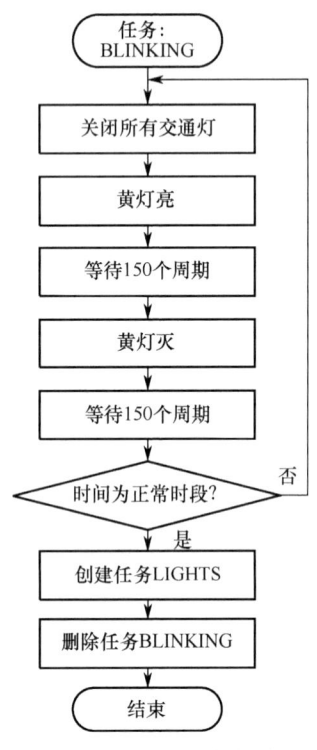

图 3-44　BLINKING 任务流程图

3）COMMAND 任务

```
void command(void) _task_ COMMAND{
    unsigned char i;
    printf(menu);                                //显示命令菜单
    while(1){                                    //循环
        printf("\nCommand:");
        getline(&inline,sizeof (inline));        //读取命令行输入
        for(i=0;inline[i] != 0;i++){             //转换大小写
            inline[i]=toupper(inline[i]);
```

```
    }
    for(i=0;inline[i]==' ';i++);              //跳过空格
    switch(inline[i]){                        //处理命令
        case 'D':                             //D 为显示时间命令
                printf("Start Time: %02bd:%02bd:%02bd"
                       "End Time: %02bd:%02bd:%02bd\n",
                       start.hour, start.min, start.sec,
                       end.hour,   end.min,   end.sec);
                printf("                    type ESC to abort\r");
                os_create_task(GET_ESC);      //检查 Esc 按键
                escape=0;
                display_time=1;               //设置显示时间标志
                os_clear_signal(COMMAND);     //清除等待信号
                while(!escape){               //按键 Esc 未按下
                        printf("ClockTime:%02bd:%02bd:%02bd\r",ctime.hour, ctime.min, ctime.sec);
                        os_wait(K_SIG, 0, 0); //等待时间到或者 Esc
                }
                os_delete_task(GET_ESC);      //删除 GET_ESC 任务
                display_time=0;               //清除显示时间标志
                printf("\n\n");
                break;
        case 'T':                             //T 为设置当前时间命令
                if(readtime(&inline[i+1])){   //读取输入的时间
                        ctime.hour=rtime.hour; //保存至 ctime 中
                        ctime.min =rtime.min;
                        ctime.sec =rtime.sec;
                }
                break;
        case 'E':                             //E 为设置结束时间命令
                if(readtime(&inline[i+1])){   //读取输入的时间
                        end.hour=rtime.hour;  //保存至 end 中
                        end.min =rtime.min;
                        end.sec =rtime.sec;
                }
                break;
        case 'S':                             //S 为设置开始时间命令
                if(readtime(&inline[i+1])){   //读取输入的时间
                        start.hour=rtime.hour; //保存至 start 中
                        start.min =rtime.min;
                        start.sec =rtime.sec;
                }
                break;
```

```
                default:                                //其他
                        printf(menu);                   //打印命令菜单
                        break;
                }
        }
}
```

COMMAND 任务处理用户通过命令行输入的命令，其命令格式及功能如表 3-18 所示。

表 3-18　COMMAND 命令格式及功能

命　　令	命 令 格 式	功　　　　能
Display	D	显示系统当前时间，以及开始和结束时间
Time	T　hh: mm: ss	设置系统当前时间，24 小时制
Start	S　hh: mm: ss	设置开始时间，24 小时制。交通灯控制系统在开始时间和结束时间的时段内工作，这些时段之外，黄灯闪烁
End	E　hh: mm: ss	设置结束时间，24 小时制

4）LIGHTS 任务

```
void lights(void)_task_LIGHTS{                          //控制交通灯
    red=1;                                              //点亮 RED 和 STOP
    yellow=0;
    green =0;
    stop=1;
    walk=0;
    while(1){                                           //循环
        os_wait(K_TMO, 150, 0);                         //等待 150 个 Ticks
        if(!signalon()){                                //时间在设定时段外
            os_create_task(BLINKING);                   //启动 BLINKING 任务，开始闪烁
            os_delete_task(LIGHTS);                     //删除 LIGHTS 任务
        }
        yellow=1;
        red=0;
        os_wait(K_TMO, 150, 0);                         //等待 150 个 Ticks
        yellow=0;
        green=1;                                        //点亮绿灯，允许车辆通行
        os_clear_signal(LIGHTS);
        os_wait(K_TMO, 200, 0);                         //等待 200 个 Ticks
        os_wait(K_TMO + K_SIG, 250, 0);                 //等待人行道信号或 250 个 Ticks
        yellow=1;
        green=0;
        os_wait(K_TMO, 150, 0);                         //等待 150 个 Ticks
        red=1;                                          //点亮红灯，禁止车辆通行
```

```
        yellow=0;
        os_wait(K_TMO, 150, 0);              //等待150个Ticks
        stop=0;
        walk=1;                              //人行道通行
        os_wait(K_TMO, 250, 0);              //等待250个Ticks
        os_wait(K_TMO, 250, 0);              //等待250个Ticks
        stop=1;                              //人行道关闭
        walk=0;
    }
}
```

5) KEYREAD 任务

```
void keyread(void)_task_KEYREAD{
    while(1){                                //循环
        if(!key){                            //行人红绿灯按键被按下
            os_send_signal(LIGHTS);          //向LIGHTS任务发送信号
        }
        os_wait(K_TMO, 2, 0);                //等待2个Ticks
    }
}
```

6) BLINKING 任务

```
void blinking(void)_task_BLINKING{           //闪烁黄灯
    red=0;                                   //关闭所有交通灯
    yellow=0;
    green=0;
    stop=0;
    walk=0;
    while(1){                                //循环
        yellow=1;                            //点亮黄灯
        os_wait(K_TMO,150,0);                //等待150个Ticks
        yellow=0;                            //关闭黄灯
        os_wait(K_TMO,150,0);                //等待150个Ticks
        if(signalon()){                      //时间进入正常时段
            os_create_task(LIGHTS);          //启动LIGHTS任务
            os_delete_task(BLINKING);        //删除BLINKING任务
        }
    }
}
```

7) GET_ESC 任务

```
void get_escape(void) _task_ GET_ESC{
```

```
            while(1){                              //循环
                 if(_getkey() == ESC)  escape=1;   //Esc 键被按下
                 if(escape){
                 os_send_signal(COMMAND);          //向 COMMAND 发送信号
                 }
            }
}
```

3.5 小结

在汇编语言中存在两类语句：指令语句和伪指令语句。指令语句是 CPU 指令系统中的语句，由操作码和操作数两部分组成，每一条语句在汇编时都会产生一个相应的机器码。伪指令语句是一种指示性语句，它只是用来对汇编过程进行某种控制或对符号和标号进行赋值，指导编译软件正确地完成从源程序到机器码的转换，本身不被 CPU 执行，也没有对应的机器码。

只用 3 种基本的控制结构就能够实现任何单入口单出口的程序，这 3 种基本的控制结构是顺序结构、分支结构和循环结构。

当一段程序需多次应用或为多人应用时，这段程序可编写为子程序。宏指令与子程序都可以用来处理程序中需要重复使用的程序段，缩短程序长度，使源程序结构简洁、清晰。但是，宏指令与子程序是两个完全不同的概念，有着本质的区别。

简单的应用系统是无需操作系统的，但武器系统日益复杂的应用需求已使得嵌入式操作系统的应用变得更为迫切。操作系统负责管理整个武器系统，能够将硬件细节与软件应用隔离开来，为应用提供更容易理解和进行程序设计的接口。为此操作系统提供任务管理，内存管理，通信、同步与互斥机制，中断管理，时间管理及任务扩展等功能。

3.6 思考与练习题

1．什么是伪指令？有什么作用？常用的伪指令有哪几种？

2．已知单片机的晶振为 6MHz，编写程序，用 P1 口控制 8 个发光二极管，发光二极管阳极统一接 5V 电源，阴极依次接到 P1 口的各引脚上。要求 8 个二极管每次点亮一个，点亮时间为 50ms，发光二极管一个接一个地点亮，循环不止。

3．编写程序，实现图 3-45 中的逻辑运算电路。其中 P1.1 和 P2.2 分别是端口线上的信息，TF0 和 IE1 分别是定时器定时溢出标志和外部中断请求标志，25H 和 26H 分别是两个位地址，运算结果由端口线 P1.3 输出。

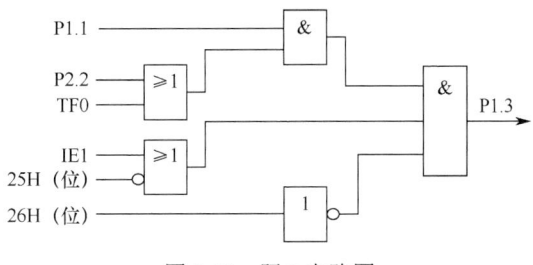

图 3-45 题 3 电路图

4．C51 单片机中的"C51"与 C51 编程中的"C51"有什么区别？

5．怎样理解变量的存储器类型和编译模式？与存储种类有什么区别？

6．已知变量 x=1234H，存放在起始地址为 20H 的片内 RAM 中。编写 C51 语言源程序，验证 51 单片微型计算机数据存储方式。提示：

小端方式：21H [12H] 20H [34H] x
大端方式：21H [34H] 20H [12H] x

（1）使用指针运算完成验证。

（2）借助绝对地址访问头文件 absacc.h 完成验证。

7．嵌入式操作系统与通用计算机操作系统的区别是什么？

8．请说明任务主要包含哪些状态，并就状态之间的变迁情况进行描述。

9．请阐述中断的概念，并说明中断与自陷、异常之间在概念上有哪些联系与区别。

10．请描述中断处理的基本过程。

11．请分别描述什么是实时时钟和定时器/计数器。

12．假设 a_1=0，a_n=90，d=3，编写汇编语言程序，计算等差数列 $a_1, a_2, \cdots, a_n$ 的和，将结果高 8 位保存到 R1 中，低 8 位保存到 R0 中。

第 4 章

武器控制系统网络与总线

从本章开始，将介绍武器控制系统接口应用技术。武器控制系统的接口可以分为数字量接口和模拟量接口。数字量接口又可分为串行类接口和并行类接口。一般硬件接口标准只限于物理层，定义电平幅值门限、时序间隔、调制编码等逻辑，而网络和总线则不同，它是包括物理层、链路层、网络层等多种层面的多种协议的复杂接口系统。因此，仅从物理层来看，网络和总线也可以根据信息传输的形式划分为串行接口类或并行接口类。但由于计算机的串行接口已经约定俗成地特指台式机的串行通信接口，因此通常不把网络和总线与串行接口或并行接口相提并论。基于以上考虑，本章分别介绍网络和总线、串行接口及其他常用串行总线的有关内容。

4.1 TCP/IP 协议

计算机网络领域使用最多的是 TCP/IP（Transmission Control Protocol/Internet Protocol，传输控制协议/网际协议）体系结构。美国国防部高级研究计划局（DARPA）为了实现异种网络之间的互连与互通，曾大力资助互联网技术的开发，并于 1977—1979 年推出目前形式的 TCP/IP 体系结构和协议。TCP/IP 协议使用范围极广，是目前异种网络通信使用的唯一协议体系，适用于连接多种机型，既可用于局域网，又可用于广域网，许多厂商的计算机操作系统和网络操作系统产品都采用或含有 TCP/IP 协议。TCP/IP 协议已成为目前事实上的国际标准和工业标准。

4.1.1 TCP/IP 的网络体系结构

TCP/IP 的网络体系结构实质上是个协议集。它将其中最重要的两个协议——TCP 协议和

IP 协议，作为这个协议集的缩写代表。TCP/IP 体系结构也是分层的，从底至顶分为网络接口层、网际层、传输层、应用层 4 个层次。

为了更好地了解 TCP/IP 体系结构的特点，将 TCP/IP 协议和 OSI 七层参考模型进行对照，如图 4-1 所示。各层的主要功能如下。

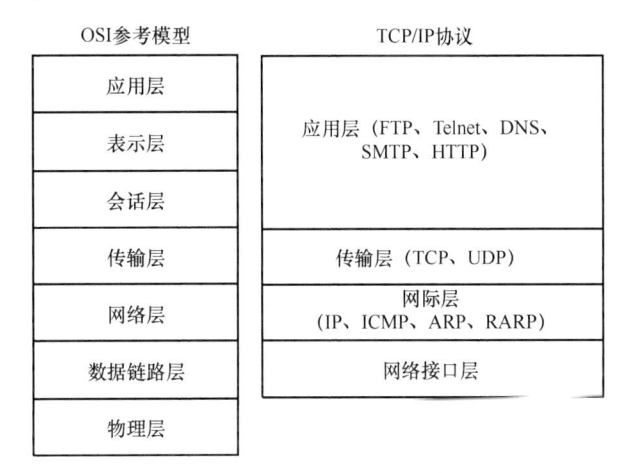

图 4-1　TCP/IP 协议与 OSI 参考模型的比较

1. 网络接口层

TCP/IP 模型的最底层是网络接口层。它相当于 OSI 参考模型的物理层和数据链路层，它包括那些能使 TCP/IP 与物理网络进行通信的协议。

2. 网际层

该层负责相同或不同网络中计算机之间的通信，主要处理数据报和路由。在网际层中，最常用的协议是网际协议（IP），此外还包含互联网控制报文协议 ICMP、地址转换协议 ARP 和反向地址转换协议 RARP。

3. 传输层

在 TCP/IP 模型中，传输层的主要功能是提供从一个应用程序到另一个应用程序的通信，常称为端对端的通信。现在的操作系统都支持多用户和多任务操作，一台主机可能运行多个应用程序（并发进程），因此所谓端到端的通信实际是指从源进程发送数据到目标进程的通信过程。该层提供传输控制协议（TCP）和用户数据报协议（UDP）两种常用协议，它们都建立在 IP 协议的基础上，其中，TCP 提供可靠的面向连接服务，UDP 提供简单的无连接服务。

4. 应用层

TCP/IP 模型的应用层是最高层，实际上，它的功能相当于 OSI 参考模型的会话层、表示层和应用层 3 层的功能。它包含了向用户提供的各种应用服务的应用程序和应用协议。最常用的应用层协议包括文件传输协议（FTP）、远程登录（Telnet）、域名服务（DNS）、简单邮件传输协议（SMTP）和超文本传输协议（HTTP）等。

4.1.2 TCP/IP 协议应用

TCP/IP 协议是实现网络互连的主要协议。网络互连是指将两个以上的计算机网络，通过一定的方法，用一种或多种通信处理设备相互连接，构成更大的网络系统，实现相互通信，共享硬件、软件及数据。在网络组建实施前，需要对网络的 IP 地址进行规划。下面主要讲解 IP 地址的相关知识和设置方法。

1. IP 地址的基本概念

IP 地址就是给每个连接在 Internet 上的主机分配的一个数字标识。IP 地址分为 IPv4 与 IPv6 两个版本。目前常用的是 IPv4。

按照 TCP/IP 规定，IP 地址用二进制来表示，长度为 32 位，即 4B。为了方便记忆，通常把 IP 地址转换为十进制的形式，如 192.168.1.5。

需要特别强调的是，IP 地址也称逻辑地址，属于网络层及其以上层使用的地址。

2. IP 地址的作用、分配和表示

IP 地址用来标识 Internet 上的主机。每台联网的主机上都需要有 IP 地址，才能正常通信。如果把主机比作电话机，那么 IP 地址就相当于电话号码。两者作用相同，组成类似，而且都需要申请，方可正式使用。IP 地址是由分配域名和地址的互联网委员会（Internet Corporation for Assigned Names and Number，ICANN）分配的，下由 InterNIC 负责北美地区、RIPENIC 负责欧洲地区和 APNIC 负责亚太地区。中国互联网络信息中心（China Internet Network Information Center，CNNC）负责我国 IP 地址的申请。网络内部的主机地址由本网络的系统管理员分配。因此，IP 地址的唯一性与网络内主机 IP 地址的唯一性确保了 IP 地址的全球唯一性。

全球 IPv4 地址数已于 2011 年 2 月分配完毕，因而自 2011 年开始我国 IPv4 地址总数基本维持不变，截至 2013 年 6 月底，共计 3.31 亿个。IP 拥有量的多少是区分制造与创造的最主要标志，一个国家拥有的 IP 太少，它的产业或者企业在国际分工中就只能扮演初级加工者的角色。

IP 地址由网络号和主机号两部分组成，类似于电话号码的区号与号码，可以用"IP 地址=网络号+主机号"表示。

3. IP 地址分类

为适合不同容量的网络，1981 年，TCP/IP 规定 IP 地址分为 5 种类别，即 A～E 类，如图 4-2 所示。其中，A、B、C 这 3 类在全球范围内统一分配。

（1）A 类地址有 8 位网络号，网络号的第 1 位为 0，其余 7 位可以分配，可以指派的网络号是 $2^7-2=126$ 个。之所以减去了两个网络号，是由于 IP 地址中的全 0 表示"此网络"或"本网络"，是一个保留地址。另外，网络号为 127（01111111）的地址保留作为本地软件回环测试地址。

A 类网络具有 24 位主机号，可以容纳的最大主机数是 $2^{24}-2=16777214$ 个。这里减去两个网络号的原因是，主机位全 0 的地址是本主机连接到的网络地址；而主机位全 1 的地址则表示该网络上的所有主机（本网络的广播地址）。A 类网络可以容纳的主机数较多，一般用于大型网络。

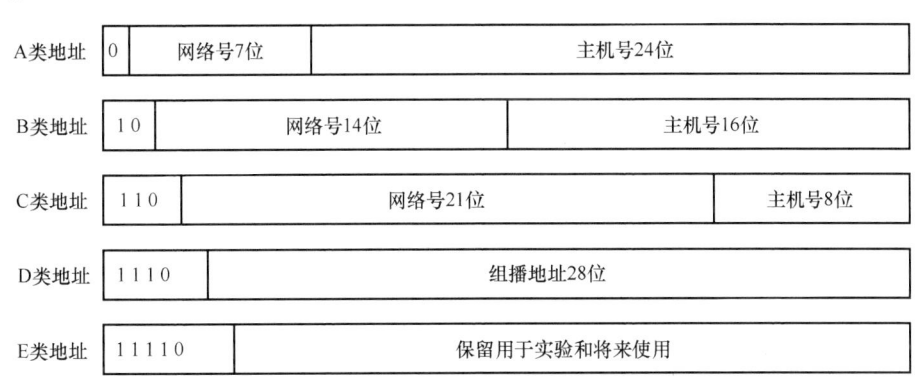

A类地址	0	网络号7位	主机号24位
B类地址	10	网络号14位	主机号16位
C类地址	110	网络号21位	主机号8位
D类地址	1110	组播地址28位	
E类地址	11110	保留用于实验和将来使用	

图 4-2 IP 地址分类

（2）B 类地址有 16 位网络号，网络号的前两位为 10，其余 14 位可以分配。由于 B 类地址中前两位已经是固定的了（10），因此网络位后面的 14 位无论怎样变化都不可能使整个 B 类的网络号字段成为全 0 或全 1，因此不存在网络总数减 2 的问题。但实际上 B 类网络地址中的 128.0.0.0 是不指派的，可以指派的 B 类最小网络地址是 128.1.0.0，因此 B 类地址可指派的网络数为 $2^{14}-1=16383$ 个。

B 类网络具有 16 位主机号，因此每个网络上的最大主机数是 $2^{16}-2=65534$ 个。减去的两个地址为主机位全 0 的地址（网络地址）和主机位全 1 的地址（本网络的广播地址）。B 类地址一般用于大中型网络。

（3）C 类地址有 24 位网络号，网络号的前 3 位为 110，其余 21 位可以分配，它具有 8 位主机号。C 类网络地址中的 192.0.0.0 也是不能指派的，可以指派的 C 类最小网络地址是 192.0.1.0，因此 C 类网络可以指派的网络地址总数是 $2^{21}-1=2097151$ 个。

每一个 C 类网络中可以容纳的主机数都是 $2^8-2=254$ 个，同样减去的两个地址为主机位全 0 的地址（网络地址）和主机位全 1 的地址（本网络的广播地址）。C 类网络可以容纳的主机数较少，一般用于小型网络。

（4）D 类地址的前四位为 1110，用于多播。

（5）E 类地址的前五位为 11110，保留未使用。

IP 地址当中，全 0、全 1 的地址一般不能当成普通地址使用。各类 IP 地址的可指派范围总结如表 4-1 所示。

另外，IP 定义了一套特殊地址（有时也称为保留地址）。这些特殊地址有着特殊的用途，如表 4-2 所示。

4．IP 地址规划

IP 地址规划的步骤如下。

（1）分析网络规模，包括相对独立的网段数量和每个网段中可能拥有的最大主机数。

表 4-1　各类 IP 地址的可指派范围总结

类别	范　　围	可用首网络号	可用末网络号	最大可指派网络数	网络主机数
A	0.0.0.0～127.255.255.255	1	126	126（2^7-2）①	16777214
B	128.0.0.0～191.255.255.255	128.1	191.255	16383（$2^{14}-1$）②	65534
C	192.0.0.0～223.255.255.255	192.0.1	223.255.255	2097151（$2^{21}-1$）③	254
D	224.0.0.0～239.255.255.255				
E	240.0.0.0～255.255.255.254				

说明：① 如果除去 A 类地址中的 1 个私有网络地址 10.0.0.0（该地址本来是分配给 ARPANet 的，由于 ARPANet 已经关闭停止运行了，因此这个地址就用作专用地址了），则实际可指派的地址变为 125 个。

② 如果除去 B 类地址中的 16 个私有网络地址，则实际可指派的地址变为 16367 个。

③ 如果除去 C 类地址中的 256 个私有网络地址，则实际可指派的地址变为 2096895 个。

表 4-2　特殊 IP 地址

Net-ID	Host-ID	源　地　址	目的地址	含　　义
0	0	可以	不可以	本网段上的本主机
0	××	不可以	可以	本网段上的某主机
全 1	全 1	不可以	可以	本网内广播
××	全 1	不可以	可以	对目的网络广播
127	××	可以	可以	环回（Loopback）测试
169.254	××.××			DHCP 因故障分配的地址
10	××.××.××			私有地址，用于内部网络
172.16～172.31	××.××			
192.168.××.××	××			

（2）确定使用公网地址还是私有地址，并根据网络规模确定网络号类别。

（3）根据可用地址资源进行主机 IP 地址的分配。

5．IP 地址设置

以在 PC 机上配置 IP 地址为例，其主要设置步骤如下。

（1）在"本地连接"窗口中的网卡上双击，在弹出的对话框中选择"Internet 协议版本 4（TCP/IPv4）"选项，单击"属性"按钮，在弹出的对话框中进行本机网卡设置。

（2）选中"使用下面的 IP 地址"单选按钮，输入 IP 地址、子网掩码和默认网关。例如，本例中，分别为 192.168.1.100、255.255.255.0 和 192.168.1.1，如图 4-3 所示。

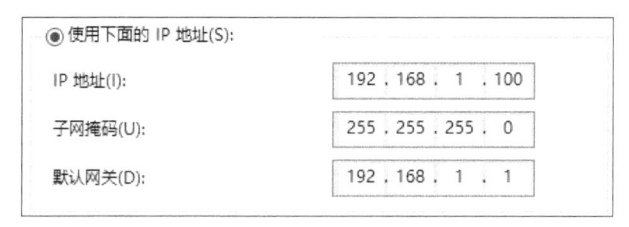

图 4-3　IP 地址设置对话框

在构建一个互联网络时,完成了 IP 地址的分配和设置后,还需要进行交换机配置、路由配置、测试网络连通性等操作,具体内容请读者查阅相关资料。

4.2 串行接口

4.2.1 串行通信基础

通信是指计算机与计算机或外设之间的数据传送。其中"信"是一种信息,是由数字 0 和 1 构成的具有一定规则并反映确定信息的一个或一批数据。

4.2.1.1 基本的通信方式

计算机通信的基本方式可分为并行通信和串行通信两种。图 4-4 所示为对串行通信和并行通信的比喻。

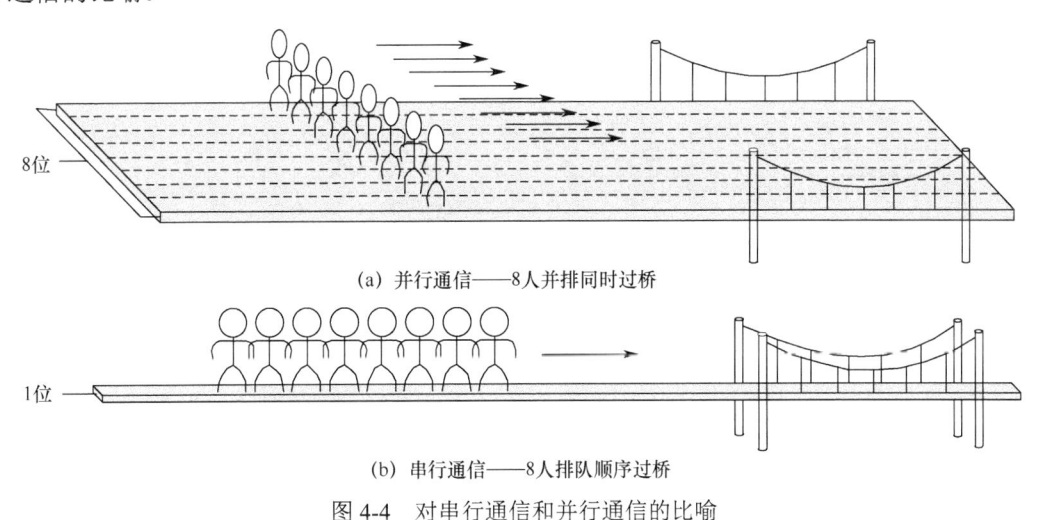

图 4-4 对串行通信和并行通信的比喻

(a) 并行通信——8人并排同时过桥

(b) 串行通信——8人排队顺序过桥

1. 并行通信

并行通信是指数据的各位同时在多根数据线上同时发送或接收的通信方式,如图 4-5 所示。并行通信时除了数据线还要有通信控制线。发送设备在发送数据时要先检测接收设备的状态,若接收设备处于可以接收数据的状态,发送设备就发出选通信号。在选通信号的作用下各数据位信号同时传送到接收设备。

并行通信的突出优点是传输控制简单、速度快,但传输线较多,远距离传输成本太高。

2. 串行通信

串行通信是一种将数据的各位在同一根数据线上依次逐位发送或接收的通信方式,如图 4-6 所示。

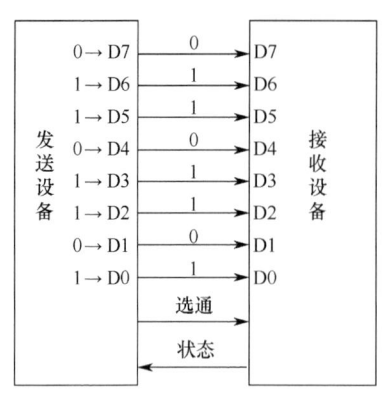

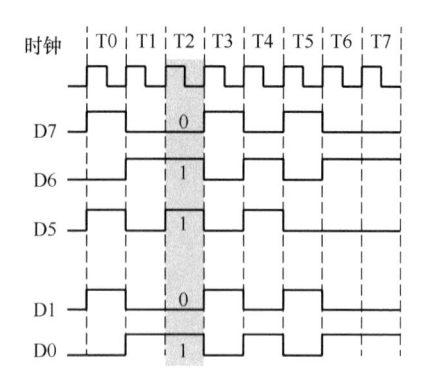

图 4-5 并行通信示意图

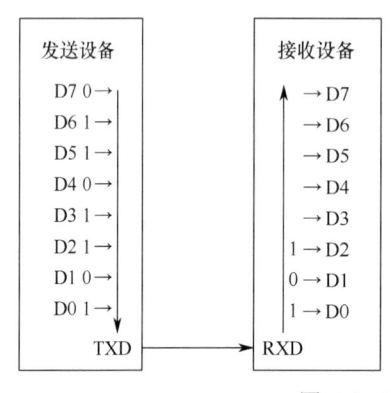

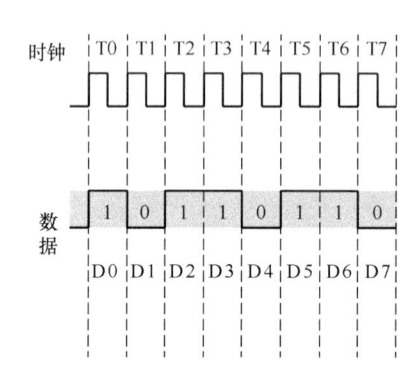

图 4-6 串行通信示意图

串行通信的突出优点是只需一对传输线（可利用电话线作为传输线），这样就大大降低了传输成本，特别适用于远距离通信，其缺点是传输控制复杂、传输速度较低。

串行接口通常分为两种类型，串行通信接口和串行扩展接口。串行通信接口（Serial Communication Interface）是指设备之间的互连接口，它们之间的距离比较长。如 PC 机的 COM 接口（使用 RS-232 串行通信标准）和 USB 接口。串行扩展接口是设备内部器件之间的互连接口，如 I2C、SPI 等。图 4-7 所示为常见的串行通信接口，DB25 和 DB9 实物图。

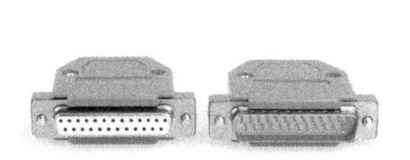

图 4-7 常见的串行通信接口

4.2.1.2 串行通信的过程

计算机中，数据信号的电平通常是 TTL 型的。在进行远程数据通信时，一方面 TTL 型电平信号会出现严重的畸变和衰减，另一方面通信网传输线路的带宽限制也使之不适合直接传输二进制数据，因此现在常采用调制和解调的方法实现远程串行通信。信号传输前，使用调制器把数字信号转换为模拟信号（例如，把数字信号"1"调制成2400Hz的正弦信号，把数字信号"0"调制成1800Hz的正弦信号）送到传输线路上，在接收端再通过解调器把模拟信号还原成数字信号，送到数据处理设备，如图4-8所示。

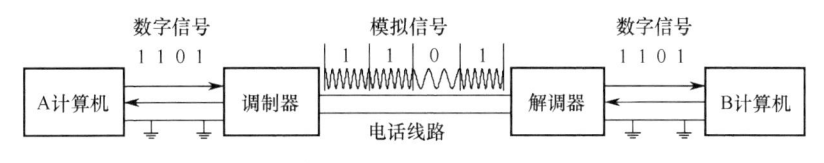

图4-8 使用调制解调器的远程串行通信

对于计算机之间的近距离串行通信，可以直接将收发双方的串行接口连接到一起，如图4-9所示。

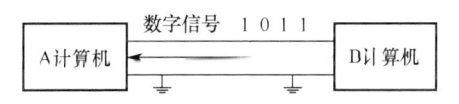

图4-9 计算机之间的近距离串行通信

在计算机串行发送数据之前，计算机内部的并行数据被送入移位寄存器，并一位一位地移出，将并行数据转换成串行数据，如图4-10（a）所示。

在接收数据时，来自通信线路的串行数据被送入移位寄存器，满8位后并行送到计算机内部，如图4-10（b）所示。在串行通信控制电路中，串并、并串转换逻辑被集成在串行异步通信控制器芯片中。80C51单片机的串行接口和IBM-PC机中的8250芯片都可实现这一功能。

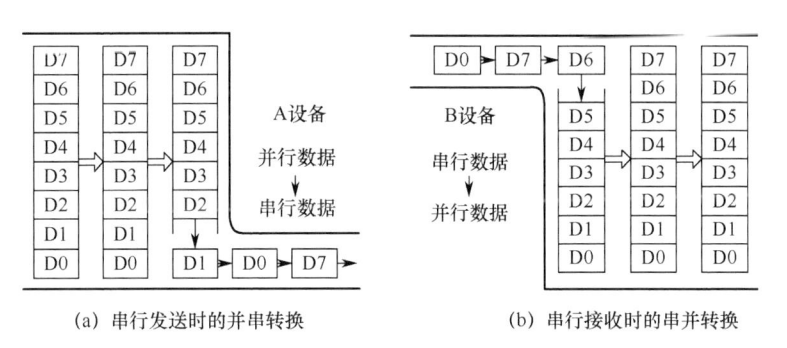

(a) 串行发送时的并串转换　　　　(b) 串行接收时的串并转换

图4-10 串行收发过程中的并串、串并转换

4.2.1.3 串行通信的分类

串行通信过程中，为了区分数据和控制信息，收发双方要事先约定共同遵守的通信协议，具体内容包括同步方式、数据格式、传输速率、校验方式等。按照串行通信过程中的同步方式，串行通信可以分为同步串行通信和异步串行通信两类。

1. 异步串行通信

所谓异步，是指在异步通信中通信双方的时钟是各自独立的，双方的发送和接收可以不在同一时刻进行，如图 4-11 所示。

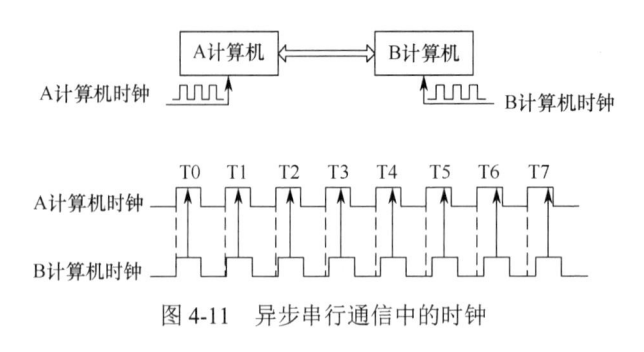

图 4-11 异步串行通信中的时钟

除此之外，进行异步串行通信时，收发双方必须遵守相同的通信协议，包括相同的数据格式和通信速率。在异步通信中，数据是按帧（包括一个字符代码或一字节数据）传输的，每一帧的数据格式如图 4-12 所示。

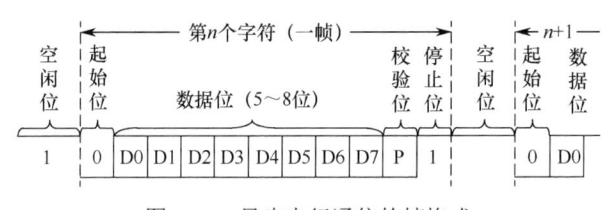

图 4-12 异步串行通信的帧格式

异步串行通信的数据帧由 4 部分组成：起始位、数据位、校验位和停止位。起始位位于字符帧开头，只占 1 位，始终为逻辑 0 低电平，用于向接收设备表示发送端开始发送一帧信息；数据位紧跟起始位之后，占 5~8 位，低位在前，高位在后；校验位位于数据位之后，仅占 1 位，可以采用奇校验，或者采用偶校验，根据通信双方的约定，也可以省略；停止位位于字符帧末尾，为逻辑 1 高电平，通常取 1 位、1.5 位或 2 位，用于表示一帧字符信息已发送完毕，也为发送下一帧字符做准备。

在串行通信中，发送端逐帧发送信息，接收端逐帧接收信息。两相邻字符帧之间可以无空闲位，也可以有若干空闲位，由用户根据需要决定。如果两帧数据之间存在空闲位，则以逻辑 1 高电平表示。

2. 同步串行通信

在同步串行通信中，通信双方采用同一个物理时钟，发送和接收是同时进行的，如图 4-13 所示。

同步串行通信是一种连续串行传输数据的通信方式，一次通信只传输一帧信息。同步串行通信的信息帧和异步通信中的字符帧不同，通常含有若干数据字符，如图 4-14 所示。它们均由同步字符、数据字符和校验字符 3 部分组成。同步字符位于帧结构开头，用于确认数据字符的开始；数据字符在同步字符之后，个数不受限制，由所需传输的数据块长度决定；校验字符有 1~2 个,位于帧结构末尾,用于接收端校验接收到的数据字符。

图 4-13 同步串行通信中的时钟

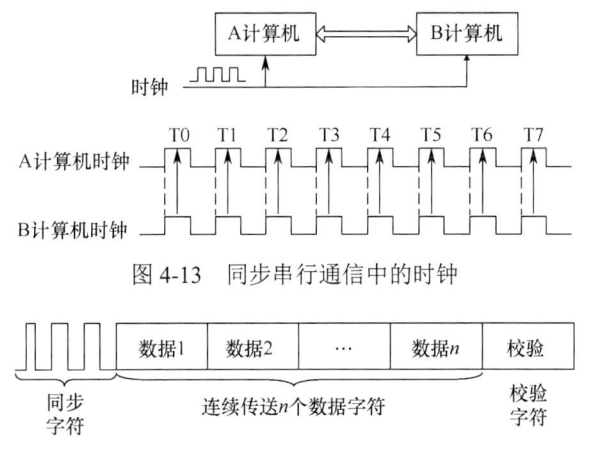

图 4-14 同步串行通信的帧格式

同步通信的数据传输速率较高,可达 56Mbps。同步通信的缺点是要求发送时钟和接收时钟保持严格同步,故发送时钟除了和发送波特率保持一致,还要求把它同时传输到接收端去。

4.2.1.4 串行通信的速度和制式

1. 波特率和比特率

在通信系统中,波特率和比特率是两个重要的概念。严格意义上讲,比特率(bit rate)表征的是串行通信的速度,即每秒钟传输的二进制码的位数,单位是 bps(bit per second),1bps=1bit/s。波特率(Baud rate)表示数据信号对载波的调制速率,用单位时间内载波调制状态的改变次数来表示。

如果一个信号只携带一个比特的数据,则波特率和比特率相等,如果一个信号携带两个比特的数据,则波特率就是比特率的 2 倍。所以,通常波特率是比特率的 n 倍。串行通信中,通常把波特率看作比特率。

例如,串行通信速度为 120 字符/s,传输 1 个字符需要 10 个数据位,则波特率为 1200bps,平均每位传送占用时间为

$$T_d = 1/1200 = 0.833 \text{(ms)}$$

产生时钟脉冲信号的电路称为波特率发生器。为提高采样分辨率,准确地测定数据位的上升/下降沿,发送/接收时钟频率 $f_{T/R}$ 总是高于波特率 $BR_{T/R}$ 若干倍,这个倍数 n 称为波特率因子。

$$f_{T/R} = n \times BR_{T/R}$$

同步通信 $n=1$,异步通信 n 可取 12、32、64 等。

2. 通信的制式

在串行通信中,按照数据传输方向,串行通信可分为单工、半双工和全双工 3 种方式,

如图 4-15 所示。

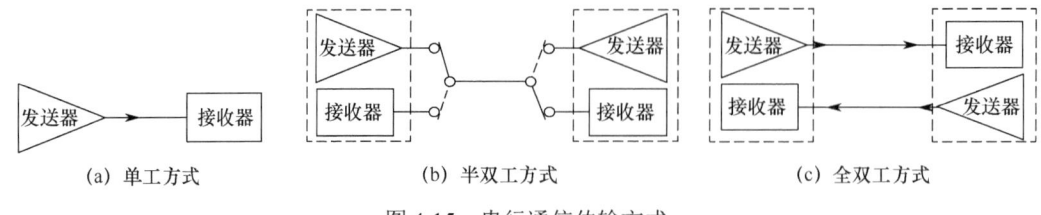

(a) 单工方式　　(b) 半双工方式　　(c) 全双工方式

图 4-15　串行通信传输方式

单工方式下，只允许数据向一个方向传输，不能实现反向传输；半双工方式允许数据向两个方向中的任意一个方向传输，但每次只能有一个站点发送，即需要分时进行；全双工配置是一对单向配置，它要求两端的通信设备都具有完整和独立的发送和接收能力，因此允许同时双向传输数据。

4.2.2　串行接口工作原理

本节以 80C51 单片机串行接口为例，讲解串行接口的内部结构和工作原理。

4.2.2.1　串行接口的内部结构

1. 内部结构

80C51 单片机通过引脚 RXD（P3.0，串行数据接收端）和引脚 TXD（P3.1，串行数据发送端）与外界通信。其内部结构简化示意图如图 4-16 所示。

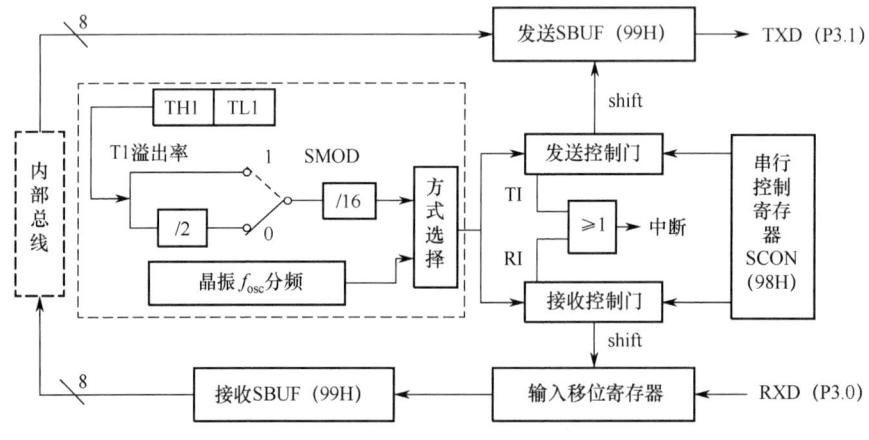

图 4-16　串行接口内部结构简化示意图

80C51 单片机串行接口内部有两个在物理上相互独立的接收、发送缓冲器 SBUF，但在逻辑上这两个缓冲器占用同一地址 99H，可同时发送、接收数据。发送缓冲器只能写入，不能读出；接收缓冲器只能读出，不能写入。

80C51 单片机用定时器 T1 作为串行通信的波特率发生器，T1 溢出率经 2 分频（或不分频）后又经 16 分频作为串行发送或接收的移位脉冲。移位脉冲同时控制串行发送与接收的速率，所以移位脉冲的速率即是串行通信的波特率。

接收器是双缓冲结构，在前一个字节被从接收缓冲器 SBUF 读出之前，第二个字节即开始被接收（串行输入至移位寄存器），但是，在第二个字节接收完毕而 CPU 未读取前一个字节时，会丢失前一个字节。对于发送缓冲器，因为发送时 CPU 是主动的，不会产生重叠错误，一般不需要用双缓冲器结构来保持最大传输速率。

2. 收发过程

以双机串行通信为例，收发过程如图 4-17 所示。串行发送过程中，采取先发送一个数据，然后查询 TI，如果 TI=0，表示当前的数据未发送完成，则系统等待；如果 TI=1，表示当前数据发送完成，则可以继续发送下一个数据。所以，采用的是"发送一个数据—查询 TI—发送下一个数据"的策略。

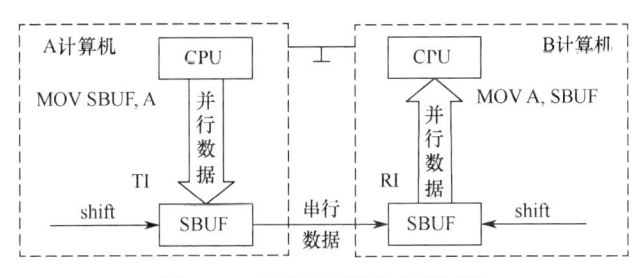

图 4-17 双机串行通信收发过程

接收数据过程中，采用的是"查询 RI—接收一个数据—查询 RI—接收下一个数据"的策略。

3. 波特率的设定

波特率发生器可以有两种选择。

（1）可变波特率，定时器 T1 作为波特率发生器，改变计数初值就可以改变串行通信的速率。

（2）固定波特率，以固定的内部时钟的分频器作为波特率发生器。

串行接口工作方式中，方式 0 和方式 2 采用固定波特率，方式 1 和方式 3 采用可变波特率。

4.2.2.2 串行接口的工作方式

根据串行通信数据格式和波特率的不同，串行接口有 4 种工作方式，通过编程设置串行通信控制寄存器 SCON 进行选择，如表 4-3 所示。

1. 方式 0——移位寄存器方式

方式 0 时，串行接口作为同步移位寄存器使用。数据由单片机的 RXD 端（P3.0）发送或接收，TXD 端（P3.1）提供移位脉冲。数据以 8 位为一帧进行发送和接收，低位在前，高位在后，不设起始位和停止位。

表 4-3　串行接口的 4 种工作方式

SM0	SM1	工作方式	功　能	波　特　率
0	0	方式 0	8 位同步移位寄存器	$f_{osc}/12$
0	1	方式 1	10 位异步串行通信	可变
1	0	方式 2	11 位 UART	$2^{SMOD}f_{osc}/64$
1	1	方式 3	11 位 UART	可变

方式 0 多用于接口扩展，实现串入并出和并入串出功能，收发时序如图 4-18 所示。

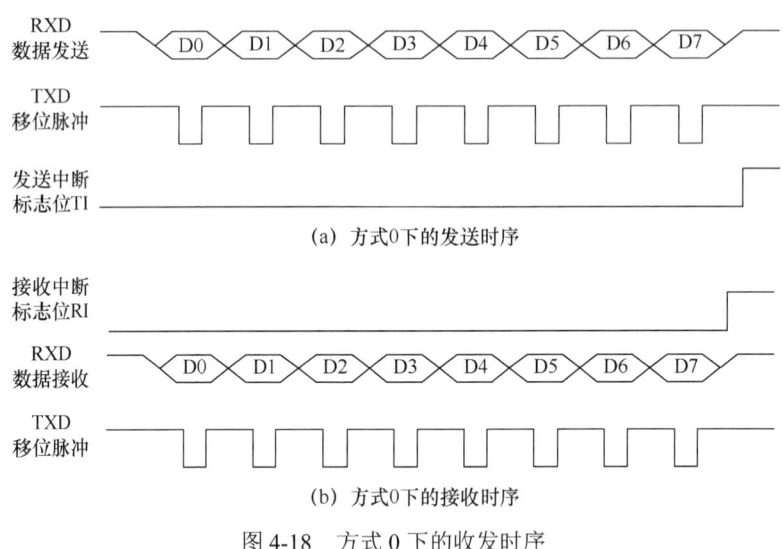

(a) 方式 0 下的发送时序

(b) 方式 0 下的接收时序

图 4-18　方式 0 下的收发时序

利用串行接口与 74HC164 实现 8 位串入并出功能，数据在 TXD 端时钟脉冲控制下，从 RXD 端逐位移入 74HC164，8 位数据全部移出后，SCON 寄存器的 TI 位被自动置 1，其后 74HC164 的内容并行输出，如图 4-19 所示。

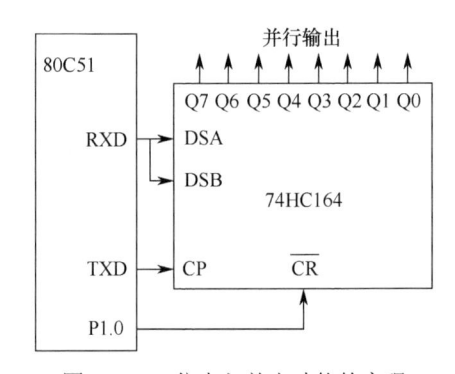

图 4-19　8 位串入并出功能的实现

系统工作过程为：REN=1，串行输入，满 8 位后，RI=1，REN=0（软件置位或清 0），SH/LD=0，开始并行输入，CPU 取 SBUF；SBUF 空后，REN=1，SH/LD=1，停止并行输入，转而串行输出。DSA、DSB 为串行输入引脚，$\overline{CR}$ 为清 0 引脚，低电平时，使输出清 0。CP 为时钟脉冲输入引脚，CP=0，$\overline{CR}$=1 时，输出保持不变。数据通过两个输入端（DSA、DSB）之一串行输入，任一输入端可以用作高电平使能端，控制另一输入端的数据输入，两个输入端或者连接在一起，或者把不用的输入端接入高电平，但一定不要悬空。

把能实现并入串出功能的移位寄存器（如 74HC165）与串行接口配合使用，可以把串行接口变为并行输入口使用，实现并入串出功能，如图 4-20 所示。

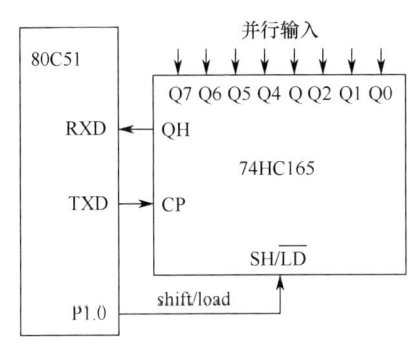

图 4-20　8 位并入串出功能的实现

SH/$\overline{LD}$ 是控制 74HC165 的，1 为串行输出，0 为并行输入。

2. 方式 1——波特率可变 10 位异步通信方式

每帧数据由 1 个起始位 0、8 个数据位和 1 个停止位共 10 位构成。端口 RXD 和 TXD 分别为数据接收端和发送端，T1 提供位时钟。

起始位	D0	D1	D2	D3	D4	D5	D6	D7	停止位

方式 1 采用的是波特率可变方式。
波特率= $(2^{SMOD}/32) \times$ (T1 的溢出率) = $(2^{SMOD}/32) \times (f_{osc}/12 \times (2^N - N0))$

3. 方式 2——波特率固定 11 位异步通信方式

每帧数据由 1 个起始位、9 个数据位和 1 个停止位共 11 位构成。

起始位	D0	D1	D2	D3	D4	D5	D6	D7	D8	停止位

通信过程中，字符还是 8 个数据位 D0～D7，数据 D8 既可作为奇偶校验位使用，也可作为控制位使用，其功能由用户确定。

```
SETB TB8
CLR TB8
```

发送的 D8 位来自 SCON 的 TB8 位，接收的 D8 位保存于 SCON 的 RB8 位。

4. 方式 3——波特率可变 11 位异步通信方式

数据格式同方式 2，所不同的是波特率可变，计算方式同方式 1。

4.2.2.3 工作寄存器

与串行通信有关的控制寄存器共有 4 个,分别为 SBUF、IE、 PCON 和 SCON。

1. 数据缓冲寄存器(SBUF)

在逻辑上,SBUF 只有一个,既表示发送寄存器,又表示接收寄存器,单元地址为 99H。在物理上,SBUF 有两个,一个是发送寄存器,另一个是接收寄存器。接收缓冲寄存器还具有双缓冲结构,以避免在数据接收过程中出现帧重叠错误。

在完成串行初始化后,发送时只需要将发送数据输入 SBUF,CPU 将自动启动和完成串行数据的发送;接收时 CPU 将自动把接收到的数据存入 SBUF,用户只需从 SBUF 中读取接收数据。

2. 中断允许控制寄存器(IE)

IE 的地址是 A8H,与串行接口有关的中断允许控制位为 ES。当 ES=1 时,允许串行接口中断;当 ES=0 时,禁止串行接口中断。

3. 电源控制寄存器(PCON)

PCON 主要是为 CHMOS 型单片机的电源控制而设置的专用寄存器。单元地址为 87H。串行通信只用 PCON 的最高位 SMOD,其字节地址为 87H,无位地址,只能字节寻址,初始化时 SMOD=0。

| SMOD | X | X | X | GF1 | GF0 | PD | IDL |

SMOD 为波特率加倍位。

在计算串行方式 1、2、3 的波特率时,SMOD=0 表示波特率不加倍,SMOD=1 表示波特率加倍。

4. 串行控制寄存器(SCON)

SCON 是 80C51 单片机的一个可位寻址的专用寄存器,用于串行数据通信的控制。单元地址为 98H,位地址为 9FH~98H。SCON 各个位的含义如表 4-4 所示。

表 4-4 SCON 各个位的含义

位 地 址	位 符	功 能
9FH	SM0	串行接口工作方式选择位
9EH	SM1	00:0,01:1,10:2,11:3
9DH	SM2	多机通信控制位
9CH	REN	串行通信允许/禁止接收位
9BH	TB8	欲发的第 9 位
9AH	RB8	收到的第 9 位
99H	TI	发送中断标志位(需软件清零)
98H	RI	接收中断标志位(需软件清零)

4.2.3 串行接口设备及应用

4.2.3.1 串行通信程序设计

【例 4-1】 设计一个实验，检查 80C51 单片机的串行接口 RXD（P3.0）和 TXD（P3.1）是否完好。已知单片机时钟振荡周期 f_{osc}=11.0592MHz，数据传输波特率为 1200bps，波特率不加倍（SMOD=0）。

分析：将 80C51 单片机的串行接口 RXD(P3.0)和 TXD(P3.1)短接，编写一个自己发送、自己接收的串行通信程序，通过这种方式检查串行接口。测试电路如图 4-21 所示。

实现：为了能够直接观察串行接口是否完好，将 P1.0 引脚接一个 LED 灯，通过控制 LED 灯观察通信效果。

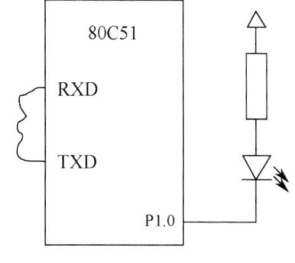

图 4-21 测试电路

1. 涉及的知识及程序编写思路

（1）定时器/计数器。

① T/C 模式：模式 2（8 位可重载），计算定时器计数初值 X。
② 设置 T/C 初始状态：TH1/TH0，TL1/TL0。
③ 启动定时器 TR0/TR1。

（2）串行通信。

串行接口控制寄存器：SCON（工作方式设置位 SM0、SM1，接收允许控制位 REN）。

（3）持续使 LED 闪烁。

① 灯亮：P1=FEH，延时。
② 串行输入：传送灯灭信号 FFH，在寄存器的传送顺序是 "A—SBUF—A—P1"。
③ 灯灭：P1=FFH，延时。

（4）延时子程序 DELAY。

2. 参考代码

```
        ORG     0000H
        MOV     TMOD,#20H       ;20H=0010 0000B,T0 工作模式 0,T1 工作模式 2
        MOV     TH1,#0E8H       ;E8H=11101000B=232,初值
        MOV     TL1,#0E8H       ;232
        SETB    TR1             ;T1 启动
        MOV     SCON,#50H       ;50H=0101 0000B
                                ;SCON: SM0 SM1 SM2 REN TB8 RB8 TI RI
                                ;       0   1   0   1   0   0  0  0
                                ;串行通信方式 1   允许串行通信接收
LOOP:
        CLR     TI              ;发送中断清零
        MOV     P1,#0FEH        ;FEH=1111 1110B,P1.0=0 为低电平,LED 灯点亮
        CALL    DELAY           ;延时
```

```
        MOV     A,#0FFH       ;FFH=1111 1111B,P1.0=1 为高电平,LED 灯熄灭
        MOV     SBUF,A        ;将十六进制数 FFH 发送到数据缓冲寄存器 SBUF
                              ;////////当前的 SBUF 为数据接收缓冲寄存器
                              ;由于 REN=1,P3.0 口接收 SBUF 中的数据
        JNB     RI,$          ;等待,直到串行数据接收完毕,此时 RI=1,跳出循环
        CLR     RI            ;RI=0
        CLR     TI            ;TI=0
        MOV     A,SBUF        ;将发送缓冲寄存器 SBUF 中的数据送入 A 中
        MOV     P1,A          ;将 A 中的数据送到 P1 口,使 LED 灯熄灭
        CALL    DELAY         ;延时
        JMP     LOOP          ;循环
DELAY:                        ;延时子程序
        MOV     R0,#0H
DELAY1:
        MOV     R1,#0H
        DJNZ    R1,$
        DJNZ    R0,DELAY1
        RET
        END
```

4.2.3.2 双机通信

单片机中的数据信号采用 TTL 电平,约定以 2.4~5V 表示逻辑 1,以 0~0.5V 表示逻辑 0,而 PC 机通常采用 EIA 串行总线接口,约定以 -3~15V 表示逻辑 1,以 3~15V 表示逻辑 0。由于 EIA 和 TTL 电平规范不同,进行通信时必须进行电平转换。通信接口形式上,PC 机串行接口一般采用 DB9 的形式,如图 4-7 所示。DB9 各针脚定义如表 4-5 所示。

表 4-5 DB9 各针脚定义

DB9 串口示意图	序　号	名称及功能
	1	DCD:载波检测位
	2	RXD:接收数据位
	3	TXD:发送数据位
	4	DTR:数据终端准备信号
	5	GND:接地
	6	DSR:数据发送准备信号
	7	RTS:请求发送位
	8	CTS:等待发送位
	9	RI:响铃位

实现 EIA 和 TTL 电平转换的元器件有很多种,例如,MC1488 可实现 TTL 电平到 EIA 电平的转换,MC1489 可实现 EIA 电平到 TTL 电平的转换。此外,MAX232 元件可实现 TTL 电平和 EIA 电平的相互转换,应用比较广泛。基于 MAX232 芯片的单片机与 PC 机的双机通信电路图如图 4-22 所示。建立单片机与 PC 机之间的串行通信电路时,要注意各引脚之间的

第4章 武器控制系统网络与总线

连接关系，单片机的 TXD 和 RXD 分别与 MAX232 的 $T1_{IN}$ 和 $R1_{OUT}$ 连接，而 PC 机的 RXD 和 TXD 分别与 MAX232 的 $R1_{IN}$ 和 $T1_{OUT}$ 连接。

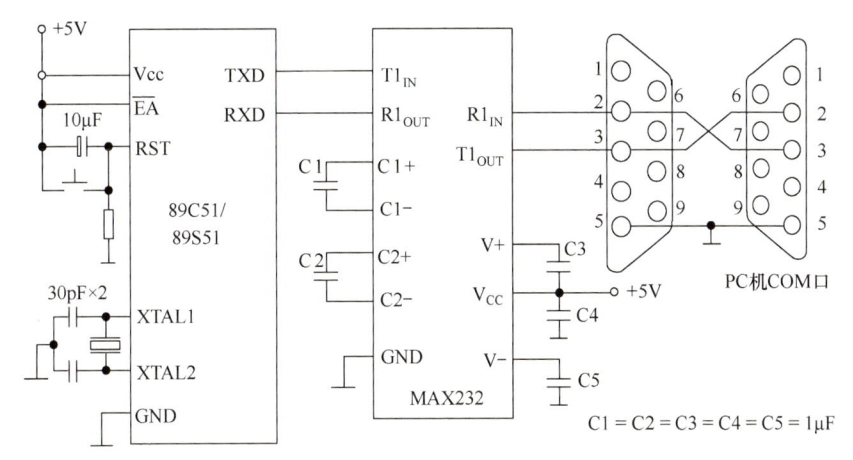

图 4-22　基于 MAX232 芯片的单片机和 PC 机的双机通信电路

4.3　SPI 总线结构与原理

同步串行外设接口 SPI（Serial Peripheral Interface）是 Motorola 公司推出的一种全双工同步串行外设接口，允许 MCU 与各厂家生产的标准外围设备直接连接，以串行方式交换数据。

SPI 总线通常采用"单主 MCU+多从器件"的主从模式，数据传送速率最高可达 1.05 Mbps。SPI 接口共有 4 根信号线，分别是：

（1）SDI/MOSI（Serial Data In/Master Output Slave Input），串行数据输入/主出从入。
（2）SDO/MISO（Serial Data Out/Master Input Slave Output），串行数据输出/主入从出。
（3）SCK（Serial Clock），串行数据时钟，由主机产生。
（4）$\overline{SS}$，从机使能信号，由主机控制，对从机而言就是片选信号 $\overline{CS}$。

SPI 接口内部结构示意图如图 4-23 所示，主机通过发送机使能信号选中从机，在移位寄存器作用下按位传输，高位在前，低位在后。SPI 接口没有应答机制，无法确定对方是否接收到数据。

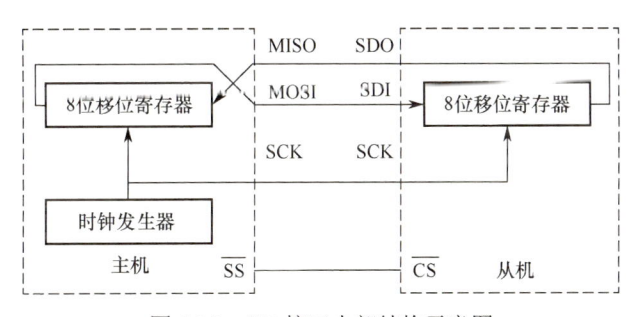

图 4-23　SPI 接口内部结构示意图

图 4-24 为 SPI 外围串行扩展结构图，主机和从机的连接方式有两种，一种是并行方式，如图 4-24（a）所示，每个从机独立地和主机进行通信，需要独立的片选信号；另一种是菊花链方式，如图 4-24（b）所示。无论采用哪种扩展结构，单片机与外围器件在 SCK、SDO 和 SDI 上都是同名端相连的，外部扩展多个器件时，SPI 无法通过数据线译码选择，故 SPI 的外围器件都有片选端口 $\overline{CS}$。在扩展单个 SPI 器件时，外设的 $\overline{CS}$ 端可以接地，或通过 I/O 接口控制；在扩展多个 SPI 外围器件时，单片机应分别通过 I/O 接口来分时选通外围器件。

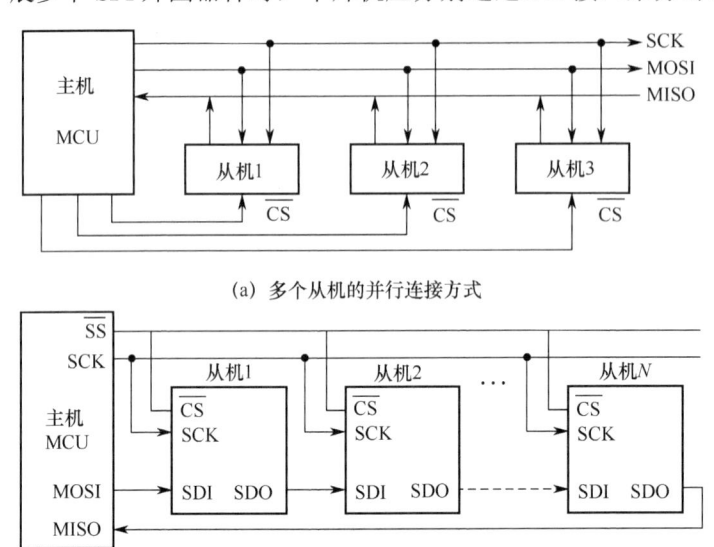

(a) 多个从机的并行连接方式

(b) 多个从机的菊花链连接方式

图 4-24 SPI 外围串行扩展结构图

SPI 系统中从器件的选通靠的是 $\overline{CS}$ 引脚，数据的传送软件十分简单，省去了传输时的地址选通字节，但在扩展器件较多时，连线较多。

SPI 串行扩展系统中作为主器件的 MCU 在启动一次传送时，便产生 8 个时钟传送给接口芯片，作为同步时钟，控制数据的输入与输出。数据的传送格式是高位（MSB）在前，低位（LSB）在后。数据线上输出数据的变化以及输入数据时的采样，都取决于 SCK。但对于不同的外围芯片，有的可能是 SCK 的上升沿起作用，有的可能是 SCK 的下降沿起作用，这样，根据时钟的极性和采样的相位，SPI 有 4 种工作模式，如图 4-25 所示，通常采用方式 0 和方式 3。

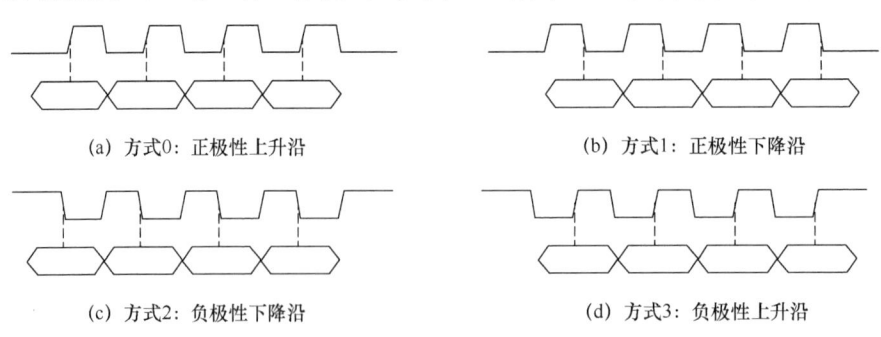

(a) 方式0：正极性上升沿

(b) 方式1：正极性下降沿

(c) 方式2：负极性下降沿

(d) 方式3：负极性上升沿

图 4-25 SPI 的工作模式

Motorola 公司为广大用户提供了一系列具有 SPI 接口的单片机和外围接口芯片，如存储器 MC2814、显示驱动器 MC14499 和 MC14489 等。SPI 串行扩展系统的主器件单片机，可以带 SPI 接口，也可以不带 SPI 接口，但从器件要带 SPI 接口。

4.4 I2C 总线及应用

I2C（Inter Integrated Circuit，又称 IIC）总线全称为内置集成电路总线，是 PHILIPS 公司开发的一种两线式串行总线，用于连接微控制器及其外围设备。I2C 总线产生于 20 世纪 80 年代，最初为音频和视频设备开发，如今主要在服务器管理中使用。例如，管理员可对各个组件进行查询，以管理系统的配置或掌握组件的功能状态，如电源和系统风扇。可随时监控内存、硬盘、网络、系统温度等多个参数。

4.4.1 I2C 总线协议

4.4.1.1 I2C 总线的特点

1. 两线式串行总线

I2C 总线是一种全双工串行数据总线，只有两根信号线，一根是双向数据线 SDA，另一根是时钟线 SCL。数据线 SDA 和串行时钟线 SCL 都是双向线路，通过一个上拉电阻连接到正的电源电压，当总线空闲时两条线路都是高电平，连接到总线的器件的输出极必须是漏极开路或集电极开路。

如图 4-26 所示，每个 I2C 总线器件内部的 SDA、SCL 引脚电路结构都是一样的，引脚的输出驱动与输入缓冲连接在一起。引脚在输出信号的同时还对引脚上的电平进行检测，确定是否与刚才的输出一致，这为实现"时钟同步"和"总线仲裁"提供了硬件基础。

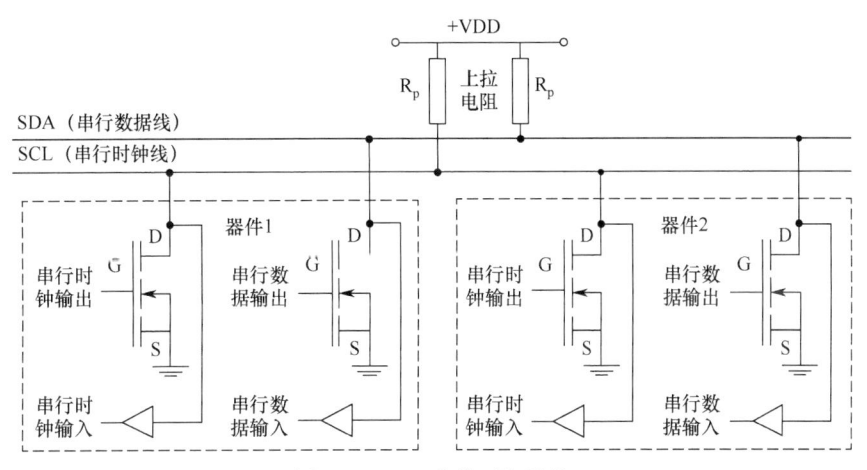

图 4-26 I2C 总线引脚结构

I2C 总线实现 CPU 与被控 IC、IC 与 IC 之间的双向信息传送，标准传送速率 100kbps，快速传送速率 400kbps，高速传送速率 3.4Mbps。

2. 主从式多主机总线

I2C 总线最主要的优点是简单高效，由于接口直接在组件之上，因此 I2C 总线占用的空间非常小，节省了电路板空间，减少了芯片引脚的数量，降低了互连成本。I2C 总线的长度可达 7.4m（25 英尺），能够以 10kbps 的最大传输速率支持 40 个组件。I2C 总线的另一个优点是支持多主控，其中任何能够进行发送和接收的设备都可以成为主总线。一个主控能够控制信号的传输和时钟频率。当然，在任何时间点上只能有一个主控。

3. 被控电路并接在总线上

各种被控制电路均并联在 I2C 总线上，如图 4-27 所示。总线上并接的每一模块电路都既是主控器（或被控器），又是发送器（或接收器）。

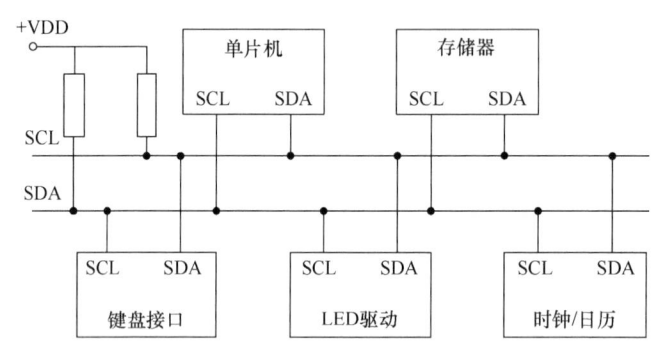

图 4-27 I2C 总线系统的基本结构

I2C 总线系统中的主机必须是带 CPU 的控制逻辑模块。主机与从机的区别在于串行时钟 SCL 的发送权，即总线的控制权。主机掌握时钟信号 SCL 的发送权，从机不能产生时钟信号，所以，所有通信都由主机引发，从机之间不能建立通信联系。

CPU 发出的控制信号分为地址码和控制量两部分，地址码用来选通需要控制的电路，确定控制的种类；控制量决定控制的对象和参数。这样，各控制电路虽然挂在同一条总线上，却彼此独立，互不相关。

4.4.1.2　I2C 总线协议

1. 信号协议

I2C 总线数据位的有效性规定如图 4-28 所示。

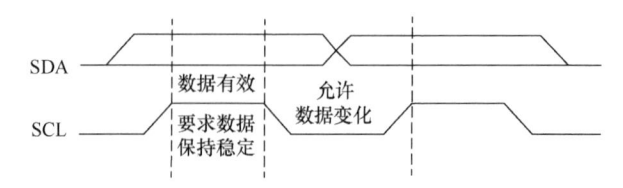

图 4-28 I2C 总线数据位的有效性规定

(1) SDA 线上的数据状态仅在 SCL 为低电平时才能改变，在 SCL 为高电平时要保持稳定。

(2) SCL 为高电平时，SDA 状态的改变被用来表示起始和停止条件。

2. 开始和结束信号

开始和结束信号的有效性规定如图 4-29 所示。

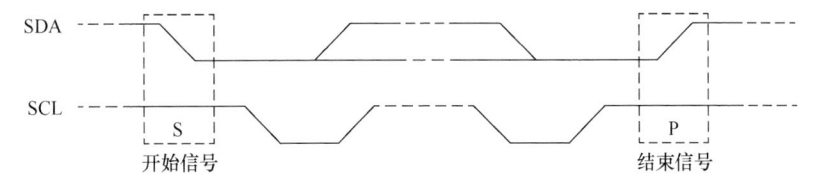

图 4-29 开始和结束信号的有效性规定

(1) 开始：SCL 为高电平时，SDA 由高电平向低电平跳变，开始传送数据。
(2) 结束：SCL 为高电平时，SDA 由低电平向高电平跳变，结束传送数据。

3. 应答和非应答信号

应答和非应答信号的有效性规定如图 4-30 所示。接收数据的 IC 在接收到 8bit 数据后，向发送数据的 IC 发出特定的低电平脉冲，表示已收到数据。CPU 向受控单元发出一个信号后，等待受控单元返回应答信号，CPU 接收到应答信号后，根据实际情况做出是否继续传递信号的判断。若未收到应答信号，则判断受控单元出现故障。

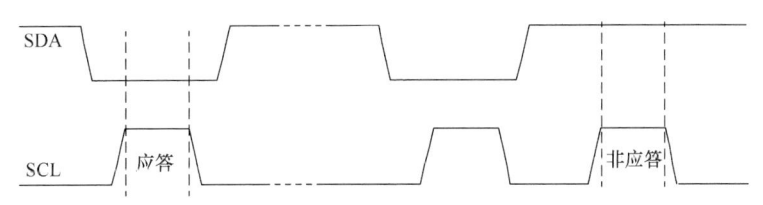

图 4-30 应答和非应答信号的有效性规定

非应答信号有两个作用：一是表示前一个数据接收成功；二是停止从机再次发送。

4. 信号时序

I2C 总线信号时序如图 4-31 所示。

5. 主机收发过程

(1) 主机逐位发送，先发送高位，再发送低位。
(2) 从机通过将 SDA 信号拉回低电平，给出应答信号，即 ACK=0。

1) 主机发送过程

主机发送信息是写总线的操作。写操作分为字节写和页面写两种操作。对于页面写操作会随着芯片一次装载的字节不同而有所不同。连续写操作是对 E2PROM 连续装载 N 字节数据的写入操作，N 随型号不同而不同，一次可装载字节数也不同。

I2C 总线主机发送时序如图 4-32 所示，图 4-33 所示为 I2C 总线主机发送流程。

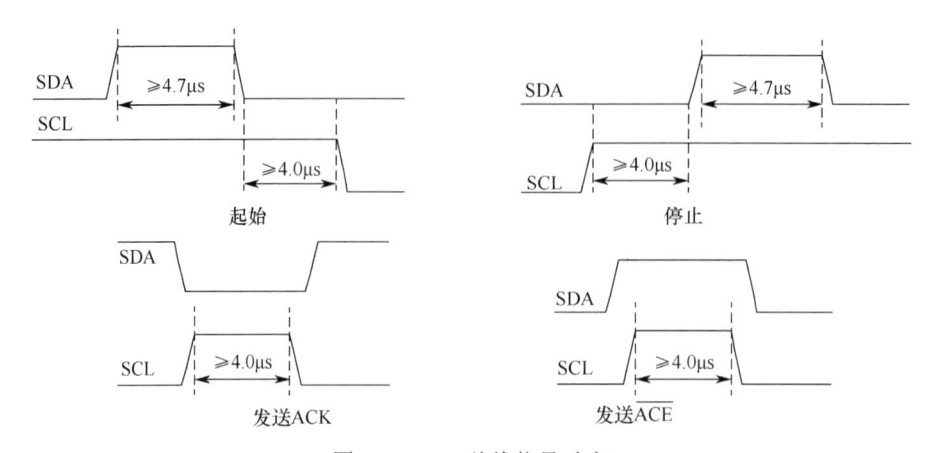

图 4-31 I2C 总线信号时序

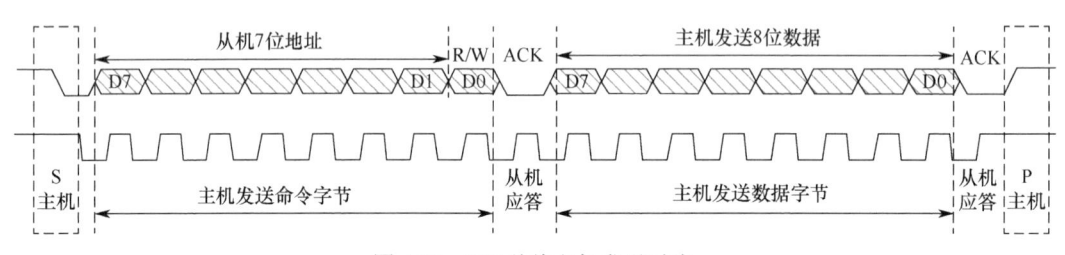

图 4-32 I2C 总线主机发送时序

（1）主机检测到总线为"空闲状态"（SDA、SCL 线均为高电平）时，发送一个启动信号 S，启动一次通信。

（2）主机接着发送一个命令字节。该字节由 7 位外围器件的地址和 1 位读写控制 R/$\overline{W}$ 组成（此时 R/$\overline{W}$ = 0）。

（3）地址被选用的从机收到命令字节后向主机回馈应答信号 ACK。

（4）主机收到从机的应答信号后开始发送第一个字节的数据。

（5）从机收到数据后返回一个应答信号 ACK。

（6）主机收到应答信号后再发送下一个数据字节。

（7）当主机发送最后一个数据字节并收到从机的 ACK 后，通过向从机发送一个停止信号 P 结束本次通信并释放总线。从机收到 P 信号后退出与主控器之间的通信。

2）主机接收过程

读操作有 3 种基本操作：当前地址读、随机读和顺序读。

应当注意的是，最后一个读操作的第 9 个时钟周期

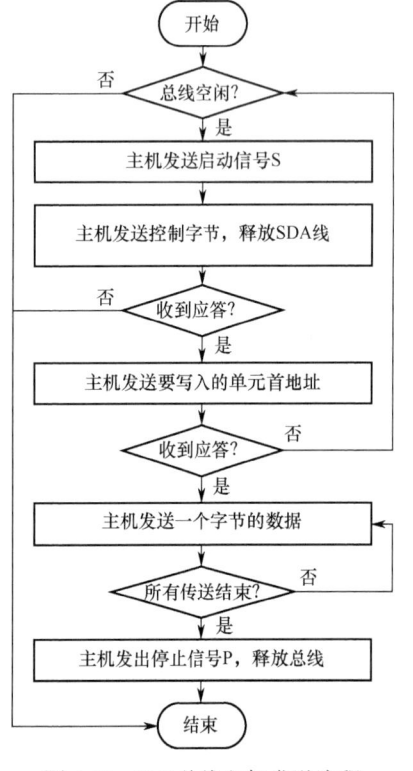

图 4-33 I2C 总线主机发送流程

是"非应答"。为了结束读操作，主机必须在第 9 个周期内发出停止条件或者在第 9 个时钟周期内保持 SDA 为高电平，然后发出停止条件。

在读操作中接收器接收到最后一个数据字节后不返回肯定应答（保持 SDA 高电平），随后发停止信号。I2C 总线主机接收数据传送格式如图 4-34 所示，图 4-35 所示为 I2C 总线主机接收流程。

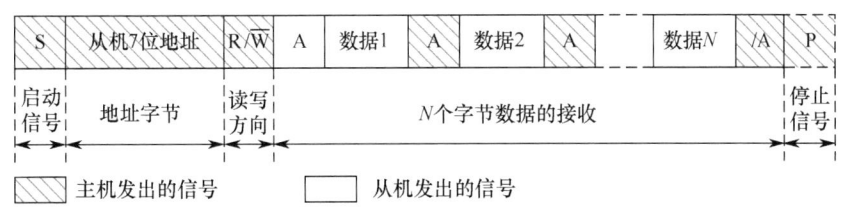

图 4-34　I2C 总线主机接收数据传送格式

（1）主机发送启动信号后，接着发送命令字节（R/$\overline{W}$ =1）。

（2）对应的从机收到地址字节后，返回一个应答信号并向主机发送数据。

（3）主机收到数据后，向从机反馈一个应答信号。

（4）从机收到应答信号后，再向主机发送下一个数据。

（5）主机完成接收数据后，向从机发送一个"非应答信号"（/A，ACK=1），从机收到非应答信号后，停止发送。

（6）主机发送非应答信号后，再发送一个停止信号 P，释放总线，结束通信。

由于 I2C 总线可挂接多个串行接口器件，在 I2C 总线中每个器件都应有唯一的器件地址。按 I2C 总线规则，器件地址为 7 位数据（一个 I2C 总线系统中理论上可挂接 128 个不同地址的器件），它和 1 位数据方向位构成一个器件寻址字节，最低位 D0 为方向位（读/写）。器件寻址字节中的最高 4 位（D7～D4）为器件型号地址，不同的 I2C 总线接口器件的型号地址是厂家

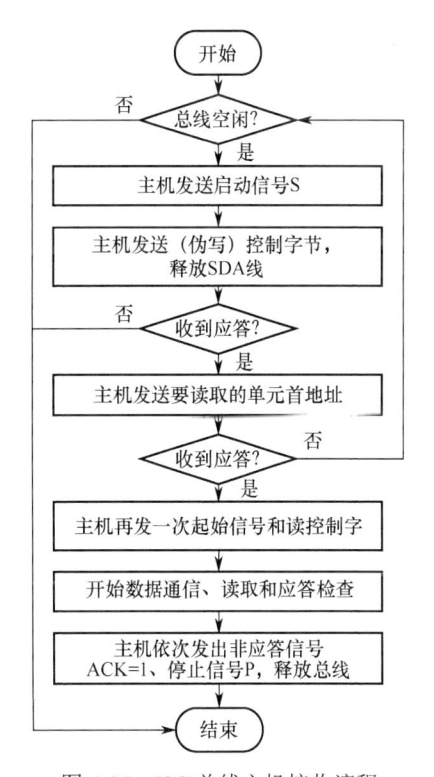

图 4-35　I2C 总线主机接收流程

给定的，如 AT24C 系列 E2PROM 的型号地址皆为 1010，器件地址中的低 3 位为引脚地址 A2A1A0，对应器件寻址字节中的 D3、D2、D1 位，在硬件设计时由连接的引脚电平给定，如图 4-36 所示。

器件地址				引脚地址			方向	
D7	D6	D5	D4	D3	D2	D1	D0	AT24CXX系列控制字
1	0	1	0	A2	A1	A0	R/$\overline{W}$	

S	从机7位地址	R/$\overline{W}$	A	数据1	A	数据2	A	数据N	/A	P
启动信号	地址字节	读写方向			N个字节数据的接收					停止信号

图 4-36 AT24C 系列控制字

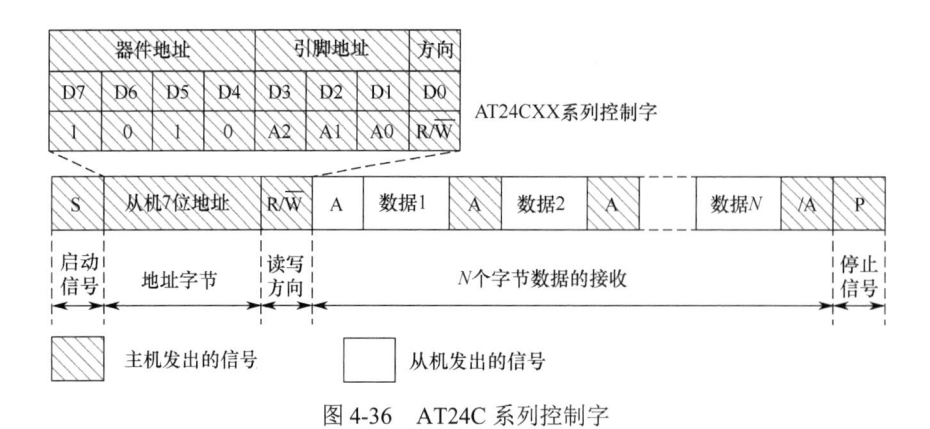

4.4.2 I2C 总线应用

1. E2PROM 存储器芯片 AT24CXX

AT24C 系列串行 E2PROM 具有 I2C 总线接口功能，功耗小，宽电源电压（根据不同型号为 2.5～6.0V），工作电流约为 3mA，静态电流随电源电压不同为 30～110μA。

对于 E2PROM 的片内地址，容量小于 256B 的芯片（AT24C01/02），8 位片内寻址（A0～A7）即可满足要求。然而对于容量大于 256B 的芯片，则 8 位片内寻址范围不够，如 AT24C16，相应的寻址位数应为 11 位（$2^{11}=2048$）。若以 256B 为 1 页，则多于 8 位的寻址视为页面寻址。在 AT24C 系列中对页面寻址位采取占用器件引脚地址（A2、A1、A0）的方法，如 AT24C16 将 A2、A1、A0 作为页地址。当引脚地址用作页地址后，该引脚不得使用，做悬空处理。AT24C 系列串行 E2PROM 的器件地址寻址字节示意图如图 4-37 所示，其中 pg0、pg1、pg2 表示页面寻址位。

型号	容量	MSB			控制字				LSB
AT24C01	1Kb/128B	1	0	1	0	A2	A1	A0	R/$\overline{W}$
AT24C02	2Kb/256B	1	0	1	0	A2	A1	A0	R/$\overline{W}$
AT24C04	4Kb/512B	1	0	1	0	A2	A1	pg0	R/$\overline{W}$
AT24C08	8Kb/1KB	1	0	1	0	A2	pg1	pg0	R/$\overline{W}$
AT24C16	16Kb/2KB	1	0	1	0	pg2	pg1	pg0	R/$\overline{W}$

图 4-37 AT24C 系列串行 E2PROM 的器件地址寻址字节示意图

芯片地址通过数据线 SDA 串行输入，地址存放在一个字节中，因此最大范围是 256B，超出该范围就要通过芯片的 A0、A1、A2 引脚进行选择，这样得到的最大容量为 8×256=2KB。图 4-37 中，"容量"一栏左侧为位空间，右侧为字节空间。

2. E²PROM 存储器芯片 AT24C02

采用 AT24C02 芯片进行存储器扩展，AT24C02 是 256B 存储器芯片，其引脚图如图 4-38 所示，引脚定义如表 4-6 所示。

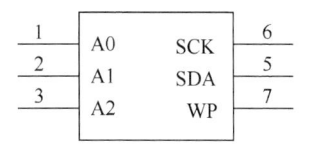

图 4-38　AT24C02 芯片引脚图

表 4-6　AT24C 芯片引脚定义

引　　脚	功　　能
A2　A1　A0	器件地址选择
SCK（SCL）	串行时钟
SDA	串行数据/地址
WP	写保护，低电平允许写入

3. 单片机与 AT24C02 接口

利用 AT24C02 芯片扩展 80C51 单片机存储器系统，并测试扩展效果。首先，依次向 AT24C02 芯片中串行写入 0～9 字型码（共阴极数码管）；然后，从指定的地址中读取 AT24C02 芯片的内容，并通过数码管显示出来，其连线图如图 4-39 所示，编写程序（汇编语言或者高级语言均可）可实现以上功能。

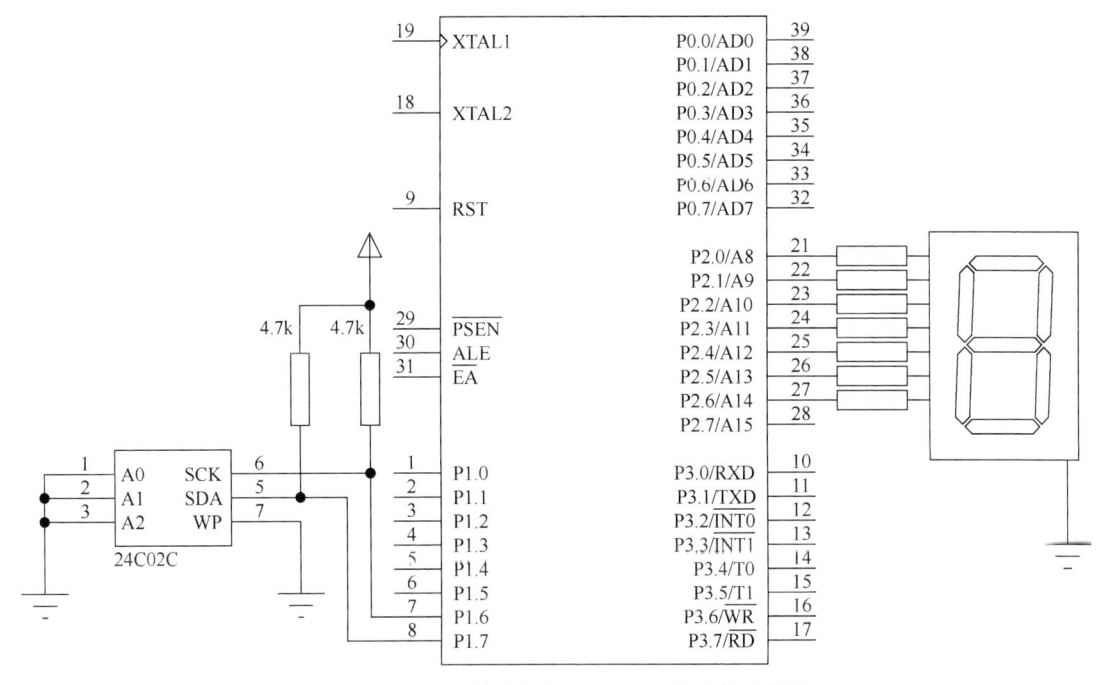

图 4-39　80C51 单片机与 AT24C02 芯片的连线图

1) 程序设计思路（见图 4-40）

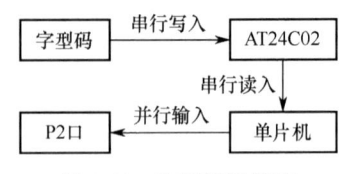

图 4-40 程序设计思路

2) 汇编语言参考代码

```
        SDA     BIT     P1.7
        SCL     BIT     P1.6
        ACK     BIT     F0
        NB      EQU     72H
        SUBA    EQU     71H
        SLA     EQU     70H
        TD      EQU     40H
        RDA     EQU     20H
        ORG     0000H
        SJMP    MAIN
        ORG     0030H
MAIN:   MOV     P2,#3FH
LOOP:   LCALL   Write
        LCALL   DELAY
        LCALL   Read
        SJMP    LOOP
LedDisp: DB     3FH,06H,5BH,4FH,66H,6DH,7DH,07H,7FH,6FH
Read:   MOV     SLA,#0A0H
        MOV     SUBA,#30H
        MOV     NB,#0AH
        LCALL   IRBYTE
        RET
Write:  MOV     SLA,#0A0H
        MOV     SUBA,#30H
        MOV     NB,#0AH
        LCALL   DELAY
        LCALL   IWBYTE
        RET

;向指定的地址写入多个字节数据，写入的首地址放在SUBA中；
IWBYTE: MOV     R3,NB
        LCALL   START
        MOV     A,SLA           ;器件在串行总线上的地址
        LCALL   WRBYTE
```

```
        LCALL       CHECK
        JNB         ACK,RET1
        MOV         A,SUBA          ;器件中存储单元的地址
        LCALL       WRBYTE
        LCALL       CHECK
        JNB         ACK,IWBYTE
        MOV         DPTR,#LedDisp
WRDA:MOV            A,R3
     DEC            A
     MOVC           A,@A+DPTR
     LCALL          WRBYTE
     LCALL          CHECK
     JNB            ACK,WRDA
     DJNZ           R3,WRDA
RET1:LCALL          STOP
     RET
```

;从指定的地址读取多个字节数据，读取的首地址放在 SUBA 中；
```
IRBYTE:MOV          R3,NB
       LCALL        START
       MOV          A,SLA           ;器件在串行总线上的地址
       LCALL        WRBYTE
       LCALL        CHECK
       JNB          ACK,RET2
       MOV          A,SUBA          ;器件中存储单元的地址
       LCALL        WRBYTE
       LCALL        CHECK
       JNB          ACK,IRBYTE
       LCALL        START
       MOV          A,SLA
       INC          A
       LCALL        WRBYTE
       LCALL        CHECK
       JNB          ACK,IRBYTE
RON1:  LCALL RDBYTE
       MOV          P2,A
       LCALL        DELAY
       DJNZ         R3,SACK
       LCALL        FYD
RET2:  LCALL        STOP
       RET
SACK:  LCALL YD
       SJMP         RON1
```

```
;起始信号;
START:  SETB    SDA
        NOP
        SETB    SCL
        NOP
        NOP
        NOP
        NOP
        NOP
        CLR     SDA
        NOP
        NOP
        NOP
        NOP
        CLR     SCL
        NOP
        RET

;停止信号;
STOP:   CLR     SDA
        NOP
        NOP
        SETB    SCL
        NOP
        NOP
        NOP
        NOP
        SETB    SDA
        NOP
        NOP
        NOP
        NOP
        NOP
        CLR     SCL
        RET

;应答信号;
YD:     CLR     SDA
        NOP
        NOP
        SETB    SCL
        NOP
```

```
        NOP
        NOP
        NOP
        NOP
        CLR     SCL
        SETB    SDA
        NOP
        NOP
        RET

;非应答信号;
FYD:    SETB    SDA
        NOP
        NOP
        SETB    SCL
        NOP
        NOP
        NOP
        NOP
        CLR     SCL
        NOP
        NOP
        CLR     SDA
        RET

;应答检查;
CHECK:  SETB    SDA
        NOP
        NOP
        SETB    SCL
        CLR     ACK
        NOP
        NOP
        MOV     C,SDA
        JC      CKEND
        SETB    ACK
CKEND:  NOP
        CLR     SCL
        NOP
        RET

;发送一个字节,将要发送的字节数据放在 A 中;
WRBYTE: MOV R0,#08H
```

```
WLP:    RLC     A
        JC      WRI
        SJMP    WRO
WRI:    SETB    SDA
        NOP
        SETB    SCL
        NOP
        NOP
        NOP
        NOP
        NOP
        CLR     SCL
        SJMP    WLP1
WRO:    CLR     SDA
        NOP
        SETB    SCL
        NOP
        NOP
        NOP
        NOP
        NOP
        CLR     SCL
WLP1:   DJNZ    R0,WLP
        NOP
        RET
```

;读取一个字节,将读取到的字节数据放在 A 中;

```
RDBYTE: MOV     R0,#08H
        MOV     R1,#00H
RLP:    SETB    SDA
        NOP
        SETB    SCL
        NOP
        NOP
        MOV     C,SDA
        MOV     A,R1
        CLR     SCL
        RLC     A
        MOV     R1,A
        NOP
        NOP
        NOP
        DJNZ    R0,RLP
```

```
        RET

;延时子程序;
DELAY:  MOV     R6,#00H
DL2:    MOV     R7,#00H
DL1:    NOP
        NOP
        NOP
        NOP
        NOP
        DJNZ    R7,DL1
        DJNZ    R6,DL2
        RET
        END
```

3）C51 语言参考代码

```c
#include <reg51.h>
#include <intrins.h>
#include <absacc.h>
#define uchar unsigned char
sbit SCL=P1^0;
sbit SDA=P1^1;

uchar i2c_read(unsigned char);                          //读总线
void i2c_write(unsigned char,unsigned char);            //写总线
void i2c_send8bit(unsigned char);                       //向总线上发送一个字节
uchar i2c_receive8bit(void);                            //从总线上读取一个字节
void i2c_start(void);                                   //启动总线收发
void i2c_stop(void);                                    //停止总线收发
bit i2c_ack(void);                                      //应答信号
void delay(unsigned int);                               //延时
//=========================================================
void main(void)
{
    uchar dd;
    uchar ledDisp[10]= {0x3f,0x06,0x5b,0x4f,0x66,0x6d,0x7d,0x07,0x7f,0x6f};
    uchar i=0;

    while(1)
    {
        P2=0x00;
        i2c_write(0x10,ledDisp[i]);         //向地址中写入数据
        _nop_();                            //类似于汇编指令中的 NOP
```

```
                dd=i2c_read(0x10);              //从地址中读取数据
                P2=dd;                          //读取的数据送入P2口
                delay(1000);
                i++;
                i=i%10;
        }
}


/*======================================================
i2c_write(地址，数据)，写一个字节
======================================================*/
void i2c_write(unsigned char Address,unsigned char Data)
{
    do{
        i2c_start();                        //发送开始信号
        i2c_send8bit(0xA0);                 //发送器件地址信息。A0H=10100000B，高4
                                              位是厂家给定的AT24C系列的型号地址
    }while(!i2c_ack());                     //等待，直到要操作的器件返回应答信号
    i2c_send8bit(Address);
    i2c_ack();
    i2c_send8bit(Data);
    i2c_ack();
    i2c_stop();
    return;
}
/*======================================================
i2c_read(地址，数据)，写一个字节
======================================================*/
unsigned char i2c_read(unsigned char Address)
{
    unsigned char c;
    do{
        i2c_start();
        i2c_send8bit(0xA0);
    }while(!i2c_ack());                     //等于1，表示无确认，再次发送

    i2c_send8bit(Address);
    i2c_ack();

    do{
        i2c_start();
        i2c_send8bit(0xA1);
    }while(!i2c_ack());                     //接收方通过将SDA信号拉回低电平给出应答信号，
即ACK=0
```

```c
    c=i2c_receive8bit();
    i2c_ack();
    i2c_stop();
    return(c);
}
//===========================================================
//发送开始信号
void i2c_start(void)
{
    SDA = 1;
    SCL = 1;
    SDA = 0;
    SCL = 0;
    return;
}
//发送结束信号
void i2c_stop(void)
{
    SDA = 0;
    SCL = 1;
    SDA = 1;
    return;
}
//发送接收确认信号
bit i2c_ack(void)
{
    bit ack;
    SDA = 1;
    SCL = 1;
    if (SDA==1)
        ack = 0;       //无应答
    else
        ack = 1;       //有应答
    SCL = 0;
    return (ack);
}

//送8位数据
void i2c_send8bit(unsigned char b)
{
    unsigned char a;
    for(a=0;a<8;a++)
    {
```

```
            if ((b << a ) & 0x80)     //逐位发送,先发送高位再发送低位
                SDA = 1;
            else
                SDA = 0;
            SCL = 1;                  //时钟电平由高变为低,此时当前的数据位发送出去
            SCL = 0;
        }
        return;
}
//接收 8 位数据
unsigned char i2c_receive8bit(void)
{
    unsigned char a;
    unsigned char b=0;
    for(a=0;a<8;a++)
    {
        SCL = 1;
        b=b<<1;
        if (SDA==1)
            b=b|0x01;                 //按位或
        SCL = 0;
    }
    return (b);
}

void delay(unsigned int ms)
{
    unsigned int i,j;
    for (i=0;i<=ms;i++)
        for(j=0;j<=100;j++)
            ;
}
```

AT24CXX 系列片内地址在接收到每个数据字节地址后自动加 1,故装载一页以内规定数据字节时,只需输入首地址,若装载字节多于规定的最多字节数,数据地址将"上卷",前面的数据被覆盖。读操作时为了指定首地址,需要两个伪字节写来给定器件地址和片内地址,重复一次启动信号和器件地址(读),就可读出该地址的数据。由于伪字节写中并未执行写操作,地址没有加 1。以后每读取一个字节,地址自动加 1。

4.5 小结

TCP/IP 的体系结构从下到上依次分为网络接口层、网际层、传输层和应用层。IP 协议是

网际层最主要的协议，现在常用的是 IPv4 协议。IP 地址由 32 位二进制组成，是连接到互联网上每台主机的地址。

计算机通信的基本方式可分为并行通信和串行通信两种。并行通信是指数据的各位同时在多根数据线上发送或接收的通信方式，优点是传送控制简单、速度快，但传输线较多，远距离传输成本太高。串行通信是一种将数据的各位在同一根数据线上依次逐位发送或接收的通信方式，优点是只需一对传输线，大大降低了传送成本，特别适用于远距离通信，缺点是传送控制复杂、传送速度较低。

按照串行通信过程中的同步方式，串行通信可以分为同步串行通信和异步串行通信两类。

在串行通信中，按照数据传送方向，串行通信可分为单工、半双工和全双工 3 种制式。

SPI 是 Motorola 公司推出的一种全双工同步串行外设接口，允许 MCU 与各厂家生产的标准外围设备直接连接，以串行方式交换数据。

I2C 总线是一种全双工串行数据总线，只有两根信号线，一根是双向数据线 SDA，另一根是时钟线 SCL。

4.6 思考与练习题

1. TCP/IP 协议分为哪 4 个层次？每个层次的主要协议包括哪些？
2. 比较 TCP/IP 协议模型与 OSI 模型的异同。
3. 单片微型计算机如何对 I2C 总线上的器件进行寻址？
4. 如何判断串行发送和接收一帧数据是否完毕？什么是总线？
5. 串行缓冲寄存器 SBUF 有什么作用？简述 80C51 单片机串行接口接收和发送数据的过程。

第 5 章

武器控制系统并行接口

从计算机硬件角度，接口可以分为数字量接口和模拟量接口。数字量接口又有串行类接口和并行类接口之分。第 4 章介绍了串行类接口的有关知识，本章重点介绍并行类接口的有关知识，包括并行 I/O 接口的基本知识、输入/输出方式、扩展方法、程序设计及常用的并行接口设备。

5.1 并行 I/O 接口及扩展

5.1.1 并行 I/O 接口内部结构

5.1.1.1 并行 I/O 接口的基础知识

1. 双向口和准双向口

1）双向口

不需要任何预操作，直接进行输入/输出的 I/O 端口为双向口。双向口有 3 种状态：高电平、低电平或高阻态（悬浮态）。

2）准双向口

具备通用输入/输出的功能，但是作为输入端口使用时，首先要执行向锁存器写 1 的准备动作。准双向口只有两种状态：高电平、低电平。

2. I/O 接口的常用结构

1）推挽输出

推挽（Push-Pull）输出结构一般是指两个参数相同的三极管或者场效应管分别受两个互

补信号的控制，总是在一个三极管或者场效应管导通时另一个截止，因此可以输出高、低电平，如图 5-1 所示。

电路工作时，两只对称的功率开关管每次只有一个导通，导通损耗小、效率高。输出既可以向负载灌电流，也可以从负载抽取电流。推挽输出结构既能够提高电路的负载能力，又能够提高开关速度。

推挽输出具有以下等效形式：I/O 输出 0 时接 GND，I/O 输出 1 时接 VCC，输入值是未知的。

2）开漏输出

开漏（Open-Drain）电路输出端相当于三极管的集电极或者 MOSFET 的漏极，要得到高电平状态需要接上拉电阻。开漏输出结构适合于做电流型的驱动，吸收电流的能力相对较强（一般在 20 mA 以内），如图 5-2 所示。

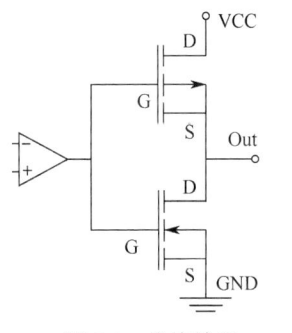

图 5-1　推挽输出 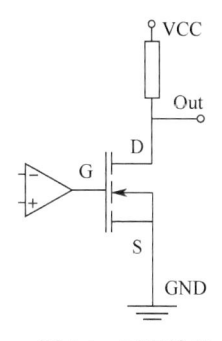　　　　　　　　图 5-2　开漏输出

开漏输出的等效形式为：I/O 输出 0 时接 GND，I/O 输出 1 时悬空，需要外接上拉电阻才能输出高电平。开漏形式的电路有以下几个特点。

（1）通过 IC 内部很小的栅极驱动电流，实现对外部驱动电路的控制。

（2）通过电平匹配，实现不同电平器件的连接。通过在漏极上外接不同电压的上拉电源，可以改变传输电平。上拉电阻的阻值决定了逻辑电平转换的边沿的速度，阻值越大，功耗越小，但是转换速度也越低，所以负载电阻的选择要兼顾功耗和速度。

3）浮空输入

浮空输入状态下，I/O 的电平状态是不确定的，完全由外部输入决定。引脚浮空的情况下，读取该端口的电平是不确定的，一般多用于外部按键输入。

4）上拉输入

I/O 内部带有上拉电阻（接高电平），无输入时为高电平状态。

5）下拉输入

I/O 内部带有下拉电阻（接地），无输入时为低电平状态。

6）模拟输入

使用 ADC 技术，支持模拟信号的输入。

5.1.1.2　80C51 通用并行 I/O 接口

80C51 单片机内部包含 4 个 8 位的并行 I/O 接口，分别为 P0 口、P1 口、P2 口和 P3 口，每个口的位都有一个输出锁存器和一个输入缓冲器。输出锁存器用于存放需要输出的数据，每个端口的 8 位输出锁存器都构成一个特殊功能寄存器，且名字与端口相同。输入缓冲器用于对端口引脚上输入的数据进行缓冲，因此各引脚上输入的数据必须一直保持到 CPU 把它读走为止。P0~P3 端口的电路形式不同，功能也不同。

1. P0 口

P0 口既可以作为通用 I/O 接口进行数据输入/输出，也可以作为系统地址/数据总线使用。P0 口电路中有一个多路开关，在控制信号作用下，可以实现两种不同功能的切换。如图 5-3 所示，P0 口的输出驱动电路由上拉场效应管 VT2 和驱动场效应管 VT1 组成，控制电路包括一个与门、一个非门和一个多路开关。此外，还包括两个输入三态门、一个输出锁存器。

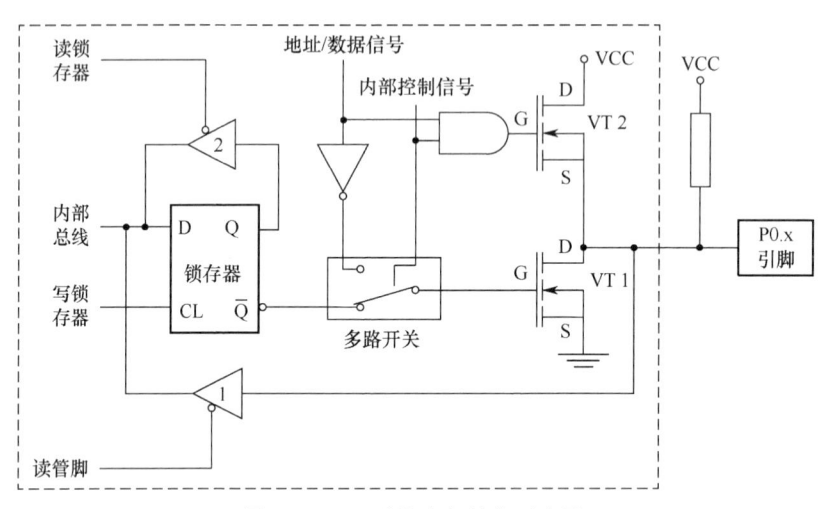

图 5-3　P0.x 引脚内部结构示意图

上拉场效应管 VT2 和驱动场效应管 VT1 是两个增强型 MOSFET 场效应管（D 极为漏极，S 极为源极，G 极为栅极），G 极在高电平时导通，在低电平时截止。场效应管是压控元件，G 极几乎无电流。

1）通用 I/O 接口功能

P0 口作为通用 I/O 接口使用时，"内部控制信号"输出 0 封锁与门，使得与门输出始终为 0，上拉场效应管 VT2 截止，多路开关与锁存器 $\overline{Q}$ 端接通。此时输出级是漏极开路电路。这时 P0 口有输出、读引脚和读锁存器 3 种工作方式。

（1）通用输出方式。

当写脉冲加在锁存器时钟端 CL 端上时，与内部总线相连的 D 端数据取反后出现在 $\overline{Q}$ 端，又经输出 VT1 反相，在 P0 引脚上出现的数据正好是内部总线的数据。

注意，在输出数据时，由于 VT2 截止，输出级是漏极开路电路，要使 1 信号正常输出，必须外接上拉电阻。

（2）通用输入方式——读引脚。

当从 P0 口引脚输入数据时，引脚上的外部信号既加在三态缓冲器 1 的输入端，又加在 VT1 的漏极。若在此之前曾输出锁存过数据 0，则 VT1 是导通的，这样引脚上的电位就始终被钳位在低电平，使得外部输入的高电平无法读入。因此，在输入数据时，应先向 P0 口写 1，使 VT1、VT2 均截止，方可得到正确的引脚信息。

P0 口作为通用 I/O 接口使用时，是准双向口。其特点是在输入外部数据时，应先把端口置 1，此时锁存器的 $\overline{Q}$ 端为 0，使输出级的两个场效应管 VT1、VT2 均截止，引脚处于悬浮状态，这时才可做高阻输入。

（3）通用输入方式——读锁存器。

微型计算机有很多机器指令可以直接进行端口操作，这些指令的执行过程可分解为"读—修改—写" 3 个步骤，即先将端口的数据读入 CPU，在 ALU 中进行运算，再将运算结果送回端口。

为避免出现读数错误，执行"读—修改—写"类指令时，并不是直接读引脚数据，而是通过三态门 2 读取锁存器 Q 端的数据。例如，用一根口线去驱动端口外的一个场效应管栅极，当向口线写 1 时，该场效应管导通，导通后会把端口引脚的高电平拉低，这样直接读引脚就会把本来的 1 误读为 0，但若从锁存器 Q 端读，就能避免这样的错误，得到正确的数据。

基于以上情况，有如下约定：凡属于"读—修改—写"方式的指令，从锁存器读入信号，其他指令则从端口引脚线上读入信号。"读—修改—写"指令的特点是，从端口输入（读）信号，在单片机内部加以运算（修改）后，再输出（写）到该端口上。以 P0 为例，部分指令如下。

```
ANL     P0, A
ORL     P0, A
INC     P0
DEC     P0
CPL     P0
```

到底是读引脚还是读锁存器，CPU 会自动处理，读者不必在意。但应注意，当作为读引脚方式使用时，应先对该口写 1，使场效应管截止，再进行读操作，以防止场效应管处于导通状态，将引脚电平拉低，导致误读。

2）地址/数据总线功能

P0 口作为地址/数据总线使用时，"内部控制信号"输出高电平 1，多路开关导通反相器（非门）输出端与 VT2 连接，同时打开与门。

（1）地址/数据总线信号输出。

当输出的地址或数据信号为 1 时，经反相器使 VT1 截止，而经与门使 VT2 导通，P0.x 引脚上出现相应的高电平 1；当输出的地址或数据信号为 0 时，经反相器使 VT1 导通而 VT2 截止，引脚上出现相应的低电平 0，从而实现地址/数据信号的输出。

（2）数据总线信号输入。

当 P0 口作为数据总线输入时，内部控制信号输出 0，多路开关接通锁存器的 $\overline{Q}$ 端。作为地址/数据复用方式从外部存储器读入信息时，CPU 会自动向 P0 口写入 FFH，使下方的场效应管 VT1 截止。同时，由于内部控制信号输出 0，场效应管 VT2 也截止，因此保证了数据信息的高阻抗输入。从外部存储器或者 I/O 端口输入的数据信息直接由 P0.x 引脚通过输入缓冲器进入内部总线，并送往寄存器 A 中。因此，作为地址/数据总线使用时，P0 口是具有高电平、低电平和高阻抗 3 种状态的端口，对用户而言，P0 口此时是真正的三态双向口。

综上所述，P0 口在有外部扩展存储器时，被作为地址/数据总线口，此时是一个真正的双向口。在没有外部扩展存储器时，P0 口也可作为通用 I/O 接口使用，但此时是一个准双向口。

2. P1 口

图 5-4 所示为 P1.x 引脚内部结构示意图。锁存器起输出作用，场效应管 VT1 与上拉电阻组成输出驱动器，以增大负载能力。三态门 1 是输入缓冲器，三态门 2 在端口操作时使用。

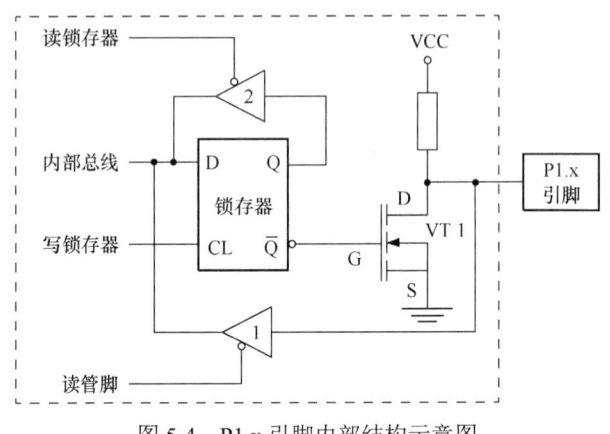

图 5-4　P1.x 引脚内部结构示意图

P1 口是准双向口，作为通用 I/O 接口使用，记为 P1.7～P1.0，具有输出、读引脚、读锁存器 3 种工作方式。

1）输出方式

P1 口工作于输出方式时，数据经内部总线送入锁存器存储。如果某位的数据为 1，则该位锁存器输出端 Q=1，$\overline{Q}$=0 使 VT1 截止，从而在引脚 P1.x 上出现高电平。反之，如果数据为 0，则 Q=0，$\overline{Q}$=1 使 VT1 导通，从而在引脚 P1.x 上出现低电平。

2）读引脚方式

读引脚时，控制器打开三态门 1，引脚 P1.x 上的数据经三态门 1 进入芯片的内部总线，并送到累加器 A。输入时无锁存功能。

在单片机执行读引脚操作时，如果锁存器原来寄存的数据 Q=0，那么由于 $\overline{Q}$=1，将使 VT1 导通，引脚被始终钳位在低电平上，不可能输入高电平。为此，使用读引脚指令前，必须先用输出指令置 Q=1，使 VT1 截止。因此，P1 口也是准双向口，输入前需先置 1，再输入。

3）读锁存器方式

P1 口读锁存器的方式与 P0 口在读锁存器方式时"读—修改—写"的工作过程一样。P1 口有内部上拉电阻，因此在输入时，即使由集电极开路或漏极开路电路驱动，也无须外接上拉电阻。

3. P2 口

类似于 P0 口，P2 口既可作为通用的 I/O 接口使用，也可作为地址总线使用。P2.x 引脚内部结构示意图如图 5-5 所示。

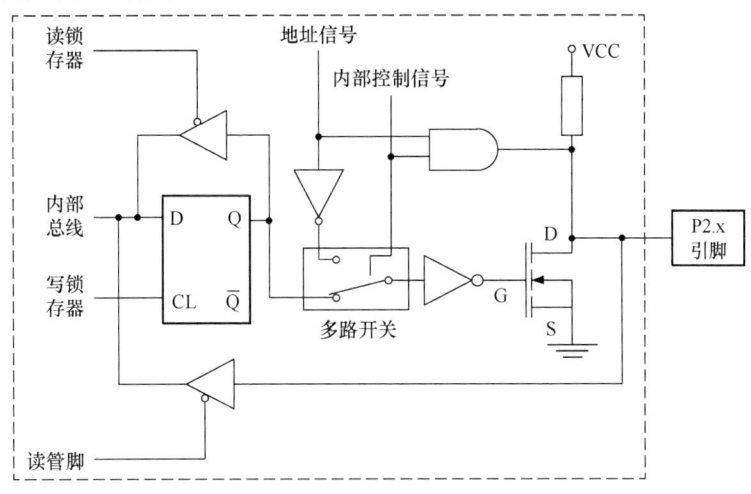

图 5-5　P2.x 引脚内部结构示意图

1）通用输入/输出功能

P2 口作为通用 I/O 接口使用时，多路开关倒向锁存器的输出端 Q，构成一个准双向口，其功能与 P1 口相同，有输出、读引脚、读锁存器 3 种工作方式。

2）地址总线

当 CPU 从片外 ROM 中取指令，或者执行访问片外 RAM、片外 ROM 的指令时，多路开关接通"地址信号"，P2 口出现程序指针 PC（或者数据指针 DPTR）的高 8 位地址。

输出地址信号的操作对锁存器的内容无影响，所以取指令或访问外部存储器结束后，由于多路开关又与锁存器 Q 端接通，引脚上将恢复原来的数据。

4. P3 口

P3 口为多功能口，当第二功能输出端为 1 时，与非门对锁存器 Q 端是畅通的，这时 P3 口完全实现第一功能，即作为通用的 I/O 接口使用，而且是一个准双向 I/O 接口，其功能与 P1 口是相同的。图 5-6 为 P3.x 引脚内部结构示意图。

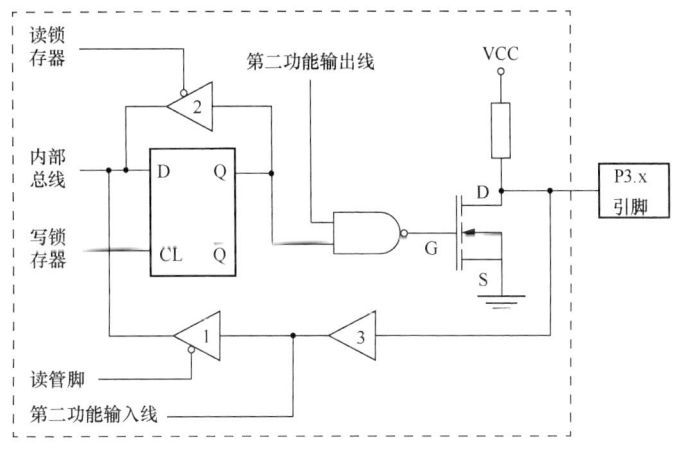

图 5-6　P3.x 引脚内部结构示意图

P3 口除了作为准双向通用 I/O 接口使用,每根端口线都还有第二功能。P3 口作为第二功能口使用时,提供 1 个全双工的串行接口、2 个外部中断源的中断输入、2 个计数器的计数脉冲输入、2 个对外部 RAM 及 I/O 口的读/写控制信号,详细信息如表 5-1 所示。

表 5-1 P3 口第二功能

端口引脚	第 二 功 能
P3.0	RXD(串行输入线)
P3.1	TXD(串行输出线)
P3.2	$\overline{INT_0}$(外部中断 0 输入线)
P3.3	$\overline{INT_1}$(外部中断 1 输入线)
P3.4	T_0(定时器 0 外部计数脉冲输入)
P3.5	T_1(定时器 1 外部计数脉冲输入)
P3.6	$\overline{WR}$ (外部数据存储器写选通信号输出)
P3.7	$\overline{RD}$ (外部数据存储器读选通信号输出)

在应用中,P3 口的各位如不设置为第二功能,则自动处于第一功能。在更多的情况下,根据需要可将几条口线设置为第二功能,剩下的口线作为第一功能使用,此时宜采用位操作形式。

引脚输入通道中有两个缓冲器 1 和 3。第二功能输入信号取自缓冲器 3,而通用输入信号取自"读引脚"缓冲器 1 的输出端。

5.1.2 并行 I/O 接口扩展

5.1.2.1 I/O 接口扩展基础

在由单片机构成的测控系统中,仅靠单片机内部资源常常无法满足应用需求。因此,在单片机应用系统设计中,还需要解决系统扩展问题,其基本内容是将要扩展的存储器芯片与 I/O 口芯片连接到 CPU 的总线上。80C51 单片机具有较强的外部扩展能力,大部分并行接口芯片、串行接口芯片都可以作为单片机的外围扩充电路芯片。

并行 I/O 接口对外扩展时,主要有两个目的:一是扩展外部存储器;二是扩展外部设备。

(1)存储器扩展。目前使用的存储器大多为半导体存储器,它们和 CPU 的配时和速度匹配问题比较容易解决,因此通常可以通过系统总线进行扩展。对于 80C51 单片机,通过总线扩展后,通用 I/O 口只剩下部分口可用,有时候仍然不够用,此时需要进行并行 I/O 接口的扩展。

(2)外部设备扩展。外部设备种类繁多,彼此之间在结构、速度、信号电平、信息格式等方面差异较大,CPU 不能直接和外设相连,必须借助接口电路才能实现连接功能,这就是 I/O 接口的扩展问题。

1. I/O 接口的功能

单片机与 I/O 设备之间的数据传送,实质上是 CPU 与 I/O 接口之间的数据传送,连接关系如图 5-7 所示。

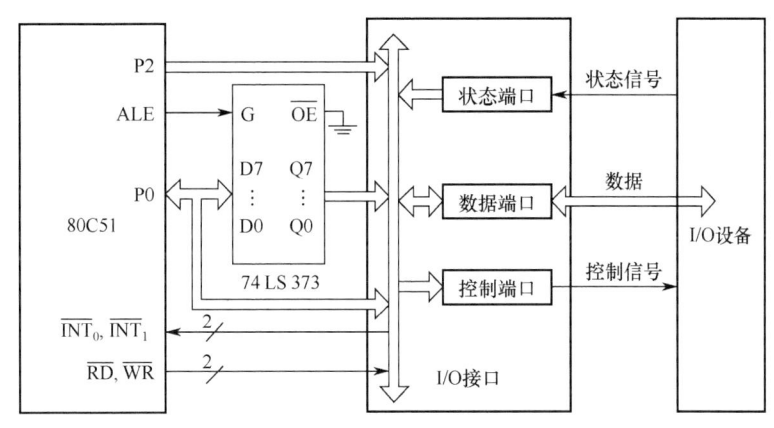

图 5-7 单片机与 I/O 设备之间的连接关系

I/O 接口的扩展,主要工作就是 I/O 接口芯片的设计或者选择及驱动软件的设计。I/O 接口的功能主要包含以下几个方面。

1) 速度匹配

大多数外设的速度较慢,无法和微秒量级的单片机速度相比。如果利用总线技术进行外设扩展,单片机通过数据总线和外界互传送数据时,只允许所传送的数据在很短的时间内占用数据总线,外设很可能来不及读取总线数据。因此,需要在 CPU 和外设之间设置 I/O 接口电路,实现输出数据的锁存和输入数据的缓冲功能,这也是 I/O 接口最基本的功能。

(1) 输出数据锁存。与外设相比,单片机的工作速度快,数据在数据总线上保留的时间十分短暂,无法满足慢速外设的数据接收要求。所以在扩展的 I/O 接口电路中应提供输出数据锁存器,以保证输出数据能为慢速的接收设备所接收。

(2) 输入数据三态缓冲。数据总线上可能"挂"有多个数据源,同时,数据总线上的信息也是频繁变化的。为使传送数据时不发生冲突,只允许当前时刻正在接收数据的 I/O 接口使用数据总线,其余的 I/O 接口应处于隔离状态,为此要求 I/O 接口电路能为 CPU 的数据输入提供三态缓冲功能,即高电平、低电平、高阻态。

2) 信号转换

由于 I/O 设备的多样性,必须利用 I/O 接口实现单片机与外设之间的信号类型(数字与模拟、电流与电压)、信号电平(高与低、正与负)、信号格式(并行与串行)等的转换。例如,TTL 电平规范与 CMOS 电平规范之间常常进行相互转换。表 5-2 所示为 TTL 电平规范与 CMOS 电平规范。

表 5-2 TTL 电平规范与 CMOS 电平规范

电 平 规 范	TTL 电平规范	CMOS 电平规范
输出 0	0~0.5V	0~0.5V
输出 1	2.4~5V	4.45~5V
输入 0	0~0.8V	0~1.5V
输入 1	2~5V	3.5~5V

3）状态、控制信息及时序协调

在单片机与外设之间进行数据传送时，只有在确认外设已为数据传送做好准备的前提下才能进行数据传送。外设是否准备好，就需要 I/O 接口与外设之间传送状态信息，以协调传送前的准备工作，如外设"准备好"、数据缓冲器"空"或"满"等。

I/O 接口电路还要能对外设进行中断管理，如暂存中断请求、中断排队、提供中断矢量等，以便实现数据的传送控制。另外，I/O 接口电路还可能需要提供时序信号，以满足 CPU 和各种外设在时序控制上的要求。

当然，并不是每块 I/O 接口芯片都必须完整地包含上述功能，根据具体 I/O 接口的作用，会对上述功能进行取舍，但输出锁存和输入缓冲功能是必不可少的。

2. 扩展方法

1）I/O 接口与 I/O 端口

I/O 接口（Interface）和 I/O 端口（Port）是两个不同的概念。I/O 接口是微机与外设之间的连接电路的总称，I/O 端口主要指 I/O 接口电路中具有单元地址的寄存器或缓冲器。一个 I/O 接口芯片可以有多个 I/O 端口，传送数据的称为数据端口，提供状态的称为状态端口，接收命令并提供控制信号的称为控制端口。

2）I/O 端口编址方法

每个 I/O 接口中的端口都要有地址，以便 CPU 通过读写端口来和外设交换信息。常用的 I/O 端口编址有两种方式：独立编址和统一编址。

（1）独立编址。

I/O 端口地址空间和存储器地址空间分开编址。独立编址的优点是 I/O 地址空间和存储器地址空间相互独立，界限分明；缺点是需要设置一套专门的读写 I/O 端口的指令和控制信号。

（2）统一编址。

把 I/O 端口与数据存储器单元同等对待。I/O 端口和外部数据存储器 RAM 统一编址。因此，外部数据存储器空间也包括 I/O 端口。统一编址的优点是不需要专门的 I/O 指令；缺点是需要把数据存储器单元地址与 I/O 端口的地址划分清楚，避免数据冲突。

51 系列单片机使用的是 I/O 端口和外部数据存储器 RAM 统一编址的方式，扩展的 I/O 端口和外部数据存储器共同分享单片机的外部数据存储器空间。

3）并行 I/O 接口的扩展方法

I/O 接口的扩展主要有两种方法，一种是利用并行总线扩展，另一种是利用串行总线扩展。根据所用 I/O 接口芯片的不同，并行总线扩展又可以分为两类：简单 I/O 接口扩展和可编程 I/O 接口扩展。

4）数据传送方式

为实现和不同外设的速度匹配，必须根据不同外设选择恰当的 I/O 数据传送方式。I/O 数据传送方式有同步传送、异步传送、中断传送和直接存储器存取（DMA）等。

（1）同步传送。

同步传送又称无条件传送。当外设速度和单片机的速度相当时，常采用同步传送方式，典型的同步传送是单片机和外部数据存储器之间的数据传送。

（2）异步传送。

异步传送又称有条件传送，也称查询传送。通过查询外设"准备好"后，再进行数据传送。异步传送的优点是通用性好，硬件连线和查询程序简单；缺点是效率不高。

（3）中断传送。

为提高单片机对外设的工作效率，通常采用中断传送方式来实现 I/O 数据的传送。单片机只有在外设准备好后，才中断主程序的执行，从而与外设数据传送的中断服务子程序进行数据传送，中断服务完成后又返回主程序断点处继续执行。采用中断方式可大大提高工作效率。

（4）直接存储器存取（DMA）。

采用中断方式比起采用查询方式，大大提高了 CPU 的效率，使得 CPU 从反复查询的大量等待中解脱出来。但在中断方式中，为了实现一次数据传送，CPU 要执行一次中断服务程序，而每执行一次中断服务程序，都要经历保护断点、保护现场、恢复现场、返回主程序等过程。完成这些过程，需执行许多指令，它们都是辅助性指令。这依然会耗费不少时间，导致降低数据传送的速率。因此，对于高速 I/O 设备成批交换数据的情况，如磁盘和内存间的信息交换，可采取 DMA 方式。

DMA（Direct Memory Access）方式是一种采用专用硬件电路执行输入/输出的传送方式，它使 I/O 设备直接与内存进行高速数据传送，而不必经过 CPU 传送程序。这种传送方式通常需要采用专门的硬件——DMA 控制器（DMAC），也可采用具有 DMA 通道的单片机，如 80C15L 或 83C152J 等。

5.1.2.2 简单 I/O 接口扩展

I/O 接口的基本功能是实现数据输出锁存和输入缓冲，利用通用锁存器和三态缓冲器就可以实现这种具备上述基本功能的简单 I/O 接口扩展。这种扩展方法的优点是电路简单、成本低、配置灵活。

常用于扩展的 TTL 芯片有缓冲器 74LS244、74LS245 等，典型的数据锁存器有 74LS273、74LS373、74LS377 等。在实际应用中，可根据系统对输入/输出的要求来选择合适的扩展芯片。图 5-8 所示为利用锁存器 74LS273 和缓冲器 74LS244 实现的简单 I/O 口扩展应用。

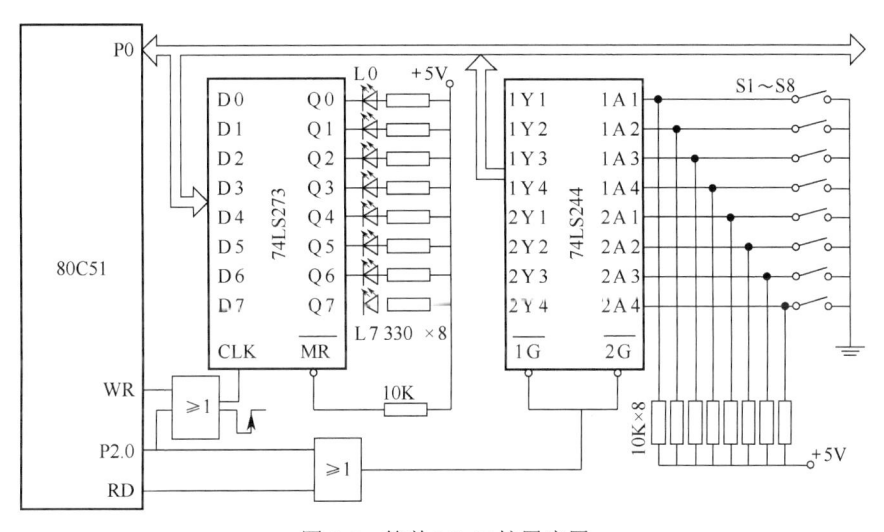

图 5-8 简单 I/O 口扩展应用

1. 三态 8 位锁存器 74LS273

锁存器具有暂存数据的能力，能在数据传输过程中将数据锁住，然后在此后的任何时刻，在输出控制信号的作用下将数据传送出去。

74LS273 锁存器是一个 8 位 D 触发器，它可以直接挂到总线上，并具有三态总线驱动能力。在有效时钟沿来到时，74LS273 锁存器会将单片机总线的信息打入锁存器中，而在下一个有效时钟沿来到之前，这个信息保持不变，并不随着总线上信息的变化而变化。

1）引脚功能

（1）D0～D7：数据输入引脚。

（2）Q0～Q7：输出引脚。

（3）CLK：时钟输入引脚，在时钟的上升沿将输入引脚的数据送到输出端口。

（4）$\overline{MR}$：复位，低电平有效，复位后输出引脚输出低电平信号。

2）输入/输出逻辑

（1）$\overline{MR}$ =0，输出=0。

（2）$\overline{MR}$ =1，CLK=↗，输出=输入。

（3）$\overline{MR}$ =1，CLK=其他，输出保持。

2. 三态 8 位缓冲器 74LS244

三态缓冲器的典型特点是当该器件处于高阻态时可以看作从总线上断开，一般用于并行口的输入扩展，它能够把多个输入信息连接到一个并行口上，根据系统的需求决定读入哪一组信息。

74LS244 是一个 8 位的三态缓冲器，当控制信号有效时，其输入和输出连接在一起，否则它可以看作 74LS244 输出引脚从连接到一起的其他电路上断开。

1）引脚功能

（1）1A1～2A4：输入。

（2）1Y1～2Y4：输出。

（3）$\overline{1G}$、$\overline{2G}$：三态允许端。

2）输入/输出逻辑

（1）$\overline{1G}$ 和 $\overline{2G}$ =0，输出=输入。

（2）$\overline{1G}$ 和 $\overline{2G}$ =1，输出呈高阻态。

3. 简单 I/O 接口扩展电路实例

在 Proteus 中完成如图 5-9 所示的仿真图设计，编写程序实现如下功能：当某条输入口线的按钮开关被按下时，该输入口线为低电平，读入单片机后，其相应位为 0，然后将该线的状态经 74LS273 输出，某位为低电平时二极管发光，从而显示出按下的按钮开关的位置。

程序参考代码如下。

```
        ORG     0000H
        AJMP    MAIN
        ORG     0030H
```

第5章 武器控制系统并行接口

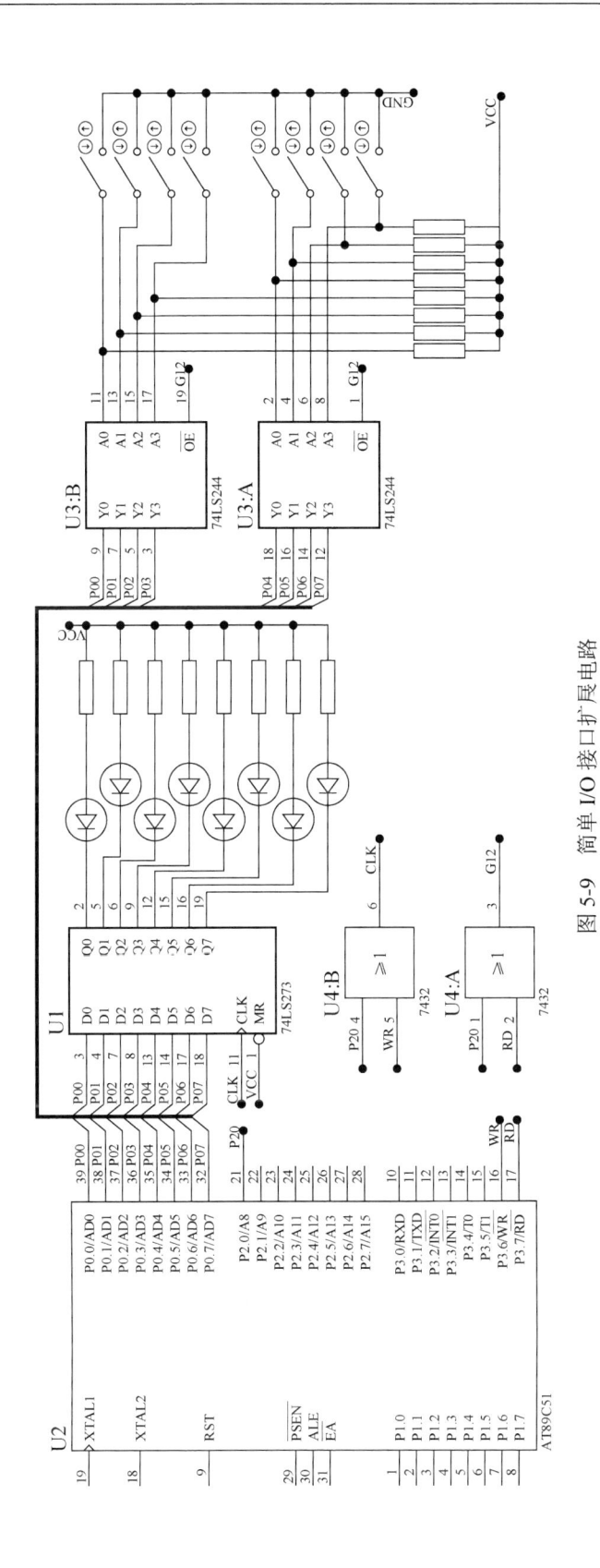

图 5-9 简单 I/O 接口扩展电路

```
MAIN:  MOV    DPTR,#0FEFFH      ;输入口地址送DPTR,主要目的是置P2.0口为0
LOOP:  MOVX   A,@DPTR           ;读I/O口,选通74LS244
       MOVX   @DPTR,A           ;写I/O口,选通74LS273
       JMP    LOOP
       END
```

5.1.2.3 基于8255A芯片的I/O口扩展

8255A是一种通用的可编程并行I/O接口芯片(Programmable Peripherial Interface,PPI),它是为Intel系列微处理器设计的配套电路,也可用于其他微处理器系统中。通过编程,芯片可以工作在不同的工作方式下。在微型计算机系统中,用8255A做接口时,通常不需要附加外部逻辑电路就可以直接为CPU和外设提供数据通道,因此得到了广泛的应用。

1. 8255A芯片外部引脚

8255A采用40脚双列直插式封装,外部引脚示意图如图5-10所示,图中略去了两个电源引脚(7-GND和26-VCC)。

引脚功能如下。

(1) D0～D7：数据线、双向、三态,是8255A芯片与CPU之间交换数据、控制字/状态字的总线,通常与系统的数据总线相连。与单片机P0口连接,传送数据信息。

(2) $\overline{RD}$：读允许,低电平有效。

(3) $\overline{WR}$：写允许,低电平有效。

(4) $\overline{CS}$：片选信号,低电平有效。

(5) RESET：复位,高电平有效。复位后,所有的数据端口都被置成输入方式。

(6) PA0～PA7、PB0～PB7、PC0～PC7：3个8位并行的I/O口,分别记为PA、PB、PC。

(7) A1、A0：端口选择信号。

① 00：PA口。

② 01：PB口。

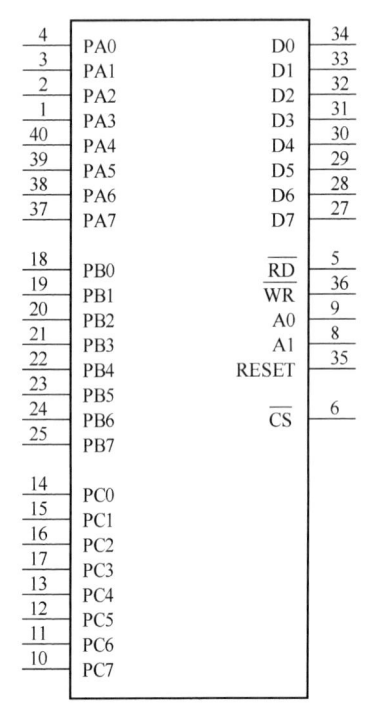

图5-10 8255A外部引脚示意图

③ 10：PC口。

④ 11：控制口,控制信息由D0～D7输入。

2. 8255A芯片工作方式

8255A具有3种工作方式,通过向8255A的控制字寄存器写入方式选择字,可以规定各端口的工作方式。当8255A工作于方式1和方式2时,C口可用作A口或B口的联络信号,用输入指令可以读出C口的状态。下面具体介绍这3种不同的工作方式。

1）方式0：基本输入/输出

方式0称为基本输入/输出（Basic Input/Output）方式，它适用于不需要应答信号的简单输入/输出场合。

方式0下，PA口和PB口可作为8位端口，C口的高4位和低4位可作为两个4位的端口。这4个端口中的任何一个既可作为输入也可作为输出，从而构成$2^4=16$种不同的输入/输出组态。在实际应用中，PC口的两半部分也可以合在一起，构成一个8位的端口。这样，8255A可构成3个8位的I/O端口，或2个8位、2个4位的I/O端口，以适应各种不同的应用场合。

CPU与这些端口交换数据时，可以直接用输入指令从指定端口读取数据，或用输出指令将数据写入指定的端口，不需要任何其他应答联络信号。对于方式0，还规定输出信号可以被锁存，输入不锁存，使用时要加以注意。

2）方式1：选通输入/输出

方式1也称为选通输入/输出（Strobe Input/Output）方式，是一种采用应答联络的输入/输出方式。端口PA和端口PB均可独立地设置成这种工作方式。在方式1下，PA口和PB口通常用于I/O数据的传送，此时PC口的端口线用作PA口和PB口的应答联络信号线，以实现中断方式来传送I/O数据。

PC口的PC0～PC7的应答联络线是规定好的，它们与PA和PB口的对应关系不是程序可以改变的。

在方式1下，PA口和PB口作为输出口时，端口C的PC3、PC6和PC7作为PA口的联络控制信号，PC0、PC1和PC2作为PB口的联络控制信号，端口PC余下的两位PC4和PC5可作为输入或输出。PA口和PB口作为输入口时，端口PC的PC3、PC4和PC5作为A口的联络控制号，PC0、PC1和PC2作为PB口的联络控制信号，端口PC余下的两位PC6和PC7可作为输入或输出。

8255A工作于方式1时，还允许对PA口和PB口分别进行定义，一个端口作为输入，另一个端口作为输出。

在选通输入/输出方式下，端口PC的低4位总是作为控制使用，而端口PC的高4位总有两位仍用于输入或输出。

对于方式1，还允许将PA口或PB口中的一个端口定义为方式0，另一个端口定义为方式1，这种组态所需控制信号较少，情况也比较简单。

3）方式2：双向传输

方式2称为双向总线方式（Bidirectional Bus），只有端口PA可以工作在方式2下。在这种方式下，CPU与外设交换数据时，可在单一的8位数据线PA0～PA7上进行，既可以通过PA口把数据传送到外设，又可以从PA口接收从外设送过来的数据，而且输入和输出数据均能锁存，但输入和输出过程不能同时进行。

当作为输入口使用时，PA口受PC4和PC5控制，其工作过程和方式1输入相同；当作为输出口使用时，PA口受PC6和PC7控制，其工作过程和方式1输出相同。

PA口工作在方式2下时，PC3提供中断信号，与单片机外部中断引脚相连。

4）方式 2 和其他方式的组合

当 8255A 的端口 PA 工作于方式 2 时，端口 PB 可以工作于方式 1 或方式 0，而且端口 PB 可以作为输入口，也可以作为输出口。如果 PB 口工作于方式 0，则不需要联络信号，PC 口余下的 3 位 PC0～PC2 仍可作为输入或输出用；如果 B 口工作于方式 1，PC0～PC2 作为 B 口的联络信号，这时 C 口的 8 位数据都配合 A 口或 B 口工作。

8255A 芯片工作方式小结如下。

（1）工作方式 0。

① 两个 8 位端口：PA、PB。

② 两个 4 位端口：PC 上下。

③ 任何端口都可以设置为输入或输出。

④ 共有 16 种输入和输出组合。

（2）工作方式 1。

① 一种应答联络的 I/O 工作方式。

② PA、PB 都可以设置成这种工作方式。

③ PA、PB 通常用于 I/O 数据传送。

④ PC 口的端口线用作 PA 口和 PB 口的应答联络信号。

（3）工作方式 2。

① 只有 PA 口采用工作方式 2。

② 方式 2 实质上是方式 1 输入和输出的组合。

③ PA0～PA7 为双向 I/O 总线。

也就是说，端口 A 可工作于 3 种方式中的任一种，端口 B 只能工作于方式 0 和方式 1，而不能工作于方式 2。端口 C 常被分成两个 4 位端口，除了用作输入/输出端口，还能用来配合 A 口和 B 口的工作，为这两个端口的输入/输出操作提供联络信号。其中，PC 上半部分划入 PA，属于 A 组，PC 下半部分划入 PB，属于 B 组。

3. 8255A 控制字

8255A 有两类控制字。一类控制字用于定义各端口的工作方式，称为方式选择控制字；另一类控制字用于对 PC 端口的任一位进行置位或复位操作，称为置位/复位控制字。对 8255A 进行编程时，这两种控制字都被写入控制字寄存器中，但方式选择控制字的 D7 位总为 1，而置位/复位控制字的 D7 位总为 0，8255A 利用 D7 位来区分写入端口的控制字类型，D7 位也称为这两个控制字的标志位。

1）方式选择控制字

8255A 具有 3 种基本的工作方式，在对 8255A 进行初始化编程时，应向控制字寄存器中写入方式选择控制字，用来规定 8255A 各端口的工作方式。

系统复位时，8255A 的 RESET 输入端为高电平，使 8255A 复位，所有的数据端口都被置成输入方式；复位信号撤除后，8255A 继续保持复位时预置的输入方式。如果希望它以这种方式工作，就不用另外再进行初始化了。

方式选择控制字的格式如图 5-11 所示。图中，D7 位为标志位，它必须等于 1，用来与端口 C 置位/复位控制字进行区分；D6、D5 位用于选择 A 组（包括 PA 口和 PC 口的高 4 位）

的工作方式；D2 位用于选择 B 组（包括 PB 口和 PC 口的低 4 位）的工作方式；其余 4 位分别用于选择 PA 口、PB 口、PC 口高 4 位和低 4 位的输入/输出功能，置 1 时表示输入，置 0 时表示输出。

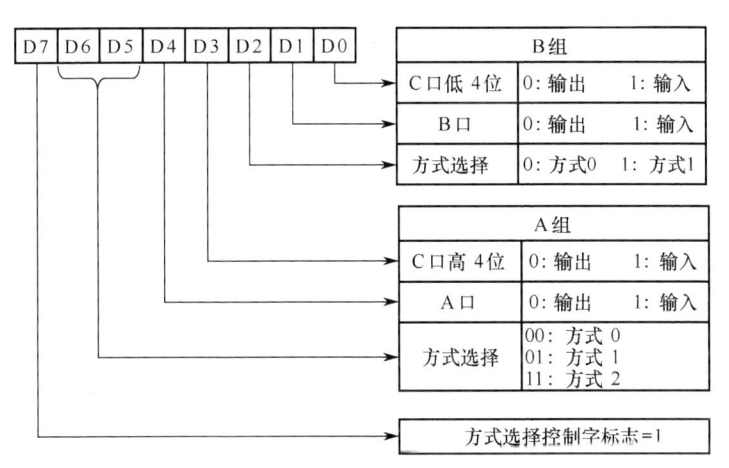

图 5-11 方式选择控制字的格式

2）端口 PC 置位/复位控制字

端口 PC 的各位常用作控制或应答信号，通过对 8255A 的控制口写入置位/复位控制字，可使端口 PC 任意一个引脚的输出单独置 1 或清零，或者为应答式数据传送发出中断请求信号。在基于控制的应用中，经常希望在某一位上产生一个 TTL 电平的控制信号，利用端口 PC 的这个特点，只需要用简单的程序就能形成这样的信号，从而简化了程序。

置位/复位控制字的格式如图 5-12 所示，D7 位为置位/复位控制字标志位，它必须等于 0，用来与方式选择控制字进行区分；D1～D3 位用于选择对端口 PC 中某一位进行操作；D0 位指出对选中位置 1 还是清零。当 D0=1 时，使选中位置 1；当 D0=0 时，使选中位清零。

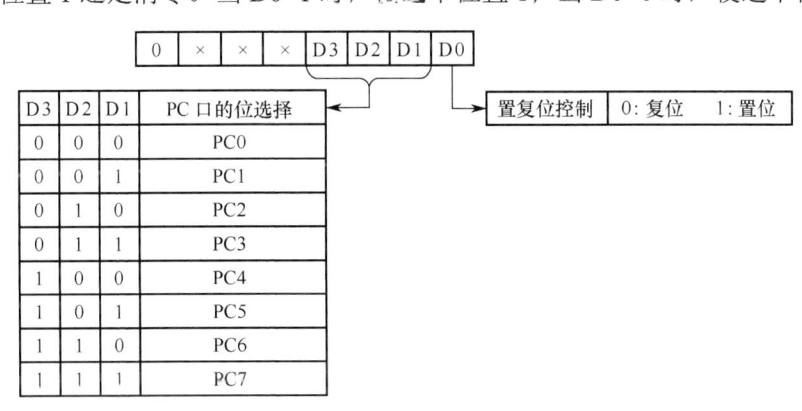

D3	D2	D1	PC 口的位选择
0	0	0	PC0
0	0	1	PC1
0	1	0	PC2
0	1	1	PC3
1	0	0	PC4
1	0	1	PC5
1	1	0	PC6
1	1	1	PC7

图 5-12 置位/复位控制字的格式

4. 单片机扩展 8255A 芯片实例

图 5-13 所示为单片机扩展 8255A 芯片仿真电路图，PA 口与开关连接，PB 口与发光二极管连接。编写程序，驱动发光二极管显示对应开关的开断状态。

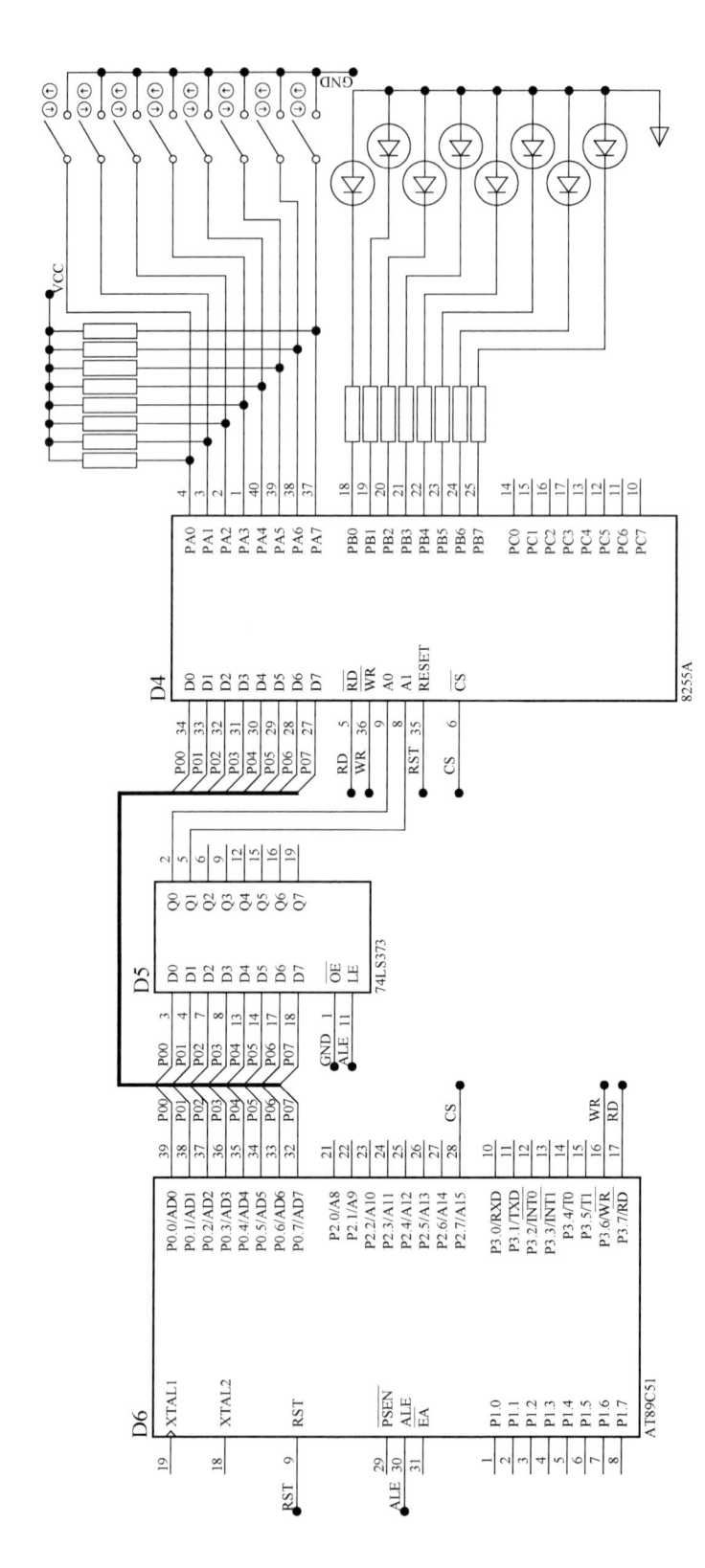

图 5-13 单片机扩展 8255A 芯片仿真电路图

由图 5-13 可见，8255A 芯片 PA 口作为输入口，8 个开关 K0~K7 分别接入 PA0~PA7；PB 口为输出口，PB0~PB7 分别连接发光二极管 LED0~LED7，74LS373 为地址锁存器。根据仿真电路图，8255A 的 PA、PB、PC 及控制寄存器的端口地址设置如表 5-3 所示。

表 5-3 各端口地址设置

端口	地址形式	具体例子 1（×=0）	具体例子 2（×=1）
PA	0××× ×××× ×××× ××00	0000H	7FFCH
PB	0××× ×××× ×××× ××01	0001H	7FFDH
PC	0××× ×××× ×××× ××10	0002H	7FFEH
控制寄存器	0××× ×××× ×××× ××11	0003H	7FFFH

参考代码如下。

```
        ORG    0000H
        JMP    MAIN
        ORG    0030H
MAIN:   MOV    DPTR,#7FFFH      ;进入 8255 控制字设置模式
        MOV    A,#10010000B     ;方式 0,PA 输入,PB 输出
        MOVX   @DPTR,A          ;设置控制字
LOOP:   MOV    DPTR,#7FFCH      ;A1A0=00B,选中 PA 口
        MOVX   A,@DPTR          ;读入 PA 口信息
        MOV    DPTR,#7FFDH      ;A1A0=01B,选中 PB 口
        MOVX   @DPTR,A          ;写 PB 口
        SJMP   LOOP             ;循环
        END
```

5.2 并行接口设备

5.2.1 输入设备

在计算机应用系统中，通常需要进行人机交互，包括人对应用系统状态的干预及向系统输入数据等，键盘是实现这种功能的常用外设。

计算机系统中所用的键盘可分为全编码键盘和非编码键盘两种。全编码键盘由硬件自动提供与被按键对应的编码（此外还具有去抖动和重键、串键识别电路的功能），并通过将编码送给主机以实现信息的输入。全编码键盘使用方便，但制造成本较高，一般单片机应用系统较少采用。单片机应用系统中通常采用的是非编码键盘，这种键盘对键的识别主要通过软件来实现，本书重点讲解非编码键盘。

1. 键盘设计结构

常见的非编码键盘有两种设计结构：独立式键盘和矩阵式键盘。

1）独立式键盘

独立式键盘的结构特点是一键一线，各键相互独立，每个键各接一条 I/O 口线，通过检测 I/O 输入线的电平状态判断哪个按键被按下，如图 5-14 所示为一种独立式按键的设计方案。

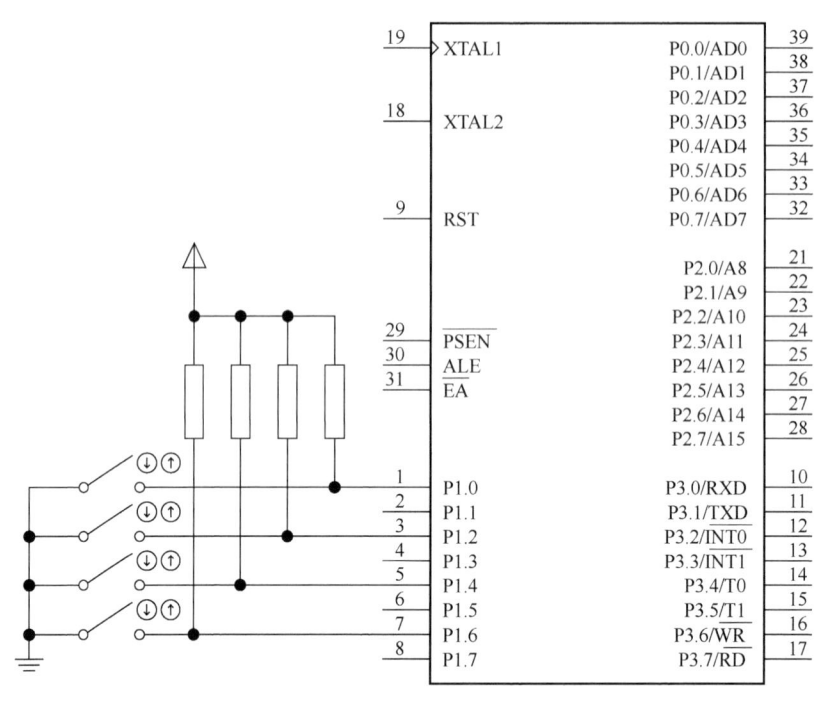

图 5-14 独立式键盘的设计方案

上拉电阻保证按键释放时输入检测线上有稳定的高电平。当某一按键被按下时，对应的检测线就变成了低电平，与其他按键相连的检测线仍为高电平，只需读入 I/O 输入线的状态，判别哪一条 I/O 输入线为低电平，很容易识别哪个键被按下。

独立式键盘的优点是电路简单，各条检测线独立，软件编写简单。它适用于键盘按键数目较少的场合，而不适用于键盘按键数目较多的场合，因为将占用较多的 I/O 口线。

2）矩阵式键盘

当按键数量较多时，一键一线的独立式键盘就不堪使用了，这时可采用矩阵式（也称行列式）键盘。矩阵式键盘由一系列行线和列线，以及在行、列线的交叉点上设置的按键组成，如图 5-15 所示。在按键数目较多的场合，矩阵式键盘设计可以节省较多的 I/O 口线。

由矩阵式键盘的结构可知，当矩阵中无按键被按下时，行线为高电平，当有按键被按下时，行线电平状态将由与此行线相连的列线的电平决定。列线的电平如果为低，则行线电平为低，列线的电平如果为高，则行线的电平也为高，这是识别按键是否被按下的关键所在。由于矩阵式键盘中行、列线为多键公用，各按键彼此将相互发生影响，所以行、列线信号必须配合起来，才能确定按键的具体位置。

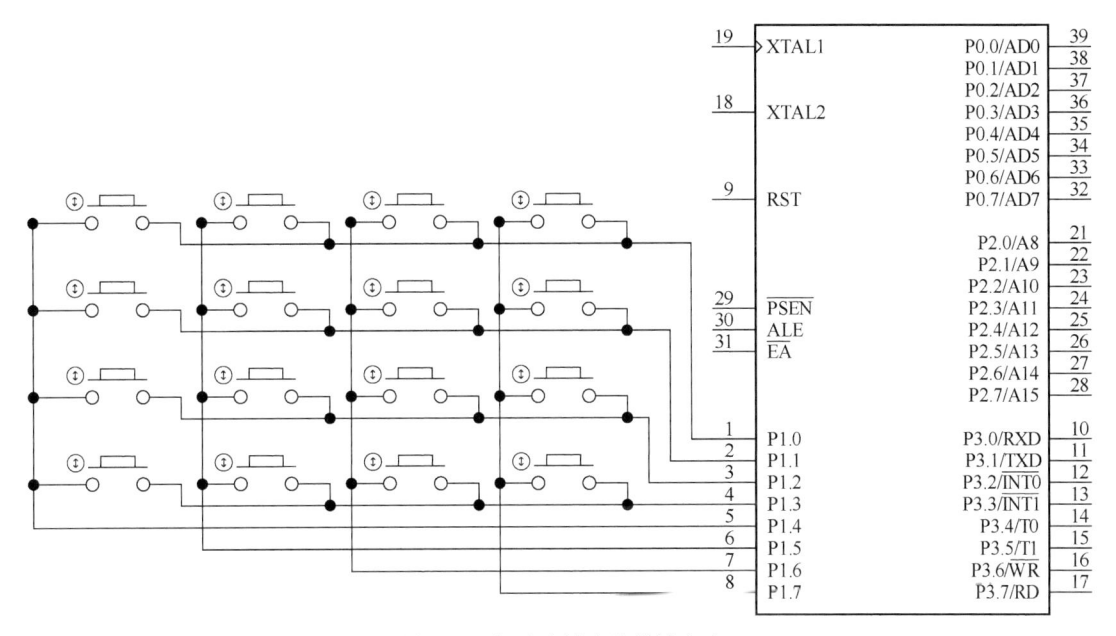

图 5-15 矩阵式键盘的设计方案

2. 按键输入信号特点

键盘是一组按键开关的集合，组成键盘的按键有触点式和非触点式两种。常用的键盘一般采用由机械触点构成的键盘开关，利用机械触点的接通与断开将电压信号输入单片机的 I/O 端口。通过按键开关机械触点的断开、闭合，其行线输出电压实际上呈图 5-16 所示的波形，在按键闭合和断开过程中都会出现信号的抖动，抖动时间长短与开关的机械特性有关，一般为 5~10ms。按键稳定闭合期的时间由按键动作决定，一般为十分之几秒到几秒。

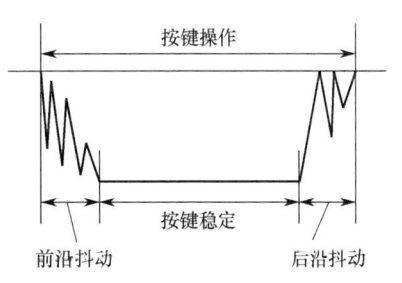

图 5-16 按键输入信号波形示意图

为保证 CPU 对按键的一次闭合仅做一次键输入处理，必须采取措施消除抖动的影响。常用的消除按键抖动的方法有两种：硬件消抖和软件延时消抖。

硬件消抖通过在键输出端加双稳态消抖电路（通常由 R-S 触发器组成，如图 5-17 所示）或 RC 滤波消抖电路来达到消除抖动的效果，如图 5-18 所示。

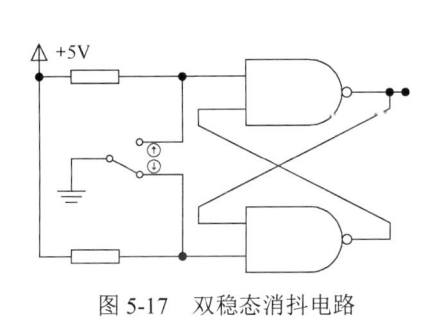

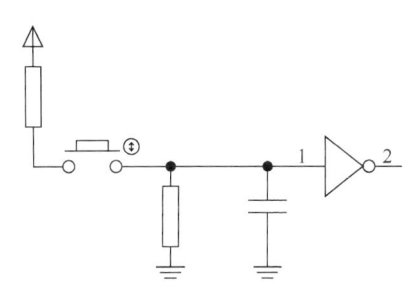

图 5-17 双稳态消抖电路　　　　　图 5-18 RC 滤波消抖电路

软件消抖是在程序上采取措施,当检测到有键被按下,执行一个 10ms 左右的延时程序后,再确认该键电平是否仍保持闭合状态电平,若保持闭合状态电平,则确认该键处于闭合状态,从而去除了抖动的影响。

3. 按键检测

根据识别按键位置时行、列线信号配合方法的不同,矩阵式键盘按键的识别方法有扫描法和线反转法两种。

1)扫描法

单片机对键盘的监控可分为 3 步:第 1 步,判断键盘有无按键被按下;第 2 步,如果有按键被按下,则识别出具体的键位;第 3 步,计算出按键的键号,转入相应的处理程序,以实现按键的相应功能。

第 1 步,判断键盘有无按键被按下。首先把所有列线均置为低电平,然后检查各行线电平是否都为高。如果都为高,则说明没有按键被按下,否则说明有按键被按下。

第 2 步,识别出哪个按键被按下。采用逐列扫描法,即在某一时刻只让一条列线处于低电平,其余所有列线都处于高电平,然后检查各行线电平是否都为高。如果都为高,则说明处于低电平的这一列没有按键被按下,否则该列就有按键被按下。依次将各个列线的电平设置为低电平,直到检测到某个列有按键被按下。

第 3 步,依据公式"键号=行首键号+列号",计算出所按下键的键号,再据此键号转入相应的处理程序,此时通常要用到跳转程序。

综上所述,扫描法的思想就是:先检测到有按键被按下,然后把某一列置为低电平,其余各列均置为高电平,检查各行线电平的变化。如果某行线电平为低电平,则可确定此行此列交叉点处的按键被按下。

2)线反转法

扫描法要逐列扫描查询,当列数多时效率不高,这时可采用线反转法。线反转法简练,无论被按键是处于第一列还是处于最后一列,均只需经过两步便能获得此按键所在的行列值。

第 1 步,将行线编程为输入线,列线编程为输出线,并使输出线输出为全低电平,则行线中电平由高变低的所在行为按键所在行。此时,行线输入的数据就反映了按键所在行的信息。

第 2 步,把行线编程为输出线,列线编程为输入线,并使输出线输出为全低电平,则列线中电平由高变低的所在列为按键所在列,此时,列线输入的数据则反映了按键所在列的信息。

如此两步即可确定按键所在的行和列,从而识别出所按下的按键。把上面两步输入的两个数据合在一起的这个数据同时反映了所按下按键的行列信息,这个数据和按键是一一对应的关系,称为键值。行列连线方法不同,键值也不同,所有按键的键值要根据具体的设计具体计算。

5.2.2 显示设备

在单片机应用系统中,常用的显示设备有单个发光二极管、八段数码管显示器、LCD 液晶显示器、CRT 屏幕显示器等。数码管显示器常用于显示各种数字或简单的符号，由于它具有显示效果清晰、亮度高、使用电压低、寿命长等特点，在单片机系统中得到广泛应用。本节重点介绍数码管的相关知识。

1. 数码管的结构

LED 数码管是由发光二极管组成各个显示字段的显示器件，简称数码管。LED 数码管有两种不同的形式：一种是 8 个发光二极管的阳极都连在一起，称为共阳极 LED 数码管；另一种是 8 个发光二极管的阴极都连在一起，称为共阴极 LED 数码管。单片机系统中通常使用七段 LED 数码管显示器，其原理图如图 5-19 所示。

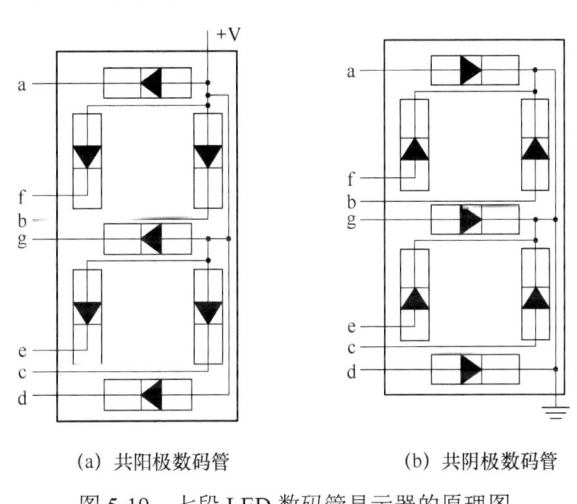

(a) 共阳极数码管　　　　(b) 共阴极数码管

图 5-19　七段 LED 数码管显示器的原理图

七段 LED 数码管由 7 个发光二极管组成，7 个长条形的发光二极管排列成数字 8，其段名分别为 a、b、c、d、e、f、g。有时在七段数码管右下角设置一个发光二极管 h（有的资料也记作 dp），作为显示小数点用，此时也被称为八段数码管。通过不同位置的发光二极管的亮暗组合，可以显示各种数字及包括 A~F 在内的部分英文字母和小数点等。

进行 LED 显示器接口设计时，一般将 a、b、c、d、e、f、g、h 这 8 个段分别与二进制数中的 D0、D1、D2、D3、D4、D5、D6、D7 位相对应，这样就可以通过 8 位二进制数，即 1 个字节表示要显示的字符，将这个二进制数称作该字符对应的字型码。

同一个字符在共阴极数码管和共阳极数码管上的字型码是不同的。以显示数字 2 为例，对于共阳极数码管，共阳极接高电平，阴极各段 h~a 为 10100100 时，显示器显示字符"2"，即字型码是 A4H。对于共阴极数码管，其共阴极接低电平，阳极各段 h~a 为 01011011 时，显示器才显示字符"2"，即字型码是 5BH。八段 LED 数码管常用字形码如表 5-4 所示。

需要注意的是，一些产品为方便接线，常不按规则的方法去对应字段与位的关系，这时字形码就必须根据具体的接线方式自行设计。

2. 数码管的显示原理

1）静态显示方式

静态显示是指组成数码管显示器的各数码管同时处于显示的状态。LED 数码管显示器工作于静态显示方式时，各位的共阴极（或共阳极）连接在一起并接地（共阴极接+5V），每位的段码线（a～h）分别与一个 8 位的锁存器输出相连，各个 LED 的显示字符一经确定，相应锁存器锁存的段码输出将维持不变，直到送入另一个字符的段码为止。正因为如此，静态显示器的亮度较高。

表 5-4 八段 LED 数码管常用字型码表（0～F）

显 示 符 号	共阳极字型码	共阴极字型码	显 示 符 号	共阳极字型码	共阴极字型码
0	C0H	3FH	8	80H	7FH
1	F9H	06H	9	90H	6FH
2	A4H	5BH	A	88H	77H
3	B0H	4FH	B	83H	7CH
4	99H	66H	C	C6H	39H
5	92H	6DH	D	A1H	5EH
6	82H	7DH	E	86H	79H
7	F8H	07H	F	8EH	71H

静态显示方式编程容易，但是需要用到的端口线较多。如果显示器的位数较多，需要增加的输出端口也较多，这会大大增加硬件的开销。因此，在显示位数较多的情况下，一般采用动态显示方式。

2）动态显示方式

在多位 LED 显示时，为简化硬件电路，通常将所有位的段码线的相应段并接在一起，由一个 8 位 I/O 口控制，而各位的共阳极或共阴极分别由相应的 I/O 线控制，形成各位的分时选通。

图 5-20 所示为一个 8 位八段 LED 动态显示电路。其中段码线占用一个 8 位 I/O 口，而位选线占用一个 8 位 I/O 口。由于各位的段码线并联，8 位 I/O 口输出的段码对各个显示位来说都是相同的。因此，在同一时刻，如果各位的位选线都处于选通状态，8 位 LED 将显示相同的字符。若要各位 LED 能够分别显示出与本位相应的字符，就必须采用动态显示方式，即在某一时刻，只让某一位的位选线处于选通状态，而其他各位的位选线都处于关闭状态，同时，段码线上输出相应位要显示的字符的段码。这样，在同一时刻，8 位 LED 中只有选通的那一位显示出字符，而其他 7 位则是熄灭的。同样，在下一时刻，只让下一位的位选线处于选通状态，而其他各位的位选线都处于关闭状态，在段码线上输出将要显示字符的段码。此时，只有选通位显示出相应的字符，而其他各位则都是熄灭的。如此循环下去，就可以使各位轮流显示出将要显示的字符了。

采用动态显示方式时，同一时刻只有一位显示，其他各位熄灭，虽然这些显示的字符是在不同时刻出现的，但由于 LED 显示器的余辉和人眼的视觉暂留作用，所以只要每位显示间隔足够短，就可以造成"多位同时点亮"的假象，达到同时显示的效果。

LED 不同位显示的时间间隔应根据实际情况而定。发光二极管从导通到发光有一定的延时，导通时间太短，则发光太弱，人眼无法看清。但也不能太长，因为要受限于临界闪烁频率，如果扫描速率太低则会出现闪烁现象。一般地，每位显示的时间为 1～5ms，可用中断处理程序控制显示扫描时间。

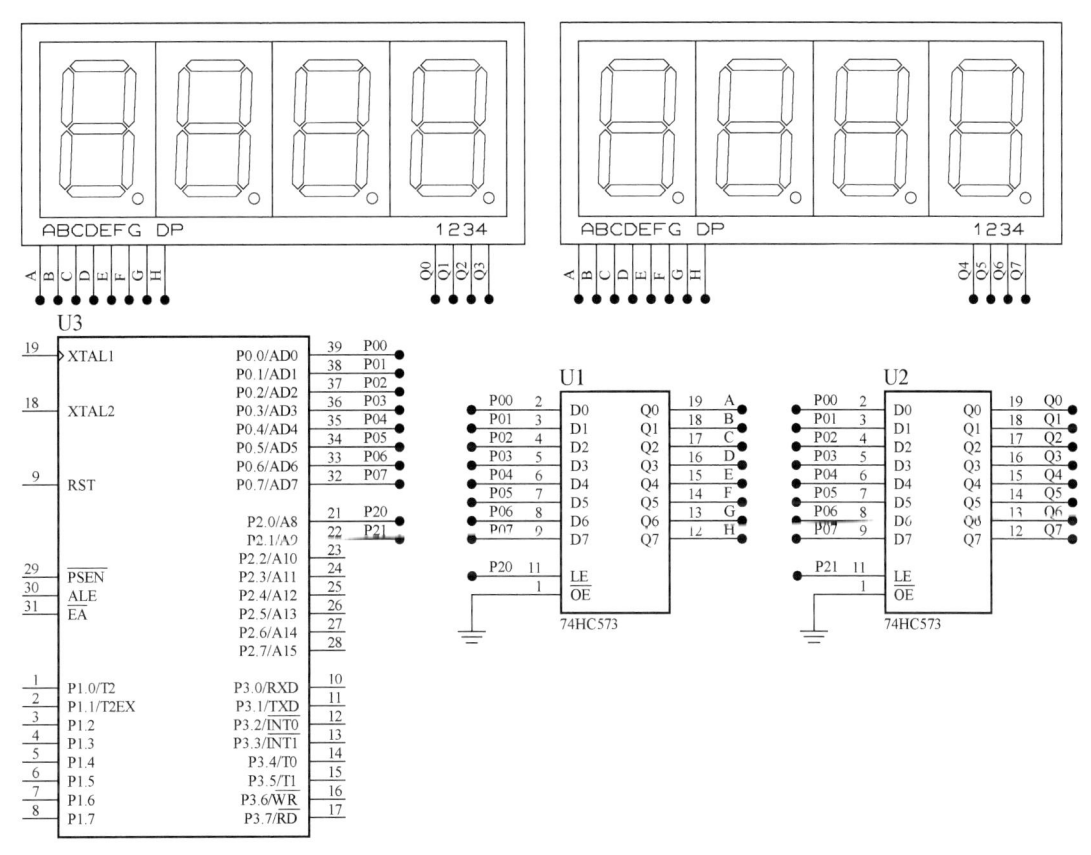

图 5-20　8 位八段 LED 动态显示电路

5.2.3　并行接口程序设计

参考图 5-21，编写程序，按下某个按键，数码管显示不同的数字。由左至右、由上到下，各按键对应的字符分别为 0～F。已知数码管进行共阳极设计，分别使用扫描法和线反转法完成按键检测，并利用数码管显示所按下按键对应的字符。

（1）采用扫描法，其程序设计流程图如图 5-22 所示。

汇编程序源代码如下。

```
        ORG     0000H       ;起始地址 00H
        LJMP    K1          ;跳转到用户代码区
        ORG     0030H
                            ;确保无按键按下
K1:     MOV     P1,#0F0H    ;设置 P1.4～P1.7 为输入端口
        MOV     A,P1        ;从 P1 读取所有列的值
        ANL     A,#11110000B ;屏蔽掉无用的低 4 位，非列值
```

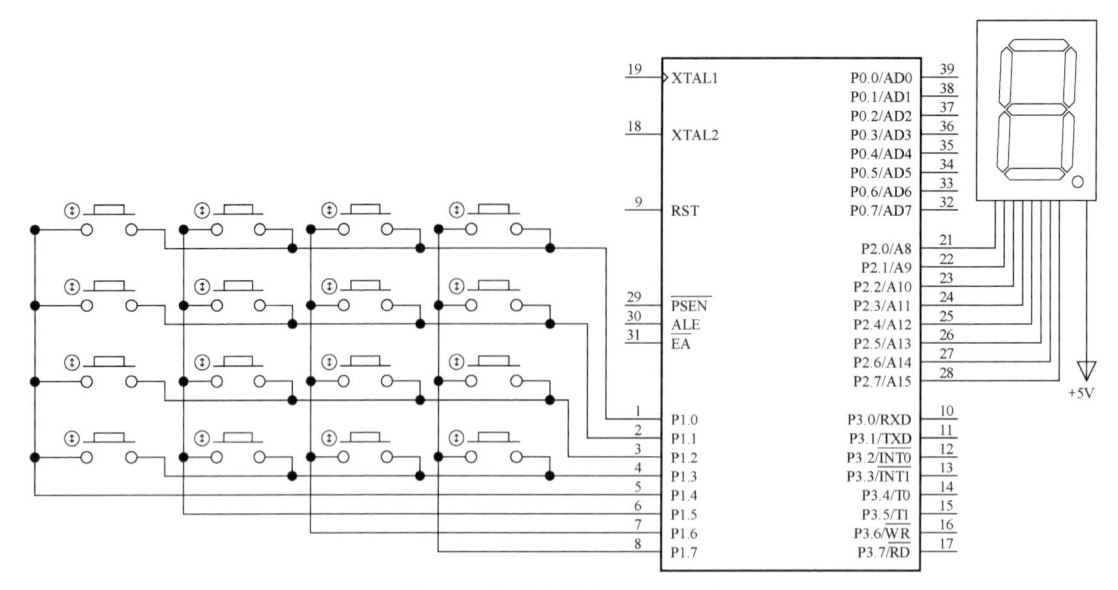

图 5-21　矩阵式键盘的设计方案

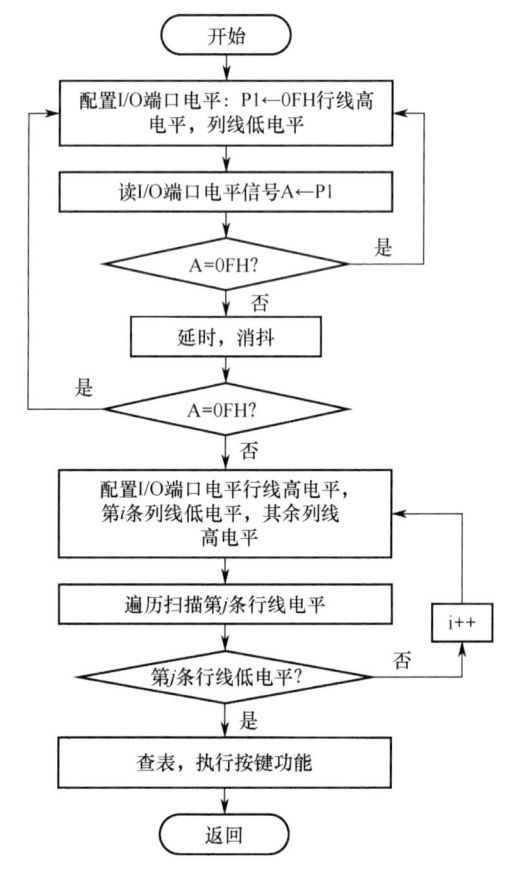

图 5-22　扫描法程序设计流程图

	CJNE	A,#11110000B,K1	;查询直到所有的按钮释放
			;等待按键被按下
K2:	LCALL	DELAY	;调用 20ms 延时子程序(省略)
	MOV	A,P1	;从 P1 读取状态，看有没有按钮被按下
	ANL	A,#11110000B	;屏蔽掉无用的低 4 位，非列值
	CJNE	A,#11110000B,OVER	;如果有按钮被按下，跳到 OVER
	LJMP	K2	;循环检测
			;确认按键确实被按下
OVER:	LCALL	DELAY	;延时 20ms 防止抖动
	MOV	A,P1	;从 P1 读取状态
	ANL	A,#11110000B	;屏蔽掉无用的位
	CJNE	A,#11110000B,OVER1	;如果有按钮被按下，找到行
	LJMP	K2	;如果没有按钮被按下，循环扫描
			;找到被按下按键所在的行
OVER1:	MOV	P1,#11111110B	;第 0 行输出低电平
	MOV	A,P1	;读所有的列
	ANL	A,#11110000B	;屏蔽掉无用的位
	CJNE	A,#11110000B,ROW_0	;如果第 0 行有按钮被按下，找列
	MOV	P1,#11111101B	;第 1 行输出低电平
	MOV	A,P1	;读所有的列
	ANL	A,#11110000B	;屏蔽掉无用的位
	CJNE	A,#11110000B,ROW_1	;如果第 1 行有按钮被按下，找列
	MOV	P1,#11111011B	;第 2 行输出低电平
	MOV	A,P1	;读所有的列
	ANL	A,#11110000B	;屏蔽掉无用的位
	CJNE	A,#11110000B,ROW_2	;如果第 2 行有按钮被按下，找列
	MOV	P1,#11110111B	;第 3 行输出低电平
	MOV	A,P1	;读所有的列
	ANL	A,#11110000B	;屏蔽掉无用的位
	CJNE	A,#11110000B,ROW_3	;如果第 3 行有按钮被按下，找列
	LJMP	K2	;如果没有，则循环
			;第 0 行有按键被按下，寻找按键的列
ROW_0:	MOV	DPTR,#KCODE0	;设置 DPTR=第 0 行的起始地址
	LJMP	FIND	;找列
			;第 1 行有按键被按下，寻找按键的列
ROW_1:	MOV	DPTR,#KCODE1	;设置 DPTR=第 1 行的起始地址
	LJMP	FIND	;找列
			;第 2 行有按键被按下，寻找按键的列
ROW_2:	MOV	DPTR,#KCODE2	;设置 DPTR=第 2 行的起始地址
	LJMP	FIND	;找列
			;第 3 行有按键被按下，寻找按键的列
ROW_3:	MOV	DPTR,#KCODE3	;设置 DPTR=第 3 行的起始地址
			;将按键的列值放到 A 的低 4 位中

```
FIND:    SWAP   A
                                ;右循环移位，从而实现检测
FIND1:   RRC    A                ;看看是否进位 C 为 0
         JNC    MATCH            ;如果是 0，就跳到 MATCH 找键值
         INC    DPTR             ;DPTR 加 1，随着右移循环增加
         LJMP   FIND1            ;循环查找
MATCH:   CLR    A                ;A=0
         MOVC   A,@A+DPTR        ;用 DPTR 在数据表中找到键值装入 A
         MOV    P2,A             ;显示键值
         LJMP   K1               ;循环
DELAY:                           ;延时 20ms 程序，此处省略
         RET
                                 ;键值保存在以下的数据表中
KCODE0:  DB     0C0H,0F9H,0A4H,0B0H ;第 0 行
KCODE1:  DB     099H,092H,082H,0F8H ;第 1 行
KCODE2:  DB     080H,090H,088H,083H ;第 2 行
KCODE3:  DB     0C6H,0A1H,086H,08EH ;第 3 行
         END
```

（2）采用线反转法，其程序设计流程图如图 5-23 所示。

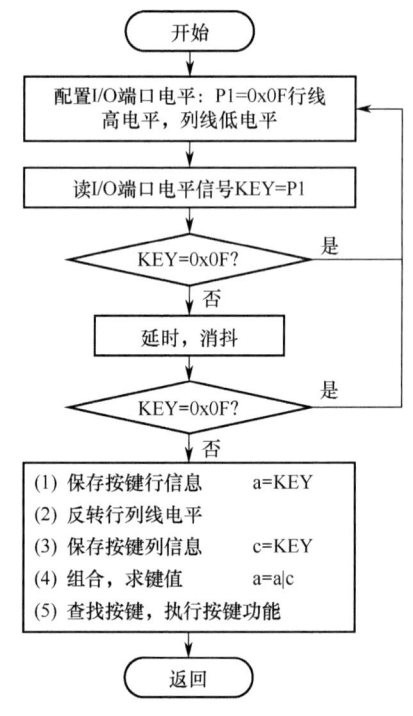

图 5-23 线反转法程序设计流程图

C51 语言源代码如下。

```c
#include <reg51.h>
#define uchar unsigned char
#define uint unsigned int
uchar code KeyV[] = {
                    0xEE,0xDE,0xBE,0x7E,         //键值表
                    0xED,0xDD,0xBD,0x7D,
                    0xEB,0xDB,0xBB,0x7B,
                    0xE7,0xD7,0xB7,0x77
                };
uchar code KeyN[] = {
                    0xc0,0xf9,0xa4,0xb0,         //共阳极数码管
                    0x99,0x92,0x82,0xf8,
                    0x80,0x90,0x88,0x83,
                    0xc6,0xa1,0x86,0x8e
                };
void Delay(uchar a)
{
    uchar i;
    while(--a != 0 )
    {
        for(i=0; i<125; i++)
            ;
    }
}
void main()
{
    uchar a,b=0xff,c,i;              //共阳极数码管，不显示
    while(1)
    {
        P1 = 0x0f;                   //配置I/O端口电平，行线高电平，列线低电平
        if(P1 != 0x0f)
        {
            Delay(10);
            if(P1 != 0x0f)
            {
                a = P1;              //保存列键值
            }
            P1 = 0xf0;
            c = P1;                  //保存行键值
            a = a|c;                 //生成并保存键值
            for(i=0; i<16; i++)      //查找按键
            {
                if(a == KeyV[i])
```

```
                                {
                                    b = KeyN[i];
                                    break;
                                }
                        }
                }
                P2 = b;
        }
}
```

5.3 小结

80C51 单片机内部包含 4 个并行的 I/O 接口，分别为 P0 口、P1 口、P2 口和 P3 口，每个口都是 8 位的，作为通用 I/O 接口使用时，都是准双向口。P3 口除了作为准双向通用 I/O 接口使用，每根端口线都还有第二功能。作为地址/数据总线使用时，P0 口和 P2 口是双向口。

双向口不需要预操作，可直接进行输入/输出。准双向口具备通用输入/输出的功能，但是作为输入端口使用时，首先要执行向锁存器写 1 的准备动作。

并行 I/O 接口的常用结构有推挽输出、开漏输出、浮空输入、上拉输入、下拉输入、模拟输入等，此外还存在复用的情况。

数码管有静态显示和动态显示两种程序设计方式。静态显示器的亮度较高，动态显示占用的口线更少。

根据识别按键位置时行、列线信号配合方法的不同，矩阵式键盘按键的识别方法有扫描法和线反转法两种。

5.4 思考与练习题

1. 说明矩阵式键盘按键被按下的识别原理。
2. 行扫描法识别闭合键的工作原理是什么？
3. 叙述线反转法的基本工作原理。
4. I/O 接口和 I/O 端口有什么区别？I/O 接口的功能是什么？
5. 编写程序，采用 82C55 的 PC 口按位置位/复位控制字，将 PC7 置 0、PC4 置 1，已知 82C55 各端口的地址为 7FFCH-7FFFH。

第 6 章

武器控制系统模拟接口

从计算机硬件角度看，接口可以分为数字量接口和模拟量接口。对于武器系统中的传感器子系统或各种控制子系统来说，模拟量是基本的量，必须由模拟量接口实现 A/D、D/A 转换，才能实现与武器控制计算机的交互。本章主要介绍武器控制系统模拟接口的有关知识，特别是信号转换方法。

6.1 运算放大器及典型电路

运算放大器（Operational Amplifier）简称运放，是模拟电路中的一个重要器件，在信号处理中也是信号滤波的一种重要器件。在控制电路中，来自前向通道传感器的输入信号往往比较微弱。比如，电压通常为毫伏级，有的甚至为微伏级，它们一般都要用运算放大器来进行放大和阻抗变换。另外，后向通道中 D/A 转换器输出的电流也需要通过运算放大器变成电压信号输出。

虚短和虚断是分析和设计负反馈运算放大器电路的两个基本原则。当运算放大器工作于开环状态和正反馈情况下时，由于没有线性区的条件约束，虚短是不成立的，但虚断仍然成立。

6.1.1 常用参数

为合理选用和正确使用运算放大器，需要理解表征运算放大器性能的技术参数，下面介绍运算放大器的主要参数。

1. 直流增益 A_{vd}（Large-Signal Voltage Gain/Open Loop Voltage Gain）

直流增益也称为"开环差模电压增益"，是指输出电压的变化与输入电压变化的比值。通常用 V/mV 或 $V/\mu V$ 表示这个比值，比如增益 A_{vd} 为 10^6，可表示为 $1V/\mu V$，目的是可以方便地用较小的数来表示。此外，直流增益有时也用分贝（dB）表示，计算方法为 $20\times\lg(A_{vd})$（dB）。因此，$1V/\mu V$ 的开环增益等于 120 dB。

2. 差模输入电阻 R_{ID} 与输出电阻 R_O

差模输入电阻 R_{ID} 反映了运算放大器输入端向差模输入信号源索取电流的大小，R_{ID} 越大越好，一般为 $10^5 \sim 10^{11}\,\Omega$。

输出电阻 R_O 反映了运算放大器带负载能力的大小，因此运算放大器的输出电阻越小越好，通常为几十欧姆到几百欧姆。

3. 共模抑制比 CMRR（Common Mode Rejection Ratio）

一个理想的直流放大器只能放大"+"（同相）输入端和"−"（反相）输入端之间的电压差，即差模电压，而对具有共同模式的电压，即共模电压毫无反应。换句话说，对于理想运算放大器，当两个输入端同时施加同一信号时，输入电压差始终不变，则输出也不会改变。实际上由于生产中的偏差，将引起放大器在一定程度上对共模电压有所响应。

共模抑制比指运放工作在线性区，其直流增益 A_{vd} 和共模增益 A_{cm} 的比值，一般用分贝（dB）来表示。通常，CMRR 很大，为 $60\sim90$ dB。

$$\text{CMRR} = 20\lg\left|\frac{A_{vd}}{A_{cm}}\right| \quad (6\text{-}1)$$

上式中，共模增益 A_{cm} 的求法为：将图 6-1 中"+"输入端和"−"输入端短接，并加上输入电压，共模增益 A_{cm} 等于输出电压 V_{out} 的变化与输入电压 V_{in} 的变化的比，用公式表示如下：

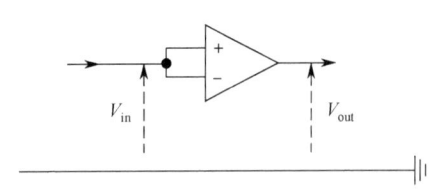

图 6-1 共模增益的定义

$$A_{cm} = \frac{V_{out}\text{的变化}}{V_{in}\text{的变化}} \quad (6\text{-}2)$$

4. 输入失调电压 V_{IO}（Input Offset Voltage）

理想情况下，当输入运放的两个输入端的电压相同时，输出电压为 0V。但事实上，必须在两个输入端施加一个小电压才能使输出电压等于 0V，我们把这个微小的电压称为输入失调电压 V_{IO}。

5. 失调电压温度系数 $\Delta V_{IO}/\Delta T$（Input Offset Voltage Temperature Drift）

实际上，V_{IO} 不是一个主要的问题，因为它可以用调零电位器消除。而人们通常最为关心的是 V_{IO} 随着温度的改变而变化多少，这个变化用 $\Delta V_{IO}/\Delta T$ 表示，其典型值为几 $\mu V/°C$。

6. 输入基极偏置电流 I_{IB}（Input Bias Current）

运算放大器的两个输入端是差分对管的基极，因此两个输入端需要一定的基极电流。当两个输入信号为零时，输入端电流不为零，这时将两个输入端电流的平均值定义为基极偏置电流。偏置电流越小，则由信号源内阻变化引起的输出电压变化越小，故这是一个重要指标，一般为10nA～1μA。

7. 输入失调电流I_{IO}（Input Offset Current）

输入失调电流是指输入信号为零时其两个输入端偏置电流的差值。它反映了输入级差分对管的不对称程度，一般为1nA～0.1μA。I_{IB}和I_{IO}都与温度有关，但在大多数电路中，这个影响可以忽略。

8. 最大差模输入电压V_{IDM}（Maximum Differential Mode Input Voltage）

将运算放大器两个输入端之间所能承受的最大电压值定义为最大差模输入电压V_{IDM}。

如果差模输入电压超出此值，将可能造成运算放大器的损坏，因此必须加以限制，使用时也应予以重视。

9. 最大共模输入电压V_{ICM}（Maximum Common Mode Input Voltage）

运算放大器经常工作在既有放大差模信号，又叠加有共模信号的情况。若共模输入信号太大，将会减小差模信号的动态范围，使共模抑制特性变坏，导致运算放大器无法正常工作。

将运算放大器的共模抑制特性显著变坏时的共模输入电压值定义为最大共模输入电压V_{ICM}。因此，在使用运算放大器时，不允许共模输入信号超过此值。

10. 最大输出电压V_{OM}（Maximum Onput Voltage）

最大输出电压V_{OM}是指当运算放大器工作在线性区时，在特定负载下，能够输出的最大电压幅度。其值一般略低于电源电压。当电源电压为±15V时，V_{OM}一般在±13V左右，也有输出与电源电压一样高的情况。

6.1.2 差分放大器

在实际应用中，被测信号往往是差动信号，如生物医学信号等，这就需要双端输入的差动放大器对其进行放大。与此同时，由于共模输入信号的存在，会严重干扰测量的正常进行，这就要求在放大差动信号的同时抑制共模信号。差动放大器也称差分放大器。基本差动放大器电路如图6-2所示。

根据叠加原理，当V_1单独作用时，有

$$V_1' = -\frac{R_{f1}}{R_1}V_1 \quad (6-3)$$

当V_2单独作用时，有

$$V_2' = \left(1 + \frac{R_{f1}}{R_1}\right)\frac{R_{f2}}{R_2 + R_{f2}}V_2 \quad (6-4)$$

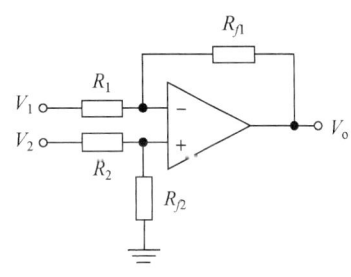

图6-2 基本差动放大器电路

双端输入信号V_1和V_2共同作用时，有

$$V_o = \left(1 + \frac{R_{f1}}{R_1}\right)\frac{R_{f2}}{R_2 + R_{f2}}V_2 - \frac{R_{f1}}{R_1}V_1 \tag{6-5}$$

若取 $R_1 = R_2 = R$，$R_{f1} = R_{f2} = R_f$，则

$$V_o = \frac{R_f}{R}(V_2 - V_1) \tag{6-6}$$

输出电压与两个输入电压之差成正比。

6.1.3 典型电路

1. 反相放大器

反相放大器是最典型的运算放大器电路，如图 6-3 所示。

运算放大器有很高的增益，要使输出电压保持在正、负电源电压的范围内，两个输入端之间的电压几乎为零，可以认为 R_i 和 R_f 的节点电位是 0V，习惯上把这个点称为虚地。利用这一个特点可以简化电路的分析。

由于 $I_i = \frac{V_i - 0}{R_i}$，$I_f = \frac{V_o - 0}{R_f}$，根据虚断，$I_i + I_f = 0$，可得

$$V_o = -\frac{R_f}{R_i}V_i \tag{6-7}$$

2. 同相放大器

图 6-4 所示为典型的同相放大器电路，根据虚短，$V_- = V_+$，而 $V_- = \frac{R_i}{R_i + R_f}V_o$，$V_+ = V_i$，于是：

$$V_i = \frac{R_i}{R_i + R_f}V_o \tag{6-8}$$

化简可得

$$V_o = \left(1 + \frac{R_f}{R_i}\right)V_i \tag{6-9}$$

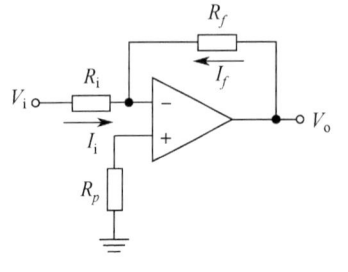

图 6-3 反相放大器电路　　　　图 6-4 同相放大器电路

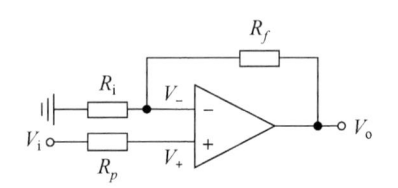

由式（6-9）可知，当运放具有理想特性时，同相放大器的闭环增益仅与外部电路元件 R_i

和 R_f 有关,而与放大器本身参数无关。此外,同相放大器的闭环增益总是大于或等于 1。电阻 R_p 是为消除偏置电流及漂移的影响而设置的补偿电阻。

当运放为理想时,输入电阻为无穷大,但实际一定是有限值。影响输入电阻大小的参数为共模输入电阻 R_c、差模输入电阻 R_{id} 和开环增益 A_{vd},输入电阻为

$$R_{in} = R_p + R_c // (A_{vd} \cdot F \cdot R_{id}) \approx R_c // (A_{vd} \cdot F \cdot R_{id}) \tag{6-10}$$

式中,F 为反馈系数。由上式可知,同相放大器输入电阻很高,因此同相放大器特别适用于信号源为高阻的情况,这是它的突出优点。

在同相放大器放大倍数公式中,当 R_i 趋向无穷大、R_f 趋向零时,$V_o = V_i$,图 6-4 将变成如图 6-5 所示的情况,这就是电压跟随器,也称为缓冲放大器。该电路放大倍数为 1,但输入阻抗特别大,输出阻抗很小,常用作阻抗变换和小功率驱动电路。

3. 加法器运算电路

如果要将 V_1、V_2 和 V_3 三路信号相加,可以采用如图 6-6 所示的电路,它是反相放大器的变形。

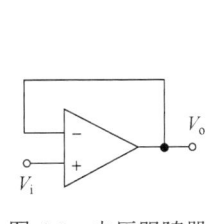

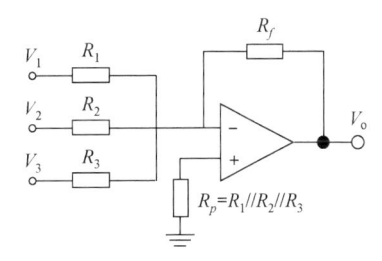

图 6-5 电压跟随器　　　　图 6-6 反相求和电路

一般表达式为

$$V_o = -\left(\frac{R_f}{R_1}V_1 + \frac{R_f}{R_2}V_2 + \frac{R_f}{R_3}V_3\right) \tag{6-11}$$

式(6-11)表示输出电压等于各输入电压按不同比例相加。当 $R_1 = R_2 = R_3 = R$ 时,有

$$V_o = -\frac{R_f}{R}(V_1 + V_2 + V_3) \tag{6-12}$$

即输出电压与各输入电压之和成比例,实现"和"放大。

当 $R_1 = R_2 = R_3 = R_f$ 时,有

$$V_o = -(V_1 + V_2 + V_3) \tag{6-13}$$

即输出电压等于各个输入电压之和,实现加法运算。

加法运算的输入信号也可以从同相端输入,但由于运算关系和平衡电阻的选取比较复杂,并且同相输入时运算放大器的两个输入端承受共模电压,它不允许超过运放的最大共模输入电压,因此一般很少使用同相输入的加法电路。若需要进行同相加法运算,只需要在反相加法电路后再加一级反相器。

4. 三运放电路

图 6-7 所示的电路兼具高输入阻抗和高放大倍数的特点，在仪表检测电路中获得广泛应用，该电路也称为三运放电路、仪用放大器或测量放大器。市场上有专用的集成电路出售。

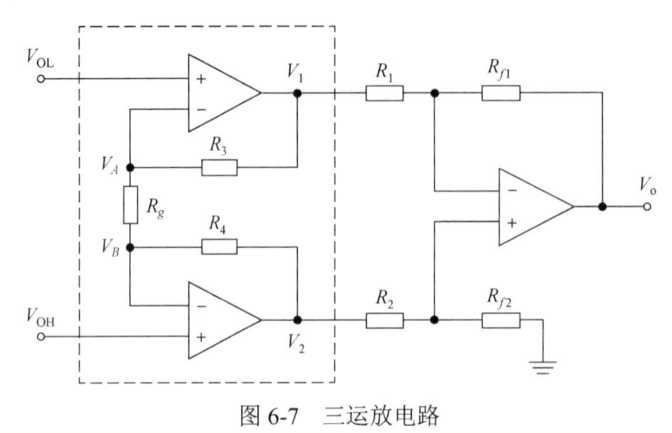

图 6-7 三运放电路

1) 基本原理

该电路由两部分组成，第一部分为同相并联双端输入、双端输出差动放大电路。根据虚短，$V_A = V_{OL}$，$V_B = V_{OH}$；根据虚断，可得下列电流平衡关系式：

$$\frac{V_1 - V_{OL}}{R_3} + \frac{V_{OH} - V_{OL}}{R_g} = 0 \tag{6-14}$$

即

$$V_1 = \frac{R_3 + R_g}{R_g} V_{OL} - \frac{R_3}{R_g} V_{OH} \tag{6-15}$$

同理可得

$$V_2 = \frac{R_4 + R_g}{R_g} V_{OH} - \frac{R_4}{R_g} V_{OL} \tag{6-16}$$

则

$$V_2 - V_1 = \frac{R_3 + R_4 + R_g}{R_g}(V_{OH} - V_{OL}) \tag{6-17}$$

当 $R_3 = R_4$ 时，可得

$$V_2 - V_1 = \left(1 + 2\frac{R_3}{R_g}\right)(V_{OH} - V_{OL}) \tag{6-18}$$

第二部分为基本差动放大电路，$R_1 = R_2$，$R_{f1} = R_{f2}$，则差动放大器输出为

$$V_o = \frac{R_{f1}}{R_1}(V_2 - V_1) = \frac{R_{f1}}{R_1}\left(1 + 2\frac{R_3}{R_g}\right)(V_{OH} - V_{OL}) \tag{6-19}$$

【例 6-1】计算示例：$R_{f1} = R_{f2} = 100 \text{k}\Omega$，$R_1 = R_2 = R_3 = R_4 = 20 \text{k}\Omega$，放大倍数表如表 6-1 所示。实际使用时，只需要通过调整 R_g 来调整放大倍数。

表 6-1 放大倍数表

R_g	1Ω	10Ω	0.1kΩ	0.5kΩ	1.0kΩ	2.0kΩ	5.0kΩ	10.0kΩ	20.0kΩ
A_F	200005	20005	2005	405	205	105	45	25	15

2）性能分析

三运放电路的同相并联输入级具有很高的输入阻抗，输入阻抗与同相放大器的输入阻抗相同。

由于共模电压同时加到了 R_g 的两端，因此第一级只放大差模信号，共模信号被 1∶1 地传送到第二级，第二级在放大差模信号的同时，抑制被传送过来的共模信号。由于基本差动放大器的共模抑制能力取决于电阻的失配程度，所以要求两个第一级放大器具有同样的输出电阻，为达到这一目标，应采用同一个芯片的两个放大器构成第一级。

3）典型芯片

三运放电路具有很好的性能，但是需要精密电阻解决电阻的失配问题，集成的三运放电路很好地解决了上述问题。常用的芯片有 Analog Device 公司的 AD620、AD622、AD623、AD624，Burr-Brown 公司的 INA110、INA115、INA128、INA129 等。

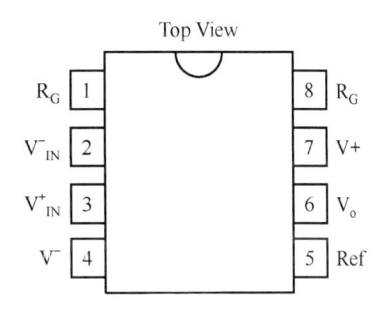

INA128/INA129 是 Burr-Brown 公司生产的低成本、低功耗集成仪用放大器，是一个典型的三运放同相并联差动放大器，仅需外接一个电阻即可设定放大器的增益，增益调节范围是 1～10000。其内部具有输入过压保护电路，可以承受±40V 的电压。

（1）主要性能指标。

- 输入失调电压：≤50μV。
- 输入失调电压漂移：≤0.5μV/℃。
- 输入偏置电流：≤5nA。
- 电压范围：±2.25～±18V。
- 静态消耗电流：700μA。
- 共模抑制比（增益大于 100 时）：CMRR≥120dB。
- 建立时间：当增益为 100 时，典型值为 9μs。
- 带宽：当增益为 100 时，典型值为 200kHz。

（2）结构。

INA128/INA129 引脚图如图 6-8 所示。脚 1 和脚 8 之间是外接电阻 R_G 的接入端，差分输入信号由脚 2、脚 3 输入，脚 6 是输出端，脚 4 是负电源端，脚 7 是正电源端，脚 5 是参考端，通常该端接地。

INA128/INA129 内部结构图如图 6-9 所示。其中，电阻标注对应于 INA128 芯片。如果是 INA129 芯片，将内部 25kΩ 换成 24.7kΩ 即可。

图 6-8 INA128/INA129 引脚图

INA128 的增益表达式为 $G = 1 + \dfrac{50k\Omega}{R_G}$，INA129 的增益表达式为 $G = 1 + \dfrac{49.4k\Omega}{R_G}$。

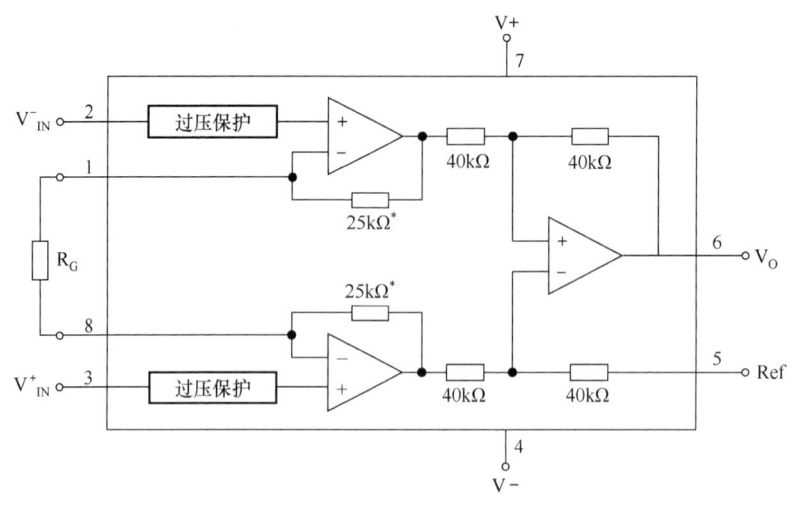

图 6-9 INA128/INA129 内部结构图

注：*INA129：24.7kΩ。

（3）应用。

利用三运放电路将电桥产生的信号放大，电桥放大电路如图 6-10 所示。电桥用于对被测量进行测量，产生输出信号，该信号一般非常微弱，利用 INA128/INA129 进行放大。

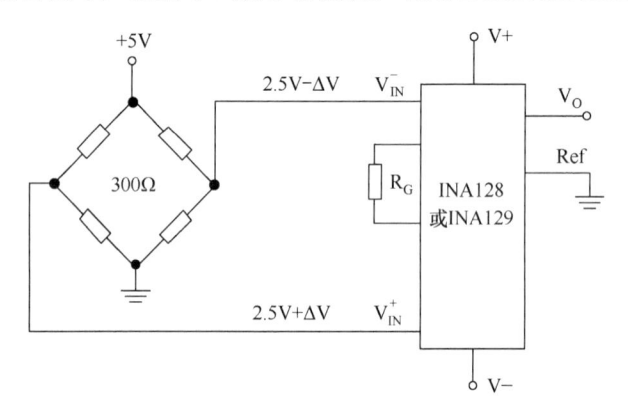

图 6-10 电桥放大电路

6.2 D/A 转换技术

数字信号到模拟信号的转换称为数/模转换，或称为 D/A（Digital to Analog）。通常把实现 D/A 转换的电路称为 D/A 转换器（Digital to Analog Converter，DAC）。

计算机直接输出的只能是数字量，但其控制或者服务的对象很多只能接受模拟量。例如，我们的耳朵只能够听到模拟的声音，而 MP3 上保存的是数字形式的声音数据，这就需要 D/A 转换器将数字量变成模拟量。D/A 转换器是计算机测控系统后向通道的重要器件，也是一些

A/D 转换器的构成基础。

Γ 型电阻网络 DAC 是目前最常用的 D/A 转换器，本节以此为例分析 DAC 的基本特点；Σ-Δ 式 DAC 是 D/A 转换的新技术，是学习难点；其他类型的 DAC 作为拓展思维的学习参考；最后通过实例芯片掌握应用技巧。

6.2.1 Γ 型电阻网络 DAC

6.2.1.1 基本表达式

将数字量变为模拟量的关键就是将数和模拟量建立对应关系。如图 6-11 所示，这个 D/A 转换器将 N 位数字输入信号 D 转换成一个与 D 唯一对应的模拟信号 A。设 N 位 D/A 转换器有 N 个输入端和一个输出端，用数学式表示 D/A 转换器的功能为

$$A = PD$$

式中，A 为模拟量；D 为数字量；P 为比例常数（基准量）。

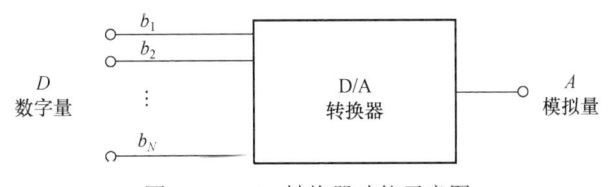

图 6-11 D/A 转换器功能示意图

对于具有 N 位的二进制数字信号 D 来说，从高位到低位可表示为

$$D = \frac{b_1}{2^1} + \frac{b_2}{2^2} + \frac{b_3}{2^3} + \cdots + \frac{b_N}{2^N} \tag{6-20}$$

式中，$b_1, b_2, b_3, \cdots, b_N$ 均是每位数字的系数，而且此系数只有两个数可供选取（要么是 "0"，要么是 "1"）。这里的数字量 D 是一个纯小数，且小于 1，式中最高位数字为 $\frac{b_1}{2^1}$，最低位数字为 $\frac{b_N}{2^N}$。因此，对于任意一个模拟量 A，总可以用一个 N 位数字量来表示：

$$A = PD = \frac{P}{2^1}b_1 + \frac{P}{2^2}b_2 + \cdots + \frac{P}{2^N}b_N \tag{6-21}$$

利用前面学过的反相求和电路，可以实现基于式（6-21）的转换器，如图 6-12 所示。

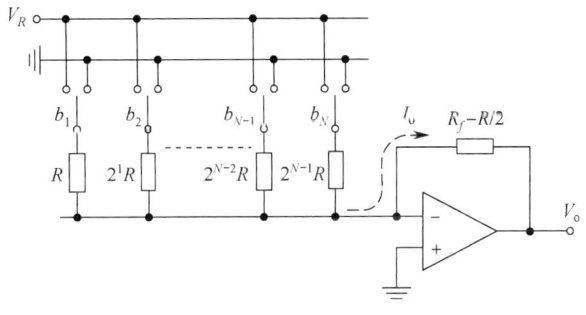

图 6-12 权电阻网络 DAC

这个电路包括 4 个组成部分：

（1）电阻网络。包括 $R, 2R, 4R, \cdots, 2^{(N-1)}R$，共 N 个电阻，由于电阻依次呈 2 倍递增，所以称为权电阻网络。

（2）开关。共有 $b_1, b_2, b_3, \cdots, b_N$ 等 N 个开关，根据数字"1"或"0"分别接通或切断各路电流。实际应用中采用模拟开关实现。

（3）参考电压。参考电压 V_R 代表前述表达式中的比例常数 P。

（4）运算放大器。运算放大器将每位权电流叠加起来，并将电流总和转换成输出电压 V_o。

下面分析该电路的输出与输入数字量的关系。

由于运算放大器的反相端"虚地"，所以，当开关闭合后，流过各电阻的电流分别为

$$I_1 = \frac{V_R}{R}, I_2 = \frac{V_R}{2^1 R} = \frac{1}{2} I_1, I_3 = \frac{V_R}{2^2 R} = \frac{1}{2^2} I_1, \cdots, I_N = \frac{V_R}{2^{N-1} R} = \frac{1}{2^{N-1}} I_1$$

由于运算放大器的输入阻抗很高，电流汇总后全部通过 R_f，汇总电流 I_o 受开关控制，当开关 b_i 闭合时有电流，断开时无电流，于是：

$$I_o = I_1 b_1 + I_2 b_2 + \cdots + I_N b_N = \frac{2V_R}{R}\left(b_1 \frac{1}{2^1} + b_2 \frac{1}{2^2} + \cdots + b_N \frac{1}{2^N}\right) \qquad (6\text{-}22)$$

输出电压：

$$V_o = -I_o R_f = V_R \left(b_1 \frac{1}{2^1} + b_2 \frac{1}{2^2} + \cdots + b_N \frac{1}{2^N}\right) = V_R \cdot D \qquad (6\text{-}23)$$

上式也可以写成：

$$V_o = \frac{V_R}{2^N}\left(b_1 2^{N-1} + b_2 2^{N-2} + \cdots + b_N 2^0\right) = \frac{V_R}{2^N} D' \qquad (6\text{-}24)$$

需要注意的是，此处的 D' 是 N 位二进制表示的整数，范围为 $0 \sim 2^N - 1$，前面的 D 是纯小数。

分析图 6-12 所示的电路，开关闭合时电阻有电流，断开时电阻无电流。开关一般采用模拟开关实现。由于电阻和模拟开关不可避免地存在寄生电容，开关的切换速度不可能很快，影响了电路的工作速度。为了解决这一问题，对电路进行适当调整，可以做到无论开关是断开还是闭合，电阻上都有电流通过，且电流方向不发生改变，这样就可以避免寄生电容对工作速度的影响了。

6.2.1.2 原理及组成

权电阻网络 DAC 原理简单，其精度取决于两个因素，一个是参考电压，另一个是电阻网络。关键在于电阻网络，要求电阻依次呈 2 倍关系，电阻种类多且阻值跨度大，无论采用分立元件电阻实现还是集成电路实现都不容易。位数越多，最高位数和最低位的电阻比值越大，如 N=8 时，最高位权电阻与最低位权电阻的比值达 128。对于集成工艺来说，同时制作很多阻值相差悬殊的电阻是相当困难的，于是探寻能否只用两种电阻且阻值跨度不大的电路来实现，Γ 型电阻网络很好地解决了上述问题。下面以 4 位的 Γ 型电阻网络 DAC 为例（见图 6-13）说明其组成和原理。

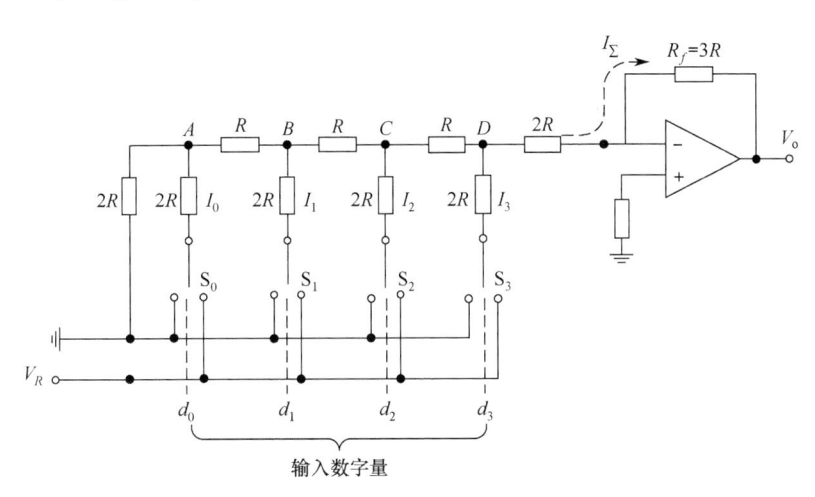

图 6-13　4 位的 Γ 型电阻网络 DAC

该电路具有如下特点。
（1）全部电阻网络只有 R、$2R$ 两种阻值（不考虑反馈电阻）。
（2）从 A、B、C、D 各点往左看，各支路电阻都是 $2R$，即每条支路流入节点的电流都会等分地流出到其他节点。从开关方向看，每个支路的电阻都是 $3R$。
（3）当 d_0、d_1、d_2、d_3 为 "1" 时，开关 S_0、S_1、S_2、S_3 接通 V_R。
（4）开关打到 "地" 和参考电压，流过开关的电流方向是不同的。
根据叠加原理，当 S_0、S_1、S_2、S_3 分别接通 V_R 独立作用时，有

$$I_0 = I_1 = I_2 = I_3 = \frac{V_R}{3R} \tag{6-25}$$

由于 I_0、I_1、I_2、I_3 分别经过 4 次、3 次、2 次、1 次二分到达 I_Σ，所以，

$$I_\Sigma = \frac{V_R}{3R}\left(\frac{d_0}{2^4}+\frac{d_1}{2^3}+\frac{d_2}{2^2}+\frac{d_3}{2^1}\right) = \frac{V_R}{3R \times 2^4}\sum_{i=0}^{3}2^i d_i \tag{6-26}$$

$$V_o = -I_\Sigma R_f = -\frac{V_R}{2^4}\sum_{i=0}^{3}2^i d_i \tag{6-27}$$

对于 N 位 DAC，有

$$V_o = -\frac{V_R}{2^N}\sum_{i=0}^{N-1}2^i d_i = -\frac{V_R}{2^N}D \tag{6-28}$$

D 是 N 位二进制表示的整数，范围为 $0 \sim 2^N - 1$。

该电路在使用过程中存在如下问题：开关中的电流是双向的，当开关进行 0、1 切换时，基准电压或零电压只有先经过电阻网络才能到达运放的输入端，而电阻会产生寄生电容、寄生电感，使各支路电流到达运放输入端的时间产生延迟，造成输出端可能产生很大的尖峰脉冲，从而影响 DAC 的动态精度。下面的倒 Γ 型电阻网络 DAC 很好地解决了上述问题。

6.2.1.3　倒 Γ 型电阻网络 DAC

4 位的倒 Γ 型电阻网络 DAC 如图 6-14 所示，将各支路电流全部接入运算放大器输入端，将运放的同相端接地，反相端作为电流的求和点，相当于虚地。当开关进行切换时，切换的

两端都是地电位，不会产生电压波动，改善了 DAC 的动态精度。

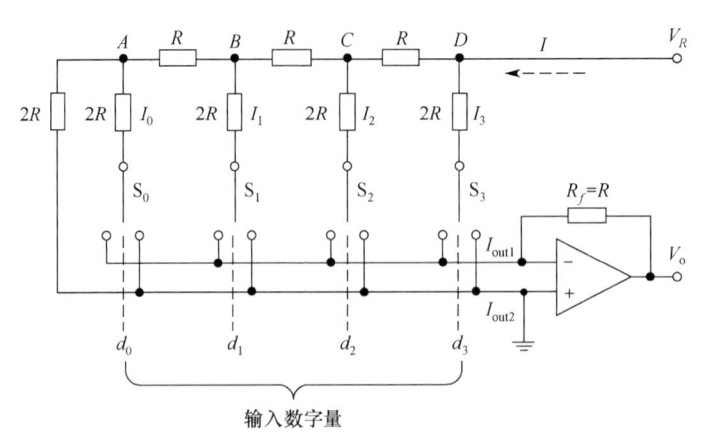

图 6-14　4 位的倒 Γ 型电阻网络 DAC

倒 Γ 型电阻网络 DAC 具有以下特点。
（1）开关打向右边是接地，打向左边是接虚地，开关位置不影响网络。
（2）从右往左看 A、B、C、D 各点，等效电阻都是 R，各支路电阻都是 2R，因此，来自参考电压的电流将被依次二分。
（3）I_0、I_1、I_2、I_3 的电流维持不变，即通过开关的电流方向不变。
（4）当 d_0、d_1、d_2、d_3 为"1"时，开关 S_0、S_1、S_2、S_3 接通 I_{out1}。

从 D 点往左看的总电阻是 R，因此参考电压供给电阻网络的总电流是恒定的，即

$$I = \frac{V_R}{R} \tag{6-29}$$

由于电流被依次二分，因此有

$$\begin{cases} I_3 = \dfrac{I}{2} \\ I_2 = \dfrac{I_3}{2} = \dfrac{I}{2^2} \\ I_1 = \dfrac{I_2}{2} = \dfrac{I}{2^3} \\ I_0 = \dfrac{I_1}{2} = \dfrac{I}{2^4} \end{cases} \tag{6-30}$$

由于开关受输入的数字量控制，开关的位置不同，因此电流分别被输送给 I_{out1} 和 I_{out2}，显然，$I_{out1} + I_{out2} = I$。下面分析 I_{out1} 与输入数字量的关系。

$$\begin{aligned} I_{out1} &= \frac{I}{2^4}d_0 + \frac{I}{2^3}d_1 + \frac{I}{2^2}d_2 + \frac{I}{2^1}d_3 \\ &= \frac{V_R}{2^4 R}(2^0 d_0 + 2^1 d_1 + 2^2 d_2 + 2^3 d_3) \\ &= \frac{V_R}{2^4 R} \sum_{i=0}^{3} 2^i d_i \end{aligned} \tag{6-31}$$

由于运算放大器的输入阻抗很大，I_{out1} 几乎全部流入 R_f，于是，输出电压为

$$V_o = -R_f \times \frac{V_R}{2^4 R} \sum_{i=0}^{3} 2^i d_i = -\frac{V_R}{2^4} \sum_{i=0}^{3} 2^i d_i \quad (6\text{-}32)$$

对于 N 位 DAC，有

$$V_o = -\frac{V_R}{2^N} \sum_{i=0}^{N-1} 2^i d_i = -\frac{V_R}{2^N} D \quad (6\text{-}33)$$

D 是 N 位二进制表示的整数，范围为 $0 \sim 2^N - 1$。

电路中的开关一般采用模拟开关实现，倒 Γ 型电阻网络 DAC 通过开关的电流方向不变，可以避免寄生电容的影响，速度更快，干扰小。由于具有上述优点，因此在实际应用中基本都采用倒 Γ 型电阻网络 DAC。

6.2.2 Δ-Σ 式 DAC

Δ-Σ 式 DAC 近年来获得了广泛的应用，尤其是作为计算机声卡的信号产生器件。其最主要的特点是模拟电路非常简单，主体电路基本采用数字电路完成，便于和 CPU 集成到一个芯片中。

6.2.2.1 Δ-Σ 式 DAC 设计思想分析

很多嵌入式 CPU 通过计数器提供 PWM（Pluse With Modulation，脉冲宽度调制）电路实现数模转换，PWM 电路产生不同占空比的信号，经过滤波转换成对应的模拟电压。例如 4 位的 DAC，每次转换都包括 16 个时钟周期。当输入的数字数据是 8，用 PWM 数模转换时，前 8 个时钟输出高电平，后 8 个时钟输出低电平，占空比为 50%。这种方法对滤波电路要求高，且噪声大。期望的结果是将 8 个高电平均匀分布在 16 个时钟周期中，这种方式就是 Δ 调制。两种调制方式波形对比图见图 6-15。显然，Δ 调制方式优于 PWM 方式，因为 Δ 调制方式的噪声属于高频噪声，一方面容易处理，另一方面对低频电路影响不大。

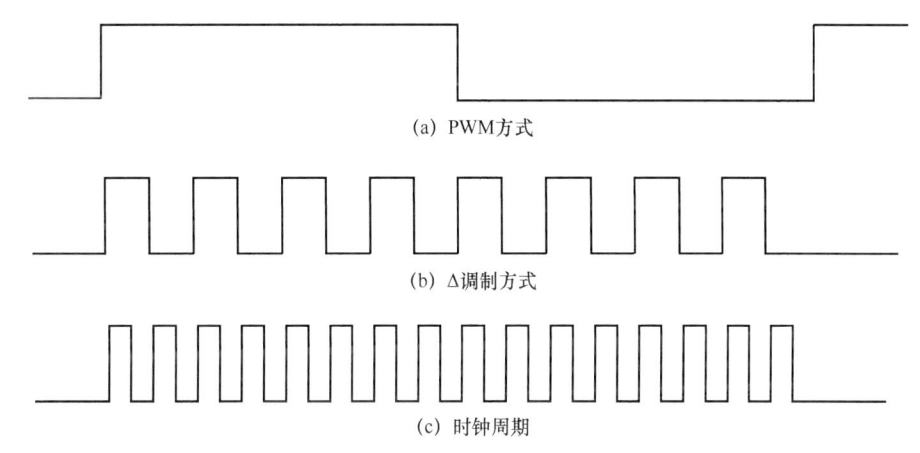

(a) PWM方式

(b) Δ调制方式

(c) 时钟周期

图 6-15　PWM 方式与 Δ 调制方式波形对比图

根据 Δ 调制的原理，DAC 电路的实现目标如下：分辨率为 N 位的 DAC，当输入数据是 D_{in} 时，需要在 2^N 个时钟周期内均匀分布 D_{in} 个高电平脉冲，保证输出电平的有效值是 $\dfrac{D_{in}}{2^N}V_R$，V_R 是输出高电平幅度。为实现上述目标，对 D_{in} 做如下变换：

$$D_{in} = \frac{2^N D_{in}}{2^N} = \frac{\sum_{i=1}^{2^N} D_{in}}{2^N} \tag{6-34}$$

上述公式可以这样理解：如果对 D_{in} 做 2^N 次加法，结果一定可以被 2^N 整除，且结果是 D_{in}。从实现角度分析，数据求和用累加器实现，如果累加器是 N 位，每个时钟都进行一次累加。累加器一旦溢出就产生一个进位脉冲，那么经过 2^N 个时钟的累加，就一定会产生 D_{in} 个进位脉冲，即通过求 Σ 电路实现了 Δ 调制，因此称为 Δ-Σ 式 DAC。

6.2.2.2 Δ-Σ 式 DAC 设计实现

求和电路采用累加器实现，为了实现时钟控制的累加功能，还必须具有锁存器。为了知道是否产生进位，应当采用 $N+1$ 位累加器和锁存器，但这样还不能实现每次进位产生一个进位脉冲，由于进位脉冲的宽度必须准确为一个时钟周期，所以，希望进位脉冲伴随累加过程产生。为了达到这一效果，实际采用 $N+2$ 位累加器和锁存器，第 $N+2$ 位作为输出位。图 6-16 给出了 8 位 Δ-Σ 式 DAC 原理图。

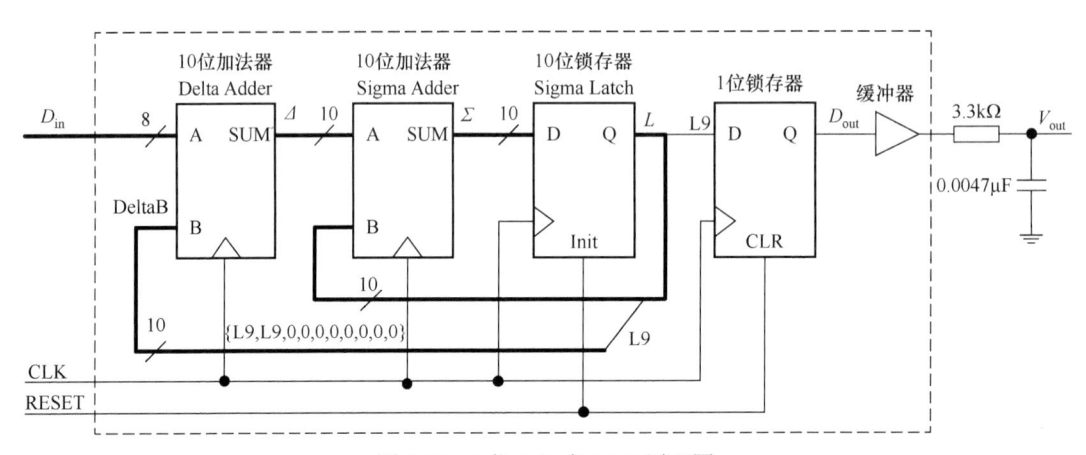

图 6-16　8 位 Δ-Σ 式 DAC 原理图

图 6-17 说明了进位脉冲产生过程，图中将最高两位直接列出，后面的 8 位作为一个整体看待。设初始化时，10 位锁存器 Sigma Latch 的初值为二进制 0100000000B。

输入数据 $D_{in} = X$，则有 $2^N = nX - \delta$，δ 为余数。在时钟 CLK 的作用下，累加器、锁存器等将按照图 6-17 的过程进行变化。图中的向上箭头代表 CLK 信号上升沿到来，并将 Σ_i 的内容送入 L_i，下标 i 表明时钟信号的先后顺序。分析 X 的累加过程，每当 N 位累加器溢出，锁存器 Sigma Latch 最高位就输出一个脉冲，且脉冲宽度刚好为一个时钟周期。

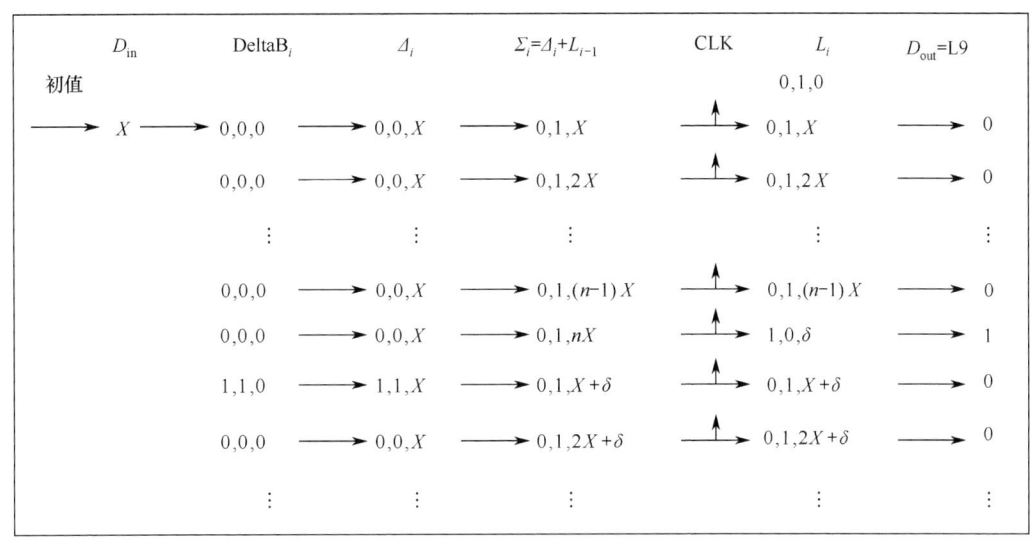

D_{in}	DeltaB$_i$	Δ_i	$\Sigma_i=\Delta_i+L_{i-1}$	CLK	L_i	$D_{out}=L9$
初值					0,1,0	
X	0,0,0	0,0,X	0,1,X	↑	0,1,X	0
	0,0,0	0,0,X	0,1,2X	↑	0,1,2X	0
⋮	⋮	⋮	⋮		⋮	⋮
	0,0,0	0,0,X	0,1,(n-1)X	↑	0,1,(n-1)X	0
	0,0,0	0,0,X	0,1,nX	↑	1,0,δ	1
	1,1,0	1,1,X	0,1,X+δ	↑	0,1,X+δ	0
	0,0,0	0,0,X	0,1,2X+δ	↑	0,1,2X+δ	0
⋮	⋮	⋮	⋮		⋮	⋮

图 6-17　进位脉冲产生过程

6.2.2.3　应用特点

（1）要保证输出能够准确反映 D_{in} 的变化，D_{in} 的变化速率 $R_{D_{in}}$ 和内部时钟频率应具有下列关系：

$$R_{D_{in}} < \frac{f}{2^N} \tag{6-35}$$

如果 D_{in} 的变化速率较高，DAC 的内部时钟频率 f 可能无法保证，但 Δ-Σ 式 DAC 的输出仍能够快速反映出 D_{in} 的变化，只是精度不够高。由于 Δ-Σ 式 DAC 属于过采样技术，噪声属于高频噪声，如果系统对高频噪声不敏感，可不必按照上式确定频率，但要尽可能远远大于系统的截止频率，所以 Δ-Σ 式 DAC 适合声卡、反馈控制系统和低频信号源的应用需求。

（2）当 $D_{in}=2^N-1$（满度）时，通常希望 DAC 输出一直维持高电平。但上述实现方案在 2^N 个时钟周期内一定会产生一个低电平脉冲，这一点需要注意。

（3）Δ-Σ 式 DAC 的分辨率 N 决定了需要累加的时钟个数，增加累加时钟个数也就提高了分辨率。Δ-Σ 式 DAC 的分辨率是目前最高的。

6.2.3　其他 DAC

6.2.3.1　电阻分压器 DAC

最早期、最直观的电阻分压器 D/A 转换器电路如图 6-18 所示。由 2^N 个阻值为 R 的电阻串联起来组成一个分压器，于是得到 2^N 个量化电压分层，分压器的每个抽头都与一个开关相接。输入的 N 位二进制数经过译码后选择一个开关闭合，将对应的模拟电压输出。为了减少分压器的负载电阻影响和模拟开关导通电阻的影响，输出端接一个输入阻抗非常高的电压跟随器电路。

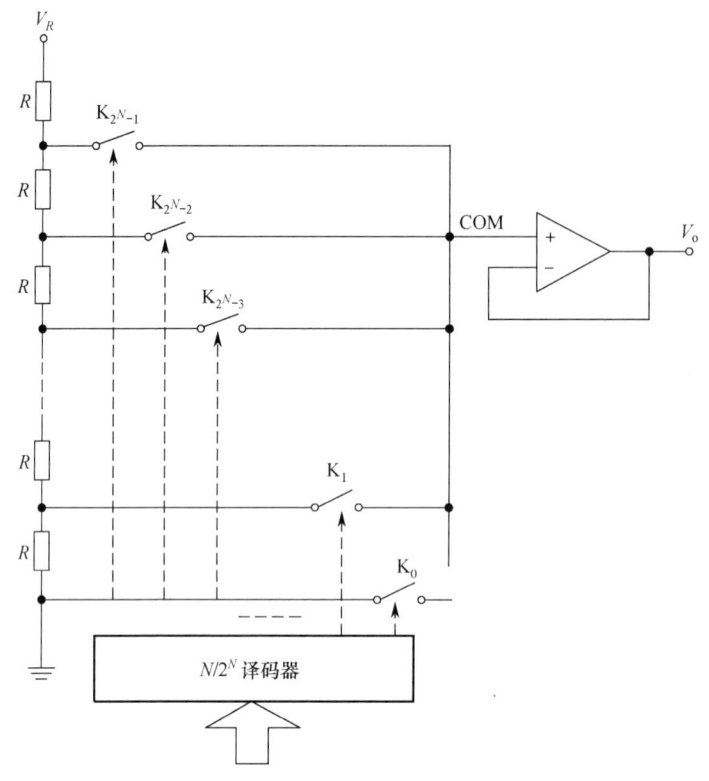

图 6-18 最早期、最直观的电阻分压器 D/A 转换器电路

当输入的数字量为 N 位二进制 $00\cdots00\text{B}$ 时，译码器的输出使开关 K_0 闭合，其他开关断开，输出电压为 0；当输入的数字量为 $00\cdots01\text{B}$ 时，开关 K_1 闭合，其他开关断开时，输出电压为 $\dfrac{V_R}{2^N}$；输入数码每增加 1，导通的开关上移一行，输出电压相应增加 $\dfrac{V_R}{2^N}$。因此，当输入的数字量为 D 时，输出电压为

$$V_o = \frac{V_R}{2^N} D \tag{6-36}$$

该电路在分立元件时代由于需要的元器件数量多而被淘汰，随着集成电路技术的发展，制作这样的分压器和开关元件变得十分方便，而且占用芯片面积不大，于是这种方案又获得了新生，这就是开关树型电阻分压器 DAC。开关树型电阻分压器 DAC 电路如图 6-19 所示。

这里，模拟开关构成了译码阵列，共有 $(2^{N+1}-2)$ 个模拟开关，呈树状分叉形状。这些开关成组地接受二进制 $d_7 d_6 d_5 d_4 d_3 d_2 d_1 d_0$ 和反码 $\bar{d}_7 \bar{d}_6 \bar{d}_5 \bar{d}_4 \bar{d}_3 \bar{d}_2 \bar{d}_1 \bar{d}_0$ 的控制。d_i 控制上面的开关，$\bar{d}_i$ 控制下面的开关，代码为"1"时开关导通，代码为"0"时开关截止。输出放大器必须是高输入阻抗的，这样就不会向连通的分压器电路取用电流了。

该 D/A 转换器的工作原理可以解释如下。

当输入数字量 $d_7 \cdots d_0 = 0 \cdots 0$（全"0"），相应的 $\bar{d}_7 \cdots \bar{d}_0 = 1 \cdots 1$（全"1"）时，$K_{7-0}, K_{6-0}, \cdots, K_{0-0}$ 闭合，将零伏电压引向输出放大器，其他开关虽也有导通的，但均不能构成通路。

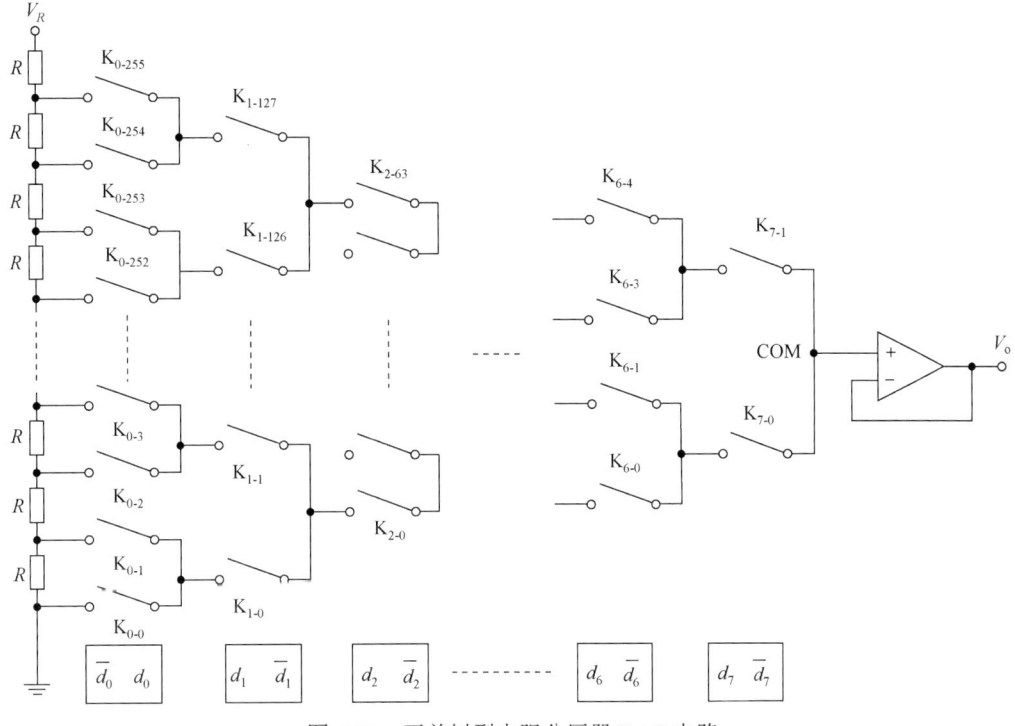

图 6-19 开关树型电阻分压器 DAC 电路

当输入数字量 $d_7\cdots d_0 = 00000011$，相应的 $\bar{d}_7\cdots\bar{d}_0 = 11111100$ 时，$K_{7-0},\cdots,K_{2-0},K_{1-1}$ 和 K_{0-3} 闭合，形成闭合通路，将 $\dfrac{3}{256}V_R$ 电压引向输出放大器，其他开关虽也有导通的，但均不能构成通路。

采用图 6-19 所示的方案组成 N 位 D/A 转换器需要 2^N 个电阻和 $(2^{N+1}-2)$ 个模拟开关，看似不可取的方案，但是，MOS 技术制造这种电阻和开关阵列并不困难。这种方案的一个优点是所有元件都是微功耗的，输出放大器是一个极高输入阻抗的 CMOS 电路，电阻分压器消耗电流也很小，模拟开关导通电阻本身不大，由于几乎没有电流流过，所以导通电阻不一致的影响也可以忽略不计。

6.2.3.2 权电容网络 DAC

权电容网络 DAC 与权电阻网络类似，只不过用电容网络代替电阻网络，图 6-20 给出了 4 位 DAC 的原理图。4 个开关 S_0、S_1、S_2、S_3 受相应数字量控制，当相应位为 "1" 时开关接参考电压 V_R，为 "0" 时接地。

由于运算放大器反相输入端虚地，所以当开关 S_i 闭合后，对应输入电容两端的电压为 V_R，输出电容两端的电压为 V_o。由于运算放大器的输入阻抗极高，泄露电流忽略不计，于是，反馈电容积累的电荷和所有输入电容积累的电荷相等，于是：

$$V_R(2^0 S_0 + 2^1 S_1 + 2^2 S_2 + 2^3 S_3)C = -V_o \cdot 2^4 C \tag{6-37}$$

输出电压可表示为

$$V_o = -\frac{V_R}{2^N}\sum_{i=0}^{N-1} 2^i S_i \qquad (6\text{-}38)$$

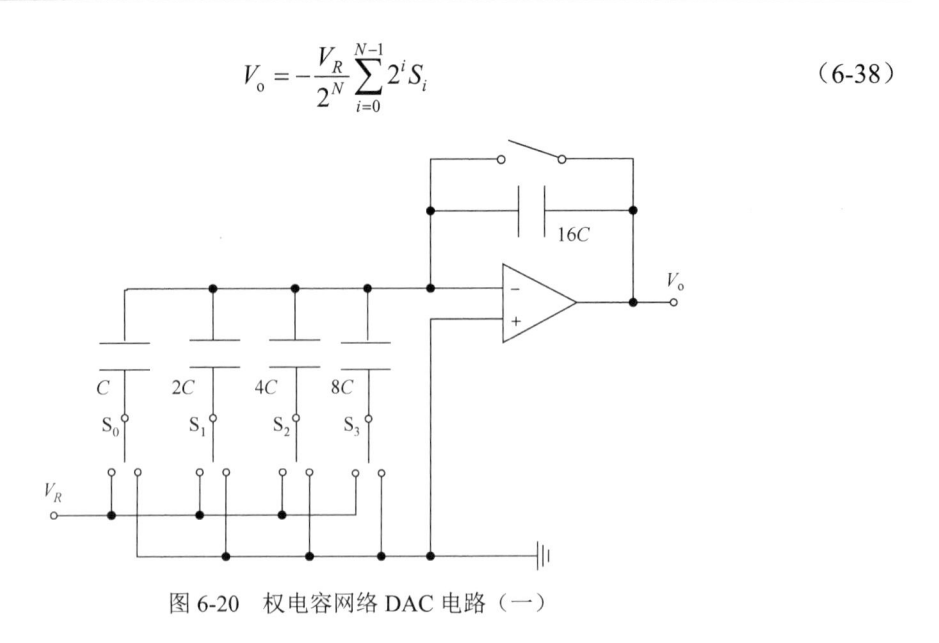

图 6-20 权电容网络 DAC 电路（一）

上述电路原理分析很简单，但实际并不被采用，因为运算放大器要对一个很大的电容充放电。常用的是如图 6-21 所示的由电容构成的分压网络。

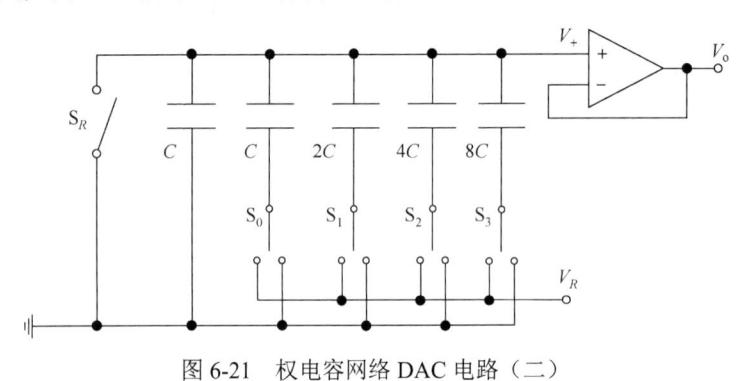

图 6-21 权电容网络 DAC 电路（二）

每次转换前，先进行一次复零操作，所有开关全部接地，所有电容充分放电。

转换开始，开关 S_R 一直保持断开状态，其他开关由输入数字进行控制。为"1"时接参考电压，为"0"时接地。

当输入的数字量为"0001"时，开关 S_0 接参考电压，其他开关接地。此时，等效电路如图 6-22（a）所示，由于运算放大器构成电压跟随电路，输出电压 $V_o = \dfrac{V_R}{16}$。

当输入的数字量为"0011"时，开关 S_0 和 S_1 接参考电压，其他开关接地。此时，等效电路如图 6-22（b）所示，可以算出此时输出电压 $V_o = \dfrac{3V_R}{16}$。

以此类推，在任意数字量作用下，N 位权电容网络 DAC 的输出电压为

$$V_o = \frac{V_R}{2^N}D, \quad D \in (0 \sim 2^N - 1) \qquad (6\text{-}39)$$

(a)　　　　　　　　　　　(b)

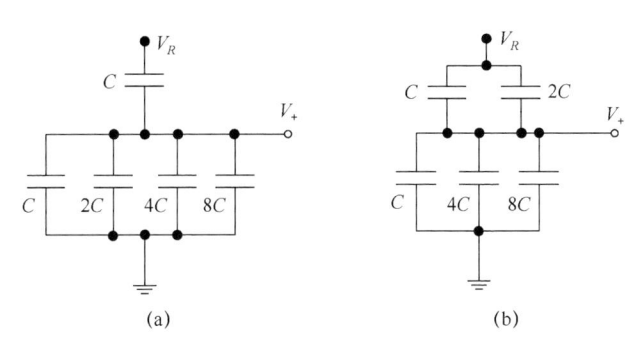

图 6-22　权电容网络的等效电路

权电容网络 DAC 刚开始建立开关状态时存在着电容充放电的过渡过程,过渡过程的时间常数取决于开关的导通电阻和权电容的数值。在集成电路中,权电容数值可以非常小,建立时间可以小到微秒量级。过渡过程结束后,开关导通电阻不影响电容充电后的电压稳态值,精度主要取决于权电容比值的匹配精度。利用 MOS 工艺制作权电容阵列并不困难,尤其是电容的匹配精度更容易保证。近年来,权电容网络 DAC 已被广泛采用,尤其是作为 A/D 转换器内部的构成部件。

6.2.3.3　双电容串行 DAC

双电容串行 D/A 转换器结构最为简单,其核心部件是两个容量完全相同的电容、模拟开关和采样保持器。具体电路如图 6-23 所示,虚线框内的 S_4 开关和保持器构成采样保持器。

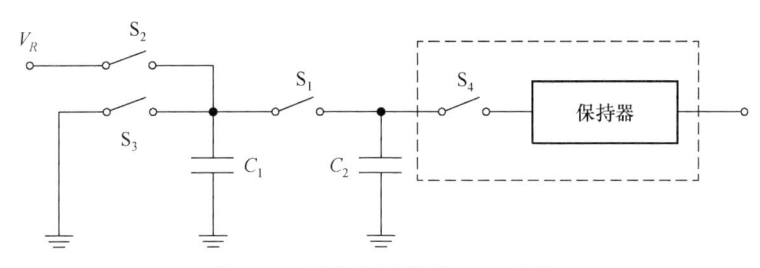

图 6-23　双电容可串行 DAC 电路

和前面的 DAC 不同,它是逐位输入串行转换的 DAC,按照先低位后高位的顺序依次进行转换。工作过程如下。

第一步:对所有电容清零。开关 S_1 和 S_3 闭合,S_2 和 S_4 断开,电容 C_1 和 C_2 充分放电。放电结束,S_1 断开。

第二步:低位数字先转换。如果输入的最低位数据 $b_0 = 0$,则 S_3 闭合,直到电容 C_1 两端电压为零,然后开关断开;如果输入的最低位数据 $b_0 = 1$,则 k_2 闭合,参考电压 V_R 对电容 C_1 充电,直到 C_1 两端的电压为 V_R,然后开关断开。

第三步:平均电压。开关 S_1 闭合,由于两个电容 C_1 和 C_2 相等,C_1 上的电荷会平均分配到两个电容上,稳定后,两个电容电位相同,均为 $\frac{1}{2}V_R$。

第四步:次低位数字开始转换,重复第二步和第三步。然后继续下一位数据,直到 N 位数据转换完成。这样，N 位数据共需重复转换和电压平均的次数为 N 次。

第五步：输出转换电压。采样保持器的开关 S_4 闭合，保持器输出的电压 V_o 就是与数字量对应的模拟电压。

总之，一次完整的转换过程包括清零和输出转换结果，需要 $N+2$ 个时钟周期。

图 6-24 给出了 4 位双电容串行 DAC 输入数据为"1101"时的转换时序图。

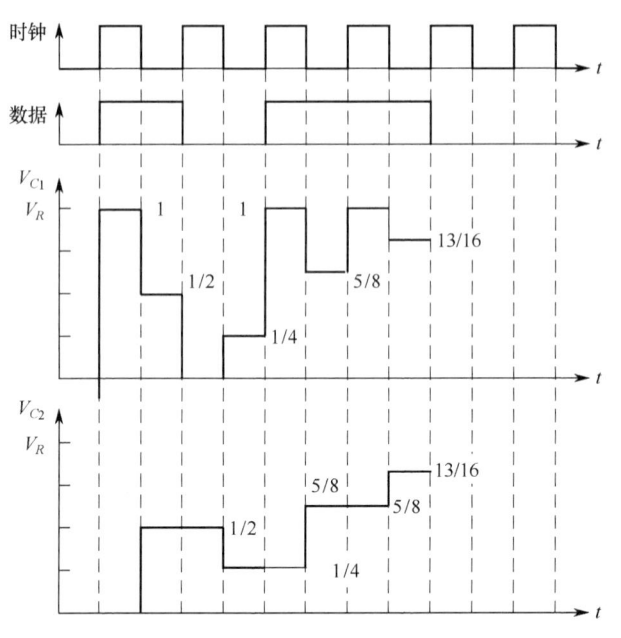

图 6-24　数据 $b_3b_2b_1b_0=1101$ 时的转换时序图

当 $b_0=1$ 到来时，C_1 被充电到 V_R，由于 $V_{C2}=0$，平均后 $V_{C1}=V_{C2}=\dfrac{1}{2}V_R$；

当 $b_1=0$ 到来时，C_1 被放电到 0，由于 $V_{C2}=\dfrac{1}{2}V_R$，平均后 $V_{C1}=V_{C2}=\dfrac{1}{4}V_R$；

当 $b_2=1$ 到来时，C_1 又被充电到 V_R，由于 $V_{C2}=\dfrac{1}{4}V_R$，平均后 $V_{C1}=V_{C2}=\dfrac{5}{8}V_R$；

当 $b_3=1$ 到来时，C_1 又被充电到 V_R，由于 $V_{C2}=\dfrac{5}{8}V_R$，平均后 $V_{C1}=V_{C2}=\dfrac{13}{16}V_R$。

经过上述过程，数据"1101"被转换成相应的电压 $\dfrac{13}{16}V_R$。

下面对 N 位双电容串行 DAC 的输出结果进行推导。设数据位从低到高依次为 $b_0,b_1,\cdots,b_{N-1}$，推导过程如下。

当 b_0 到来后，$V_{o1}=\dfrac{1}{2}(V_R\cdot b_0+0)$；

当 b_1 到来后，$V_{o2}=\dfrac{1}{2}(V_R\cdot b_1+V_{o1})=\dfrac{1}{2}\left[V_R\cdot b_1+\dfrac{1}{2}(V_R\cdot b_0+0)\right]$；

当 b_3 到来后，$V_{o3} = \frac{1}{2}(V_R \cdot b_2 + V_{o2}) = \frac{1}{2}\left[V_R \cdot b_2 + \frac{1}{2}\left[V_R \cdot b_1 + \frac{1}{2}(V_R \cdot b_0 + 0)\right]\right]$。

以此类推，当最高位 b_{N-1} 到来后，最后的输出电压为

$$V_{oN} = \frac{1}{2}(V_R \cdot b_{N-1} + V_{o(N-2)})$$
$$= \frac{1}{2}\left[V_R \cdot b_{N-1} + \frac{1}{2}\left[V_R \cdot b_{N-2} + \cdots + \frac{1}{2}(V_R \cdot b_0 + 0)\right]\right]$$
$$= \frac{V_R}{2^N}(2^{N-1}b_{N-1} + 2^{N-2}b_{N-2} + \cdots + 2^1 d_1 + 2^0 d_0)$$

即

$$V_o = \frac{V_R}{2^N}D \tag{6-40}$$

双电容 D/A 转换器是串行输入、串行转换的 DAC，有的 DAC 数据输入口是串行接口，但转换过程不是串行的，这一点需要注意。

6.2.4　D/A 转换器应用

6.2.4.1　D/A 转换器的特殊应用

DAC 芯片的使用与芯片的特点有很大关系，这里将一些常用的特点总结出来供学习具体芯片参考。在分析这些特点时，以目前广泛应用的倒 Γ 型电阻网络为主进行分析。

1. 双极性变换

在前面的 DAC 电路原理分析中可以发现，输出电压都是单极性输出，如图 6-25（a）、图 6-25（b）所示，即

$$V_o = -\frac{V_R}{2^N}D \text{ 或者 } V_o = +\frac{V_R}{2^N}D, \quad D \text{ 的范围为 } 0 \sim (2^N - 1) \tag{6-41}$$

在很多情况下，如反馈控制系统，需要输出电压为双极性输出信号，即要求数字量和输出电压之间建立如图 6-25（c）所示的对应关系。

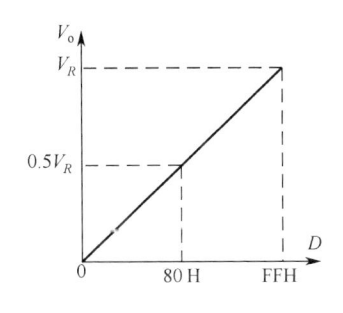

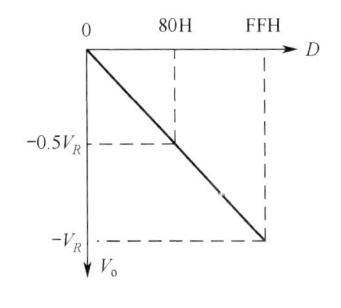

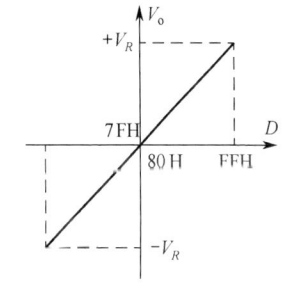

(a) 正极性输出　　(b) 负极性输出　　(c) 双极性输出

图 6-25　数字量和输出电压

以 8 位二进制为例，双极性输出要求数字量为零时，输出电压为负的最大值；数字量为 FFH 时，输出电压为正的最大值；当数字量为 80H（或者 7FH，哪一个对应输出电压为零，可以通过输出运算放大器的零点调整解决）时，输出电压为零。当数字量和输出电压满足上述关系时，称为双极性输出，这种数字编码称为偏移二进制码。

图 6-26 给出了单极性（0～-5V）变双极性（-5～5V）的变换过程，即通过-2 倍的比例变换与求和过程来实现。图 6-27 给出了这种变换的具体电路，图中左侧为倒 Γ 型电阻网络（见图 6-28）简化图。V_A 是倒 Γ 型电阻网络 DAC 的输出，第二级运算放大器完成反相比例变换和求和的作用，根据图中电阻关系，$V_o = -(2V_A + V_R)$。图中 3 个电阻之间必须严格成比例，且有相同的温度特性。

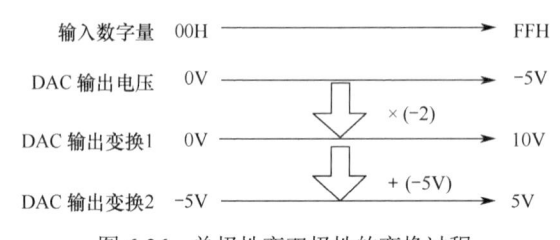

图 6-26 单极性变双极性的变换过程

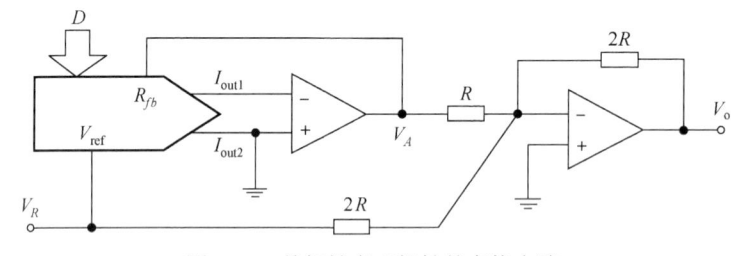

图 6-27 单极性变双极性的变换电路

2. 数字电位器

利用 D/A 转换器的电阻网络和电容网络可以构建数字电位器和数字电容器。工程中数字电位器很受设计者青睐。

利用倒 Γ 型电阻网络也可以构成数字电位器，如图 6-28 所示，V_R 和 I_{out1} 引脚之间的阻值、V_R 和 I_{out2} 引脚之间的阻值受模拟开关的控制。

下面分析阻值与数字量的关系。V_R 和 I_{out1} 引脚之间的阻值 $R_{d1} = \dfrac{V_R}{I_{out1}}$，根据对倒 Γ 型电阻网络 DAC 的分析，$I_{out1} = \dfrac{V_R}{2^N R} \sum_{i=0}^{N-1} 2^i d_i$，于是：

$$R_{d1} = \dfrac{2^N R}{\sum_{i=0}^{N-1} 2^i d_i} = \dfrac{2^N R}{D} \qquad (6\text{-}42)$$

当数字量为 0 时，电阻无穷大。因为所有开关都断开，所以 V_R 和 I_{out1} 引脚之间没有通路。

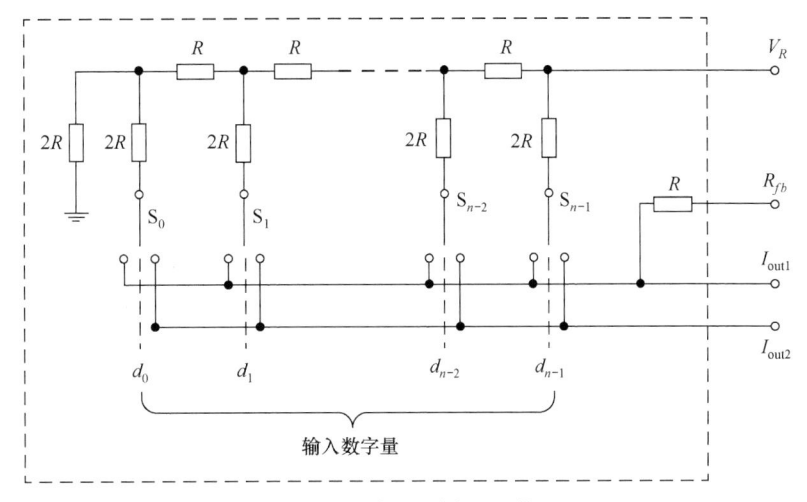

图 6-28 倒 Γ 型电阻网络

同理可以求得 V_R 和 I_{out2} 引脚之间的阻值 $R_{d2}=\dfrac{2^N R}{\overline{D}}$，$\overline{D}$ 是 D 按位取反的结果。

DAC 内部电阻网络的阻值在厂家的数据手册中会给出，例如，DAC0832 的内部电阻为 $R=15\text{k}\Omega$，但普通的 DAC 很少直接用作数字电位器，因为其内部阻值会随着温度变化有明显的变化。由于数字电位器广阔的应用领域，人们在上述电路的基础上增加温度传感器，当环境温度发生变化时，可根据温度修正表来调整电位计的输出，实现温度自动补偿。

3. 数控增益运算放大器

D/A 转换器本身就是一款数控衰减器，以倒 Γ 型电阻网络 DAC 为例，根据 $V_o=-\dfrac{V_R}{2^N}D$，将参考电压 V_R 用模拟输入信号 V_{in} 代替，可得：

$$V_o=-\dfrac{D}{2^N}V_{in} \tag{6-43}$$

由于 $D<2^N$，所以是衰减器，数字量 D 控制对 V_{in} 的衰减因子。

以上公式还可以看作数字量 D 和模拟量 V_{in} 的相乘关系，由此构成一个特殊的乘法器。如果电阻网络限制 V_{in} 只能是正极性信号，就把这样的 DAC 称为两象限乘法器（前提是电路已经是双极性电路，数字量 D 采用偏移二进制码，相当于数字量可正可负），如果 V_{in} 可以是双极性信号，这样的 DAC 称为四象限乘法器。

分析倒 Γ 型电阻网络 DAC，之所以称为衰减器，是因为输入电阻 R_{d1} 始终大于反馈电阻，如果将二者位置互换一下，就构成了数控放大器，如图 6-29 所示。其放大倍数

$$A_V=\dfrac{R_{d1}}{R_{fb}}=\dfrac{2^N}{D} \tag{6-44}$$

数字量 D 与放大倍数成反比，可以利用这一特点完成一些特殊作用。

分析上述数控增益放大器，无论是输入电阻还是反馈电阻都是集成电路的内部电阻，都具有一致的温度系数，都可以保证数控增益的精度。

(a) 内部结构

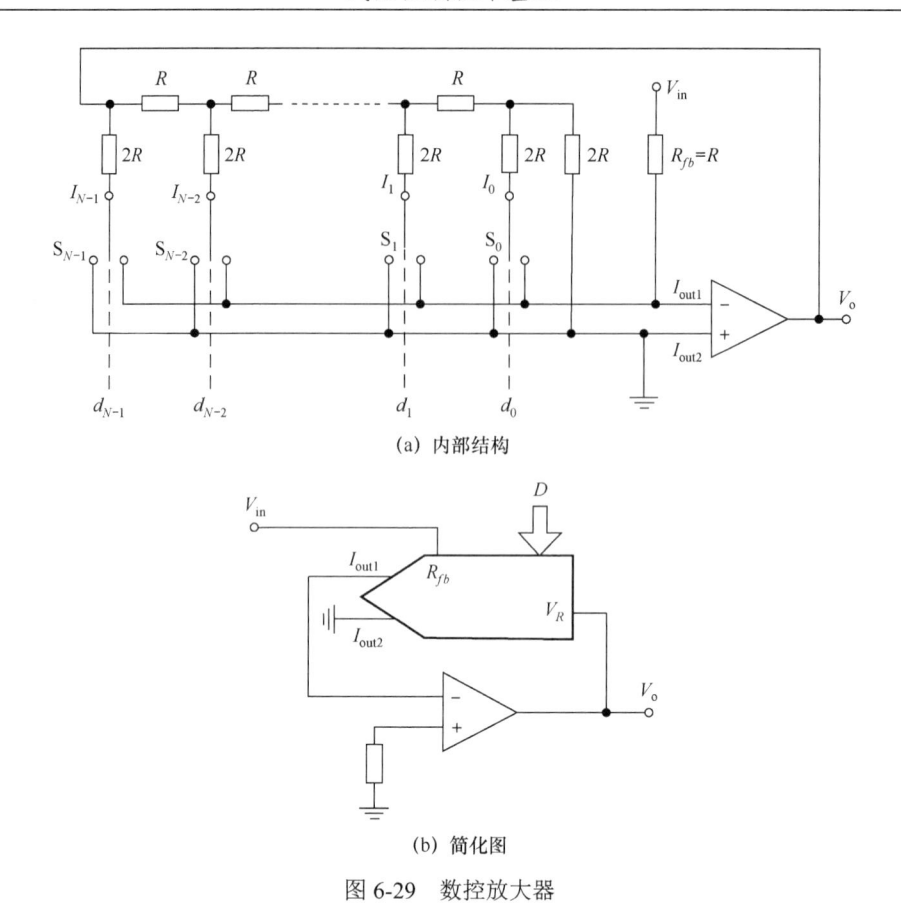

(b) 简化图

图 6-29 数控放大器

4. 高电压、大电流 DAC

如果需要扩大 DAC 输出的电压范围和电流范围,就要在 DAC 输出端进一步增加电压放大电路或电流放大电路。为了提高电路的精度,保持良好的线性度,需要将 DAC 和后级放大电路一并进行负反馈设计。

图 6-30 中给出了倒 Γ 型电阻网络 DAC1208 高电压 DAC 电路的设计方法。图中虚线框部分是一个基本的电压放大电路,运算放大器输出端到 R_{fb} 的反馈改为由 V_{out} 端反馈。

由于 V_A 点是反馈点,其大小等同于从 V_B 点反馈,所以,$V_A = -\dfrac{V_R}{4096}D$,根据节点电流法:$\left(\dfrac{1}{R_1} + \dfrac{1}{R_{fb}}\right)V_A = \dfrac{1}{R_2}(V_{out} - V_A)$,有

$$V_{out} = -\frac{V_R}{4096}D\left(1 + \frac{R_2}{R_1} + \frac{R_2}{R_{fb}}\right) \tag{6-45}$$

图 6-31 给出了大电流控制用的 DAC 电路图。仿照图 6-30 的分析方法,$V_A = -KD$,再根据节点电流法:$\left(\dfrac{V_A}{R_{sense}} + \dfrac{V_A}{R_{fb}}\right) = I_o$,有

$$I_o = \left(\frac{1}{R_{\text{sense}}} + \frac{1}{R_{fb}}\right)V_A = -K\left(\frac{1}{R_{\text{sense}}} + \frac{1}{R_{fb}}\right)D$$

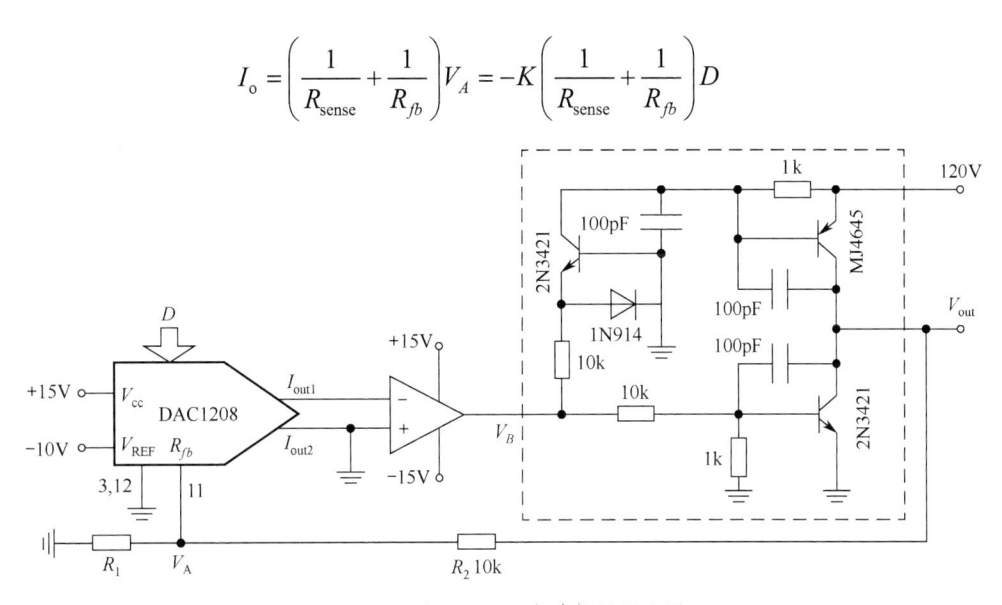

图 6-30　高压 DAC 电路的设计方法

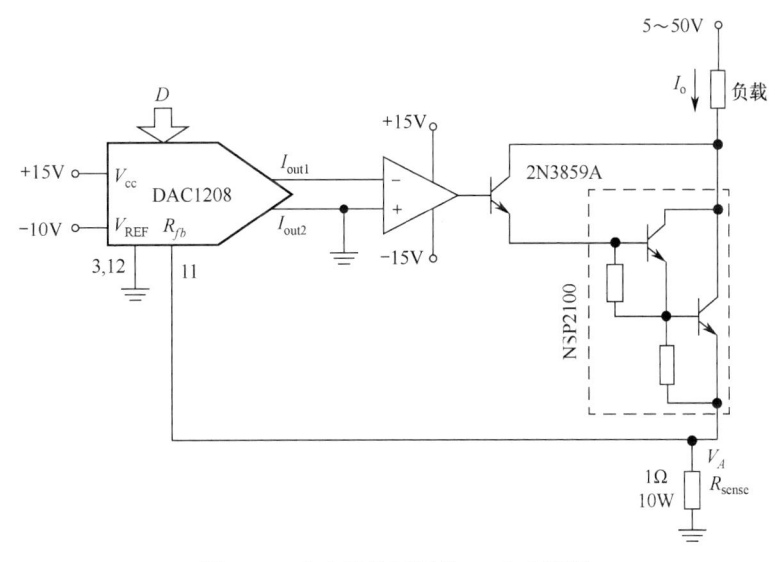

图 6-31　大电流控制用的 DAC 电路图

6.2.4.2　D/A 转换器实例芯片

最早的 DAC 芯片以权电流相加型为主，只完成从数字到模拟电流输出量的转换。使用时需外加数字输入锁存器，参考电压源，并外加输出电压转换电路，如 DAC0800 系列（DAC0800/0801/0802）。这个系列的芯片具有 8 位分辨率，电流建立时间约为 100ns。

为方便和 CPU 连接，DAC 芯片发展为具有数字输入的锁存电路，CPU 可直接控制数据输入和转换，如 DAC0830 系列（DAC0830/0831/0832）、DAC1208 系列（DAC1208/1209/1210）和 DAC1230 系列（DAC1230/1231/1232）。

为进一步方便使用，DAC 芯片内部大多带有参考电压源和输出放大器，可方便实现模拟电压单极性和双极性输出。在与 CPU 的接口方面，出现了 SPI、I2C 等多种接口。功耗进一步降低以适合集成式应用需求，例如 Burr-Brown 公司的 DAC8832，当采用 3V 电源时，功耗仅有 15μW。

由于 D/A 转换器是 CPU 的一个重要接口，很多 CPU 的生产厂家将 DAC 和 CPU 集成到一个芯片上，特别是 Δ-Σ 式 DAC 出现后，这种集成更方便了。

本节以 DAC0832 芯片为例介绍其内部结构及应用。

1. 内部结构

DAC0832 是美国 National Semiconductor 公司生产的倒 Γ 型电阻网络 8 位 D/A 转换器芯片。该芯片为单电源工作，功耗 20mW，电流建立时间为 1μs，符合 TTL 逻辑规范，具有两级数据寄存器，与 CPU 接口方便。其功能框图如图 6-32 所示。

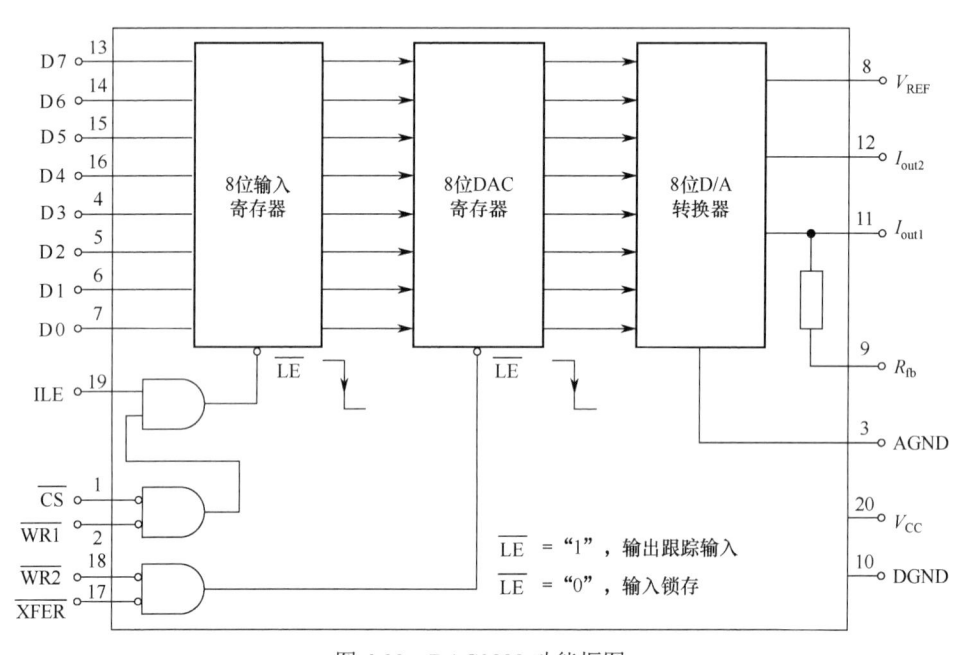

图 6-32 DAC0832 功能框图

各引脚功能如下：

$\overline{CS}$：片选。低电平有效，与 ILE 结合将允许 $\overline{WR1}$。

ILE：输入锁存允许。高电平有效。

$\overline{WR1}$：输入寄存器写选通控制端，低电平有效。当 $\overline{CS}=0$、$\overline{WR1}=0$，且 ILE=1 时，$\overline{LE1}=1$，输入寄存器数据跟随输入数据变化；当 $\overline{LE1}$ 的电平由高变低时，此负跳变将此时输入寄存器的内容锁存。

$\overline{XFER}$：转移控制信号。低电平有效，用于允许 $\overline{WR2}$。

$\overline{WR2}$：DAC 寄存器写选通控制端，低电平有效。当 $\overline{XFER}=0$ 且 $\overline{WR2}=0$ 时，$\overline{LE2}=1$，DAC 寄存器数据跟随输入寄存器的输出变化；当 $\overline{LE2}$ 的电平由高变低时，此负跳变将此时

DAC 寄存器的内容锁存。

D0~D7：8 位数字数据输入。D0 是低位，D7 是高位。

I_{out1}：DAC 电流输出 1。输入数据全为"1"时，I_{out1} 电流最大；输入数据全为"0"时，I_{out1} 电流为最小。

I_{out2}：DAC 电流输出 2。$I_{out1} + I_{out2}$ = 常量。

R_{fb}：外部反馈信号输入端，内部也有反馈电阻 R_{fb}，R_{fb} 阻值与内部电阻网络阻值相同，都是 15kΩ。

V_{REF}：参考基准电压输入，输入范围为 ±10V。

V_{CC}：电源电压。V_{CC} 的范围为 5~15V，其中 15V 时性能最佳。

AGND：模拟地。内部模拟电路的公共点，与片外模拟电路相连。

DGND：数字地。内部数字电路的公共点，与片外数字电路相连。模拟地和数字地通过共地技术，要求连接在一起。

2．工作方式

DAC0832 是双缓冲器结构，数据在到达 D/A 转换器倒 T 型电阻网络之前要经过两个独立的寄存器，一个是输入寄存器，另一个是 DAC 寄存器，于是，可以形成 3 种工作方式。

1）单缓冲工作方式

这是一种基本的工作方式，也就是两个数据缓冲器只起到数据缓冲器的作用。对于 DAC0832 中的两个寄存器，选择其中一个用于数据直通，另一个用于锁存。通常情况下，输入寄存器用作数据锁存，DAC 寄存器用于直通。此时，接线方式为 $\overline{XFER}$、$\overline{WR2}$、$\overline{CS}$ 接地，而 ILE 接 +5V，用 $\overline{WR1}$ 控制数据的输出。当 $\overline{WR1}=0$ 时，刷新 DAC 的输出。当然也可以将两个寄存器的控制信号引脚连在一起，使数据可以同时写入两个寄存器中。

2）双缓冲工作方式

对于多路的 D/A 转换，如果要求同步输出，则必须采用双缓冲工作方式。在此方式下，更新模拟输出分两步进行。首先将需要转换的数字量分别锁存到各路 DAC 的输入寄存器中，然后向所有 DAC 发出控制信号，使各 DAC 输入寄存器中的数据同时打入各自的 DAC 寄存器，从而实现多路信号的同步输出。DAC 寄存器保存正在转换的数据，输入寄存器中保存下一个数据，多个 DAC 一同工作时，可根据一个公共的选通信号同时更新模拟输出。图 6-33 是 3 个 DAC0832 利用双缓冲方式进行协同工作原理图。由图可见，3 个 DAC 的 $\overline{WR1}$、$\overline{WR2}$ 可与单片机系统的 $\overline{WR}$ 引脚相连，ILE 控制输入寄存器的工作状态，$\overline{XFER}$ 信号控制将输入寄存器中的内容同时打入 DAC 寄存器并实现同步输出。

3）直通工作方式

合适的模拟输出需要连续反映输入数字量变化的场合，使两个内部寄存器都跟随外加数字量变化并直接影响模拟输出。接线方式：$\overline{XFER}$、$\overline{WR2}$、$\overline{WR1}$、$\overline{CS}$ 接地，允许输入锁存信号引脚 ILE 接 +5V。

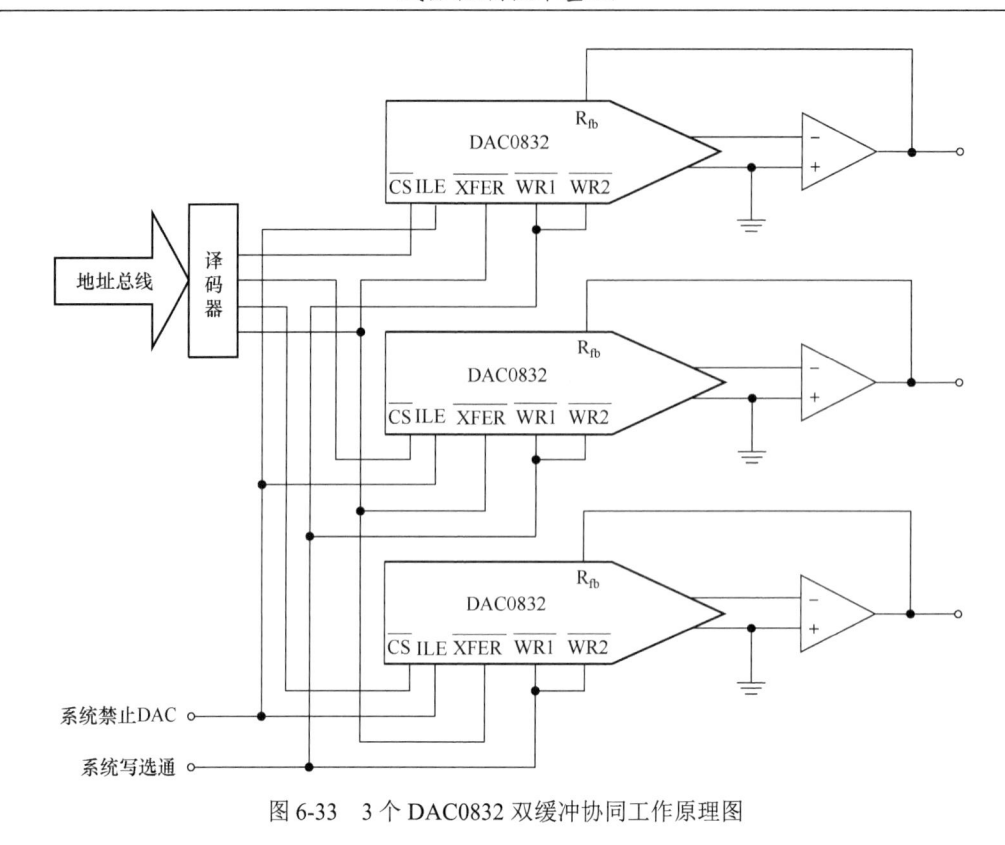

图 6-33 3 个 DAC0832 双缓冲协同工作原理图

6.3 A/D 转换技术

由模拟信号到数字信号的转换称为模/数转换，或称为 A/D（Analog to Digital）。通常把实现 A/D 转换的电路称为 A/D 转换器（Analog to Digital Converter，ADC）。

广义上讲，将各种物理参数模拟量转换成对应的数字量属于模数转换技术，但通常意义上的模数转换器对应的模拟量仅指直流电压信号。在计算机测控系统中，通常先将各种待测物理量通过传感器及其信号调理电路转换成直流电压信号，再通过 A/D 转换器转换成数字量供计算机使用。本节重点介绍各种直流电压信号 A/D 转换器，考虑到有些模拟量并不方便转换成模拟电压信号，如雷达测距，因此这里有针对性地增加了利用计数器进行雷达距离转换的实例。

逐位逼近式 ADC 和积分式 ADC 是目前常用的 A/D 转换器；Δ-Σ 式 ADC 是 A/D 转换的新技术，是学习难点；其他类型的 ADC 作为拓展思维的学习参考；通过实例芯片掌握应用技巧；最后介绍雷达距离转换实例。

6.3.1 逐位逼近式 ADC

逐位逼近式 ADC 具有中等的测量速度、中等的测量精度、中等的价格，一直是工程技术人员最喜欢的一类转换器，在装备领域获得了广泛应用。逐位逼近式 ADC 属于经典类型，目前仍占据主要市场。

6.3.1.1 工作原理

逐位逼近式 ADC 类似于一架自动称重天平，如图 6-34 所示。如果现在有 8 个砝码，这 8 个砝码的质量分别为 1g、2g、4g、…、128g，且无法估计物体的质量，则物体质量为 58.3g 时的称重过程如表 6-2 所示。从最重的砝码开始依次试探，如果轻则砝码保持在托盘上，如果重则将砝码拿掉。理想情况下，天平永远不会平。这样，8 个砝码称重将至少试探 8 次，至多也是 8 次。经过 8 次比较后，就可以得到物体的近似质量了。

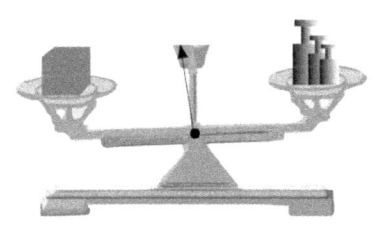

图 6-34 天平称重

表 6-2 采用二进制砝码的称重过程

步骤	放入砝码盘中的砝码								砝码总质量	是否保留
	128	64	32	16	8	4	2	1		
1	✓								128	否
2		✓							64	否
3			✓						32	是
4			✓	✓					48	是
5			✓	✓	✓				56	是
6			✓	✓	✓	✓			60	否
7			✓	✓	✓		✓		58	是
8			✓	✓	✓		✓	✓	59	否
结果			✓	✓	✓		✓		58	

假如用电路实现该自动称重天平，则可以建立如下的对照关系，如图 6-35 所示。

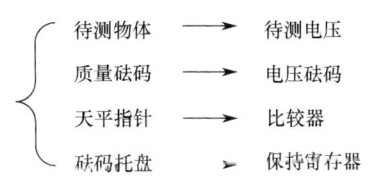

待测物体 → 待测电压
质量砝码 → 电压砝码
天平指针 → 比较器
砝码托盘 → 保持寄存器

图 6-35 天平称重的电路实现对照关系

保持寄存器也称为逐位逼近寄存器（Successive Approaching Register，SAR），逐位逼近式 ADC 的名字由此而来。

利用 D/A 转换器产生比较电压砝码，可以设计出如图 6-36 所示的原理框图。

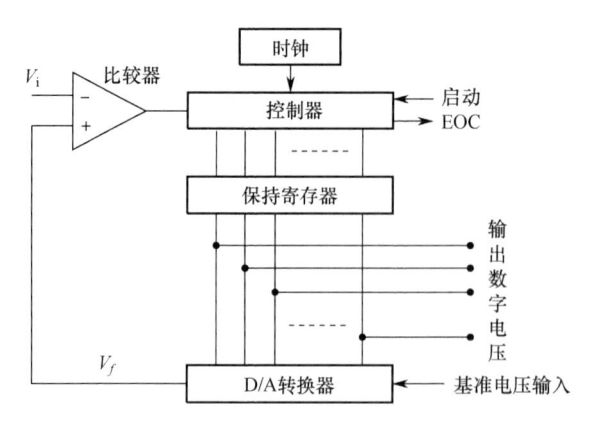

图 6-36 逐位逼近式 ADC 原理框图

假定 D/A 转换器的参考电压为 5.12V，根据 DAC 的工作原理，每位都对应一个权电压，保持寄存器内容为"1"的位对应的权电压可以输出，DAC 的输出电压即各位权电压之和。假定输入电压 $V_i = 3.65\text{V}$，其工作流程示例如图 6-37 所示。

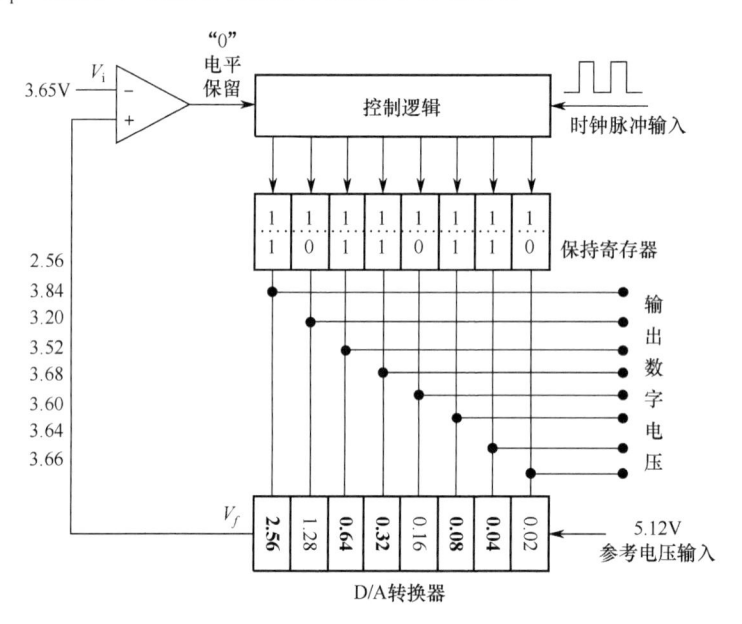

图 6-37 逐位逼近式 ADC 的工作流程示例

比较过程具体如下。

第一次试探：在时钟脉冲控制下，最高位加码，保持寄存器建立 10000000 码，该码对应的 DAC 输出为 2.56V，比 3.65V 小，比较器输出低电平，通知控制逻辑保持寄存器最高位不变，内容仍为 10000000 码。

第二次试探：在时钟脉冲控制下，次高位加码，保持寄存器建立 11000000 码，该码对应的 DAC 输出为 3.84V，比 3.65V 大，比较器输出高电平，通知控制逻辑保持寄存器次高位回零，保持寄存器内容变为 10000000 码。

如此由最高位到最低位依次试探，当第八位加码时，保持寄存器建立 10110111 码，该码对应的 DAC 输出为 3.66V，比 3.65V 大，比较器输出高电平，通知控制逻辑保持寄存器第八位回零，保持寄存器内容变为 10110110 码，即对应的 DAC 输出为 3.64V。此时，保持寄存器的输出就是 A/D 转换的结果。

6.3.1.2 特性分析

1. 精度分析

理想情况下，保持寄存器的最低有效位要么舍弃，要么保留，如图 6-38 所示，最严重的情况下将产生 −1LSB 的舍入误差。如果给 D/A 转换器的输出加上一个 1/2LSB 偏置后，量化误差可以调整为 ±1/2LSB。

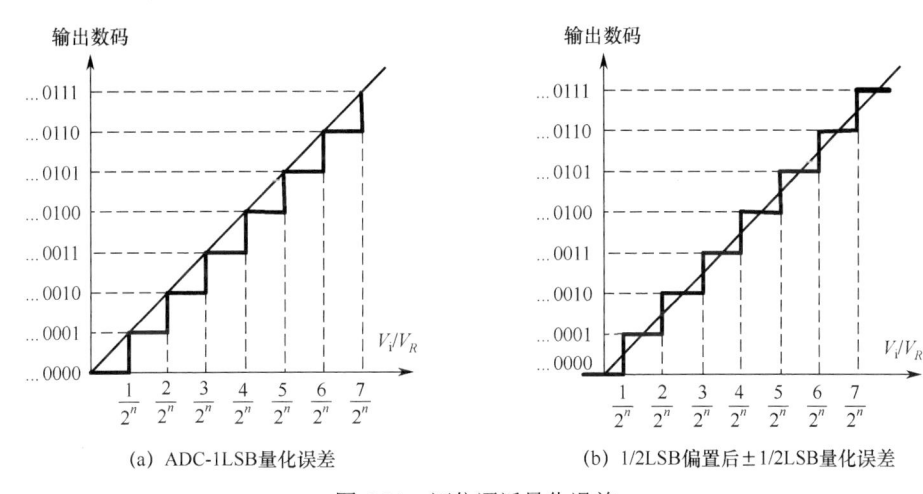

(a) ADC-1LSB 量化误差　　　(b) 1/2LSB 偏置后 ±1/2LSB 量化误差

图 6-38　逐位逼近量化误差

忽略舍入过程引入的误差，待测电压与 D/A 转换器的输出电压相等，根据 D/A 转换器的输出公式 $V_\mathrm{i} = V_f = \dfrac{D}{2^N} V_R$，可得：

$$D = 2^N \dfrac{V_\mathrm{i}}{V_R} \tag{6-46}$$

N 为 ADC 的位数，D 为输出的数字量，D 的范围为 $0 \sim (2^N - 1)$。

从式（6-46）可以看出，该 ADC 的精度取决于参考电压的精度，如果不能保证参考电压的精度，将直接引入 A/D 转换的误差。

换一个角度理解，该 ADC 的精度取决于电压砝码的精度，V_R 是产生电压砝码的核心因素，但即使 V_R 很准确，内部的 DAC 也不一定能够产生理想的"电压砝码"。当内部 DAC 有失码现象时，ADC 也必然有失码现象。所谓失码，指当输入电压 V_i 由小至大逐渐增加时，有的数字量始终产生不出来。

2. 速度分析

从工作过程看，N 位的逐位逼近式 ADC 逼近过程固定为 N 次，转换周期固定，N 个时钟周期可以完成转换工作，考虑到启动转换和将转换结果送出，可能再增加 1~2 个时钟周期，因而转换速度高,每秒可进行数十万次到数百万次转换。

3. 应用注意事项

逐位逼近式 ADC 要求在转换过程中输入信号的幅度不能发生变化,所以必须在前面增加采样保持器。

4. 其他特点

该类型芯片属于模拟和数字的混合芯片,且需要一个性能很好的 DAC,所以价格相比双积分式要贵。

6.3.1.3 双极性变换与量程变换

根据图 6-36 的原理框图,由于内部 DAC 只能给出单极性输出电压 V_o,所以该类 ADC 只能进行单极性信号的 A/D 转换,且参考电压的幅度确定了输入信号的量程。如果是双极性输入信号或信号幅度超过 ADC 量程,则可以通过 DAC 双极性变换来完成量程变换和极性偏移,也可以直接利用图 6-39 所示的电路完成相应功能。

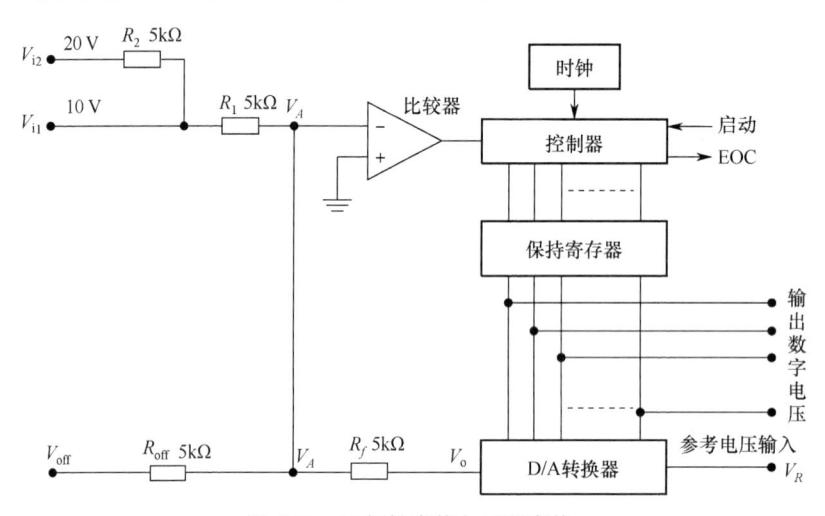

图 6-39 双极性变换与量程变换

图 6-39 中,V_R 为参考电压输入端,V_{off} 为电压偏置输入端,V_{i1}、V_{i2} 为两个量程的信号输入端。两个量程的求解过程如下。

当参考电压 $V_R = 10V$,V_{i1} 作为信号输入端时,利用节点电流法得到:

$$\frac{V_{i1} - V_A}{R} + \frac{V_{off} - V_A}{R} + \frac{V_o - V_A}{R} = 0 \tag{6-47}$$

化简可得:

$$V_{i1} + V_{off} + V_o = 3V_A \tag{6-48}$$

比较器比较的是 V_A 点与零电平的大小,此处只关心 V_A 点电平的正负状态。当 $V_A > 0$ 时,保留当前位;当 $V_A < 0$ 时,当前位回零。当经过 N 次比较后,最终求得输出的数字值。

当 V_{off} 接零电平,也就是 $V_{off} = 0V$ 时,如果控制 V_o 的变化范围是 $-10 \sim 0V$,则 V_{i1} 的量程

为 0~10V。

当 V_{off} 接参考电压 $V_R = 10\text{V}$，也就是 $V_R = V_{\text{off}} = 10\text{V}$ 时，如果控制 V_o 的变化范围是 $-10\sim 0\text{V}$，则 V_{i1} 的量程为 $-5\sim 5\text{V}$。

当参考电压 $V_R = 10\text{V}$，V_{i2} 作为信号输入端时，利用节点电流法得到：

$$\frac{V_{i2}-V_A}{2R}+\frac{V_{\text{off}}-V_A}{R}+\frac{V_o-V_A}{R}=0 \tag{6-49}$$

化简可得：

$$V_{i2}+2V_{\text{off}}+2V_o=5V_A$$

当 V_{off} 接零电平，也就是 $V_{\text{off}} = 0\text{V}$ 时，如果控制 V_o 的变化范围是 $-10\sim 0\text{V}$，则 V_{i2} 的量程为 0~20V。

当 V_{off} 接参考电压 $V_R = 10\text{V}$，也就是 $V_R = V_{\text{off}} = 10\text{V}$ 时，如果控制 V_o 的变化范围是 $-10\sim 0\text{V}$，则 V_{i1} 的量程为 $-10\sim 10\text{V}$。

上述的双极性变换和量程变换方法要求电阻严格成比例，应由集成芯片内部提供。

6.3.2 积分式 ADC

积分式 ADC 是一种间接型转换器，先将输入的直流电压转换成时间间隔，然后将此时间间隔变换为相应的数字量。积分式 ADC 又可分为单积分式、双积分式。单积分式 ADC 的转换精度受到电阻、电容、时钟频率和参考电压等因素的直接影响，同时也受到斜坡电压的线性度、电压比较器的漂移等诸多因素的影响，精度不高，无法实际应用。目前广泛应用的是双积分式 ADC，本节仅介绍双积分式 ADC，其特点是低速度、高精度。

6.3.2.1 工作原理

双积分式 ADC 可以完全消除单积分电路中电阻、电容和时钟频率随温度漂移对精度的影响，其原理框图如图 6-40 所示。

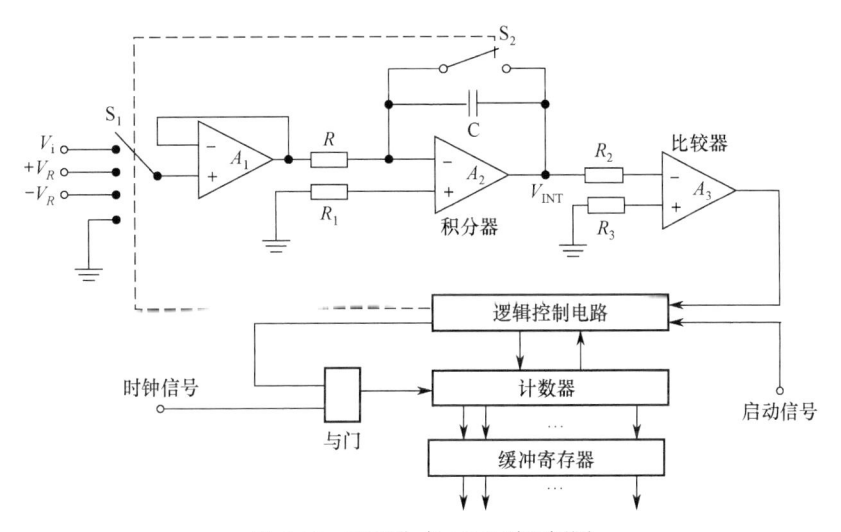

图 6-40 双积分式 ADC 原理框图

双积分式 ADC 的工作过程可以分成 3 个阶段来描述。

第一阶段：待测电压 V_i 积分阶段。开关 S_1 接待测电压 V_i，开关 S_2 断开。此阶段也可以称为积分电压采样阶段。在进入此阶段以前，积分器的输出和计数器等已经复位。这一阶段经历的时间 T_D 是一个固定时间，为了方便，可以将计数器计满经历的时间作为固定时间，很多芯片将计数器计到一半经历的时间作为固定时间 T_D。第一阶段结束时，积分器的输出电压为：

$$V_{\text{INT}}(T_D) = -\frac{1}{RC}\int_0^{T_D} V_i \mathrm{d}t + U_c(0) \tag{6-50}$$

由于积分前电容已经复位，$U_c(0) = 0$，所以，

$$V_{\text{INT}}(T_D) = -\frac{T_D}{RC}\overline{V}_i \tag{6-51}$$

$\overline{V}_i$ 代表第一阶段时间内待测电压的平均值。可见，待测电压的大小不同，经过固定时间积分后，偏离零点的幅值不同，如图 6-41 所示。

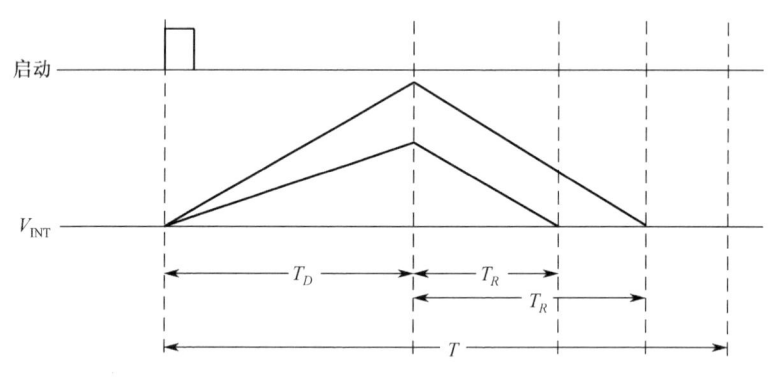

图 6-41 不同输入电压时积分器输出电压波形

第二阶段：对参考电压积分。根据待测电压 V_i 的极性，通过开关 S_1 选取与 V_i 极性相反的参考电压，同时，计数器开始重新计数。务必注意，参考电压的极性与待测电压的极性相反。第二阶段的积分是第一阶段的反向积分过程，目的是使积分器的输出 V_{INT} 重新回到零点。由于参考电压的大小恒定，因此积分器回零过程的曲线斜率大小相等。设积分器重新回零需要的时间为 T_R，则第二阶段结束后积分器的输出为：

$$V_{\text{INT}}(T_D + T_R) = -\frac{1}{RC}\int_{T_D}^{T_D+T_R} V_i \mathrm{d}t + V_{\text{INT}}(T_D) = 0 \tag{6-52}$$

进一步可得：

$$-\frac{V_R}{RC}T_R = \frac{\overline{V}_i}{RC}T_D \tag{6-53}$$

由于两个阶段的时钟频率相同，因此可以采用计数器的数值表示时间，用 N_D 表示 T_D，用 N 表示 T_R，则：

$$N = -N_D \frac{\overline{V}_i}{V_R} \tag{6-54}$$

N_D 和 V_R 均为常数，第二阶段的计数 N 正比于待测电压在第一阶段的平均值。

第三阶段：休止准备阶段。开关S_1接待地，S_2闭合，积分器被充分放电而复位，同时计数器归零。由于运算放大器和比较器存在零点漂移，具有自校零功能的双积分式 ADC 在这一阶段安排自校零，所以这一阶段也称为自动校零阶段。有的双积分式 ADC，如 CL7135，如果输入过载，积分器就会饱和，自动校零阶段可能不能使积分电容充分复位，在自动校零前增加了一个"积分器强制回零"阶段。休止准备阶段的时间长短取决T_R的大小，因为双积分式 ADC 一个完整工作周期的时间 T 的大小是固定的。在实际电路中，可能不存在开关 S_2，因为通过自校零和积分器强制回零可以起到开关 S_2 闭合的作用。

6.3.2.2 特性分析

1. 精度分析

双积分式 ADC 不需要精密器件。从双积分的求解公式可以看出，测量精度仅取决于参考电压的精度，积分电阻、积分电容和时钟频率的漂移对测量精度都不构成直接影响，只要能够保证三者在一个工作周期内稳定就可以了。通过两次积分过程的对消，积分器输出的非线性影响也明显减弱。由于具有上述特点，双积分式 ADC 可以达到 17 位以上的精度，曾经很长一段时间占据最高精度 A/D 转换器的位置。

在积分电阻和积分电容的选取上，要确保积分器不会发生饱和，积分电容的漏电阻会对测量精度产生很大的影响，宜选用漏阻很大的高品质电容器，如各种薄膜电容器。

积分电阻确定了积分电流的大小，积分电流是影响积分器线性度的关键因素，要根据最佳线性度的积分电流确定积分电阻的大小。

运算放大器的有限带宽也会造成积分器输出的非线性，可以为积分电容串联一个数百欧姆的电阻来改善这一情况。

分析第二阶段对待测电压的计数，根据计数器的工作原理，一旦发出停止计数命令，最后一个时钟脉冲即使经历了时钟周期的99%，也会被舍弃，所以，最严重的情况误差为 1LSB。

2. 抗干扰能力

由于双积分式 ADC 的输出结果与待测电压在第一阶段的平均值有关，而与某一瞬间的值无关，因此短暂脉冲干扰对测量结果影响很少，这一特性提高了双积分式 ADC 的抗干扰能力，也进一步提升了双积分式 ADC 的精度。

在应用过程中应当利用双积分式 ADC 的工作特性，最大限度地抑制交流电源引起的工频干扰。我国的工频干扰信号的基频为 50Hz，要求满足下列公式：

$$\frac{T_D}{T_{50Hz}} = 整数 \tag{6-55}$$

3. 速度分析

由于双积分式 ADC 需要两次积分过程，精度越高，计满计数器所需要的过程越长，所以，工作速度很慢，是目前速度最慢的 A/D 转换器。

4. 其他特点

双积分式 ADC 原理简单，不需要精密器件，成本便宜。另外，功耗也很小，目前数字万用表采用的 A/D 转换器基本上是双积分式 ADC 的。

6.3.3　Σ-Δ 式 ADC

无论积分式、逐位逼近式、闪速比较式，还是演化出来的分段快速式、流水式，都是模数混合芯片。目前，数字集成电路的集成度显著提升，但成本大幅度下降，而高精度的模拟集成电路成本居高不下。积分式由于内部的模拟电路相对简单，成本得到了很好的控制，但速度太慢，而其他类型的芯片成本均较高。降低积分式 ADC 成本的一个主要途径就是通过强化数字电路的功能来简化内部的模拟电路，Σ-Δ 式 ADC 就是这样一类 A/D 转换器。Σ-Δ 式 ADC 的优点是分辨率高（可达到 24 位），成本低，每秒可处理几百 K 个字符，是目前音频范围内主流的 A/D 转换技术。

Σ-Δ 式 ADC 内部模拟电路的分辨率仅有一位，具体实现电路是先进行 Σ-Δ 调制，再通过数据抽取滤波器将一位分辨率的高速数据抽取为低速度、高精度的数据。数据抽取滤波器具有数据抽取和低通滤波两部分功能，需要复杂的信号处理电路，但数字电子技术的发展使在芯片内部集成一个信号处理电路的成本降低到一个很低的水平。Σ-Δ 式 ADC 总体框图如图 6-42 所示。

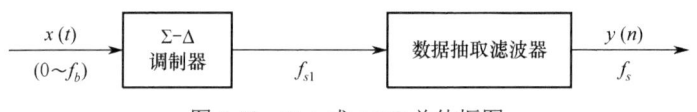

图 6-42　Σ-Δ 式 ADC 总体框图

设输入信号 $x(t)$ 的最高频率为 f_b，Σ-Δ 式 ADC 以非常高的频率 f_{s1} 对 $x(t)$ 进行采样，f_{s1} 通常比奈奎斯特频率 f_N（$f_N = 2f_b$）高许多倍，例如 64 倍以上。Σ-Δ 式 ADC 的输出经过数据抽取滤波器转换为采样频率为 f_s 的高分辨率数据。f_s 要求略大于奈奎斯特频率 f_N。下面介绍 Σ-Δ 式 ADC 和数据抽取滤波器。

6.3.3.1　Δ 调制器

Σ-Δ 调制是从 Δ 调制演化而来的。有必要先介绍一下 Δ 调制。

一位二进制码只能代表两种状态，不可能表示模拟信号的抽样值。可是，用一位码却可以表示相邻抽样值的相对大小，而相邻抽样值的相对变化将同样能反映模拟信号的变化规律。因此，采用一位二进制码去描述模拟信号是完全有可能的。

假设一个模拟信号 $x(t)$（为作图方便起见，令 $x(t) \geq 0$），可以用一时间间隔为 T、幅度差为 Δ 的阶梯波形 $\bar{x}(t)$ 去逼近它，如图 6-43 所示。只要时间间隔 T 足够小，即抽样频率 $f_s = 1/T$ 足够高，且 Δ 足够小，则 $\bar{x}(t)$ 可以近似于 $x(t)$。在这里把 Δ 称作量化阶，把 T 称为抽样间隔。

$\bar{x}(t)$ 逼近 $x(t)$ 的过程是这样的：在 t_i 时刻用 $x(t_i)$ 与 $\bar{x}(t_{i-1})$ 比较，倘若 $x(t_i) > \bar{x}(t_{i-1})$，就让 $\bar{x}(t_i)$ 上升一个量化阶，同时调制器输出二进制 1；反之，就让 $\bar{x}(t_i)$ 下降一个量化阶，同时调制器输出二进制 0。根据这样的编码思路，结合图 6-43 的波形，就可以得到一个二进制序列

010101111110…。Δ 调制原是为通信系统设计的，这一个代码序列可作为数字信号进行传输，在接收端，对该序列进行积分和低通滤波就可以恢复出原来的信号。

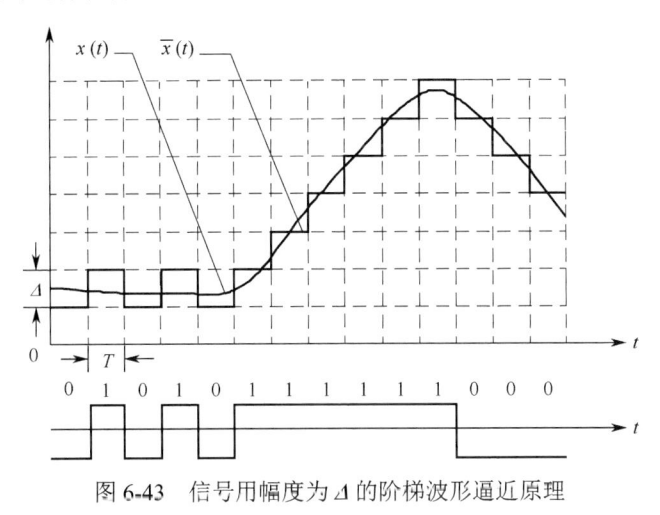

图 6-43 信号用幅度为 Δ 的阶梯波形逼近原理

根据 Δ 调制解调的基本原理，可画出系统框图，如图 6-44 所示。发送端是由减法器、量化编码器（比较器）、积分器组成的一个闭环反馈电路。

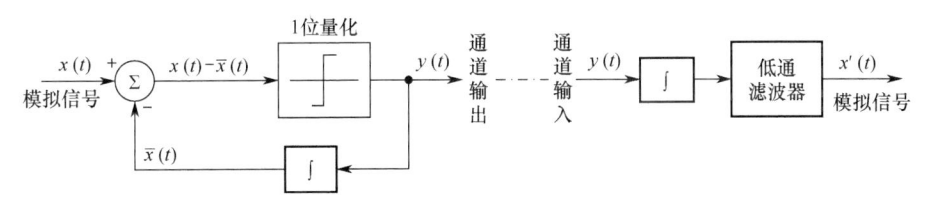

图 6-44 Δ 调制与解调制系统框图

阶梯曲线（调制曲线）的最大上升和下降斜率是一个定值，只要增量 Δ 和时间间隔 T 给定，它们就不变。那么，如果原始模拟信号的变化率超过调制曲线的最大斜率，则调制曲线就跟不上原始信号的变化，从而造成误差。我们把这种误差叫作过载噪声。另外，Δ 调制是利用增量进行量化的，因此在调制曲线和原始信号之间存在误差，这种误差称为一般量化误差或一般量化噪声。两种噪声示意图如图 6-45 所示。

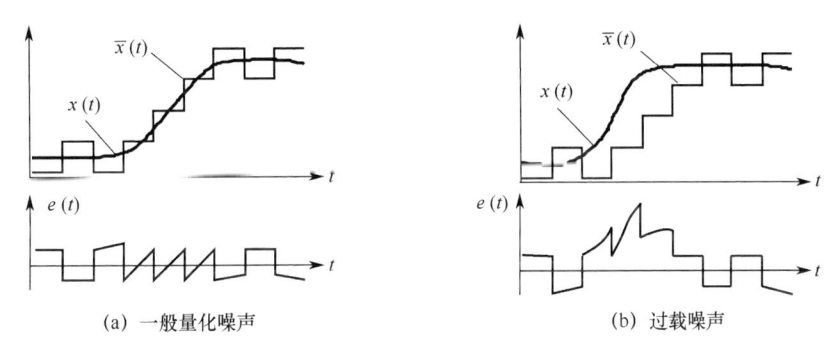

(a) 一般量化噪声　　　　(b) 过载噪声

图 6-45 两种噪声示意图

通过仔细分析两种噪声波形我们发现，两种噪声的大小与阶梯波的抽样间隔 T 和增量 Δ 有关。我们定义 k 为阶梯波一个台阶的斜率。

$$k = \frac{\Delta}{T} = \Delta \cdot f_s \qquad (6\text{-}56)$$

式中，f_s 是抽样频率。该斜率称为最大跟踪斜率。当信号斜率大于跟踪斜率时，称为过载条件，此时就会出现过载现象；当信号斜率等于跟踪斜率时，称为临界条件；当信号斜率小于跟踪斜率时，称为不过载条件。

增大量化阶 Δ 可提高阶梯波形的最大跟踪斜率，减小过载噪声，但是会增大量化噪声；而降低 Δ 则可减小一般量化噪声，但是会增大过载噪声。显然，二者矛盾，因此，Δ 值必须两头兼顾，适当选取。不过，增大抽样频率却可以"左右逢源"，既能减小过载噪声，又可降低一般量化噪声。因此，实际应用中，Δ 调制系统的抽样频率要比奈奎斯特频率 f_N 高很多倍。

6.3.3.2 Σ-Δ 调制器

在 ADC 中采用 Σ-Δ 调制，利用经典控制理论的有关知识，可以把图 6-44 后面通道上的积分器移到输入前端，后面通道只剩下一个低通滤波器，如图 6-46 所示。

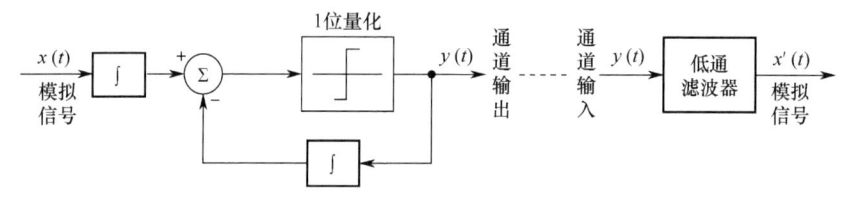

图 6-46 Δ 调制解调演化为 Σ-Δ 调制解调

在变换后的控制电路中，相减器前面有两个积分器，这两个积分器可以合并移到相减器后。同时，为了量化输出的数据序列和输入模拟信号的差求和，反馈通道简化等效为一个 1 位的 DAC，如图 6-47 中虚线框所示。这个 1 位的 DAC 可由单刀双置模拟开关和正负参考电源构成，这样得到图 6-47 所示的方框图。

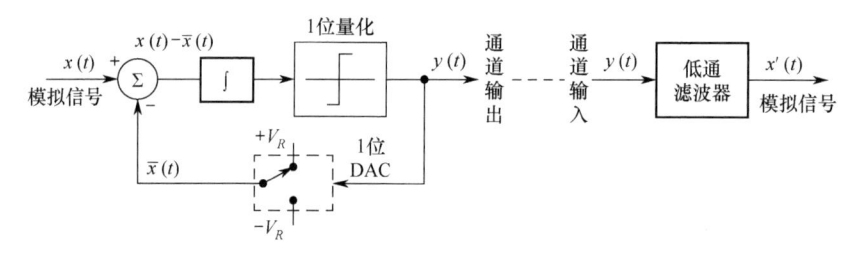

图 6-47 Σ-Δ 调制与解调制

进一步比较 Δ 调制和 Σ-Δ 调制可以发现，Δ 调制的输出代码反映相邻两个抽样值变化量的正负，这个变化量就是增量，增量同时又有微分的含义，因此，Δ 调制也称为微分调制。它的二进制代码携带有输入信号微分的信息，接收端对代码积分，就可以获得传输的信号。而 Σ-Δ 调制则需要对信号积分后再进行调制，代码携带的是信号积分后的微分信息。由于微分和积分可以互相抵消，所以代码实际上代表输入信号振幅的信息，此时收端只要加一个滤除带外噪声的低通滤波器即可恢复传输的信号。在 Σ-Δ 式 ADC 中，将低通滤波器换成数据抽取滤波器并与调制器集成在一起即可。

6.3.3.3 过采样与噪声成形滤波

通过对过载噪声的分析发现，采样频率提高一倍，量化阶可以缩小二分之一，即频率提高一倍，相当于增加一倍的分辨率。但实际情况是，频率提高一倍，分辨率可提升接近 1.5 倍，这种提升归因于过采样和噪声成形滤波。

由于 Σ-Δ 式 ADC 的采样频率远远高于奈奎斯特频率，因此高频噪声就不会混入我们感兴趣的频率范围内，天然具备抗混叠效果。

Σ-Δ 调制对噪声还具有一种天然的滤波作用，称之为噪声成形滤波。为说明这一问题，可将图 6-47 转化为图 6-48 的模型，以便进行频域分析。

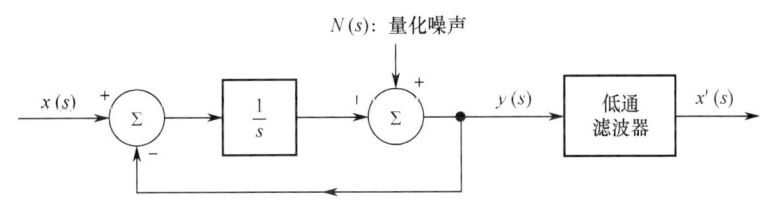

图 6-48　Σ-Δ 调制的 s 域模型

积分器后面的求和代表用于一位量化的比较电路，量化噪声在此处加入模型。根据该模型，可以得到信号的传递函数为：

$$\frac{y(s)}{x(s)} = \frac{1/s}{1+1/s} = \frac{1}{s+1} \tag{6-57}$$

噪声的传递函数为：

$$\frac{y(s)}{N(s)} = \frac{1}{1+\frac{1}{s}} = \frac{s}{s+1} \tag{6-58}$$

从传递函数可以看出，Σ-Δ 调制对信号具有低通作用，这就是其天然具备抗混叠的原因，但是由于对噪声具有高通作用，所以后面必须加入数字滤波器才能抑制量化操作引入的高频噪声。

到这里，前面分析的 Σ-Δ 调制中只有一个积分器，称之为一阶环路 Σ-Δ 调制，实际应用中，可能引入两个或三个积分器，称之为二阶 Σ-Δ 调制、三阶 Σ-Δ 调制。这些电路具备更强的消除过载噪声的作用和噪声成形滤波的作用。

6.3.3.4 数据抽取滤波器

Σ-Δ 调制将信号转化为高频的仅有 1 位分辨率的脉冲序列，必须通过数据抽取滤波器转换为高分辨率的低速数据。简单地理解数据抽取，就像一个求平均值的过程。如图 6-49 所示，通过 16∶1 的抽取，1 位分辨率的数据转变为 4 位分辨率。

但数据抽取滤波器的作用远不只于此，具体包括：

（1）进一步滤除带内 Σ-Δ 调制的量化输出噪声。

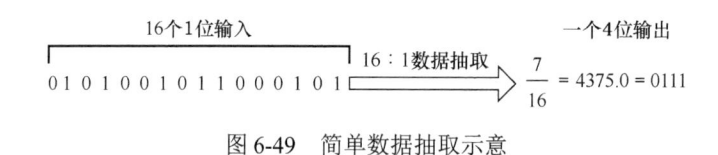

```
         16个1位输入
    ┌──────────────────┐                    一个4位输出
    0101001011000101    16:1数据抽取      7
                      ──────────────→    ── = 4375.0 = 0111
                                          16
```

图 6-49　简单数据抽取示意

（2）进一步滤除带外噪声，因为抽取相当于第二次采样，必须防止混叠失真。

（3）减少数据输出频率 M 倍，将一位分辨率的数据变为 N 位分辨率输出。

数据抽取滤波器一般由梳状滤波器（Comb Filter）和有限冲击响应滤波器（FIR Filter）组成。

图 6-50 给出了一个具体示例，并不代表抽取滤波器都如此设计。Σ-Δ 调制器输出 6.4MHz 速率的 1 位数据；经过 16:1 的梳状滤波器降频为 400kHz，数据位数为 16 位，但由于滤波器本身信噪比仅能够达到-72dB，分辨率仅能达到 12 位；后面再经过 FIR 滤波器进一步降频为 100kHz，由于信噪比进一步提升，分辨率达到 16 位。

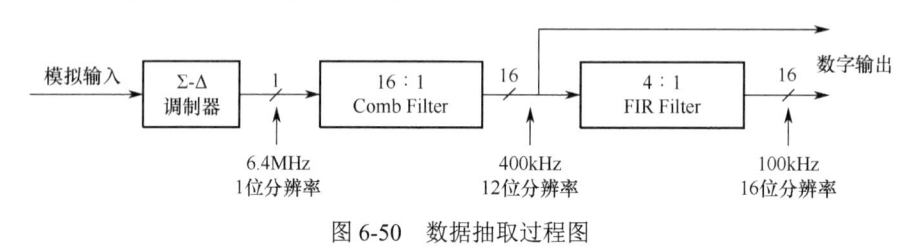

```
模拟输入 →[Σ-Δ调制器]─1─→[16:1 Comb Filter]─16─→[4:1 FIR Filter]─16─→ 数字输出
                     6.4MHz              400kHz              100kHz
                   1位分辨率           12位分辨率          16位分辨率
```

图 6-50　数据抽取过程图

梳状滤波器和有限冲击响应滤波器的结构和设计分析需要数字信号处理的相关理论，这里不再赘述。Σ-Δ 式 ADC 的发展得益于数字信号处理技术和 VLSI 的发展，使得数字滤波电路能够方便集成到芯片中。

6.3.3.5　应用特点

Σ-Δ 式 ADC 同传统的基于奈奎斯特采样速率的 ADC（比如逐次逼近式、积分式等）相比，应用上具有完全不同的特点，使用时务必注意以下几点。

（1）最终的数据输出速率与分辨率有很大关系，分辨率降低，输出速率提高。输出速率又取决于数据抽取滤波器抽取因子的设定。

（2）通过控制数字滤波器的系数，可以有针对性地滤除某些干扰，滤波的效果决定了输出数据的分辨率，也决定了输出数据的采样速率。目前很多 Σ-Δ 式 ADC 芯片允许对滤波器系数进行编程控制，一方面在精度和采样速率方面达到很好的折中，另一方面，可以有针对性地滤除 50Hz 或 60Hz 的工频干扰。

（3）基于奈奎斯特采样速率的 ADC，为了避免高频信号混入有用信号频带内，抽样电路前一般需要增加抗混叠滤波器。Σ-Δ 式 ADC 由于采用过采样技术，本身具有很好的抗混叠效果，内部的数据抽取滤波器也专门增加了抗混叠环节，所以，一般不需要在抽样电路前增加抗混叠滤波器。

（4）基于奈奎斯特采样速率的 ADC 可以多通道模拟信号共用一个转换器，如图 6-51（a）所示。但 Σ-Δ 式 ADC 由于对相邻两点的幅度之差进行量化，不宜采用时分复用技术，如

图 6-51（b）所示。但现在很多 Σ-Δ 式 ADC 芯片也具有多通道模拟开关，此时需要注意，不能高速进行通道切换，每切换到一个通道，需要一定时间的积累才能保证输出结果的准确性。

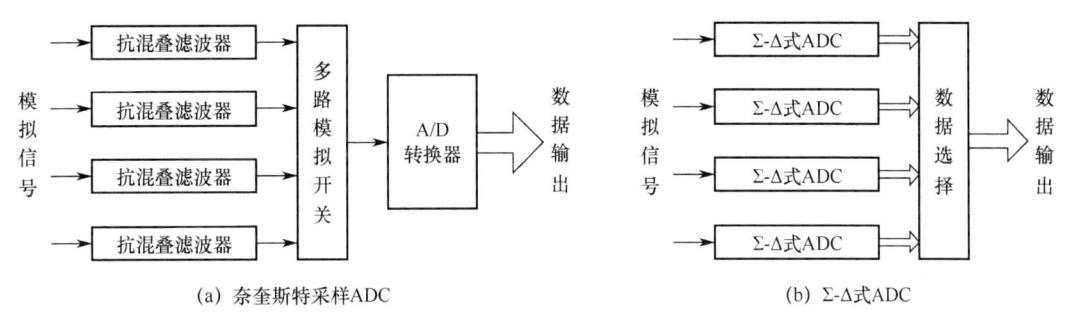

(a) 奈奎斯特采样ADC

(b) Σ-ΔADC

图 6-51 两种采样比较

（5）有的 Σ-Δ 式 ADC 转换速率也很高，但需要注意，它的转换结果同输入模拟量相比会有一定的时间延迟，延迟的大小取决于滤波器的设计。

由于 Σ-Λ 式 ADC 电路的模拟前端非常简单，可以方便地集成到微处理器芯片中，选择使用这样的芯片设计数据采集系统更加方便灵活，如 C8051F35x 系列 MCU。

6.3.4 其他 ADC

6.3.4.1 闪速比较式 ADC

闪速比较式 ADC（Flash ADC）是目前速度最快的模数转换器，安捷伦公司最高速度的芯片已经达到 20Gbps 的采样速率。同时，该类芯片也是功耗最大的芯片，例如 MAXIM 公司的 MAX104 芯片，8 位分辨率，最高采样速率 1Gbps，额定功耗为 5.25W。

1. 工作原理

n 位逐位逼近式 ADC 需要比较 n 次才能给出转换结果，闪速比较式 ADC 只需比较 1 次就可以给出转换结果。其工作原理类似于我们测量身高的过程，人往尺子面前一站，立刻就可以给出测量结果。参考这一测量过程，可以建立一个测量待测电压的电压刻度尺，这一个刻度尺由分压电阻构成。3 位闪速比较式 ADC 的简化内部结构如图 6-52 所示，n 位的 ADC 需要 2^n-1 个电阻，上下两端的电阻大小为 $R/2$，其他电阻为 R，这样可实现 1/2LSB 的偏置。

待测电压与电阻分压器各档输出比较，大于分压器输出为"1"，小于分压器输出为"0"。表 6-3 中给出了 4 位闪速比较式 ADC 的真值表，编码器的输入变化类似温度计的变化，故该编码器称为温度计编码器。

观察输出和输入的关系，可以写出编码器的逻辑表达式：

$D_0 = A + \overline{B} \cdot C + \overline{D} \cdot E + \overline{F} \cdot G + \overline{H} \cdot I + \overline{J} \cdot K + \overline{L} \cdot M + \overline{N} \cdot O$

$D_1 = B + \overline{D} \cdot F + \overline{H} \cdot J + \overline{L} \cdot N$

$D_2 = D + \overline{H} \cdot L$

$D_3 = H$

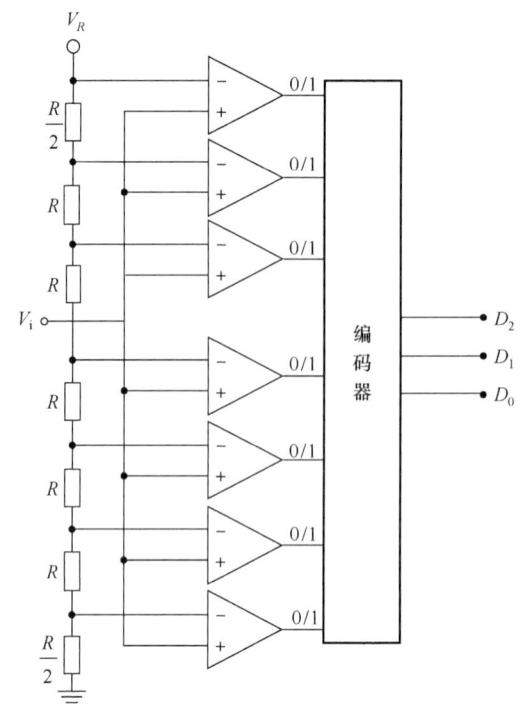

图 6-52 3 位闪速比较式 ADC 的简化内部结构

表 6-3 4 位闪速比较式 ADC 的真值表

数 值	电压上限	编码器输入 ABCDEFGHIJKLMNO	编码器输出 $D_3\ D_2\ D_1\ D_0$
15	4.00	111111111111111	1 1 1 1
14	3.75	011111111111111	1 1 1 0
13	3.50	001111111111111	1 1 0 1
12	3.25	000111111111111	1 1 0 0
11	3.00	000011111111111	1 0 1 1
10	2.75	000001111111111	1 0 1 0
9	2.50	000000111111111	1 0 0 1
8	2.25	000000011111111	1 0 0 0
7	2.00	000000001111111	0 1 1 1
6	1.75	000000000111111	0 1 1 0
5	1.50	000000000011111	0 1 0 1
4	1.25	000000000001111	0 1 0 0
3	1.00	000000000000111	0 0 1 1
2	0.75	000000000000011	0 0 1 0
1	0.50	000000000000001	0 0 0 1
0	0.25	000000000000000	0 0 0 1

2. 特性分析

闪速比较式 ADC 比较器一次比较就可以采样输入，所以不需要采样保持器。n 位 ADC 需要 2^n-1 个精密比较器，使得成本急剧升高，常用的闪速比较式 ADC 的位数一般不超过 10 位。

6.3.4.2 分段快速式 ADC

闪速比较式 ADC 速度快，但精度提高受到严格限制，为提高精度，设计了分段快速式 ADC。分段快速式 ADC（Subranging ADC）是一种半快速的 A/D 转换器，通过两个闪速比较式 ADC 的组合达到提高分辨率的目的。其较完整的内部结构如图 6-53 所示，输入信号经过采样保持器采样后，经闪速 ADC 先进行转换形成高 4 位输出。高 4 位输出数据经过 DAC 转换为模拟信号，与采样保持器的信号相减，形成尾数部分，尾数部分经过放大后再由精闪速 ADC 转换形成低 4 位输出数据。

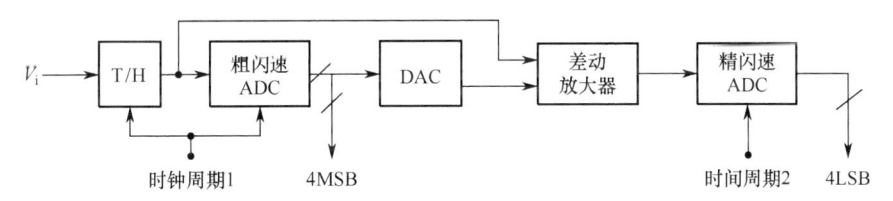

图 6-53 分段快速式 ADC 较完整的内部结构

分段快速 ADC 具有如下特点。

（1）一次转换需要两个时钟周期，速度快。

（2）采用两个低分辨率的闪速 ADC，精密电压比较器的数量大大减少，电路复杂度降低，降低了成本和功耗。

（3）在两个周期的转换过程中需要一个采样保持器，以保证转换过程中信号幅度不变。

（4）受到电路的技术限制，目前分辨率在 8～12 位。

分段快速式 ADC 的典型芯片有 Analog Device 公司 8 位分辨率的 AD7820 和 SONY 公司 10 位分辨率的 CX2022A-1 等。

6.3.4.3 流水式 ADC

流水式 ADC（Pipeline ADC）在速度、分辨率、功耗和晶片尺寸等方面都达到了一个最优的折中。流水式 ADC 和分段快速式 ADC 一样由多个分段组成，但分段数量一般多于 3 个，进而提升精度。例如，MAXIM 公司的 MAX1200\1201\1205 均采用 5 个分段，MAX1200 的分辨率达到 16 位。通过采用流水线技术实现一个时钟完成一个转换，如 MAX1201 的速度达到了 2.2Mbps 的采样速率，但功耗仅有 369 mW。

6.3.5 ADC0809 芯片应用实例

逐位逼近 A/D 转换器由于具有良好的性价比，可供选择的产品种类多，用户也喜欢选用，各公司推出了大量针对各种具体接口的 A/D 转换器芯片，用户可以根据系统设计的需要灵活选用。这里选取代表产品 ADC0809 进行介绍。

1. 概述

ADC0809 是美国国家半导体公司（NSC）生产的一款 8 位 A/D 转换器，采用单一的 5V 电源供电，模拟电压输入范围为 0～5V，额定转换时间 100μs，与微处理器接口方便，电平符合 TTL 规范。28 脚双列直插式封装，功耗 15mW，ADC0809 总的未调整的误差为 ±1LSB。由于内部采用开关树型 DAC，可以做到无失码。

2. 内部结构与引脚说明

该芯片的内部结构框图如图 6-54 所示，图中的虚线框部分是一个标准逐位逼近式 ADC，它采用高阻抗斩波稳零比较器、开关树型 D/A 转换器和一个逐位逼近寄存器。为了实现多路信号的模数转换，增加了 8 通道模拟开关和通道地址锁存器。各引脚功能如下。

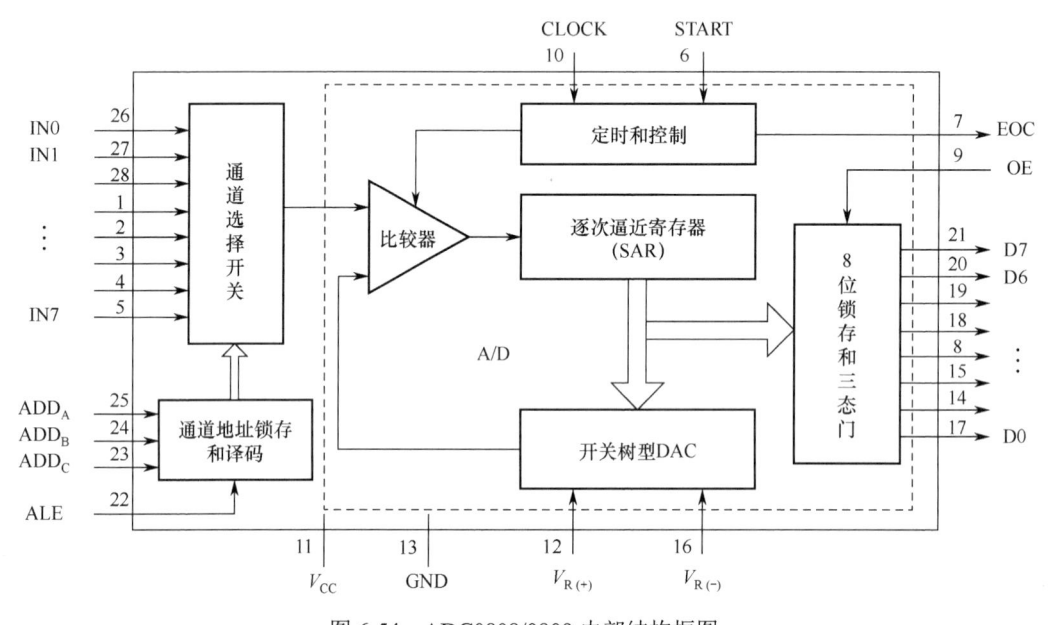

图 6-54　ADC0808/0809 内部结构框图

IN0～IN7：8 路模拟信号输入端。

D0～D7：并行数据输出端，D7 为高位。

ADD_A、ADD_B、ADD_C：模拟输入通道选择。这 3 个引脚分别与单片机 3 条地址相连，3 位编码对应 8 个通道地址端口。ADD_C、ADD_B、ADD_A=000~111，分别对应 IN0~IN7 通道地址。

ALE：允许地址锁存信号，典型脉冲宽度 100 ns，最大 200 ns。

START：启动转换信号，典型脉冲宽度 100 ns，最大 200 ns。

EOC：转换结束信号。

OE：输出允许信号。

CLOCK：时钟信号输入端。

$V_{R(+)}$、$V_{R(-)}$：参考电源输入端。

V_{CC}：电源，5V。

GND：地。

3. 使用注意事项

ADC0808/0809 工作时序图如图 6-55 所示。8 通道模拟开关用于从 8 个单端输入信号 IN0～IN7 中选择一个进行 A/D 转换，具体选择哪一个通道由通道地址锁存器中锁存数据决定。当 ALE 信号处于高电平时，ADD_A、ADD_B、ADD_C 引脚的数据进入锁存器；当 ALE 信号跳变到低电平后，3 个引脚状态的变化不会改变锁存器的内容，选通一路模拟量。

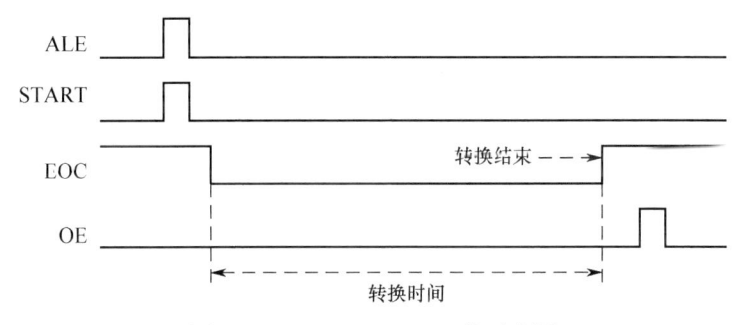

图 6-55　ADC0808/0809 工作时序图

通道确定后可发出启动转换的脉冲信号 START。在脉冲信号 START 的下降沿，A/D 转换器开始转换，但是约需 10μs，EOC 才变为低电平。通常情况下，可以将 START 和 ALE 短连在一起，即通道锁存的同时启动 A/D 转换。

EOC 引脚用于指示 A/D 转换器的工作状态，转换过程中，EOC 引脚处于低电平以表示处于"忙"状态，转换结束后回到高电平，转换结果保存在三态锁存器中。当输出允许信号 OE 有效（高电平）时，从 D0～D7 并行输出转换结果。

ADC0808/0809 模拟电压输入范围只有 0～5V，如输入电压不在此范围内，需要通过电路进行信号调整。该器件不需要外界进行零点和满量程调整。

A/D 转换器使用时的控制程序一般包括：选通模拟输入通道、发启动转换信号、判断 A/D 转换结束、读取转换结果。

6.3.6　雷达距离转换实例

6.3.6.1　计数式 A/D 转换器工作原理

雷达是武器系统中重要的目标探测设备，雷达测距利用计数器将距离转换为数字量。

计数器对时钟脉冲进行计数，从开始到结束，计数结果对应时间间隔的大小。其工作时序如图 6-56 所示。

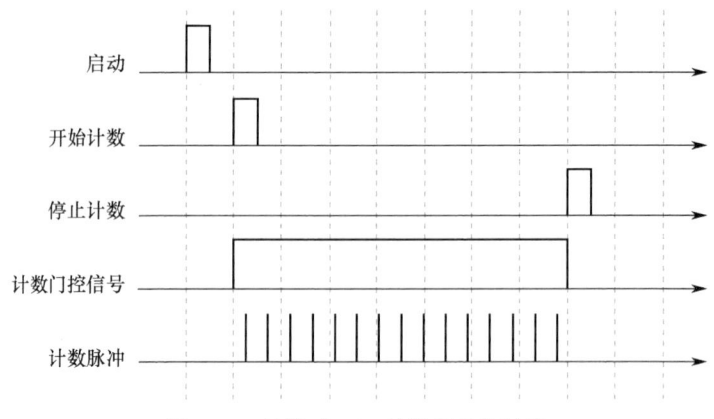

图 6-56 计数式 A/D 转换器工作时序

计数式 ADC 由计数器、时钟产生器、计数控制电路、启动与清零电路和计算机接口逻辑组成。计数式 ADC 的核心部件是计数器，根据输出结果不同，可以选用十进制计数器和二进制计数器。计数器的位数决定了分辨率。

要完成对时间间隔的测量，必须产生填充时间间隔的时钟脉冲信号，对时钟信号的最关键的要求是频率稳定、准确。此外，要求波形好，能够保证后续电路稳定工作。

时间间隔的开始启动计数，时间间隔的终止停止计数，还需要一个计数控制信号，这一计数控制信号通常采用与门来完成。

计数式 ADC 在工作之前，必须确保所有计数器的数据为零，所以计数器启动与清零应当统一设计。最终转换结果需要发送给计算机，还需要配套相应的计算机接口电路，这一接口电路应当包括数据锁存器和输出使能控制。

时间间隔测量的工作过程可以归纳为：

第一步，转换电路接受 CPU 发出启动脉冲后置转换开始标志。如果计数器的清零受外部控制，则打开允许清零门。

第二步，清零计数器，并打开允许计数门。

第三步，开始计数脉冲到来后，产生计数门控信号上升沿，计数器开始计数。

第四步，计数结束脉冲到来后，产生计数门控信号下降沿，计数器停止计数，并置转换结束标志。

第五步，计算机通过接口采用查询或中断方式读取数据。

第一步和第二步经常合并为一步进行，计数门控信号可以直接作为转换开始和结束的标志信号。计数的时间间隔，用公式表示为：

$$t = T*D = D/f \tag{6-59}$$

式中，T 为时钟周期；D 为计数结果；f 为计数频率；t 为时间间隔。

下面通过一个简单的雷达测距机设计来说明具体电路实现。

6.3.6.2 雷达测距原理

雷达测距原理可以简要概括如下：雷达天线对着目标，雷达发射机向目标发射一个窄脉冲电磁波，电磁波在空间以 $c=3\times10^8\,\text{m/s}$ 的速度传播，碰到目标后反射回来，经雷达接收机接收后形成回波信号。发射信号与回波信号之间的时间间隔确定了，目标的距离也就确定了。

由于目标是运动的，只有时间和距离建立联系才有意义。因此，雷达的发射电磁波的时机必须精确控制。为此，必须引入一个雷达各分机之间的"同步"控制信号。这样，雷达测距机工作时序如图 6-57 所示。

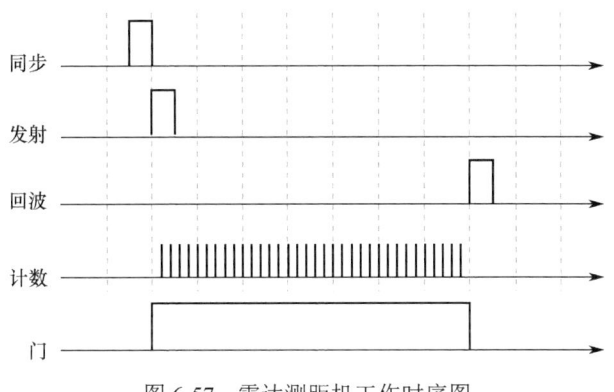

图 6-57 雷达测距机工作时序图

图 6-58 给出了雷达测距机概念设计框图。图中 Q1、Q2、Q3 是触发器，S 端是置位端，R 端是复位端。

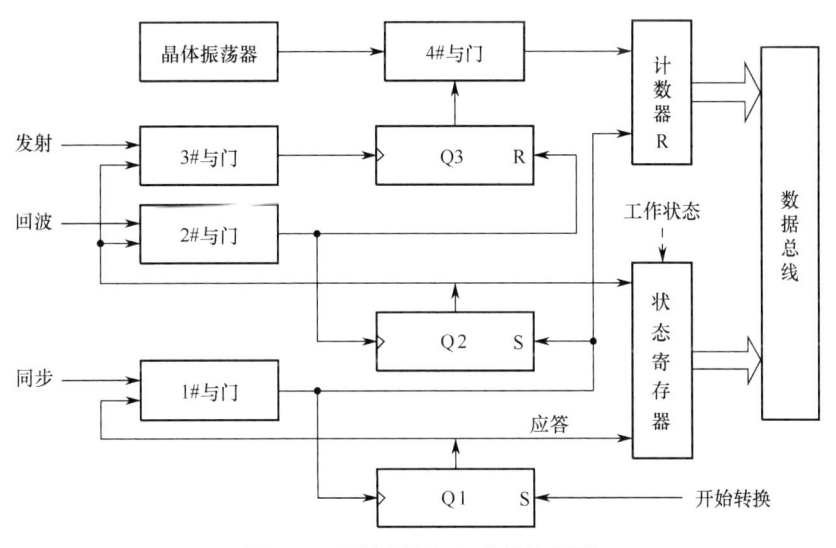

图 6-58 雷达测距机概念设计框图

当开始转换信号到来时，Q1 触发器置位，其输出将 1#与门打开，同时通过状态寄存器回送信号，作为对开始转换的应答。

当同步信号到来后，直接通过 1#与门，使 Q2 触发器置位、计数器清零；Q2 触发器输出的高电平将 2#和 3#与门打开，准备迎接发射信号和回波信号的到来。同时，通过状态寄存器回送状态，表示测距机已经进入工作状态。同步信号的下降沿随即将 Q1 触发器翻转，为下一次测距做好状态准备。

当发射信号到来后,直接通过 3#与门,使 Q3 触发器翻转输出高电平,将 4#与门打开,晶体振荡器产生的时钟脉冲通过 4#与门加载到计数器上,计数器开始计数。

当回波信号到来后,直接通过 2#与门,使 Q3 触发器清零,关闭 4#与门,计数器停止计数;回波信号同时使 Q2 触发器翻转,输出低电平,将 2#与门和 3#与门关闭,确保各种干扰信号不会使电路误动作,并通过状态寄存器送出测距结束标志。

6.3.6.3 雷达测距精度分析

1. 测距公式

电磁波在空间以光速传播($c = 3 \times 10^8 \mathrm{m/s}$),雷达发出的电磁波遇到距离为 R 的目标后返回,行程为 $2R$,用计数式转换器记录时间间隔为 t,则 $2R = c \cdot t$,即:

$$R = \frac{c}{2} \cdot \frac{1}{f} \cdot D = \frac{150 \times D}{f} \quad (6\text{-}60)$$

式中,f 为计数器频率(单位 MHz);D 为计数器计数结果。雷达测距的计数间隔对应最小的时间量化单位,即时间分辨率为:

$$t_{\mathrm{LSB}} = 1/f \quad (6\text{-}61)$$

最小的时间量化单位对应的距离就是雷达的距离分辨率:

$$R_{\mathrm{LSB}} = \frac{c}{2} \cdot \frac{1}{f} = \frac{150}{f} \quad (6\text{-}62)$$

2. 精度分析

如果排除电磁波传输过程中信号特性变化引起的误差和测距电路中门电路、触发器、计数器等电路的不确定因素引起的误差,根据距离求解公式,主要误差来源:一个是频率不够高引起的量化误差,另一个是频率不稳定引起的漂移误差。

根据式(6-62),如果距离分辨率想达到 10m,频率 f 需要达到 15MHz,这将接近 TTL 门电路的极限,进一步减少量化误差必须采用其他电路实现,如 ECL 电路。

如果晶体振荡器频率发生漂移,会引起计数误差。由于频率的漂移必须经过时间的积累才能造成计数误差,为此,要求时钟频率的稳定度必须得以保证:在最长的计数时间内,计数器既不多计一个脉冲,也不少计一个脉冲。

设晶体振荡器标称频率是 f,频率的漂移是 δ,频率漂移引起的时间测量误差是:

$$\Delta t = \left| \frac{D}{f} - \frac{D}{f \pm \delta} \right| = \frac{D\delta}{f \cdot (f \pm \delta)} \approx \frac{D\delta}{f^2} \quad (6\text{-}63)$$

最大误差发生在 D 取最大值时,为了避免多计或少计一个脉冲,要求:

$$\Delta t \cdot f = \frac{D_{\max} \delta}{f} < 1 \quad (6\text{-}64)$$

即

$$\frac{\delta}{f} < \frac{1}{D_{\max}} \qquad (6\text{-}65)$$

上式就是对石英晶体振荡器的稳定度要求，测量距离越远，稳定度要求越高。

【例 6-2】 设计某雷达距离转换器，要求其作用距离为 250km，距离分辨率为 10m，计算计数器频率及稳定度指标。

解： 根据距离分辨率公式，时钟频率 $f = \dfrac{150}{R_{\text{LSB}}} = \dfrac{150}{15} = 10\text{MHz}$。

最大计数结果：

$$D_{\max} \geqslant D = \frac{2fR}{c} = 25000 \qquad (6\text{-}66)$$

因此，计数器的计数个数要大于 25000，而 $2^{15}=32768>25000$，所以需要计数器位数大于或等于 15。一般可选用常用的 16 位计数器。

稳定度：

$$\frac{\delta}{f} < \frac{1}{D_{\max}} = \frac{1}{25000} = 4 \times 10^{-5} \qquad (6\text{-}67)$$

即要求晶体振荡器的频率稳定度至少优于 10^{-5}。

6.4 小结

本章讨论了武器控制系统模拟接口的相关知识，主要包括信号放大和信号变换。信号放大是一个基本内容，对放大器的要求除了输入阻抗高、输出阻抗低、抗共模干扰能力强，还要求增益可调、输入与输出之间有隔离，以满足多种场合的需要。

无论哪一种 D/A 转换器，其目的都是将数字量转换成模拟量。如果将最大的数对应参考电压，那么其他数对应的电压只能小于参考电压，所以，D/A 转换器输出的最大值是确定的，且是单极性的，D/A 转换的精度取决于参考电压的精度，至于双极性变换、量程变换则都需要其他电路来实现。

A/D 转换器的目的都是将待测电压转换为数字量，虽然转换原理差别很大，但核心思想是一致的：先选定一个参考电压，以此参考电压为基准，比较一下待测电压相当于参考电压的比例。由于各种具体转换方法的差异，各类 ADC 的精度、速度、成本等差距很大。在具体选用 ADC 器件时，要综合考虑上述因素。

6.5 思考与练习题

1. 运算放大器的作用有哪些？

2．运算放大器输入阻抗高的好处在哪里？输出阻抗低体现了运算放大器的什么能力？

3．理想运算放大器的特点有哪些？

4．"虚短"和"虚断"的物理含义是什么？

5．画出三运放电路，推导放大倍数。

6．运算放大器的典型电路有几种？画出电路图并给出放大倍数。

7．画出倒 Γ 型电阻网络 DAC，推导其输出电压公式，并归纳主要特点。

8．在上题的基础上，推导 4 位 DAC 输入数值为（0110）时的输出值。

9．已知参考电压 V_{ref} 为 5V，画出输出 -10~10V 的双极性 DAC 电路。

10．画出逐位逼近式 ADC 的工作原理图，说明工作过程。

11．某 8 位逐位逼近型 ADC，参考电压为 10.24V，单极性输入信号，当输入电压为 6.789V 时，比较器输入端每步的电压值是多少？最后输出结果是多少？

12．总结 Γ 型电阻网络、倒 Γ 型电阻网络、电阻分压器、权电容网络、双电容串行和 Δ-Σ 式 DAC 的优缺点。

13．总结逐位逼近式、积分式、闪速比较式、分段快速式、流水式和 Σ-Δ 式 ADC 的优缺点。

14．设计作用距离为 200km、分辨率为 10m 的雷达距离转换器（包括计数器频率、计数器位数、计数器相对稳定度）。

第 7 章

典型传感器及轴角转换技术

　　人类观察和认识自然界，依靠自身的感觉器官，如眼、耳、鼻、舌、皮肤等。就像人一样，计算机为了从外界获取信息必须借助于感觉部件——传感器。传感器让计算机系统有了触觉、味觉和嗅觉等"感官"，让机器慢慢变得"活"了起来。以计算机为核心的武器控制系统，也是通过传感器感觉外部信息的。

　　传感器的种类很多，例如，轴角测量装置是角度传感器，用于感受角度的变化。各种各样的雷达都是传感器，用于感受目标的位置和速度等信息。

　　在导弹武器系统中，需要测量多种参数，其中角位移的测量特别重要。轴角测量装置常见于各种飞机、舰船的火炮、导弹等武器控制系统和雷达等传感器控制系统中。

　　光电码盘可以用于精密的数字化角度测量，旋转变压器、自整角机可以在相对较差的工作环境中测量角度量，因而在军事工业中应用更为广泛。武器系统中的随动系统、雷达系统广泛使用旋转变压器和自整角机等器件构成的机电模拟接口进行角度的传输、变换和指示，这些以模拟量形式传送的角度量必须经过轴角-数字转换接口转换为数字量后，火控设备才能处理识别。同时，火控设备发出的角度控制信息是数字量，必须经过数字-轴角转换接口转换为模拟量后，旋转变压器和自整角机等机电模拟器件才能接收。

　　本章首先以电阻传感器为例，对传感器进行详细分析，以期达到举一反三的作用，为学习和掌握电感和电容传感器打下基础；然后介绍轴角转换的主要方法，包括光电码盘、旋转变压器和自整角机，以期拓展解决同一个问题的思路；最后介绍粗精组合技术，以期通过传感器组合应用，达到提升系统性能的目的。

7.1　传感器的基本概念

　　前面我们学习了 A/D 转换器，它可以把电压信号转换成数字量。但是，自然界中的被测量，大多不是电压，因此，用一些非电量（如线位移、角位移、力、液体的流量等）的测量用电阻、电容或电感传感器来完成。测量的原理是将这些非电量的变化，转换成相应的电阻、电容、电感的变化，然后通过测量线路，将电阻、电容、电感的变化再转换成相应的输出电压、电流等。

7.1.1 传感器的定义

依照 GB 665—1987《传感器通用术语》的规定，传感器的定义是：能够感受规定的被测量并按照一定的规律转换成可用输出信号的器件和装置。

所谓"规定的被测量"体现了传感器感受信号的选择性和定向性。例如，我们需要感受一氧化碳的浓度，要求传感器不能受二氧化碳浓度的影响。

所谓"按照一定的规律"体现了传感器的输入和输出之间必须具有明确、稳定的规律。通常情况下我们期望这种规律具有线性化的特点，即使是非线性的，要么可以通过一定的函数来表达，要么可以给出输入和输出之间的关系曲线。

所谓"可用的输出信号"是指用户能够方便设计相关电路使用该信号。如果输出信号能够直接与计算机对接则更好。

7.1.2 传感器的组成

传感器一般是利用物理、化学和生物等学科的某些效应，按照一定的工艺和结构制造出来的，因此传感器的组成细节之间差异很大。但是，总的来说，传感器由敏感元件、变换元件和其他辅助部件等组成，如图 7-1 所示。

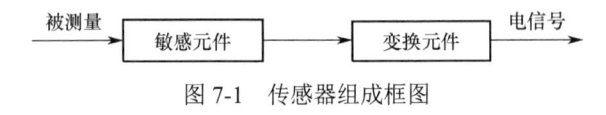

被测量 → 敏感元件 → 变换元件 → 电信号

图 7-1 传感器组成框图

敏感元件是指传感器中能够直接感受（响应）被测量的部分。例如，力作用在物体上，物体将发生形变，力的大小通过形变体现出来，能够直接感受形变的电阻应变片就是敏感元件。

变换元件是指传感器中能将敏感元件感受到的被测量变换成易于传输和（或）测量的电信号的部分。

由于传感器的输出信号一般比较微弱，往往都需要放大、滤波及调制解调等操作，因此需要专门的变换电路。随着集成电路技术的发展，这部分变换电路渐渐地与敏感元件集成在同一个集成电路芯片上，或者安装在传感器的壳体内，这样就方便了大家使用各种传感器，简化了设计。

7.1.3 传感器的分类

传感器的分类方法很多，主要可以按被测量、按用途、按原理、按输出信号、按制造工艺、按结构、按作用形式等进行分类。从学习武器控制系统技术的角度看,按输出信号分类有利于接口设计,按用途分类有利于使用传感器。

1. 按用途分类

虽然武器控制系统涉及目标探测系统、平台测量系统、环境测量系统等多种传感器子系统,但将每个系统进一步细分,主要可以归并为测距离、测角度、测频率,或计时、测力、测温度等几个基本用途。

2. 按输出信号分类

按输出信号类型,可以把传感器分为模拟信号、数字信号、膺数字信号、开关信号4类输出传感器。模拟信号用 A/D 转换器接口,数字信号用组合并行口接口,膺数字信号用计时器接口,开关信号用单根并行口接口。

7.1.4 传感器的性能指标

设计一个计算机测量与控制系统,或者设计一个检测系统,首先应当根据系统要求选择相应的传感器,这就需要考察传感器的性能指标。一般情况下,从静态特性和动态特性两大方面来阐述传感器。

7.1.4.1 传感器的静态特性

静态特性是指被测量的各个值处于稳定状态或随时间变化非常缓慢的状态下,传感器输出值与输入值之间的关系,一般可用数学表达式、特性曲线或表格来表示。静态特性的主要指标包括量程、灵敏度、线性度、迟滞、重复性、分辨力、漂移、稳定性、死区等,其中,量程、灵敏度、线性度和分辨力是4个比较重要的指标。

1. 量程(测量范围)

量程指传感器的测量范围。各种传感器都有一定的测量范围,超过规定的测量范围,测量结果会有较大的误差甚至造成传感器的永久损坏。在选用传感器时,传感器的测量范围应稍大于实际测量范围。

2. 灵敏度(传感器系数)

灵敏度是传感器输出量的变化值 Δy 与相应的被测量变化值 Δx 之比。用 S 表示灵敏度,即:

$$S = \frac{\Delta y}{\Delta x} \tag{7-1}$$

对线性传感器来说,传感器校准直线的斜率就是灵敏度;对非线性传感器,灵敏度是输出对输入的导数,随输入量变化而变化,示意图分别如图 7-2(a)、图 7-2(b)所示。

3. 线性度(非线性误差)

线性度直线性传感器的输入/输出曲线与某一规定直线不吻合的程度。如图 7-3 所示,在输出特性与规定线之间,垂直方向上的最大偏差 $\Delta L_{\max}$ 与满量程 Y_{FS} 的百分比定义为非线性误差。

$$\gamma_L = \frac{\Delta L_{\max}}{Y_{\mathrm{FS}}} \times 100\% \tag{7-2}$$

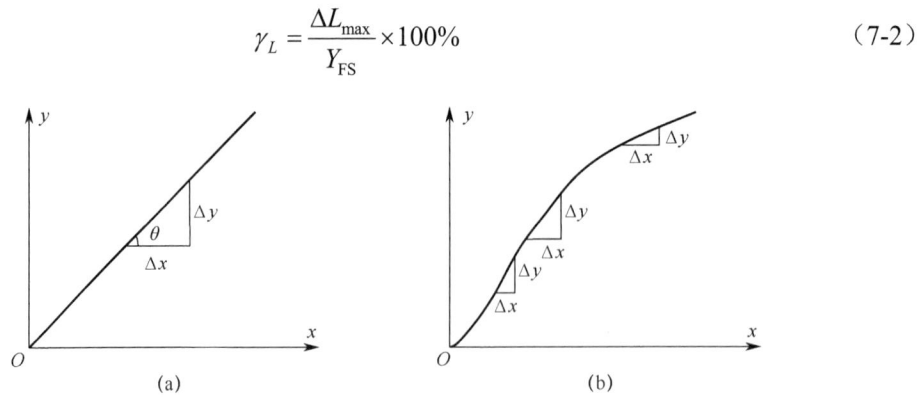

图 7-2　线性传感器与非线性传感器的灵敏度

设传感器的静态特性可用多项式方程 $y = a_0 + a_1 x + a_2 x^2 + \cdots + a_n x^n$ 来表示,其中,y 是输出,x 是输入的被测量,a_0 是零位输出,a_1 是灵敏度,$a_2, a_3, \cdots, a_n$ 是非线性系数。

理想情况下,$a_0 = a_2 = \cdots = a_n = 0$,$y = a_1 x$,灵敏度 $S = a_1$。

规定的直线通过数据拟合的方法获取,规定直线不同,有不同的线性度(见图 7-3)。

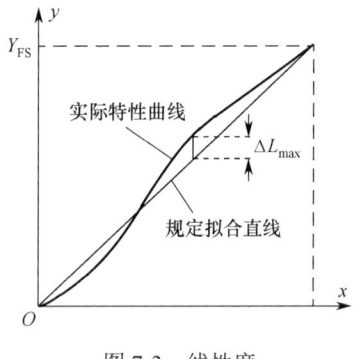

图 7-3　线性度

(1)理论线性度:又称绝对线性度,表示传感器的实际输出校准曲线与理论直线之间的偏差程度。通常取零点作为理论直线的起始点,满量程输出作为终点,这两点之间的连线作为理论直线。

(2)独立线性度:在校准曲线中找出一条最佳平均直线,使实际输出特性相对于所选的拟合直线的最大正偏差值、最小负偏差值相等。其线性度表示为:

$$\gamma_L = \frac{|\Delta L_{\max}| + |-\Delta L_{\max}|}{2Y_{\mathrm{FS}}} \times 100\% \tag{7-3}$$

(3)端基线性度:传感器校准数据的零点输出平均值和满量程输出平均值连成直线。

(4)最小二乘线性度:假设拟合直线的通式是 $y = kx + b$,实际拟合直线校准点有 n 个,第 i 个校准数据与拟合直线上相应值之间的残差为:

$$\Delta_i = y_i - (kx_i + b) \tag{7-4}$$

最小二乘拟合直线的拟合原则是使 $\sum_{i=1}^{n} \Delta_i^2$ 为最小,即对 k 和 b 求一阶偏导数并令其为 0。

$$\begin{cases} \dfrac{\partial}{\partial k} \sum \Delta_i^2 = 2\sum (y_i - kx_i - b)(-x_i) = 0 \\ \dfrac{\partial}{\partial b} \sum \Delta_i^2 = 2\sum (y_i - kx_i - b)(-1) = 0 \end{cases} \tag{7-5}$$

从而求出 k、b 为：

$$\begin{cases} k = \dfrac{n\sum x_i y_i - \sum x_i \times \sum y_i}{n\sum x_i^2 - (\sum x_i)^2} \\ b = \dfrac{\sum x_i^2 \times \sum y_i - \sum x_i \times \sum x_i y_i}{n\sum x_i^2 - (\sum x_i)^2} \end{cases} \quad (7\text{-}6)$$

最小二乘线性度的计算最烦琐，拟合精度最高，端基线性度最低。

4. 不重复性（重复性）

不重复性指在同一操作条件下，对输入量按同一方向作全量程连续多次重复测量，输出值不一致的程度。重复性误差属于随机误差，通常用统计量与满量程之比的相对误差表示。σ 是标准误差，Y_{FS} 是满量程输出值。当误差符合正态分布时，σ 前的系数 2 代表置信概率为 95%，系数 3 代表置信概率为 99.73%。

$$\gamma_R = \dfrac{(2 \sim 3)\sigma}{Y_{FS}} \times 100\% \quad (7\text{-}7)$$

5. 滞后（迟滞）

在相同的工作条件下，传感器正、反行程中，同一输入所对应的不同输出的不重合程度称为滞后。用最大偏差与满量程输出值之比的相对误差表示，如图 7-4 所示。

$$\gamma_H = \dfrac{\Delta H_{max}}{Y_{FS}} \times 100\% \quad (7\text{-}8)$$

6. 漂移

在输入量不变的情况下，传感器的输出量随时间变化，此现象称为传感器的漂移。

产生漂移的原因有两个：一是传感器自身的结构参数；另一个是工作环境条件，包括湿度、温度等。漂移包括零点的漂移和灵敏度的漂移。

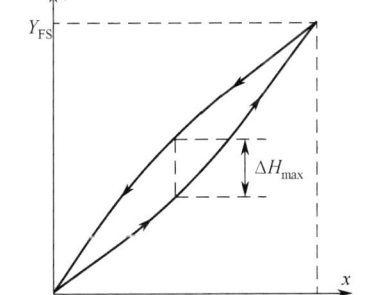

图 7-4 最大偏差与满量程示意图

零点时间漂移（零漂）：在恒温条件下，零点随时间变化的特性。一般按 8h 内输出信号的变化来度量。

零点温度漂移（温漂）：传感器的零点随温度而变化的特性。一般用环境温度变化 10℃ 所引起的输出变化相对于最大输出的百分比来表示。

灵敏度漂移：传感器的灵敏度随温度或（和）时间而变化的特性。

7. 零位输出

当输入为零时，用电压表示的传感器输出的最小值，称为零位电压或剩余电压。

8. 死区（不灵敏区）

有的传感器在零位附近存在严重的非线性区，不引起传感器输出量改变的输入量的区间称作死区。

9. 分辨力

分辨力用来表示传感器能够检测被测量最小变化量的能力。

7.1.4.2 传感器的动态特性

传感器的动态特性指传感器测量动态信号时,输出对输入的响应特性。动态特性好的传感器,其输出量随时间变化曲线与被测量随时间变化的曲线接近得好。反映的是输出能够跟上输入变化的能力。实际系统中,除了理想的比例特性的环节,输出信号将不会与输入信号完全一致,这种输出与输入的误差就是动态误差。

这里仅以一阶和二阶环节为例,对动态特性指标进行简要说明。动态特性可采用图形的方式描述,通常,传感器的输出刚开始改变很快,而当其最终接近终值时变化很慢,例如,采用水银体温表测体温时水银柱的变化过程。

1. 传感器的响应曲线

对于很多简单的传感器,响应曲线可以用下面的函数描述:

$$v(t) = V_2 + (V_1 - V_2)e^{-t/\tau} \tag{7-9}$$

符合函数式(7-9)特性的传感器属于一阶特性的传感器,如图 7-5(a)所示。其中,V_1 是传感器的初始值,V_2 是最终值(渐近值),τ 是时间常数。为了估算 τ,作 $v(t)$ 的曲线,在从 V_1 到 V_2 之间的 63.2% 处画一条水平线,$v(t)$ 将在 $t = \tau$ 处穿过这条水平线。在输出到达终值(按要求的精度)之前,需要经过几个时间常数。例如,如果精度要求是 $(V_2 - V_1)$ 的 0.5%,那么需要等待 5.3τ。很多传感器具有类似图 7-5(b)所示的二阶特性。

(a) 一阶特性传感器的响应曲线   (b) 典型二阶传感器的响应曲线

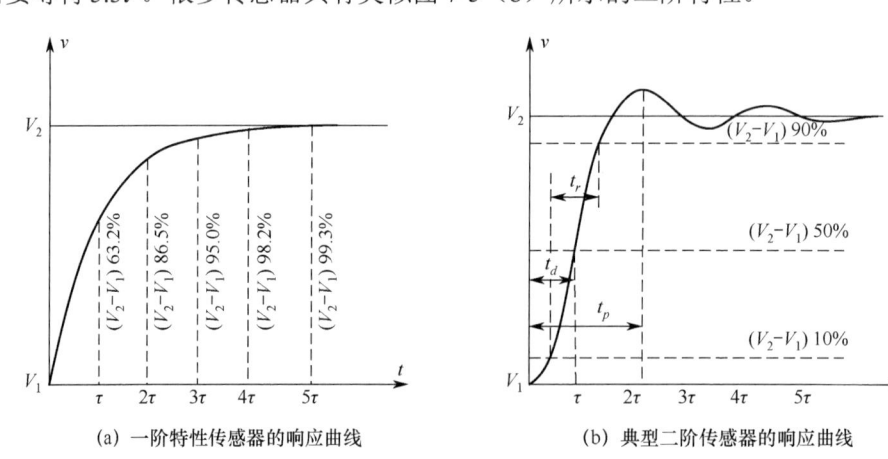

图 7-5 响应曲线

2. 上升时间 t_r

上升时间是指被检测量突变后,输出从 $(V_2 - V_1)$ 的 10% 变化到 90% 所用的时间。通常传感器手册中给出的响应时间如果没有特殊说明,就是指上升时间。

3. 延迟时间 t_d

延迟时间是指传感器的输出达到稳态值的50%所需要的时间。

4. 峰值时间 t_p

峰值时间是指二阶传感器输出响应曲线到达第一个峰值所用的时间。

5. 超调量 σ

超调量是指二阶传感器输出超过稳态值的百分比。

6. 传感器的幅频特性和相频特性

传感器是指的幅频特性和相频特性，即用于考察当被测量按照正弦规律变化。当改变频率时，传感器输出信号的幅度和相位的变化情况。严格的幅频特性和相频特性描述采用图形方式，通常，用"带宽"描述幅频特性，用"相延迟"描述相频特性。

7.2 应变式电阻传感器

电阻式传感器是一种将被测的物理量，如位移、形变、力及加速度等的变化，转换成电阻值的变化，再通过测量电路把电阻值的变化变换成电信号输出的敏感元件。电阻式传感器按照工作原理可分为电位计式电阻传感器、应变式电阻传感器和压阻式电阻传感器，以下将着重介绍应变式电阻传感器。

应变式电阻传感器的工作原理是以应变效应为基础的。导体或半导体材料在外力的作用下产生机械变形，其阻值将发生变化，这种现象称为电阻应变效应。把依据这个效应制成的应变片粘贴于被测材料上，被测材料受外力作用产生的应变将传递到应变片上，从而使应变片的电阻值发生变化，通过测量电路将电阻的变化转换为电量，这就是应变式传感器的原理。应变式传感器工作于电阻变化甚小的状态，因此需要精密放大电路进行测量。

常用的应变片有两类：一类是金属电阻应变片，另一类是半导体应变片。半导体应变片灵敏度较高，但受温度影响大、稳定度差，应用范围受到限制。这里只讲述金属电阻应变片。

金属电阻应变片根据生产工艺分为丝式、箔式和薄膜式，由于后两种产品性能更好，目前产品主要是后两种。

7.2.1 工作原理

7.2.1.1 应变片的工作原理

电阻应变片的种类繁多、形式多样，但基本结构大体相同，都由敏感栅、基底、覆盖层、引线和黏合剂构成，如图7-6所示。敏感栅由电阻丝（箔）或半导体材料构成，是应变片的敏感元件；敏感栅黏结在基底上，基底是将弹性体的应变传递到敏感栅的中介，并起到绝缘作用；覆盖层也称面胶，起到保护作用；敏感栅两端焊接引出线，用于和外电路相连。

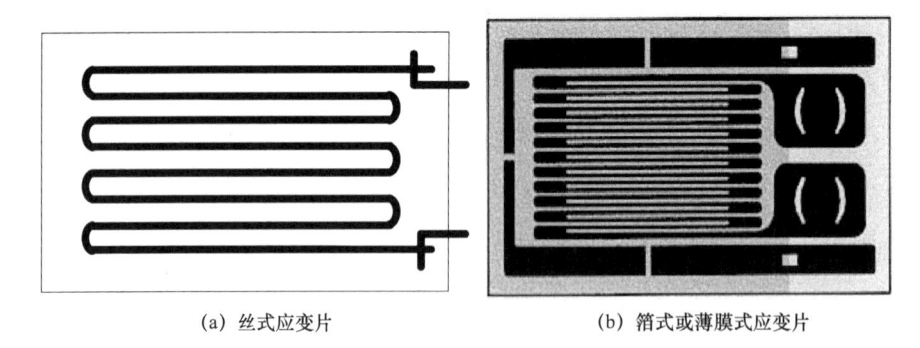

(a) 丝式应变片　　　　　　(b) 箔式或薄膜式应变片

图 7-6　应变片的种类

设导体的长度为 l，截面积为 S，电阻率为 ρ，则导体的电阻 R 可表示为：

$$R = \frac{l}{S} \tag{7-10}$$

求其全微分：

$$dR = \frac{1}{S}d\rho + \frac{\rho}{S}dl - \frac{\rho l}{S^2}dS \tag{7-11}$$

用相对变化量来表示：

$$\frac{dR}{R} = \frac{d\rho}{\rho} + \frac{dl}{l} - \frac{dS}{S} \tag{7-12}$$

一般情况下，电阻丝是圆截面，则 $S = \pi r^2$，r 是电阻丝的半径，$dS = 2\pi r dr$，则：

$$\frac{dS}{S} = \frac{2\pi r dr}{\pi r^2} = 2\frac{dr}{r} \tag{7-13}$$

由力学中的相关知识可知，$\frac{dr}{r} = -\mu \frac{dl}{l}$，$\mu$ 是泊松比，所以：

$$\frac{dS}{S} = -2\mu \frac{dl}{l} \tag{7-14}$$

电阻率的变化是由压阻效应引起的，如用 σ 表示应力，则：

$$\frac{d\rho}{\rho} = K_y \cdot \sigma \tag{7-15}$$

K_y 是压阻系数，由力学可知，$\sigma = E\frac{dl}{l}$，E 是弹性模量，于是：

$$\frac{d\rho}{\rho} = K_y E \frac{dl}{l} \tag{7-16}$$

将式（7-14）、式（7-15）和式（7-16）代入式（7-12）中，得：

$$\frac{dR}{R} = (1 + 2\mu + K_y E)\frac{dl}{l} = K_l \frac{dl}{l} = K_l \varepsilon \tag{7-17}$$

$K_l = 1 + 2\mu + K_y E$ 即应变片的灵敏度，即单位应变所引起的电阻的相对变化。K_l 受两个因素的影响，其中，一个是 $1 + 2\mu$，由材料的几何尺寸改变引起；另一个是 $K_y E$，由材料性质决定。对于金属电阻应变片，$K_y E$ 非常小，可以忽略，$K_l = 1 + 2\mu$ 为 $1 \sim 2$。对于半导体材料，$K_y E$ 为 $60 \sim 170$，$1 + 2\mu$ 可以忽略。

$\varepsilon = \dfrac{\mathrm{d}l}{l}$ 为应变值。ε 的范围称为机械应变范围，一般很小，为 $10^{-6} \sim 10^{-3}$。

如果 $R = 100\Omega$，应变片的绝对阻值变化 $\Delta R = k_l \cdot R \cdot \varepsilon$ 为 $10^{-4} \sim 10^{-1}$，所以，要求检测电路能够精密检查出微小电阻的变化。

7.2.1.2 应变片的主要参数

为正确使用应变片，必须了解影响工作特性的一些参数，这些参数可以在元件性能手册上查到。

（1）应变片的电阻值：指应变片在未使用和不受力的情况下，室温条件下测定的电阻值，也称额定阻值。应变片的电阻值已经趋向标准化，有 60Ω、120Ω、350Ω、600Ω、1000Ω 等多种电阻，其中 120Ω 和 350Ω 最为常用。应变片的电阻大，可以加大承受的电压，从而提高输出信号，但敏感栅的尺寸也会变大。

（2）绝缘电阻：指应变片的敏感栅、引出线与黏结应变片的弹性体之间的电阻值。该值表征了基底材料的绝缘性能，一般应当大于 $10^{10}\Omega$。

（3）灵敏度系数：灵敏度系数的含义在应变片的原理中已经详细介绍过。

（4）允许电流：指应变片允许通过的额定电流。有时给出应变片的额定功率指标，本质是一样的。这一指标是安全使用应变片的指标，避免因为发热影响正常使用。例如，某应变片为了保证测量精度，静态测量时，允许的持续电流一般为 25mA，动态测量时，允许的瞬时电流可达 75～100mA。

（5）应变极限：指应变片正常工作的最大量程，超过后会损坏应变片。

（6）疲劳寿命：指已安装好的应变片在一定的应变幅值范围内，持续工作而不至于产生疲劳损坏的循环次数。一般情况下，循环次数可以达到 $10^6 \sim 10^7$ 数量级。

7.2.2 传感器应用

7.2.2.1 应变片的使用

应变片是测量应变的，但实际用途远不止于此，凡是能够转变为应变变化的物理量都可以用应变片进行测量，如力、压强、扭矩、力矩和加速度等。问题的关键是如何将被测量转变为应变的变化，为了解决这个问题引入了弹性元件。应变片和弹性元件是构成各种应变式传感器不可缺少的两个关键件。针对不同的应用领域，人们设计了形式各样的弹性元件。某些应变式传感器的示意图如图 7-7 所示。

图 7-8 给出了利用弹性梁力应变传感器构建电子秤结构的示意图。

利用贴在弹性元件上的应变片将应变转换成电阻的变化，再用测量电桥将电阻的变化转换成电压的变化，通过测量电压显示被测量的变化。

弹性元件是应变传感器的一个重要组成环节，因此，必须合理地选择弹性元件的结构形式、尺寸和材料，并进行精密加工。因为涉及机械设计专业领域知识，超出了本书范围，因此不再论述。

(a) 膜片压力传感器　　(b) 弹性圆柱体力应变传感器　　(c) 圆环式力应变传感器

(d) 扭矩应变传感器　　(e) 弹性梁力应变传感器

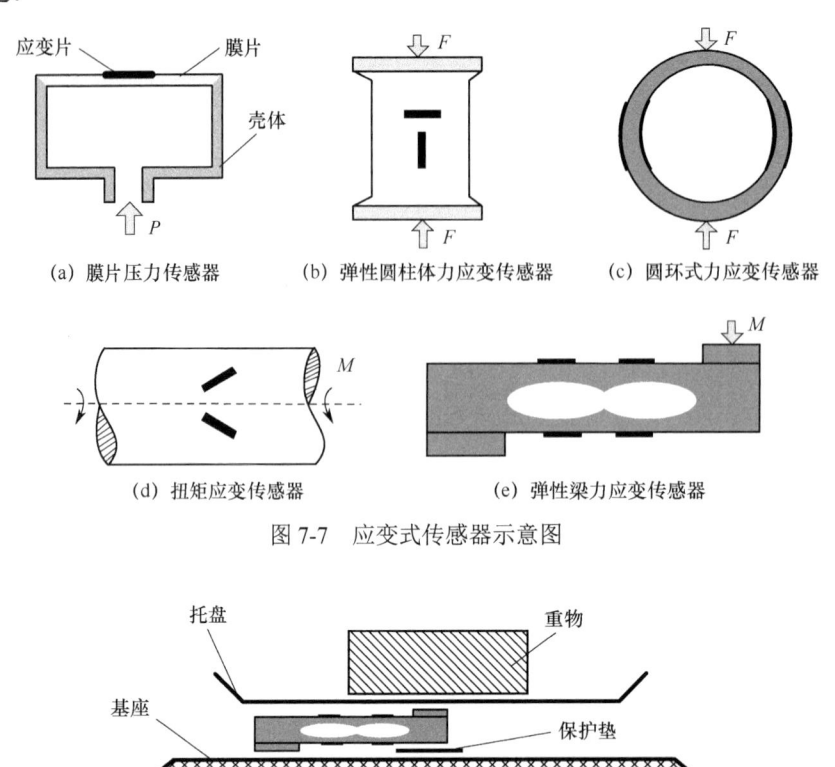

图 7-7　应变式传感器示意图

图 7-8　电子秤结构示意图

7.2.2.2　应变片的测量电路

应变式传感器的测量电路主要采用电桥，但由于应变引起的电阻变化非常微弱，一般小于千分之一，电桥工作在平衡点附近，每个应变片电阻变化的大小具有独立性，针对这种情况，需对电桥测量电路进行进一步分析。由于电桥测量电路一般接高输入阻抗的运算放大电路，这里仅分析空载输出特性。图 7-9 分别给出了电阻应变片的全桥电路、半桥电路和单臂测量电路。下面先分析全桥电路，半桥电路和单臂电路可以根据全桥的结论直接得出。

空载时，电桥的输出为：

$$U_O = U_{OH} - U_{OL} = \frac{R_4}{R_3 + R_4}U_R - \frac{R_2}{R_1 + R_2}U_R = \frac{R_1 R_4 - R_2 R_3}{(R_1 + R_2)(R_3 + R_4)}U_R \tag{7-18}$$

当电桥的 4 个桥臂电阻 R_i 皆产生一个变化量 ΔR_i 时，将破坏电桥平衡条件，根据式（7-18），电桥的输出为：

$$U_O = \frac{(R_1 + \Delta R_1)(R_4 + \Delta R_4) - (R_2 + \Delta R_2)(R_3 + \Delta R_3)}{(R_1 + \Delta R_1 + R_2 + \Delta R_2)(R_3 + \Delta R_3 + R_4 + \Delta R_4)}U_R \tag{7-19}$$

(a) 全桥　　　　　　　　(b) 半桥　　　　　　　　(c) 单臂

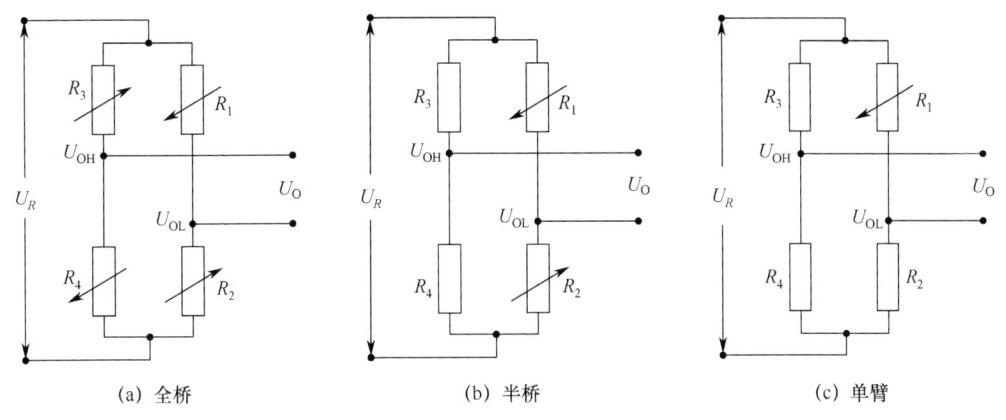

图 7-9　全桥电路、半桥电路和单臂测量电路

将分母的 ΔR_i 项集中到一起，得：

$$U_O = \frac{(R_1+\Delta R_1)(R_4+\Delta R_4)-(R_2+\Delta R_2)(R_3+\Delta R_3)}{[(R_1+R_2)+(\Delta R_1+\Delta R_2)][(R_3+R_4)+(\Delta R_3+\Delta R_4)]} U_R \qquad (7\text{-}20)$$

由于 ΔR_i 远远小于 R_i，在分母中忽略 ΔR_i，在分子中忽略 ΔR_i 的高次项，得：

$$U_O = \frac{(R_1 \Delta R_4 + R_4 \Delta R_1 - R_2 \Delta R_3 - R_3 \Delta R_2)}{(R_1+R_2)(R_3+R_4)} U_R \qquad (7\text{-}21)$$

根据电桥平衡条件 $\dfrac{R_1}{R_2} = \dfrac{R_3}{R_4} = a$，得 $R_2 R_3 = R_1 R_4 = a R_2 R_4$，进一步化简得：

$$U_O = \frac{a}{(1+a)^2} \left(\frac{\Delta R_4}{R_4} + \frac{\Delta R_1}{R_1} - \frac{\Delta R_3}{R_3} - \frac{\Delta R_2}{R_2} \right) U_R \qquad (7\text{-}22)$$

式（7-22）描述了电桥测量电路在平衡点附近当 4 个电阻微小变化时的输出特性，$\dfrac{a}{(1+a)^2}$ 是电桥的灵敏度系数，我们希望灵敏度越大越好。下面求 $f(a) = \dfrac{a}{(1+a)^2}$ 的极值点。

使 $\dfrac{\mathrm{d}f}{\mathrm{d}a} = \dfrac{(1-a)}{(1+a)^3} = 0$，得 $a = 1$。检查，当 $a > 1$ 时，$f'(a) < 0$，且 $a < 1$，$f'(a) > 0$。故：$a = 1$ 是极大值点，此时，$f(a) = \dfrac{1}{4}$，这一点说明：欲使灵敏度最高，电桥的 4 个桥臂电阻在平衡态时应当相等。

这样，电桥的输出公式为：

$$U_O = \frac{1}{4}\left(\frac{\Delta R_4}{R_4} + \frac{\Delta R_1}{R_1} - \frac{\Delta R_3}{R_3} - \frac{\Delta R_2}{R_2} \right) U_R \qquad (7\text{-}23)$$

式（7-23）是电桥 4 个桥臂独立变化时的空载输出特性。注意，我们得到该公式的条件是每个电阻的变化都非常微小，若不符合这一条件就不能使用这一结论。根据式（7-23）的符号关系，4 个电阻的变化不能够相互抵消，要求：相邻桥臂电阻反向变化，相对桥臂电阻同向变化。

例如，对于弹性圆柱体荷重传感器，4 个应变片在圆柱体侧面的布局应当如图 7-10（a）所示，电阻 R_1 和 R_3 同时减少，应放在相对的桥臂上，电阻 R_2 和 R_4 同时增大，应放在另一组相对的桥臂上。对于弹性梁，则应如图 7-10（b）一样排列。

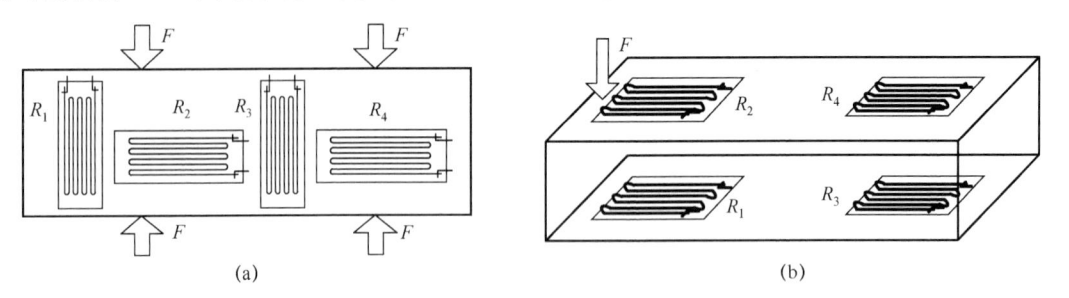

图 7-10 弹性圆柱体和弹性梁的应变片排列

当半桥应用时，两个电阻的变化量为零，令 $\Delta R_3 = \Delta R_4 = 0$，得：

$$U_O = \frac{U_R}{4}\left(\frac{\Delta R_1}{R_1} - \frac{\Delta R_2}{R_2}\right) \qquad (7\text{-}24)$$

也可以令其他两个电阻为零，但变化的两个电阻必须符合"相邻则相反，相对则相同"的要求。

对于单臂应用，令：$\Delta R_2 = \Delta R_3 = \Delta R_4 = 0$，则：

$$U_O = \frac{U_R}{4} \cdot \frac{\Delta R_1}{R_1} \qquad (7\text{-}25)$$

7.2.2.3 应变片传感器系统设计

图 7-11 中，N_1、N_2 和 N_3 构成放大电路，即俗称的三运放电路。该电路具有很好的共模抑制能力，也具有很大的放大倍数调节能力，这一电路也可以采用专门的放大器集成电路完成。由于应变片测量电桥的输出电压很小，仪表放大电路的放大倍数仍不满足要求，因此后面需再接一级反相放大器。整个电路放大倍数的确定，应符合下列要求：在最大应力的作用下，应变片传感器放大电路的输出应接近而不超过 ADC 电路的输入电压范围。R_{w1}、R_{w2} 和 R_{w3} 为可调电位计，最大阻值均为 10kΩ，R_{w1} 和 R_{w2} 用于进行零点调节，R_{w3} 用于调节放大倍数。4 个应变片的阻值均为 350Ω。

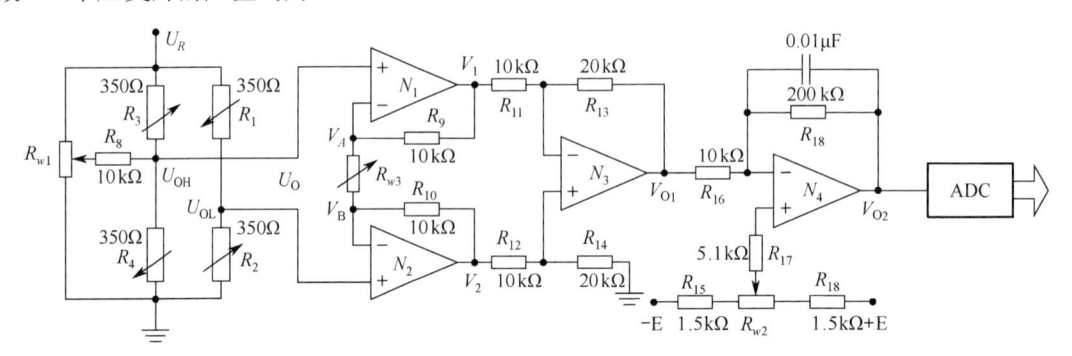

图 7-11 应变片传感系统原理图

【例 7-1】采用全桥电路构成应变片传感器，应变片阻值 $R = 120\Omega$，最大功率为 15mW，

灵敏度系数 $k_l = 2$，应变范围为 $10^{-6} \sim 10^{-3}$，ADC 的输入电压范围为 0～5V，完成下列设计：①为应变电桥确定参考电压 U_R；②确定放大电路的放大倍数。

分析：

① 根据 $P = \dfrac{U^2}{R}$ 确定每个应变片两端的电压：

$$U < \sqrt{P \cdot R} = \sqrt{120 \times 15 \times 10^{-3}} = 1.34\text{V}$$

电桥的参考电压 $U_R = 2U < 2.68\text{V}$，选择 $U_R = 2.5\text{V}$。

② 电桥的输出 $U_O = \dfrac{1}{4}\left(\dfrac{\Delta R_4}{R_4} + \dfrac{\Delta R_1}{R_1} - \dfrac{\Delta R_3}{R_3} - \dfrac{\Delta R_2}{R_2}\right) U_R = k_l \varepsilon U_R$

根据 ADC 的最大输入值应当对应最大的应变值，即 $A k_l \varepsilon_{\max} U_R \leqslant \text{ADC量程}$，得：

$$A \leqslant \dfrac{\text{ADC量程}}{k_l \varepsilon_{\max} U_R} = \dfrac{5}{2 \times 10^{-3} \times 2.5} = 1000$$

7.3 光电码盘测角

光电码盘是一种数字式角度和转速测量装置，通过将光信号转换为一系列的编码信号来实现对角度的测量，也称光电编码器，是一种 A/D 转换器。从工作原理看，光电码盘又分为绝对式光电码盘和增量式光电码盘两种。

7.3.1 绝对式光电码盘

7.3.1.1 绝对式光电码盘组成结构

绝对式光电码盘在结构上主要由转轴、码盘、光源、窄缝和光敏元件构成，如图 7-12 所示。

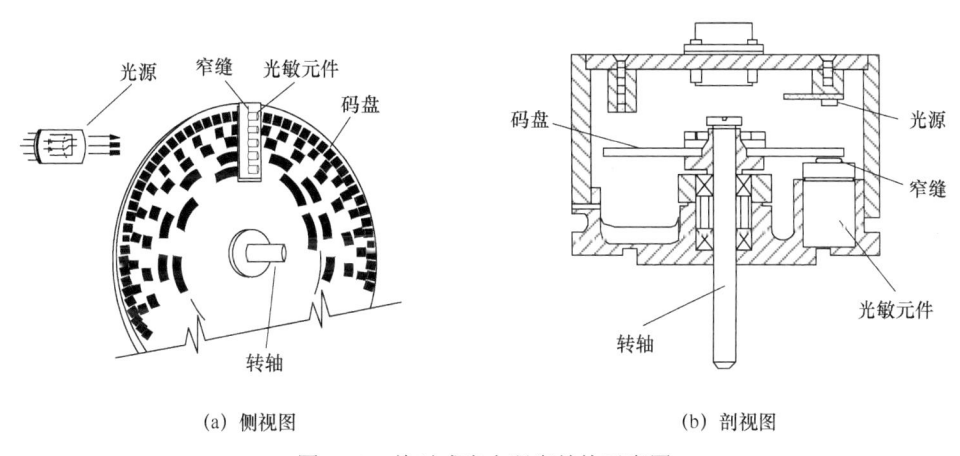

(a) 侧视图　　(b) 剖视图

图 7-12 绝对式光电码盘结构示意图

码盘和转轴固结为一体，由转轴带动码盘转动，相当于转子。码盘的一边有发光二极管阵，码盘的另一边有光敏二极管阵（又称接收二极管阵）及留有窄缝的挡板。码盘两边的这些元件固定在光电编码器的机座上，相当于定子。码盘上按一定编码方式刻有明暗相间（透光与不透光）的图案，这些图案表示相应码盘位置的数码。

码盘工作时，发光二极管发射的光通过挡板上的窄缝透过码盘被接收二极管（光敏二极管）接收，也就是码盘上的明暗数码被映射到光敏二极管上。从光敏二极管阵上产生的光电信号经过放大后便得到码盘转角位置的数字信号。

绝对式光电码盘旋转时，有与位置一一对应的编码输出，从编码大小的变化即可获得转角大小，并能够判别转动方向。停电或关机后再开机重新测量时，仍可准确地读出停电或关机位置的编码。一般情况下绝对式光电码盘的测量范围为 $0°\sim360°$。

7.3.1.2 二进制码盘与循环码码盘

码盘上所刻的明暗图案按位数分为一个个码道。其编码规律有二进制编码和循环码编码两种。如图 7-13 所示，为两个拥有 4 个码道的绝对式码盘示意图，图中的黑色区域表示不透光区，图 7-13（a）是二进制码盘，图 7-13（b）是循环码码盘。

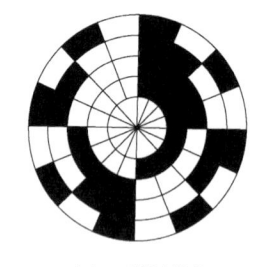

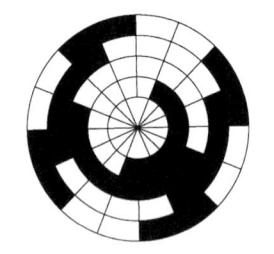

(a) 二进制码盘　　　　(b) 循环码码盘

图 7-13　二进制码盘与循环码码盘对比

图 7-13 所示的两种码盘都有 4 个码道，因此输出的是 4 位编码。假设系统在不透光区输出信号"1"，在透光区输出信号"0"，对于图 7-13 所示的两种码盘，假设初始时刻光敏元件全部位于透光区，则码盘从当前位置起顺时针转动一圈时，输出的编码分别如图 7-14（a）和图 7-14（b）所示。

	F	E	D	C	B	A	9	8	7	6	5	4	3	2	1	0
D0	1	0	1	0	1	0	1	0	1	0	1	0	1	0	1	0
D1	1	1	0	0	1	1	0	0	1	1	0	0	1	1	0	0
D2	1	1	1	1	0	0	0	0	1	1	1	1	0	0	0	0
D3	1	1	1	1	1	1	1	1	0	0	0	0	0	0	0	0

(a) 4 码道二进制码盘输出的编码

	8	9	B	A	E	F	D	C	4	5	7	6	2	3	1	0
D0	0	1	1	0	0	1	1	0	0	1	1	0	0	1	1	0
D1	0	0	1	1	1	1	0	0	0	0	1	1	1	1	0	0
D2	0	0	0	0	1	1	1	1	1	1	1	1	0	0	0	0
D3	1	1	1	1	1	1	1	1	0	0	0	0	0	0	0	0

(b) 4 码道循环码码盘输出的编码

图 7-14　二进制码盘与循环码码盘输出的编码

二进制码盘输出的是数值连续的编码，读取方便。循环码码盘输出的是循环码，读取不方便。那为什么人们还要设计循环码呢？这是因为二进制编码可能产生很大的误差（闪码现象）。光电码盘的机械加工和安装过程都存在误差，当码盘位置转动到输出数码（1111）与（0000）的交界处时（见图7-13），不能保证每位（每个码道）数码同时改变，因而可能出现（0001）、(0010)、…、(0111)等编码输出，其最大误差为180°（对应数码0111）。闪码误差属于粗大误差，必须剔除。

为克服二进制码盘的闪码问题，一般采用循环编码。循环编码的优点是旋转过程中任何两个相邻数码都只有一位数发生变化（只有一个码道的数码发生变化），不会出现闪码误差，可能出现的最大误差为360°/N，N为码盘的圆周分度数，也就是码盘转动一周可能输出的数码个数。N越大，可能出现的最大误差越小。实际应用中，光电码盘的编码位数在9位以上，因此分度数N一般在512以上。循环码码盘具有以下特点。

（1）相邻两个码只有一个变化；
（2）最高码与最低码只有一个变化；
（3）除最高位外，中心对称；
（4）从原始码序表中，顺序从两端移去相同数量的码后，仍是循环码；
（5）相同工艺下，编码密度可比二进制码高一倍。

【例7-2】 观察图7-15，判断哪个是二进制码盘，哪个是循环码码盘。

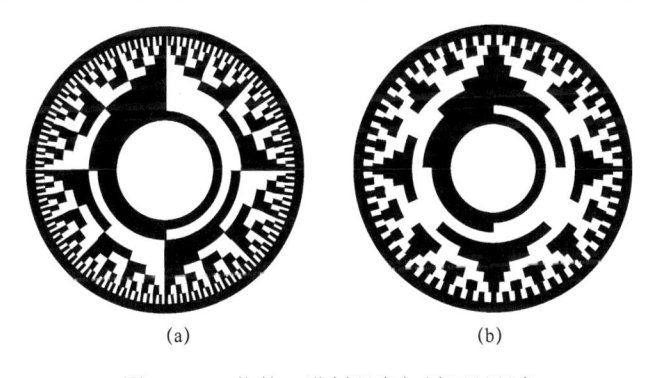

图7-15　8位的二进制码盘与循环码码盘

根据循环码码盘的特点，图7-15（b）为循环码码盘，图7-15（a）为二进制码盘。

【例7-3】 对于图7-15中的二进制码盘和循环码码盘，其最大误差分别是多少？

解： 二进制码盘闪码误差是180°，对于循环码码盘，由于$N=2^8=256$，因此，可能出现的最大误差为360°/N=360°/256=1.4°。

光电编码器的位置测量精度高，是计算机控制系统中常用的位置测量元件。采用循环编码时，通常需要将其输出数码转换为二进制数码，以便于计算机运算。当然，有些情况下，也需要将二进制码转换为循环码。这两种码制的转换工作通过硬件和软件都可以实现。

1. 二进制码转循环码

假设N位二进制码$B=B_n\cdots B_2B_1$，N位循环码$C=C_n\cdots C_2C_1$，二进制码转换为循环码的方法为：高位不变，低位等于本位与高一位相加，即：

$$\begin{cases} C_n = B_n \\ C_k = C_k \oplus B_{k+1} \end{cases} \quad (7\text{-}26)$$

通过硬件实现时，加法可用异或门实现，根据自然二进制转换成循环的算法，可以得到如图 7-16 所示的硬件转换电路。

【例 7-4】 已知二进制码 B=10010100，求对应的循环码。

解： 根据二进制码转循环码的方法，得 C=11011110。

2. 循环码转二进制码

循环码转换为二进制码的方法为：高位不变，低位等于本位与各个高位相加，即：

$$\begin{cases} B_n = C_n \\ B_k = C_k \oplus B_{k+1} \end{cases} \quad (7\text{-}27)$$

根据二进制循环码转换成自然二进制码的算法，可以得到如图 7-17 所示的硬件转换电路。

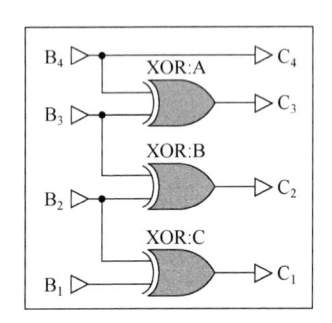

图 7-16　二进制码转循环码电路 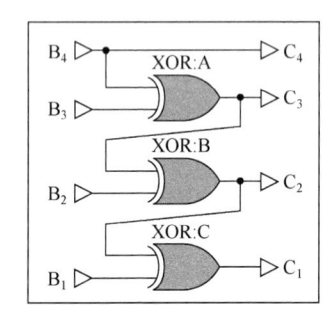　　　　图 7-17　循环码转二进制码电路

通过软件转换的伪指令代码如下。

```
BEGIN:
  B(n) = C(n)
  FOR k = (n-1):1
    IF B(k+1) = C(k)
    THEN B(k) = 0
    ELSE B(k) = 1
  END FOR
END BEGIN
```

绝对式光电码盘具有位置记忆功能，有与转角相对应的编码输出，机械平均寿命长。

7.3.2　增量式光电码盘

7.3.2.1　增量式光电码盘组成结构

增量式光电码盘是一种角编码器，图 7-18 是增量式光电码盘结构示意图。图 7-18（a）是一种实物外形图，图 7-18（b）是剖视图，图 7-18（c）是局部放大图。

（a）实物图　　　　　　　　（b）剖视图　　　　　　　　（c）局部放大图

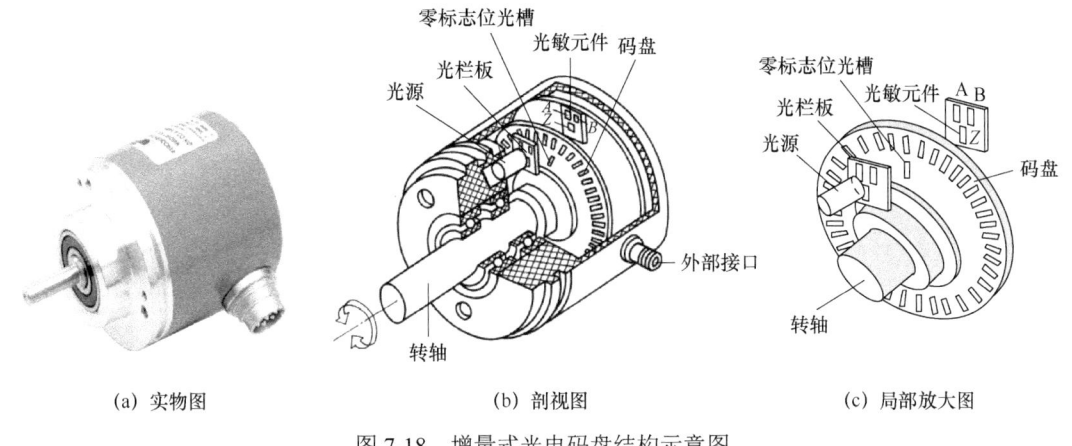

图 7-18　增量式光电码盘结构示意图

在硬件结构上，增量式光电码盘主要由转轴、光源、光栏板、零标志位光槽、码盘、光敏元件和外部接口组成。转轴通常与被测对象固连，光源通常采用聚光性较好的 LED 灯，光栏板是一个遮光板，它上面有 3 个透光狭缝。

码盘是整个器件的核心部件，通常利用光刻技术在码盘上雕刻出 N 个等间隔的透光/遮光区，最终把码盘上的码道等分成 N 个明暗相间的区域。把每个等分的长度称为一个节距，这样 N 等分的码盘就有 N 个节距，每个节距对应一个固定的角度，这个角度就是码盘的分辨率：

$$\alpha = 2\pi / N$$

除此之外，常常在内圈增加一个零标志位光槽，作为参考点使用。码盘后面是 3 个光敏元件：元件 A 和元件 B 对正码盘外圈，元件 Z 对正码盘内圈。元件 A 和元件 B 在安装位置上要求相距 $(N+1/4)$ 个节距，N 为整数。图 7-19 给出了元件 A 和元件 B 装配时的位置布局。

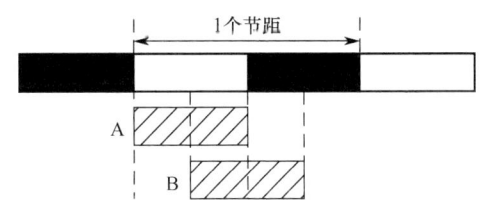

图 7-19　元件 A 和元件 B 装配时的位置布局

7.3.2.2　增量式光电码盘工作原理

1. 输入信号

当被测对象转动时，码盘随着转轴一起转动，光源发出的光经过棱镜整形后，以平行光的形式透过光栏板到达码盘。随着码盘的转动，透光狭缝切割光线，就会在光敏元件前方产生忽明忽暗的光信号，从而激励光敏元件输出幅度和相位不断变化的电信号，整个过程如图 7-20 所示。

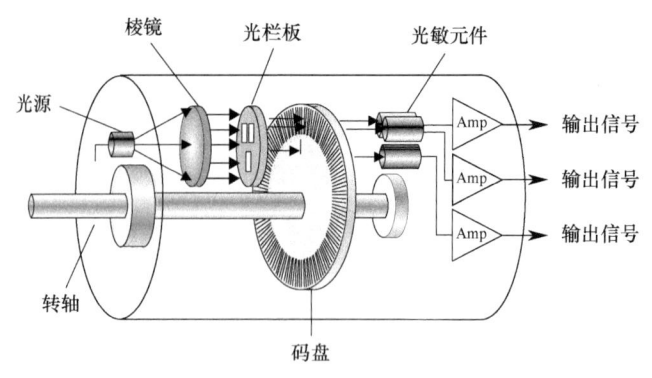

图 7-20 信号传递过程示意图

2. 输出信号

如图 7-19 所示，初始时刻光敏元件 A 位于全透光区，光敏元件 B 位于半透光区。假设完全位于遮光区时，光敏元件的感应输出电压为 0；完全位于透光区时，光敏元件感应输出电压为 V_m，则在当前位置，光敏元件 A 感应输出电压为 V_m，光敏元件 B 感应输出电压介于 0 和 V_m 之间。

码盘顺时针转动时，光敏元件 A 相对于码盘逆时针转动，将经历"全透光区—半透光区—全遮光区—半透光区"的周期变化，B 将经历"半透光区—全透光区—半透光区—全遮光区"的周期变化。码盘转动一周，其输出信号具有如图 7-21 所示的形式。

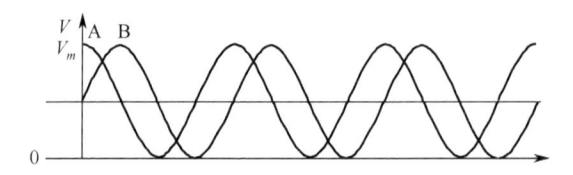

图 7-21 码盘正转一圈光敏元件信号输出形式

码盘转动一圈，光敏元件 Z 也会产生一个周期的信号输出。对于正转，可以判断出，A 相信号始终超前 B 相 T/4。

【例 7-5】A 和 B 之间的相位差为何是 T/4，而不是 T/2 或其他呢？

因为在位置安装上，A 和 B 之间正好相差 1/4 个节距，而每转过一个节距，光敏元件 A 或光敏元件 B 均输出一个完整的周期信号。

对于反转，A 和 B 输出信号的相位关系如图 7-22 所示。同样，根据光敏元件 A 和光敏元件 B 输出的两相信号之间的相位关系就可以判断出码盘的转动方向。

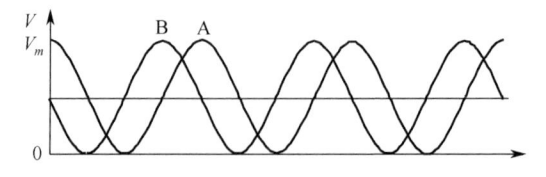

图 7-22 码盘反转一圈光敏元件信号输出形式

根据前面的分析，增量式光电码盘每转过一个节距，光敏元件 A 或光敏元件 B 都将输出一个整周期的信号，码盘连续转动，周期性信号将源源不断地输出，由于每个周期信号都对应一个节距，也就是角度 α，所以这种增量输出给出了码盘相对于前一时刻转过的角度值，这正是增量式的含义。

3. 测量电路

图 7-23 所示为增量式光电码盘的测量电路，测量电路的输入信号是光敏元件 A 和光敏元件 B 的感应信号，测量结果是双向计数器的技术结果。

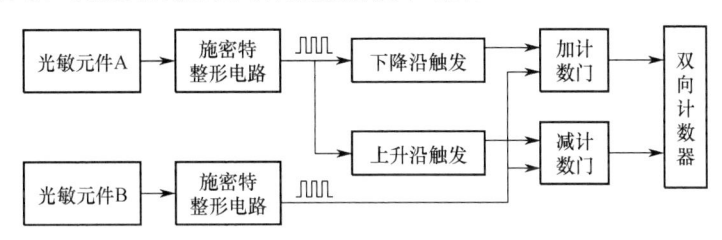

图 7-23 增量式光电码盘的测量电路

光敏元件 A 和光敏元件 B 感应出的正余弦信号首先通过施密特整形电路得到规则的方波信号。随后，A 相信号分别送入边沿触发器，经不同触发条件处理后，边沿脉冲信号分别送入加计数门和减计数门。B 相信号整形后也分别送入加减计数门。加减计数门是两个与门，B 相信号的作用是作为与门的开关信号，将 A 相的边沿脉冲信号接入双向计数器中，由双向计数器实现加减计数。对于正转的情况，B 相开门期间只能够选通 A 相的下降沿信号，并通过加计数门送入双向计数器中进行加计数。在减计数门中，由于 A 相上升沿到达的时候，B 相会使减计数门关门，因此该路信号无法送入双向计数器中。

这样，正转时，B 相信号选通 A 相的下降沿脉冲，加计数。反转时，B 相信号选通 A 相的上升沿脉冲，减计数门有信号输出，双向计数器进行减计数。双向计数器的计数结果就是增量式光电码盘转过的角度，而计数器的计数方向则代表码盘转动方向。

4. 测角和测速方法

如图 7-24 所示，计算机通过计数器是加计数还是减计数来判断码盘的转动方向。正转加计数，反转减计数。码盘每转过一个节距，计数器就加/减 1，利用计数结果，可进一步计算码盘转动的角度和速度。

已知条件是，码盘等分数 N，以及时间 t 内的计数值 d。由码盘等分数，可以直接得到码盘的分辨率，即每个节距对应的弧度值。进一步，根据计数结果 d，可以得到码盘在时间 t 内转过的角度。速度的单位是 r/s（转/秒），等于每秒转过的节距数除以码盘一圈的节距数 N，即计数脉冲的频率 f 除以 N。

具体地：

（1）转过的角度（rad）为：

$$\theta = \frac{2\pi d}{N} \tag{7-28}$$

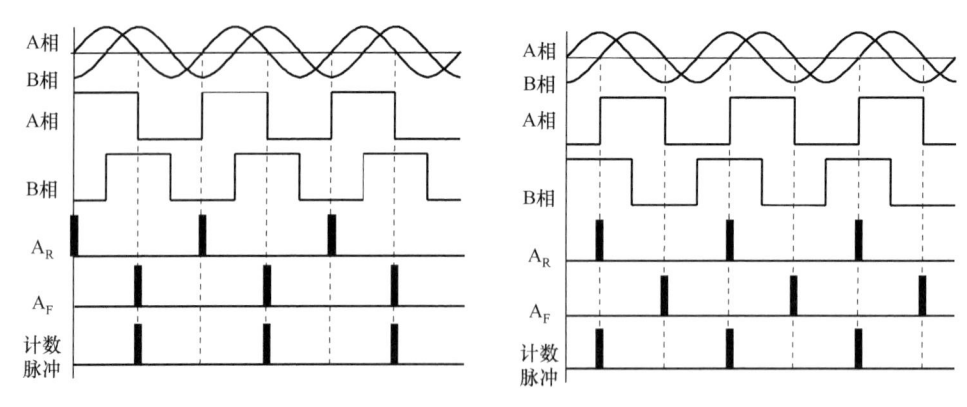

图 7-24 计数原理

（2）转动速度（r/s）为：

$$v = \frac{d}{Nt} \tag{7-29}$$

7.3.2.3 应用与扩展

1. 应用实例

【例 7-6】某武器装备制导系统中采用了 HKT56 系列编码器进行角度测量，该编码器内置了一片 1024 线增量式光电码盘。①正常情况下系统要求的测角精度不低于 10mrad，判断该码盘是否满足要求？②给定角度值后，如何确定计数值？③如果要求测角精度不低于 5mrad，判断该码盘是否满足要求？

分析：

（1）码盘分辨率为：

$$\alpha = \frac{2\pi}{1024} = 6.14 \text{mrad}$$

满足系统精度要求。

（2）对于计数值，由 $\theta = \frac{2\pi d}{N}$ 得到 $d = \left[\frac{\theta \cdot N}{2\pi}\right]$。

（3）如果要求测角精度不低于 5mrad，码盘分辨率目前只能达到 6.14mrad，则无法达到精度要求。在不更换传感器元件的情况下，可以采用倍频测量技术。

2. 二倍频测量

在基本测量方法中，以 B 相信号选通 A 相的上升沿信号或下降沿信号，但是每个周期都只能得到 1 个脉冲信号。如果每个周期既能输出 A 的上升沿信号，也能输出 A 的下降沿信号，这样，一个周期就可以输出两个等间隔的半周期信号，从而提高了分辨率。这就是二倍频测量的思路。

以正转为例，将 B 相信号反转，利用 B 的反相信号来选通 A 的上升沿信号。这样，计数公式就变为：

$$A_F \cdot B + A_R \cdot \overline{B}$$

式中，A_F 和 A_R 分别为 A 相下降沿信号和上升沿信号。类似地，反转时同样可以使用 B 的反相信号 $\overline{B}$ 选通 A 的下降沿。二倍频测量的实现思路如图 7-25 所示。

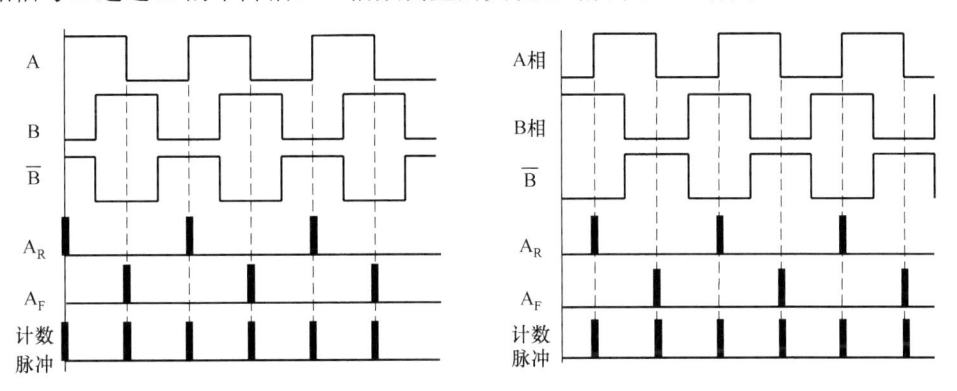

图 7-25 二倍频测量的实现思路

二倍频测量电路图如图 7-26 所示。码盘正转时，B 相选通 A 的上沿脉冲，B 的反相选通 A 的下沿脉冲，加计数器工作而减计数器始终无脉冲信号输出，反之，减计数器工作。由此可以判断出转动方向。

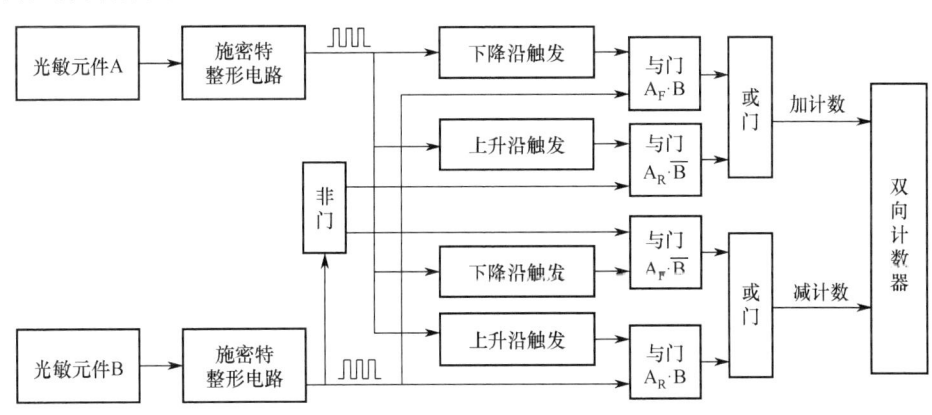

图 7-26 二倍频测量电路图

二倍频测量将计数频率提高了一倍，相应的分辨率也提高了一倍，其角度、角速度和转速测量的分辨率也提高一倍。

（1）码盘分辨率（rad）为：

$$\alpha = \frac{\pi}{N} \tag{7-30}$$

（2）转过的角度（rad）为：

$$\theta = \frac{\pi d}{N} \tag{7-31}$$

（3）转动角速度（rad/s）为：

$$\omega = \frac{\theta}{t} = \frac{\pi d}{Nt} \tag{7-32}$$

(4)转动速度(r/s)为:

$$v = \frac{d}{2Nt} \tag{7-33}$$

对于【例 7-6】,采用二倍频测量技术时,系统分辨率 $\alpha = \frac{\pi}{1024} = 3.07\text{mrad}$,能够满足 5mrad 的分辨率要求。

3. 四倍频测量

二倍频测量仍然是一种使用 B 相信号选通 A 相边沿脉冲信号的测量方法。类比思考一下,既然可以使用 B 选通 A,也可以使用 A 选通 B。观察 A、B 的边沿信号,它们是按照 T/4 周期等间隔分布的,如果能够同时选通 A、B 的 4 个边沿信号,分辨率将可以提高 4 倍!这就是四倍频测量的实现思路,如图 7-27 所示。

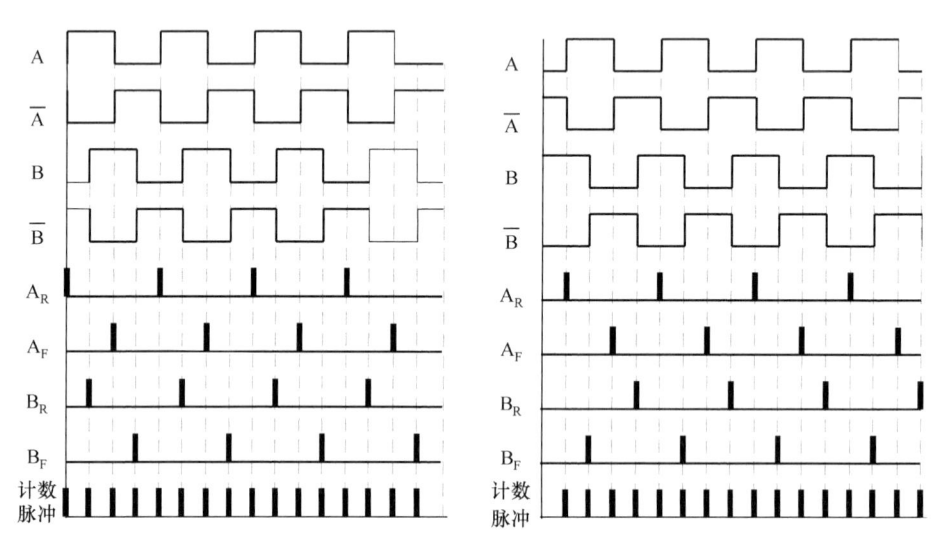

图 7-27 四倍频测量的实现思路

根据信号的时序关系,可以直接得出计数公式,正转时 B 的反相选通 A 的上升沿脉冲,B 相选通 A 的下降沿脉冲,A 相选通 B 的上升沿脉冲,A 的反相选通 B 的下降沿脉冲,加计数器工作,计数器输入信号的逻辑组合为:

$$A_R \cdot \overline{B} + A_F \cdot B + B_R \cdot A + B_F \cdot \overline{A} \tag{7-34}$$

反转时,B 相选通 A 的上升沿脉冲,B 的反相选通 A 的下降沿脉冲,A 的反相选通 B 的上升沿脉冲,A 相选通 B 的下降沿脉冲,减计数,计数器输入信号的逻辑组合为:

$$A_R \cdot B + A_F \cdot \overline{B} + B_R \cdot \overline{A} + B_F \cdot A \tag{7-35}$$

在四倍频测量下,所有参数的分辨率达到了基本测量方法的 4 倍:

(1)码盘分辨率(rad)为:

$$\alpha = \frac{\pi}{2N} \tag{7-36}$$

(2) 转过的角度（rad）为：

$$\theta = \frac{\pi d}{2N} \tag{7-37}$$

(3) 转动角速度（rad/s）为：

$$\omega = \frac{\theta}{t} = \frac{\pi d}{2Nt} \tag{7-38}$$

(4) 转动速度（r/s）为：

$$v = \frac{d}{4Nt} \tag{7-39}$$

增量式光电码盘具有原理构造简单、平均寿命长、分辨率高、抗干扰能力较强的特点，可以测量角度、角速度和转动速度等，但是它在硬件上不具备位置记忆功能。

7.4 旋转变压器测角

光电码盘虽然能够实现高精度的角度测量，但是其环境适应性差。相比之下，旋转变压器能够在保证良好环境适应性的情况下实现高精度的测量，因此在军事装备中应用更为广泛。

7.4.1 工作原理

7.4.1.1 结构及原理

1. 结构

旋转变压器由定子和转子内部分构成，定子、转子铁心采用高磁导率的材料制成。当转子转动 θ 角度时，转子绕组感受磁通量变化的有效截面积发生变化，输出端电压的幅值也会发生变化，如图 7-28 所示。定子、转子之间的气隙是均匀的，定子铁芯内圆和转子铁芯外圆都有齿槽，在槽内分别嵌入多个绕组。

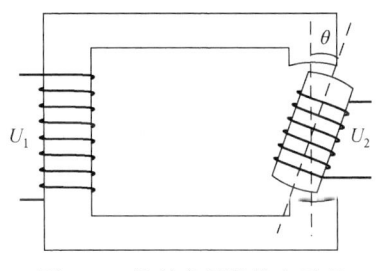

图 7-28 旋转变压器基本原理

旋转变压器是一种输出电压随转角变化的信号元件，一般有两极绕组和四极绕组两种结构形式。两极绕组旋转变压器的定子和转子各有一对磁极，四极绕组则各有两对磁极，主要用于高精度的检测系统。除此之外，还有多极旋转变压器，用于高精度绝对式检测系统中。本节主要讨论四极绕组正/余弦旋转变压器。

四极绕组正/余弦旋转变压器在槽内分别嵌入两个轴线在空间互相垂直的分布绕组，如图 7-29 所示为拥有两个转子绕组和两个等效定子绕组的旋转变压器俯视图。

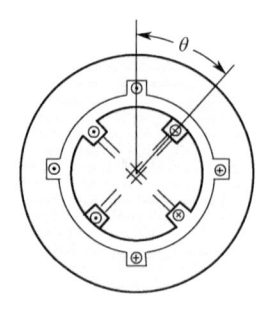

图 7-29 旋转变压器双绕组转子示意图

旋转变压器的结构和外形虽然与普通变压器不同，但其基本工作原理完全一样，定子绕组相当于普通变压器的原边线圈，转子绕组相当于副边线圈。旋转变压器工作时，在定子上施加一个交流激磁电压 U_j，随着转子的旋转，原边、副边绕组之间的磁耦合程度（互感）会发生变化，副边输出与转子转角 θ 成一定函数关系的电压。

2. 基本原理

当转子转动 θ 角度时，通过改变转子绕组感受磁通量变化的有效截面积，使输出端电压的幅值发生变化。如图 7-30 所示是正余弦旋转变压器空载运行示意图。D1D2 和 D3D4 是定子上的两个等效绕组，一个称为直轴，另一个称为交轴。为了消除直轴磁场对输出电压的影响，通常将交轴绕组短接起来，进行原边补偿，因此 D3D4 又称补偿绕组。Z1Z2 和 Z3Z4 为转子上的两个绕组，一个为余弦绕组，另一个为正弦绕组，规定余弦绕组与直轴夹角为 θ。

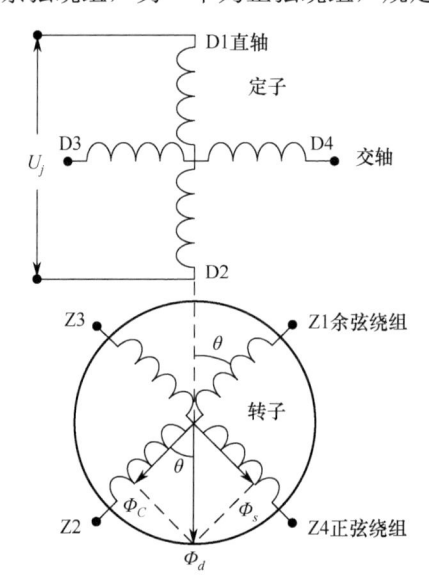

图 7-30 正余弦旋转变压器空载运行示意图

旋转变压器工作时，在定子绕组 D1D2 上施加交流激磁电压 $U_j = U_m \sin \omega t$，此时在气隙中产生直轴方向的脉动磁通 Φ_d，激磁绕组感应电动势为：

$$E_j = 4.44 f \cdot N \cdot k_w \cdot \Phi_d \tag{7-40}$$

式中，f 为激磁电流频率；N 为激磁绕组匝数；k_w 为激磁绕组的绕组系数，与绕组的结构形式有关。

当转子开路时，将直轴方向的脉动磁通 Φ_d 分解成与正弦绕组轴线方向一致的磁通 Φ_s 和与正弦绕组轴线方向垂直的磁通 Φ_c，幅值大小分别为：

$$\begin{cases} \Phi_c = \Phi_d \cos\theta \\ \Phi_s = \Phi_d \sin\theta \end{cases} \tag{7-41}$$

转子正弦绕组的开路电压为：

$$\begin{aligned} u_s &= E_s \\ &= 4.44 f N_r k_{wr} \cdot \Phi_s \\ &= 4.44 f N_r k_{wr} \cdot \Phi_d \cdot \sin\theta \\ &= \frac{4.44 f N_r k_{wr}}{4.44 f N k_w} E_j \cdot \sin\theta \\ &= K U_j \sin\theta \\ &= K U_m \sin\theta \sin\omega t \end{aligned} \tag{7-42}$$

式中，N_r 是转子绕组的等效匝数；k_{wr} 是转子绕组的绕组系数，与绕组的结构形式有关；K 是定子、转子绕组的电动势比，$K = \dfrac{N_r k_{wr}}{N k_w}$，当 $k_{wr} \approx k_w$ 时，$K = \dfrac{N_r}{N}$ 为变比。

同理，转子余弦绕组开路电压：

$$u_c = K U_m \cos\theta \sin\omega t \tag{7-43}$$

这样，得到旋转变压器正余弦绕组输出信号为：

$$\begin{cases} u_c = K U_m \cdot \cos\theta \cdot \sin\omega t \\ u_s = K U_m \cdot \sin\theta \cdot \sin\omega t \end{cases} \tag{7-44}$$

7.4.1.2 消除畸变的方法

当输出绕组空载时，正弦绕组输出的电压是转子转角 θ 的正弦函数，余弦绕组输出的电压是转子转角 θ 的余弦函数。当转子输出绕组 Z1Z2 接上负载 Z_{lc} 后，绕组中将有电流流过。如图 7-31 所示，其大小为：

$$I_c = \frac{E_c}{Z_{lc} + Z_c} \tag{7-45}$$

式中，Z_c 是余弦绕组的阻抗。该转子电流产生磁动势 F_c 与激磁磁动势共同作用形成气隙磁动势。由于转子电流的存在，输出电压与转子转角之间不再是严格的正弦、余弦函数关系，存在一定偏差，这种现象称旋转变压器的输出特性畸变。负载越大，输出特性畸变越大。

转子电流 I_c 产生的磁动势可以分解为直轴分量 F_{cd} 和交轴分量 F_{cq}：

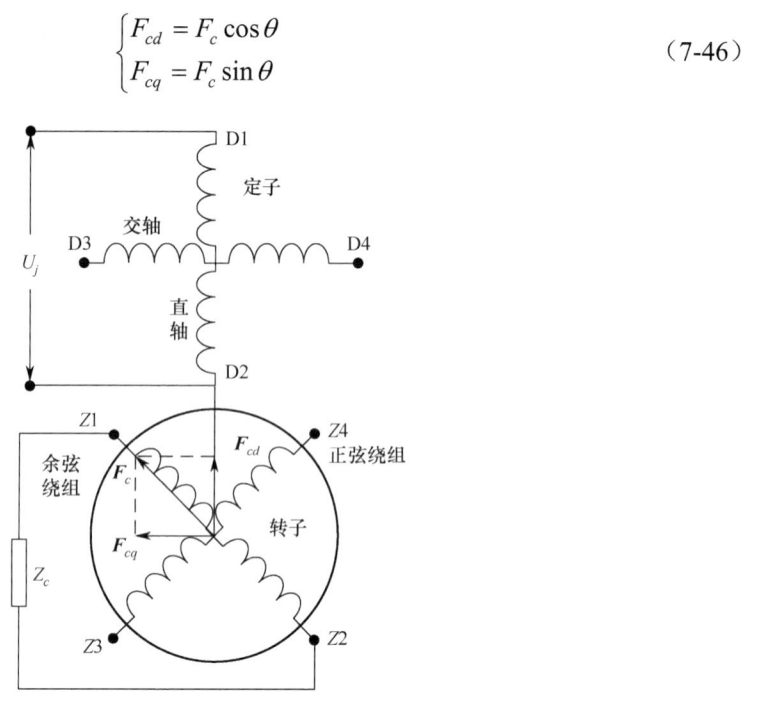

$$\begin{cases} F_{cd} = F_c \cos\theta \\ F_{cq} = F_c \sin\theta \end{cases} \qquad (7\text{-}46)$$

图 7-31 旋转变压器负载运行

输出特性畸变主要是转子磁动势的交轴分量 F_{cq} 造成的。根据磁动势平衡关系，转子磁动势的直轴分量 F_{cd} 被定子的磁动势平衡，而转子磁动势的交轴分量 F_{cq} 与激磁绕组不耦合，对激磁绕组来说其产生的完全是漏磁通，致使漏抗压降增加，输出绕组的输出电压与空载电动势之间出现较大的畸变。

同样，如果正弦绕组 Z3Z4 带上负载，输出电压也会产生畸变。只有负载阻抗为无穷大时，输出电压与转子转角之间才是严格的正余弦函数关系。

为消除负载输出特性的畸变，首先应当最大限度地减少负载电流，例如在输出端接电压跟随器。此外，还可以在负载运行时对交轴磁动势 F_{cq} 进行补偿，以消除其影响。

通常采用的补偿方法有：副边补偿法，原边补偿法，原、副边同时补偿法。

1. 副边补偿法

在转子的正弦绕组 Z3Z4 中也接入合适的负载，其大小与 Z1Z2 所接负载大小有关。用正弦绕组 Z3Z4 产生的磁动势抵消余弦绕组 Z1Z2 产生的磁动势的影响，这就是副边补偿法，补偿原理如图 7-32 所示。

可以证明，当 $Z_c = Z_s$ 时，能够完全补偿。

2. 原边补偿法

在原边的交轴绕组 D3D4 中，接入负载阻抗 Z_q，定子交轴绕组 D3D4 产生交轴电流 I_q，用此电流产生的磁动势去抵消转子磁动势的影响，如图 7-33 所示。

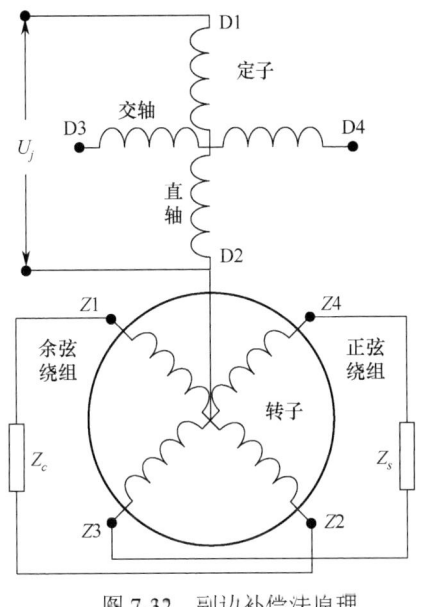

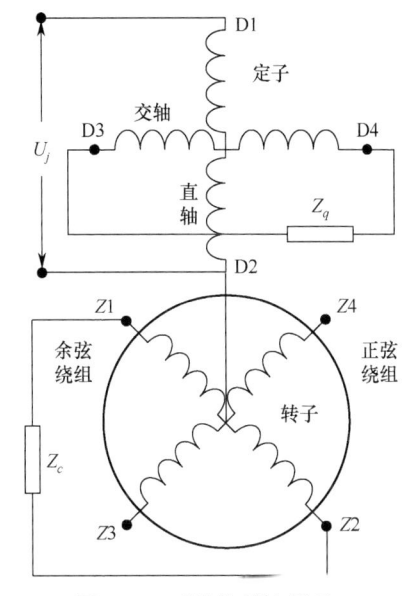

图 7-32 副边补偿法原理　　　　　图 7-33 副边补偿法原理

可以证明，当 $Z_q = Z_j$（Z_j 为 D1D2 电源的内阻）时，由负载引起的输出特性畸变得到完全补偿。一般情况下，电源内阻 Z_j 很小，因此可以把绕组 D3D4 直接短接。

3. 原、副边同时补偿法

转子两个绕组接阻抗 Z_s、Z_c，由于单独副边补偿时只有 Z_s 与 Z_c 相等时才能实现完全补偿，但对于变动的负载阻抗来说，这样的条件很难满足。单独原边补偿时，交轴绕组短接，此时负载变化不影响补偿程度，因此原边补偿容易实现，但它对电源内阻要求较高。从减少误差角度考虑，同时采用原、副边补偿是有利的，弥补了两种单独补偿方法的不足。

7.4.2 测角方法

7.4.2.1 两相 ADC 测角

1. 峰值采样

由 7.4.1 节可知，旋转变压器转子两相开路电压的幅度-角度特性为：

$$\begin{cases} u_c = KU_m \cdot \cos\theta \cdot \sin\omega t \\ u_s = KU_m \cdot \sin\theta \cdot \sin\omega t \end{cases} \quad (7\text{-}41)$$

幅度-角度特性公式表明，当转子轴角 θ 固定时，转子绕组输出电压在时间上是同相位的正弦函数，其频率与激磁电压的角频率 ω 相同，输出电压 u_c 或 u_s 的幅值中包含了轴角 θ 的信息。

由于轴角 θ 包含在输出信号幅值中，因此要求解轴角首先需要提取输出电压 u_c 和 u_s 的幅值。旋转变压器定子激磁输入信号及转子正余弦绕组输出信号具有图 7-34 所示的形式，由

图 7-34 可知，通过峰值采样，即在 sin ωt=1 时对转子输出电压进行采样，就可以提取到输出信号的幅值。

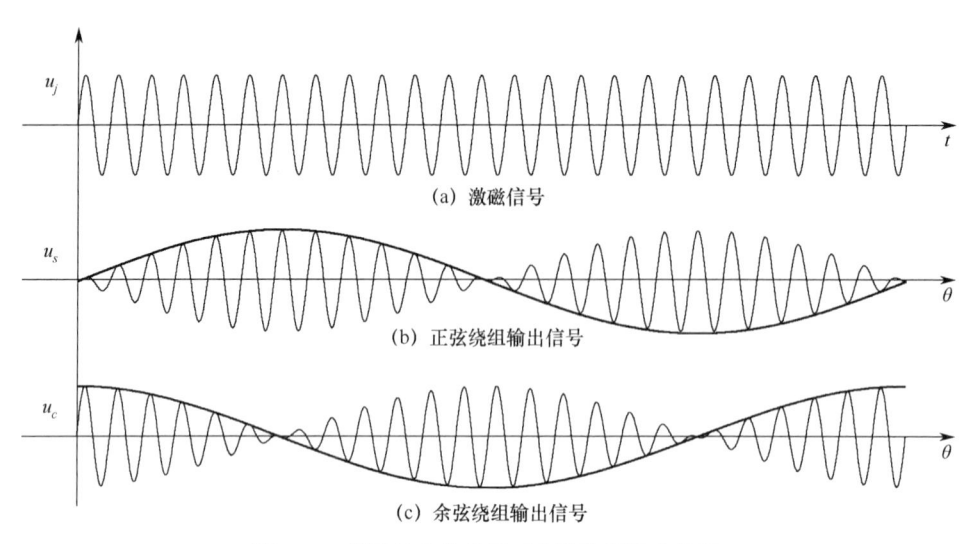

图 7-34 激磁输入信号及正余弦绕组输出信号

峰值采样的基本过程是，由激磁输入信号的峰值时刻确定采样脉冲序列，再通过所构建的采样脉冲序列对正余弦绕组的输出信号进行采样，如图 7-35 所示。

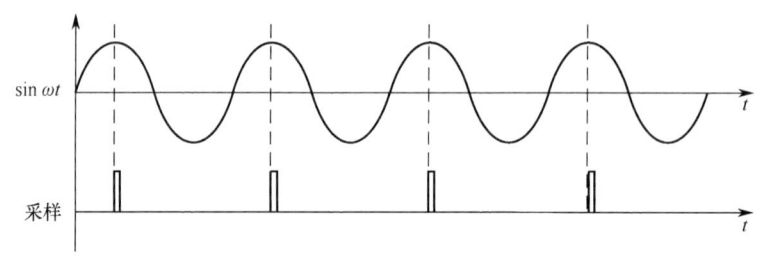

图 7-35 峰值采样

采样后，激磁信号中的交变分量 $\sin \omega t$ 被成功分离出去，得到只含有转角信息的幅值信号 U_c 和 U_s：

$$\begin{cases} U_c = KU_m \cos\theta \\ U_s = KU_m \sin\theta \end{cases} \quad (7\text{-}48)$$

2. 信号选择

为确保角度求解精度，需要选择精度较高的信号送入计算机中进行求解。以正弦绕组输出信号为例，在峰值附近，输出信号斜率绝对值小，角度对电压太敏感，由干扰造成的角度求解误差较大，此时不宜通过正弦绕组输出信号求解轴角 θ。在零值附近，由于角度对电压敏感度降低，此时采用正弦绕组输出信号求解轴角 θ 精度要优于采用余弦绕组的输出信号进行求解。因此，对于旋转变压器的正余弦绕组输出信号，应当选取斜率较大的那一路来求解轴角 θ。相当于是在两路信号中，始终选择函数绝对值小的那一路。

下面以一个具体的实例分析信号选择的原理，如表 7-1 所示为不同轴角时正余弦绕组的输出信号。假设经过调整使 $KU_m=1$，此时峰值采样后的信号就是转角的正余弦值。

表 7-1 不同轴角时正余弦绕组的输出信号

$U_s=\sin\theta$	象 限	角 度	$U_c=\cos\theta$
0.0175	I	1°	0.9999
0.0523	I	3°	0.9986
0.0872	I	5°	0.9962
0.9962	I	85°	0.0872
0.9986	I	87°	0.0523
0.9999	I	89°	0.0175

分别在 0° 和 90° 附近进行分析。当轴角 θ 分别为 1°、3°、5° 时，正弦绕组输出信号的变化率为 6.97%，平均轴角 θ 每变化 1° 对应的电压值变化率为 1.74%；余弦绕组输出信号的变化率为 0.37%，平均轴角 θ 每变化 1° 对应的电压值变化率为 0.09%。因此，对于同一个转角 θ，正余弦绕组感应输出电压的灵敏度是不同的。

假设输入信号电压受到噪声干扰，产生千分之一的误差，使用余弦绕组计算角度值时，输入信号电压变化率为 0.09%±0.1%，由干扰造成的角度误差约为 1.1°（19.4mrad）。对于正弦绕组，相同的干扰造成的求解误差约为 0.062°（1mrad），所以在 0° 附近，正弦绕组输出信号的抗干扰性更好。在 90° 附近，由于正余弦函数相位相差 π/4，因此结论正好相反。

3. 区间编码

根据信号的选择原则，求解轴角 θ 时应该根据转角所在的区间，选取斜率较小的那一路信号。

将 0°~360° 等分为 8 个区间，如图 7-36 所示。对 U_s、U_c 进行变换，取 U_s、U_c 的绝对值，得到 $|U_s|$、$|U_c|$。显然，在每个 45° 区间内，$|U_s|$、$|U_c|$ 都是轴角 θ 的单值函数。图 7-36（c）是取每个区间内 $|U_{sm}|$ 和 $|U_{cm}|$ 中数值较小的那个值后得到的结果。

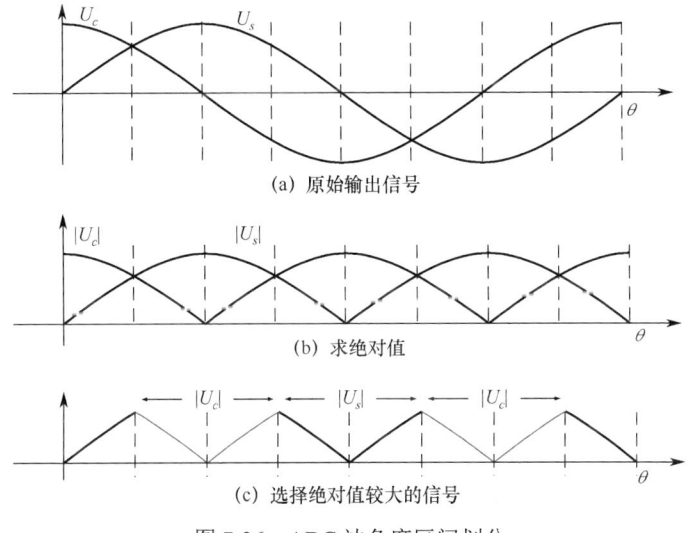

图 7-36 ADC 法角度区间划分

只要判断出轴角 θ 处于第几区间，再依据 $|U_s|$ 和 $|U_c|$ 的值求出 0°～45° 范围内的轴角值 α，即可求出轴角 θ。这样，对 0°～360° 轴角编码的实现就变成了判断轴角 θ 区间和确定 α 的数值。

下面介绍一种判断轴角 θ 所处区间的编码方法。

要明确地标示出 8 个不同的区间，至少需要 3 位二进制数，而通过比较器判断 U_s 和 U_c 的正负关系只能提供 2 位二进制数，那么第三位二进制数如何得到呢？从图 7-36 中不难看出，利用比较器对 $|U_s|-|U_c|$ 的正负关系进行判断，则可以提供第三位二进制数。

区间编码和角度计算公式如表 7-2 所示，从表中不难看出，8 个区间的编码刚好是循环码，所以这种确定轴角 θ 范围的方法也称为循环码法。

表 7-2 区间编码及角度计算公式

区间	范围/(°)	D1 $\sin\theta<0$	D2 $\cos\theta<0$	D3 $|\cos\theta|-|\sin\theta|<0$	$\theta/(°)$
1	0～45	0	0	0	ε
2	45～90	0	0	1	$90-\varepsilon$
3	90～135	0	1	1	$90+\varepsilon$
4	135～180	0	1	0	$180-\varepsilon$
5	180～225	1	1	0	$180+\varepsilon$
6	225～270	1	1	1	$270-\varepsilon$
7	270～315	1	0	1	$270+\varepsilon$
8	315～360	1	0	0	$360-\varepsilon$

两相 ADC 法测角电路原理图如图 7-37 所示。峰值采样电路通过对激磁信号的峰值检测，输出一个与激磁信号峰值同步的脉冲序列，通过对比较器 1、比较器 2 和比较器 3 输出信号的采样，得到区间编码 D3D2D1。比较器 1 和比较器 2 的输出信号同时控制绝对值电路 1 和电路 2，实现对正余弦绕组输出信号的绝对值求解工作。采样保持器由比较器 3 信号控制，始终连接 $|U_s|$ 和 $|U_c|$ 中的较小值。最后，所选择的信号经 ADC 转换后，和 3 个编码位一起送入计算机中进行角度求解。

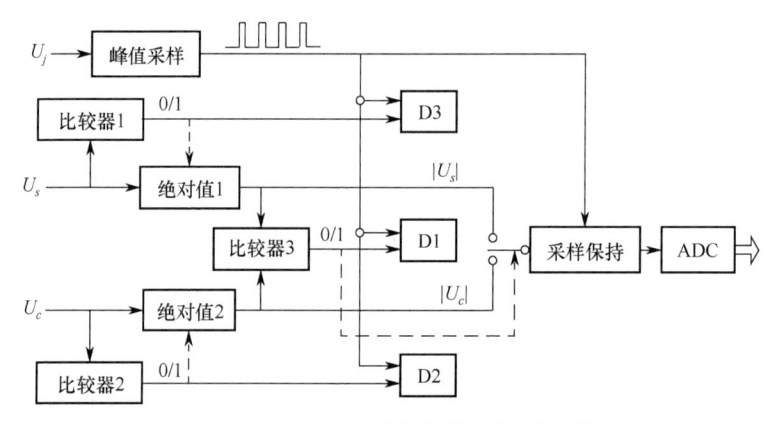

图 7-37 两相 ADC 法测角测角电路原理图

【例 7-7】 求机械角度为 190°时的转换过程。

分析：

（1）190°角度时，正余弦绕组的输出值为：
$$u_s = KU_m \sin\theta \sin\omega t = KU_m(-0.1786)\sin\omega t$$
$$u_c = KU_m \cos\theta \sin\omega t = KU_m(-0.9848)\sin\omega t$$

（2）信号峰值采样值为：
$$U_s = KU_m \sin\theta t = KU_m(-0.1786)$$
$$U_c = KU_m \cos\theta t = KU_m(-0.9848)$$

调整使得 $KU_m = 1$。

（3）划分区间，D3=1（-0.1738<0），D2=1（-0.9848<0），D1=0（$|U_s|<|U_c|$）。查表为第 5 区间。

（4）ADC 输入量为：
$$\sin\varepsilon = |U_s| = 0.1736$$

解得，$\varepsilon = 10°$。

（5）最终结果：用第 5 区间公式 $\theta = 180° + \varepsilon = 190°$。

通过分析上述方法可知，要得到高精度的转换结果，则不许激磁幅度和频率等参数存在漂移现象，而在工程中又难以得到保证，因此可以对上述方法进行改进，利用反正切函数进行求解：

$$\frac{U_s}{U_c} = \frac{4.44 fW_c K_s B_{jm} \sin\omega t \cdot \sin\theta}{4.44 fW_c K_s B_{jm} \sin\omega t \cdot \cos\theta} = \tan\theta \tag{7-49}$$

由于幅度和频率等参数都被约掉了，由此也抵消掉了参数漂移对转换结果的影响。

7.4.2.2 闭环反馈法测角

闭环反馈法利用自动控制系统的原理，引入负反馈，从而使数字角度自动跟踪旋转变压器的输出角度变化。我们已经知道旋转变压器的正余弦输出为：

$$\begin{cases} u_c = KU_m \cdot \cos\theta \cdot \sin\omega t \\ u_s = KU_m \cdot \sin\theta \cdot \sin\omega t \end{cases} \tag{7-50}$$

如果有一个数字角度 θ_D 的正余弦函数值与上式相乘，则可得到：

$$\begin{cases} u_c \cdot \sin\theta_D = KU_m \sin\omega t \cdot \cos\theta \cdot \sin\theta_D \\ u_s \cdot \cos\theta_D = KU_m \sin\omega t \cdot \sin\theta \cdot \cos\theta_D \end{cases} \tag{7-51}$$

将两式相减，可得：

$$\begin{aligned} \Delta U &= KU_m \sin\omega t \cdot (\sin\theta \cdot \cos\theta_D - \cos\theta \cdot \sin\theta_D) \\ &= KU_m \sin\omega t \cdot \sin(\theta - \theta_D) \end{aligned} \tag{7-52}$$

利用控制器控制数字角度的变化。当 $\sin(\theta-\theta_D)$ 趋近于 0 时，ΔU 趋近于 0，可知 $\theta-\theta_D$ 趋近于 0，也就是角度 θ_D 跟随待测角度 θ 变化。

闭环反馈法测角原理图如图 7-38 所示。

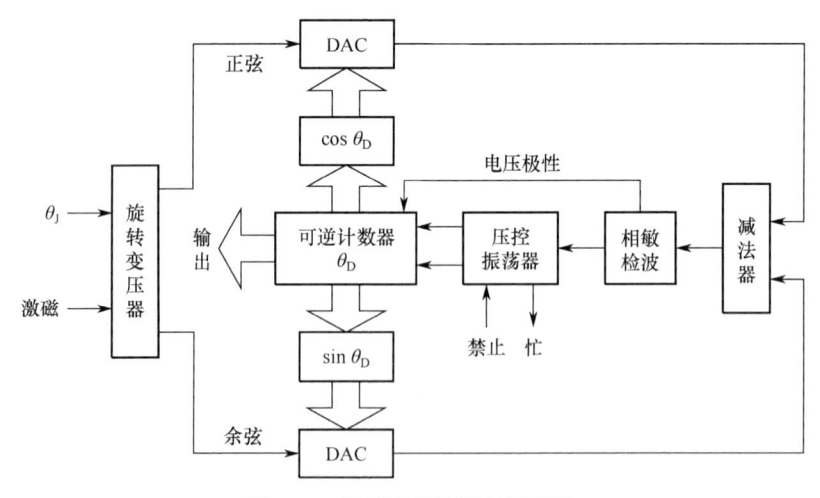

图 7-38 闭环反馈法测角原理图

闭环反馈法测角方案包括以下组成部分：
（1）乘法器：DAC 四象限乘法器；
（2）减法器：运放模拟减法器；
（3）相敏检波器：用于幅值检出；
（4）函数发生器：产生 $\sin\theta_D, \cos\theta_D$；
（5）压控振荡器：V-F 变换，用于给计数器提供技术脉冲；
（6）接口逻辑：提供禁止命令、忙状态。

函数发生器利用查表法，通过对同一个数值表进行正序和反序查表获得。闭环反馈法测角的基本计算过程如下。

（1）乘法器输出：

$$\begin{cases} u_c \cdot \sin\theta_D = KU_m \sin\omega t \cdot \cos\theta \cdot \sin\theta_D \\ u_s \cdot \cos\theta_D = KU_m \sin\omega t \cdot \sin\theta \cdot \cos\theta_D \end{cases} \tag{7-53}$$

（2）减法器输出：

$$\Delta U = KU_m \sin\omega t \cdot \sin(\theta - \theta_D) \tag{7-54}$$

（3）相敏检波后输出：

$$\Delta U = KU_m \cdot \sin(\theta - \theta_D) \tag{7-55}$$

（4）压控振荡器输出频率：

$$f_D = P \cdot \Delta U = P \cdot KU_m \cdot \sin(\theta - \theta_D) \tag{7-56}$$

式中，P 为比例系数。

（5）根据相敏检波的输出是否小于给定的最小值判断转换结束条件：

$$|\Delta U| = |KU_m \cdot \sin(\theta - \theta_D)| < |\Delta U_{\min}| \tag{7-57}$$

下面分析闭环反馈法测角方案的稳定性。

（1）当 $\theta - \theta_D$ 在 $-180°\sim180°$ 范围内时，正误差使可逆计数器加计数，负误差使可逆计数器减计数，因此是稳定的。

(2) 当 $\theta - \theta_D$ 在 $-360°\sim-180°$ 范围内时，负误差使可逆计数器加计数，测角系统似乎是不稳定的，导致跟踪误差迅速增大。但增大的误差反而使跟踪误差角度进入了 $-180°\sim180°$ 范围内，因此是稳定的。

(3) 当 $\theta - \theta_D$ 在 $180°\sim360°$ 范围内时，正误差使可逆计数器减计数，测角系统似乎是不稳定的，导致跟踪误差迅速增大。但增大的误差反而使跟踪误差角度进入了 $-180°\sim180°$ 范围内，因此是稳定的。

结论：系统整体是稳定的。闭环反馈法测角稳定性示意图如图 7-39 所示。

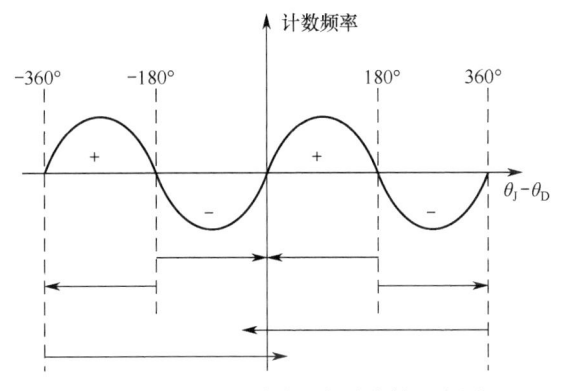

图 7-39 闭环反馈法测角稳定性示意图

【例 7-8】已知 $\theta = 45°$，$\theta_D = 345°$，分析闭环反馈法测角过程。

$\theta - \theta_D = -300°$，差在 $-360°\sim-180°$ 范围，负误差使可逆计数器加计数，θ_D 加到 $360°$（也就是 $0°$）。这时跟踪误差角度进入了 $-180°\sim180°$ 范围内，正误差使可逆计数器加计数，从而使 θ_D 稳定到 $45°$。具体如下。

(1) 数字角 θ_D 变化过程：$345°\to360°$（$0°$）$\to45°$。

(2) 误差角 $\theta - \theta_D$ 变化过程：$-300°\to-315°$（$45°$）$\to0°$。

综上所述，闭环反馈测角法的最大转换时间为半周阶跃所用时间，而达到稳态时则可随时读取结果，可视为随动系统。

7.5 自整角机测角

自整角机是一种感应式具有自动整步能力的微特电机，能实现转轴的转角和电信号之间的相互变换，在武器装备自动控制系统中，实现角度的传输、变换和指示。例如，在飞机远读式地平仪中，自整角机可用于传递飞机的俯仰角或倾斜角。

7.5.1 工作原理

自整角机（synchro），即感应式自同步微电机，其主要作用是使机械上互不相连的两个轴同步旋转。齿轮传动在舰船、航空应用中有很大限制，而自整角机克服了这些缺点，并且简单可靠，因此得到广泛应用。例如，在某型防空系统中，其测角系统采用双通道自整角机，分为自整角发送机和自整角接收机。自整角接收机接收指挥仪中的自整角发送机的同步电压，产生与失调角成正比的控制信号电压，成为随动系统的主控信号电压，经放大后带动火炮转动并消除失调角。

自整角机的结构分成定子和转子两大部分，自整角机结构示意图如图 7-40 所示。定子、转子之间的气隙较小。定子、转子铁心均由高导磁率、低损耗的薄硅钢片叠成。通常，定子铁心槽内嵌有接成星型的三相对称绕组，称之为整步绕组。转子铁心槽内嵌有单相绕组，称之为激磁绕组。激磁绕组通过滑环和电刷装置与外电路连接。

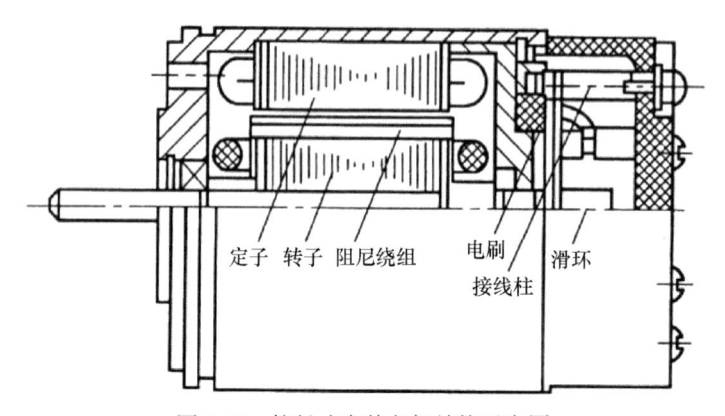

图 7-40 接触式自整角机结构示意图

自整角机由两部分组成：产生信号的一方称为发送机，接收信号的一方称为接收机。自整角机按使用要求不同可分为力矩式自整角机和控制式自整角机两大类。

力矩式自整角机主要用于同步指示系统，通常适用于不宜采用纯机械连接的场合，以便实现远距离同步传递轴的转角。控制式自整角机主要在随动系统中作为角度和位置的检测元件。本书重点介绍力矩式自整角机。

力矩式自整角机的负载一般是力矩小的负载，如指针、刻度盘，也有少数带动传动链、旋转变压器。如图 7-41 所示，发送部位自整角机转子位置角为 θ_1，接收部位自整角机转子位置角为 θ_2。为分析方便，假定发送机和接收机的结构参数完全相同，并忽略磁饱和的影响。以 D_1 相整步绕组轴线与激磁绕组轴线之间的夹角作为转子的位置角，把这两轴线重合的位置叫作基准零位。因此，也称 D_1 相为基准相，规定顺时针方向的转角为正。两机转子转角之差 $\theta = \theta_1 - \theta_2$，称为失调角。

当在激磁绕组两端加上交流激磁电压时，绕组中将有电流流过。交变的激磁电流在电机的工作气隙中建立起脉振磁场。激磁磁场与其定子三相整步绕组具有不同的耦合程度。因此，三相整步绕组中感应电势的大小将取决于各相绕组的轴线与激磁绕组轴线之间的相对位置。激磁绕组（转子）主磁场在各相同步绕组中的感应电势分别如下。

对于发送机：

$$\begin{cases} E_{D1} = E \cdot \cos\theta_1 \\ E_{D2} = E \cdot \cos(\theta_1 - 120°) \\ E_{D3} = E \cdot \cos(\theta_1 + 120°) \end{cases} \tag{7-58}$$

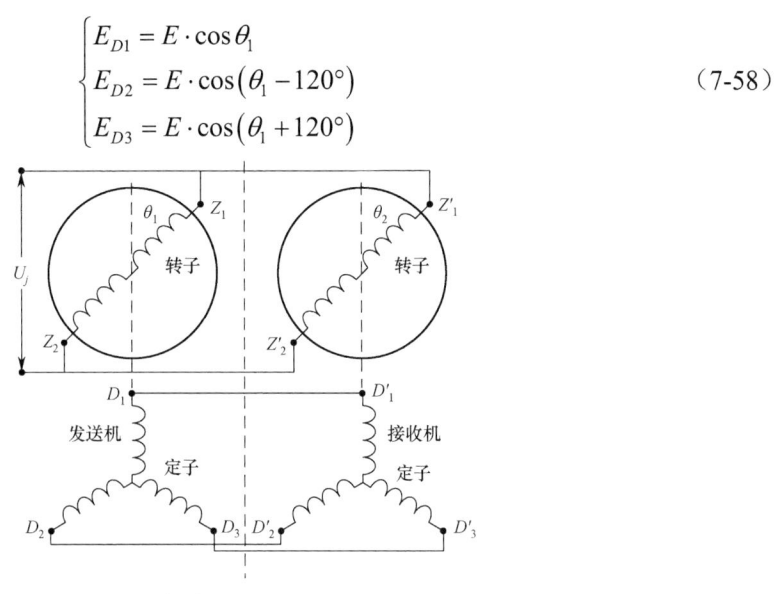

图 7-41 力矩式自整角机接口电路原理

对于接收机：

$$\begin{cases} E'_{D1} = E \cdot \cos\theta_2 \\ E'_{D2} = E \cdot \cos(\theta_2 - 120°) \\ E'_{D3} = E \cdot \cos(\theta_2 + 120°) \end{cases} \tag{7-59}$$

式（8-58）、式（7-59）中，E_{D1}、E_{D2}、E_{D3}、E'_{D1}、E'_{D2}、E'_{D3} 分别是 D_1、D_2、D_3、D'_1、D'_2、D'_3 各相整部绕组感应电势的有效值；E 是同步绕组中的最大感应电动势的有效值。也就是说，当主磁场的磁轴与某相同步绕组的磁轴重合时，在该同步绕组中产生的感应电势，在该相整步绕组中产生的感应电势的有效值为 $E_j = 4.44 f \cdot N \cdot k_w \cdot \Phi_d$。$f$ 为激磁电流频率；N 为激磁绕组匝数，k_w 为激磁绕组的绕组系数，与绕组的结构形式有关。

$$E = 4.44 f W_D \Phi_m \tag{7-60}$$

式中，f 是电源频率；Φ_m 是激磁磁通的幅值；W_D 是某相整步绕组的有效匝数，与绕组系数和绕组匝数有关。由变压器基本理论可知，E_{f1}、E_{f2}、E_{f3} 的相位落后于激磁磁通 Φ_m 相位 90°，三者具有相同的相位。

发送自整角机和接收自整角机的同步绕组，均系接成星型的对称三相绕组，所以它们的星形中点电位相等，各相绕组的电势差为：

$$\begin{cases} E_1 = E_{D1} - E'_{D1} = E(\cos\theta_1 - \cos\theta_2) = -2E \cdot \left[\sin\left(\frac{\theta_1 + \theta_2}{2}\right) \cdot \sin\left(\frac{\theta_1 - \theta_2}{2}\right)\right] \\ E_2 = E_{D2} - E'_{D2} = E[\cos(\theta_1 - 120°) - \cos(\theta_2 - 120°)] = -2E \cdot \left[\sin\left(\frac{\theta_1 + \theta_2}{2} - 120°\right) \cdot \sin\left(\frac{\theta_1 - \theta_2}{2}\right)\right] \\ E_3 = E_{D3} - E'_{D3} = E[\cos(\theta_1 + 120°) - \cos(\theta_2 + 120°)] = -2E \cdot \left[\sin\left(\frac{\theta_1 + \theta_2}{2} + 120°\right) \cdot \sin\left(\frac{\theta_1 - \theta_2}{2}\right)\right] \end{cases}$$

$$\tag{7-61}$$

发送自整角机和接收自整角机的位置角之差称为失调角 θ($\theta = \theta_1 - \theta_2$)，故式（7-61）可写成：

$$\begin{cases} E_1 = 2E \cdot \sin\dfrac{\theta_1 + \theta_2}{2} \cdot \sin\dfrac{\theta}{2} \\ E_2 = 2E \cdot \sin\left(\dfrac{\theta_1 + \theta_2}{2} - 120°\right) \cdot \sin\dfrac{\theta}{2} \\ E_3 = 2E \cdot \sin\left(\dfrac{\theta_1 + \theta_2}{2} + 120°\right) \cdot \sin\dfrac{\theta}{2} \end{cases} \qquad (7\text{-}62)$$

当同步绕组回路中有电势差 E_1、E_2、E_3 存在时，将产生均衡电流，设自整角机每相同步绕组的全阻抗为 Z，则各相的均衡电流为：

$$\begin{cases} I_1 = \dfrac{E_1}{2Z} = \dfrac{E}{Z} \cdot \sin\dfrac{\theta_1 + \theta_2}{2} \cdot \sin\dfrac{\theta}{2} \\ I_2 = \dfrac{E_2}{2Z} = \dfrac{E}{Z} \cdot \sin\left(\dfrac{\theta_1 + \theta_2}{2} - 120°\right) \cdot \sin\dfrac{\theta}{2} \\ I_3 = \dfrac{E_3}{2Z} = \dfrac{E}{Z} \cdot \sin\left(\dfrac{\theta_1 + \theta_2}{2} + 120°\right) \cdot \sin\dfrac{\theta}{2} \end{cases} \qquad (7\text{-}63)$$

式（7-63）中，$I = E/Z$，为同步绕组中每相电流的最大有效值。因为电势在时间上是同相，同步绕组阻抗又相等，所以三相均衡电流在时间上亦是同相。由式（7-63）可看出，无论失调角 θ 为何值，三相均衡电流的总和永远等于零，即 $I_1 + I_2 + I_3 = 0$，故不需要再增加中线。

当发送机和接收机存在角差（$\theta \neq 0$）时，自整角机的同步绕组回路中便出现电势差 E_1、E_2、E_3 和均衡电流 I_1、I_2、I_3。均衡电流和主磁通作用产生力矩，此转矩趋向使转角取得一致位置，因为只有位置一致才能使均衡电流 I_1、I_2、I_3 为零。由于发送机转子位置是受控制决定的，因此当 $\theta \neq 0$ 时，只有使接收机转子受转矩作用而转动，最终才能使均衡电流消失（即 $\theta = \theta_1 - \theta_2 = 0$），此时发送机与接收机转子位置一致。

7.5.2 测角方法

在武器系统控制中，通常将自整角机用作轴角数字化测量，其主要方法有三相法和两相法。三相法原理上类似于旋转变压器两相 ADC 法，主要区别在于区间的划分；两相法则是设法将三相信号变换成两相信号，再利用两相 ADC 法测角。

7.5.2.1 斯科特变压器两相变换

斯科特变压器是一种常见的三相-两相变压器器件，也是武器系统中常用的变换部件。它由两个变比为 $1:n$ 的相同变压器组成，可以将三相信号变换为两相信号。斯科特变压器原边一侧的两个绕组分别设置有一个抽头，一个设在匝数比 0.5 处，另一个设在匝数比 0.866（$\sqrt{3}/2$）处，如图 7-42 所示。这样，三相输

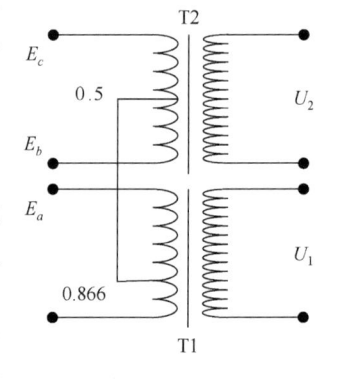

图 7-42 斯科特变压器原理图

入信号 E_a、E_b、E_c 可描述为：

$$\begin{cases} E_a = K \cdot U_m \cdot \sin \omega t \cdot \cos \theta \\ E_b = K \cdot U_m \cdot \sin \omega t \cdot \cos(\theta - 120) \\ E_c = K \cdot U_m \cdot \sin \omega t \cdot \cos(\theta - 240) \end{cases}$$

设变压器 T1、T2 的变比为 1∶n，则对 T2 变压器有：

$$\begin{aligned} \frac{U_2}{n} &= \frac{E_c - E_b}{1} = K \cdot U_m \cdot \sin \omega t \cdot \left[\cos(\theta - 240) - \cos(\theta - 120) \right] \\ &= \sqrt{3} K \cdot U_m \cdot \sin \omega t \cdot \cos(\theta + 90°) \end{aligned} \tag{7-64}$$

对 T1 变压器有：

$$\begin{aligned} \frac{U_1}{n} &= \frac{E_a - \left[E_b + \dfrac{E_c - E_b}{2} \right]}{0.866} = \frac{E_a - 0.5(E_b + E_c)}{0.866} \\ &= K \cdot U_m \cdot \sin \omega t \cdot \frac{\cos \theta - 0.5 \left[\cos(\theta - 120) + \cos(\theta - 240) \right]}{0.866} \\ &= \sqrt{3} K \cdot U_m \cdot \sin \omega t \cdot \cos \theta \end{aligned} \tag{7-65}$$

经过斯科特变压器变换后，T1、T2 的输出信号相位相差 1/4 或 3/4 周期变成了旋转变压器的输出信号，可以用前面学过的各种方法测角。另外，变压器对前后两级电路有隔离和抗干扰作用。

7.5.2.2 运算放大器两相变换

运算放大器法是另外一种将三相电信号变换为两相电信号的实现方案，其电路原理如图 7-43 所示。

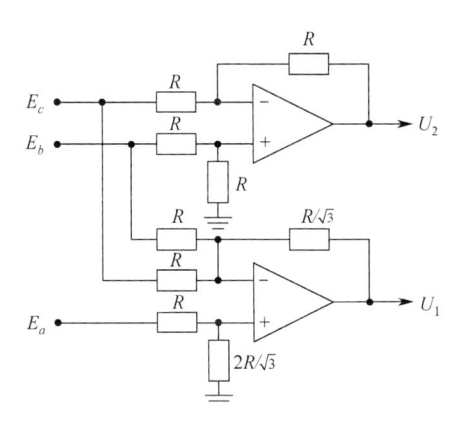

图 7-43 三相变两相电路原理图

将三相信号输入图示电路中，U_2 输出：

$$U_2 = E_b - E_c \tag{7-66}$$

根据运算放大器的虚短和虚断特性，容易得到：

$$U_1 = \frac{2}{\sqrt{3}}\left[E_a - \frac{E_b + E_c}{2}\right] \tag{7-67}$$

变换后输出的 U_1、U_2 两相信号可以用两相法进行测角，也有专门的集成电路用于三相变两相。

7.6 粗精组合技术

传感器在武器控制过程中应用广泛，比如目标的方位角、俯仰角、距离的测量。在角度的测量过程中，为了实现高精度的测量，用测角装置进行单通道测量常常不能满足实际需求，这时就可以采用粗精组合技术。目标距离的测量从本质上讲是把模拟的距离量转换为数字量。

7.6.1 工作原理

为提高轴角的测量精度，往往采用粗精双通道组合方式。粗精组合的基本思想是设置粗、精两个通道用于检测同一个待测轴的角度，当粗通道转过 $1/n$ 圈时，精通道转过 1 圈（n 为传动比），由精通道来提高角度的分辨能力，读数时以精通道为准，粗通道只是提供精通道转过的圈数。以武器系统中常见的随动系统为例，分为高低角和方位角随动系统，两者的构造基本相同。以方位角系统的自整角机为例，发送机包括粗精两个自整角机。两个自整角机的制造精度均相同，只是它们与发送装置的机械联结的传速比不同。图 7-44 所示为待测转角通过机械齿轮传动带动粗、精两通道转动的示意图。

粗精组合齿轮传动结构示意图如图 7-45 所示。粗通道直接测量待测转角，得到粗通道读数 θ_c；精通道经过传动比为 $1:n$ 的变速装置后测量待测转角，得到精通道读数 θ_j；最后使 θ_c 和 θ_j 组合得到待测转角读数 θ。

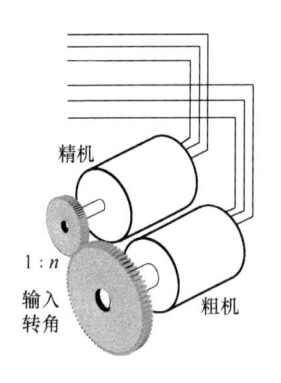

图 7-44 粗精组合齿轮传动结构示意图　　　图 7-45 粗精组合原理框图

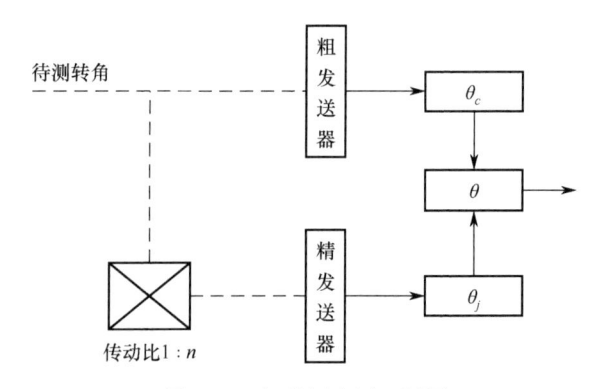

以传动比 1∶16 为例，如果以电压信号表示待测转角，则随着待测轴转动，粗通道、精通道的输出变化曲线如图 7-46 所示。

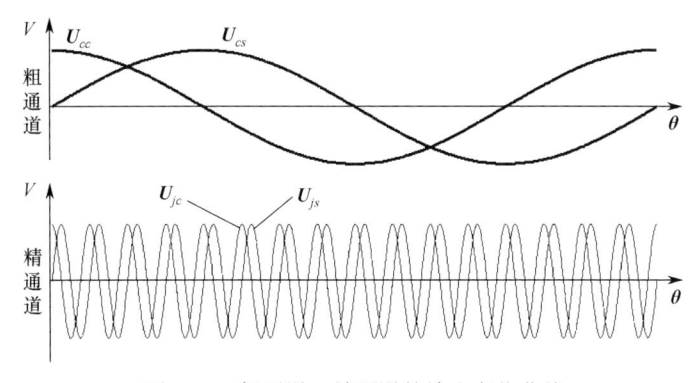

图7-46 粗通道、精通道的输出变化曲线

从图7-46中可以看出，精通道转动一周所对应的角度变化量 $=\dfrac{360°}{16}=22.5°$，虽然提高了分辨率，但当前所处的角度区间未知（即无法记录转动圈数），显然不能正确地指示出待测转角，因此还需要提供依靠粗通道指示当前待测转角所处的角度区间（即为精通道讠圈数）。变比 1∶16 的角度区间划分如表 7-3 所示。

表7-3 变比1∶16的角度区间划分

角度范围/(°)	区 间 号	角度范围/(°)	区 间 号
0~22.5	0	180~202.5	8
22.5~45	1	202.5~225	9
45~67.5	2	225~247.5	10
67.5~90	3	247.5~270	11
90~112.5	4	270~292.5	12
112.5~135	5	292.5~315	13
135~157.5	6	315~337.5	14
157.5~180	7	337.5~0	15

综上所述，粗通道编码的作用是指示角度区间，精通道编码的作用是精确指示角度值。对于传动比 1∶n 的粗精组合，粗通道所记录的精通道圈数为 $\left\lfloor\dfrac{\theta_c}{360/n}\right\rfloor$，精通道转过该圈数所对应的角度为 $\left\lfloor\dfrac{\theta_c}{360/n}\right\rfloor\times\dfrac{360}{n}$，再加上精通道当前读数所对应角度 $\dfrac{\theta_j}{n}$，最终的粗精组合读数为：

$$\theta = \left\lfloor\dfrac{\theta_c}{360/n}\right\rfloor\times\dfrac{360}{n}+\dfrac{\theta_j}{n} \qquad (7\text{-}68)$$

7.6.2 闪码及纠错方法

理想情况下，粗通道、精通道应达到完美配合，即精发送器旋转一周时，代表精发送器的数字量应向代表粗发送器的数字量进位。实际上，由于机械传动装置及发送器的安装等误差，不能保证粗通道、精通道之间达到理想配合状态，可能会出现精通道还不足一圈时已向粗通道进位，或者精通道已转过一圈但还没向粗通道进位，从而产生粗码误差的情况，称为粗大误差，这种输出错误的现象也称为闪码。

【例7-9】变比为1∶20，粗角度为36.1°，精角度为4°，实际角度是多少？

$$\theta = \left\lfloor \frac{36.1}{18} \right\rfloor \times 18 + \frac{4}{20} = 36.2°$$

【例7-10】变比为1∶20，粗角度为35.9°，精角度为4°，实际角度是多少？

$$\theta = \left\lfloor \frac{35.9}{18} \right\rfloor \times 18 + \frac{4}{20} = 18.2°$$

【例7-11】变比为1∶20，粗角度为36.1°，精角度为356°，实际角度是多少？

$$\theta = \left\lfloor \frac{36.1}{18} \right\rfloor \times 18 + \frac{356}{20} = 53.8°$$

从以上3个实例可以看出，在粗通道或精通道读数稍有变化的情况下，粗精组合输出值却发生了很大的跳变（增加或减少$360/n$），显然不符合实际情况。

出现闪码的原因主要是粗通道、精通道零点不可能绝对对准，码盘安装过程中的偏心误差、齿轮传动中的齿隙误差等，其本质是粗通道确定的圈数有误。

通常认为精通道的读数是可信的，否则也就没有必要设置精通道了。据此，得到了如下所述的最大1/4纠错法。

（1）计算粗通道读数减去整圈数之后的值——粗通道尾数：

$$\theta_{cy} = \theta_c - \left\lfloor \frac{\theta_c}{360/n} \right\rfloor \times \frac{360}{n} \quad (7\text{-}69)$$

（2）粗通道尾数换算成精通道对应的读数：

$$\theta_{cyj} = \theta_{cy} \times n \quad (7\text{-}70)$$

（3）确定粗精通道读数所在象限；

（4）象限比较，按如下规则确定粗通道的实际圈数：

```
if (θ_cyj在一象限)&&(θ_j在第四象限)：
  θ_cz = θ_cz -1
if (θ_cyj在四象限)&&(θ_j在第一象限)：
  θ_cz = θ_cz +1
else
  θ_cz = θ_cz
```

（5）利用纠正后的整圈数计算实际角度：

$$\theta = \theta_{cz} \times \frac{360}{n} + \frac{\theta_j}{n} \quad (7\text{-}71)$$

也可以用表7-4表示圈数修正规则。

表 7-4 粗通道修正规则

θ_{cyj}	θ_j	θ_{cz}
Ⅰ象限	Ⅳ象限	$\theta_{cz} = \theta_{cz} - 1$
Ⅳ象限	Ⅰ象限	$\theta_{cz} = \theta_{cz} + 1$
其他情况	$\theta_{cz} = \theta_{cz}$	$\theta_{cz} = \theta_{cz}$

以上纠错方法之所以称为最大 1/4 纠错法，是因为通常组合错误可能出现在产生计圈时的前后 1 个象限（1/4 周期）内，即不允许粗精通道的误差太大，否则无法认定粗通道是否应该被纠正。例如，如图 7-47 所示，粗通道已经计圈较长时间了，此时就不易判断精通道是否转过整圈，再依靠精通道对粗通道进行纠错就不可信了。

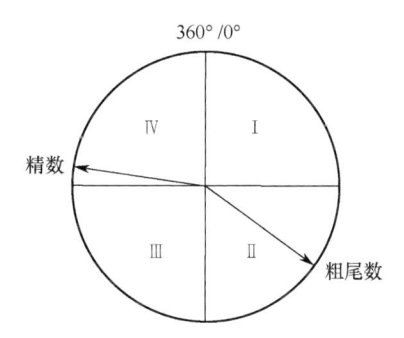

图 7-47 最大 1/4 纠错法不能纠错的情况

7.6.3 二进制组合方法

1. 角度编码

用二进制表示角度，高二位（第 n 位和第 $n-1$ 位）为象限标志，其编码如表 7-5 所示。

表 7-5 二进制角度象限标志

象　限	第 n 位	第 $n-1$ 位
第Ⅰ象限	0	0
第Ⅱ象限	0	1
第Ⅲ象限	1	0
第Ⅳ象限	1	1

第 $n-2$ 位及以下低位码表示 90° 以下的二进制角度编码值，第 $n-2$ 位的权值为 $\dfrac{360°}{2^2}$，最低位的权值为 $\dfrac{360°}{2^n}$，以此类推。n 位二进制数表示角度的各位权值如表 7-6 所示。

表 7-6 n 位二进制数表示角度的各位权值

二进制位	n	n−1	n−2	n−3	n−4	n−5	n−6	...
权值	180°	90°	45°	22.5°	11.25°	5.625°	2.8125°	...

2. 编码组合

已知旋转变压器转换器输出为 12 位数字量,为说明一般性问题,取粗精比为 1:36(非二进制关系),为便于计算机处理,组合码字长选为 16 位。

粗通道 12 位,一周转值为 360°,用于记录精通道转过的圈数。要记录 36 圈,需要 6 位二进制数字,所以粗通道数字量应占组合后的前 6 位。虽然精通道有 12 位有效数字量,但是粗通道数字量占用了组合后的前 6 位,因此精通道只能保留 10 位。

由于粗精比为 1:36,非二进制关系,所以两个通道的数字量不能用简单的取舍合并来组合,应求出它们之间的比例因子 K_b。

$$\frac{10°}{2^{10}} = K_b \frac{360°}{2^{12}}$$

得到 $K_b = 1/9$,即把粗通道数字量乘以 9 才能得到与精通道相同比例因子的数字量。

综上可知,粗精组合法为:粗值乘以 9 取前 6 位,精值除以 4 取后 10 位,组合后字长为 16 的全量。组合后各位的权值如表 7-7 所示,该 16 位数字量的变化范围为 0000H~8FFFH。

表 7-7 16 位数字量各位的权值

位	15	14	13	12	11	10	9	8	7
权(读)	320	160	80	40	20	10	5	2.5	1.25
位	6	5	4	3	2	1	0		
权(读)	0.625	0.3125	0.15625	0.078125	0.0390625	0.01953125	0.009765625		

表 7-7 中位 15~10 是由粗读数变换得到的,表示精发送器转过的圈数,位 9~0 是由精读数变换得到的,可作为角度读数的依据。

3. 编码纠错

纠错方法是比较粗精码的重合部分,据此判断是否产生误差及如何纠正,如表 7-8 所示。

表 7-8 二进制角度表示的粗通道修正规则

粗 5.625	粗 2.8125	精 180	精 90	修正
0	0	1	1	−1
1	1	0	0	1
其他数值				0

对于变比为 2 的整数幂的情况,进行粗精组合时不需要求解比例因子。以 32 倍变比为例,粗通道使用高 5 位二进制数值,精通道使用低 11 位二进制数值。粗通道和精通道二进制数每位的权值如表 7-9 所示,精通道读数中权值最高的 180° 和 90° 两位分别对应于粗通道读数的第 6 位和第 7 位。

第7章 典型传感器及轴角转换技术

表 7-9 粗通道、精通道各位权值

精通道						180	90	45	22.5	…
粗通道	180	90	45	22.5	11.25	5.625	2.8125	1.40625	0.7031	…

在最大 1/4 纠错法中取得这 4 位数（第 6 位和第 7 位对应的粗精通道读数），然后通过查表 7-10 获得粗通道的修正值。

表 7-10 二进制角度表示的粗通道修正规则

粗 5.625	粗 2.8125	精 180	精 90	修正值
0	0	1	1	−1
1	1	0	0	1
其他数值				0

将修正值加到粗通道高 5 位读数上，最后将粗通道高 5 位和全部精通道数据结合起来，即为粗精组合输出值。

纠错方法是比较粗精码的重合部分，据此判断是否产生误差及如何纠正。

7.7 数字化测角实例

7.7.1 ZSZ/XSZ 系列轴角-数字转换器

ZSZ/XSZ 系列转换器是中船重工 716 所生产的一种采用跟踪技术（闭环反馈法）和模块化结构的自整角机/旋转变压器-数字转换器，有 10 位、12 位、14 位多种不同的型号。图 7-48 所示为 14ZSZ 实物图。

ZSZ/XSZ 系列转换器采用二阶伺服回路，输出与 TTL 电平兼容的并行自然二进制码，主要用于角度位移量的检测与控制。ZSZ 系列转换器接收三线自整角机信号，XSZ 系列转换器接收四线旋转变压器信号。

7.7.1.1 工作原理

ZSZ/XSZ 系列转换器的基本技术指标如表 7-11 所示。

图 7-48 14ZSZ 实物图

表 7-11 ZSZ/XSZ 系列转换器的基本技术指标

参数	指标			单位	备注
	10 位	12 位	14 位		
精度	±22	±8.5	±4.5	角分	400Hz 激磁
	±22	±10	±5		50Hz 激磁

续表

参数	指标			单位	备注
	10 位	12 位	14 位		
分辨率	10	12	14	位数	并行，自然二进制码
跟踪速率	36	36	5	转/s	400Hz 激磁
	12	5	1.4		50Hz 激磁
信号输入电压	11.8、26、90			V	
参考输入电压	11.8、26、115			V	

转换器原理框图如图 7-49 所示。

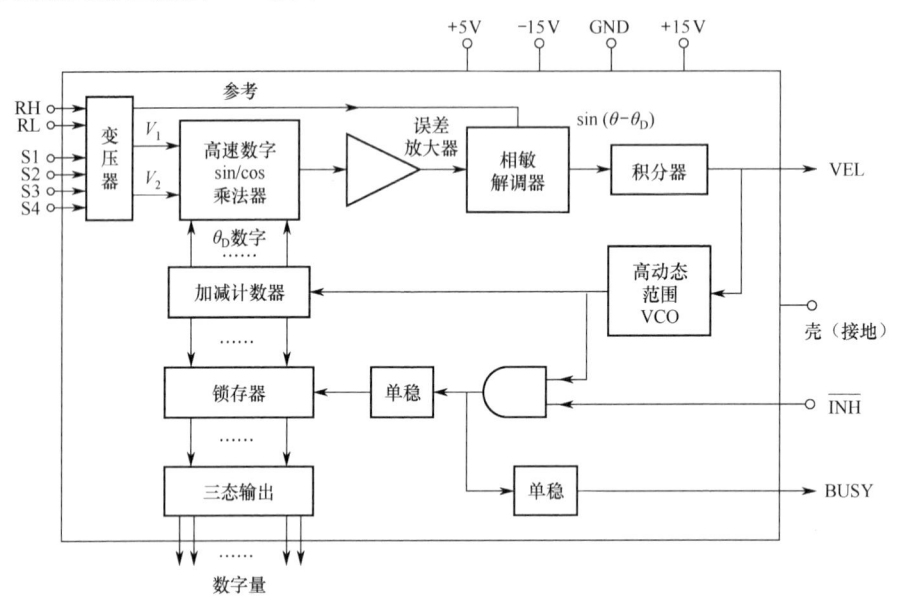

图 7-49 转换器原理框图

应用过程中，ZSZ 系列自整角机-数字转换器的 S1、S2 和 S3 引脚要与自整角机的三线输出连接，自整角机三线信号经转换器内部微型斯科特变压器转换成正、余弦形式：

$$\begin{cases} V_1 = KE_0 \sin \omega t \cdot \sin \theta \\ V_2 = KE_0 \sin \omega t \cdot \cos \theta \end{cases} \quad (7\text{-}72)$$

式中，θ 是自整角机轴角。

如果使用 XSZ 旋转变压器-数字转换器，则转换器的 S1、S2、S3 和 S4 引脚应该分别与旋转变压器的四线输出相连接，此时转换器内的微型变压器只起隔离和降压作用。

为便于理解转换过程，假定可逆计数器当前字状态为 θ_D，那么，V_1 乘以 $\cos\theta_D$，V_2 乘以 $\sin\theta_D$ 得到：

$$\begin{cases} V_1 \cdot \cos\theta_D = KE_0 \sin \omega t \cdot \sin\theta \cos\theta_D \\ V_2 \cdot \sin\theta_D = KE_0 \sin \omega t \cdot \cos\theta \sin\theta_D \end{cases} \quad (7\text{-}73)$$

两式相减：

$$V_1 \cdot \cos\theta_D - V_2 \cdot \sin\theta_D = KE_0 \sin \omega t \cdot (\sin\theta \cos\theta_D - \cos\theta \sin\theta_D) \quad (7\text{-}74)$$

再利用和差化积公式，得到：
$$V_1 \cdot \cos\theta_D - V_2 \cdot \sin\theta_D = KE_0 \sin\omega t \cdot \sin(\theta - \theta_D)$$

经相敏解调器、积分器、压控振荡器（VCO）和可逆计数器等形成一个闭环回路系统，使 $\sin(\theta - \theta_D)$ 趋近于零。当这一过程完成时，可逆计数器此时的状态字 θ_D 在转换器的额定精度范围内就等于自整角机的轴角 θ。

7.7.1.2 引脚功能

ZSZ/XSZ 系列转换器引脚结构如图 7-50 所示，图中按引脚功能进行布局。

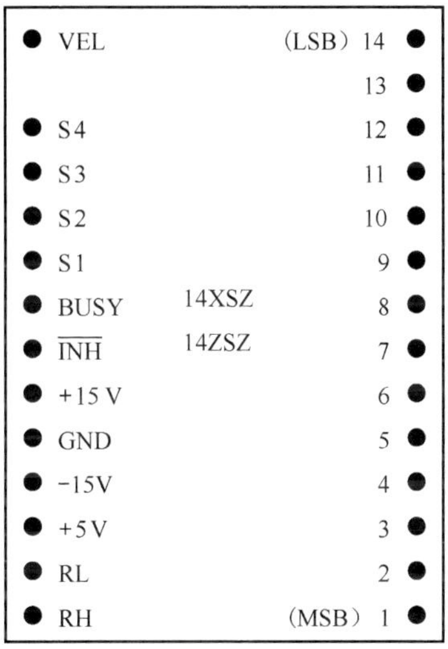

图 7-50 ZSZ/XSZ 系列转换器引脚结构

1. 直流供电引脚

直流供电引脚包括 5V、15V、-15V 和 GND（地）4 个引脚。直流电源允许波动范围为 ±10%，不允许超过此范围加电。

2. 输入模拟信号引脚

自整角机-数字转换器（ZSZ）与自整角机的电气连接，以及旋转变压器-数字转换器（XSZ）与旋转变压器的电气连接，可参照表 7-12。

表 7-12 转换器与自整角机或旋转变压器的电气连接关系

自整角机与 ZSZ 的连接		旋转变压器与 XSZ 的连接	
自整角机引线端	ZSZ 引脚	旋转变压器引线端	XSZ 引脚
Z1	RH	D1	RH
Z2	RL	D2	RL
D1	S1	Z1	S1
D2	S2	Z2	S2
D3	S3	Z3	S3
—	—	Z4	S4

3. 速度电压输出端 VEL

该端的输出信号是一个跟输入轴角角速度成比例的直流模拟信号，VEL 的极性跟输入轴角的转向有关（轴角增大时为负，减小时为正），幅值跟输入轴角角速度成正比（±10V 时对应该转换器的最高跟踪速率）。

4. 忙信号输出端 BUSY

该信号是一个输出信号，直接反映了转换器的工作状态。当 BUSY 为高电平时，表示输出数据正在更新，数据的输出不稳定；当 BUSY 为低电平时，表示转换器内部已转换结束，此时数据输出稳定有效，可以读取。计算机可通过对 BUSY 的状态进行检测，来读取转换器的数据。

5. 禁止信号输入端 $\overline{INH}$

来自外部的禁止信号，由 $\overline{INH}$ 可以控制转换器内部的跟踪状态。$\overline{INH}$ 信号有效时（低电平），转换器断开内部跟踪环路，进入非跟踪状态；$\overline{INH}$ 信号撤销后，转换器需要一定的时间（0～最大阶跃响应时间）来重新跟踪输入信号的变化，最终使转换器处于动态平衡。如果 $\overline{INH}$ 信号持续时间小于忙脉冲间隔时间（2.5μs），则对转换器的跟踪没有影响。

6. 数据输出端

1～14 为二进制数据输出端，1 为最高有效位（MSB），14 为最低有效位（LSB）。

7.7.1.3 典型应用

图 7-51 所示为 ZSZ/XSZ 系列转换器的一种应用电路，S1～S4 分别与旋转变压的四路输出 Z1～Z4 连接，RL 和 RH 与激磁电流 D1 和 D2 连接，$\overline{INH}$ 与计算机读控制引脚连接，BUSY 与计算机控制引脚连接，速度测量信号由 VEL 输出，角度转换数字量由引脚 1～14 输出。

当计算机要读取数据时，向转换器 $\overline{INH}$ 端施加一个低电平信号，控制转换器停止转换，再通过 BUSY 引脚检测转换器输出数据的状态。若 BUSY 为 1，表示数据正在更新，此时数据无效；若 BUSY 为 0，表示数据稳定，可以读取数据。

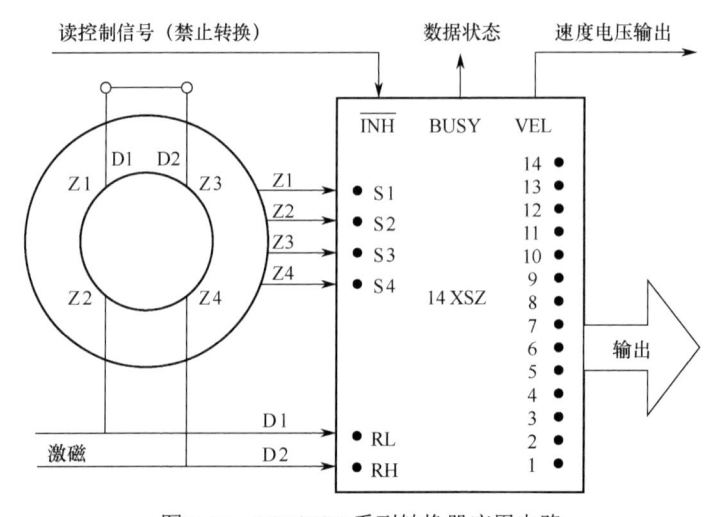

图 7-51 ZSZ/XSZ 系列转换器应用电路

7.7.2 AD2S12 系列轴角-数字转换器

AD2S1200/1205/1210 系列轴角-数字转换器采用闭环反馈法实现，可以输出连续跟踪旋转变压器的轴角位置。AD2S12 系列芯片的基本功能一致，这里以 12 位旋转变压器轴角-数字转换器 AD2S1200 为例进行介绍，其转换原理图如图 7-52 所示。

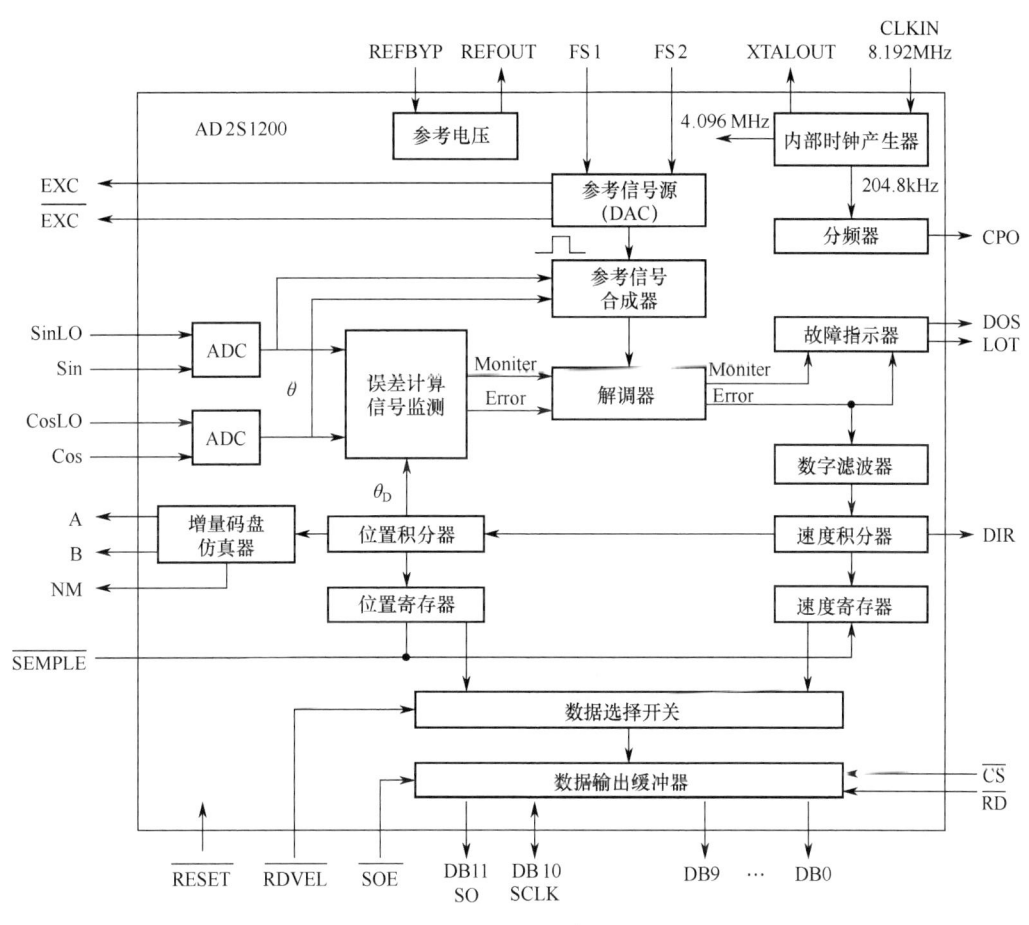

图 7-52 AD2S1200 转换原理图

1. 工作时钟

AD2S1200 内置频率可编程的正弦波振荡器（振荡器频率由输入引脚 FS1、FS2 控制），为旋转变压器提供激磁电压（由引脚 EXC 和 $\overline{\text{EXC}}$ 输出），同时也作为芯片内解码的参考（经参考信号合成器后送往解调器）。

此外，AD2S1200 需要一个外部 8.192MHz 的晶振，以提供精密时间参考。此时钟在内部进行分频，产生一个 4.096MHz 时钟，用于驱动片内外设。

2. 信号输入和输出

AD2S1200 提供串行输出（DB10、DB11）和 12 位并行端口（DB0～DB11），可以输出被测对象的绝对位置和速度。

旋转变压器的正余弦输出信号通过 SinLO、Sin 和 CosLO、Cos 引脚输送到芯片中，在芯片内通过闭环反馈法将输入端的信息转换为输入角度和角速度对应的数字量，所得数据分别被送往速度寄存器和位置寄存器，最后通过 DB0~DB11 以并行或串行的方式输出。

位置积分器将所得的位置数据经增量码盘仿真器处理后，还可以通过 A、B 和 NM 3 个引脚输出，A、B 模拟增量式光电码盘，输出相位相差 90°的脉冲信号，NM 输出方向信号。

数据读出时要注意，CLKIN 的时钟为外部晶体产生，SAMPLE 下降沿会将内部位置和速度的值送到寄存器准备输出，与 CLKIN 没有直接关系，之后随 $\overline{CS}$ 等控制信号的变化还需要一定的建立时间才可以正确读出数据。

3. 芯片引脚

AD2S1200 芯片标准 44 引脚排列如图 7-53 所示。

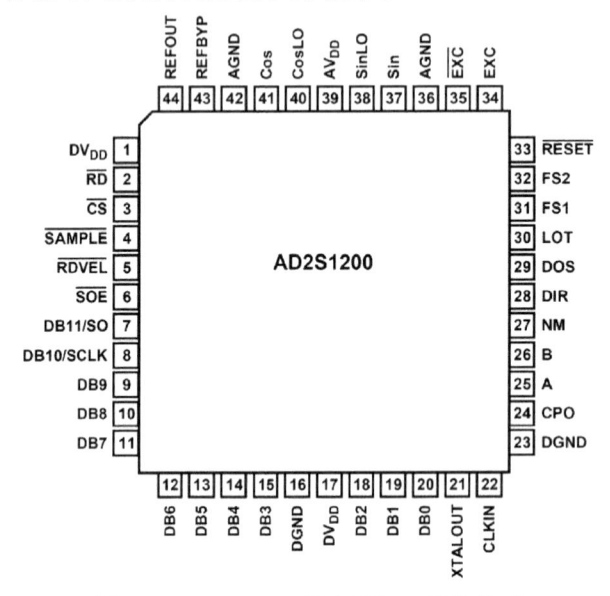

图 7-53 AD2S1200 芯片标准 44 引脚排列

AD2S1200 芯片引脚功能定义如表 7-13 所示。

芯片主要引脚功能说明如下。

$\overline{SAMPLE}$ 引脚控制数据是否输出，电平为低时，芯片输出数据。

$\overline{RDVEL}$ 引脚控制输出角位置数据和角速度数据，电平为低时，输出角速度数据；电平为高时，输出角位置数据。

$\overline{RD}$：输出缓冲使能。

$\overline{CS}$ 为片选引脚，电平为低时，芯片被选中。$\overline{CS}$ 电平为低且 $\overline{SOE}$ 电平为高时，芯片通过 DB0~DB11 并行输出数据；$\overline{CS}$ 电平为低且 $\overline{SOE}$ 电平也为低时，芯片通过 SO（DB11）和 SCLK（DB10）进行串行输出，最高频率为 25MHz。

DOS：信号恶化标志引脚。AD2S1200 芯片内置有实时监控误差模块，任意一路旋转变压器的输入信号，经信号检测与最大幅值进行比较，当比值低于指定的 DOS 正弦/余弦阈值时，表示信号恶化，此时 DOS 引脚输出低电平。

表 7-13 AD2S1200 芯片引脚功能定义

引脚号	引脚名称	描述	引脚号	引脚名称	描述
1	DV_{DD}	数字供电	27	NM	过"北"标志
2	$\overline{RD}$	输出缓冲使能	28	DIR	仿真码盘转向
3	$\overline{CS}$	片选	29	DOS	信号恶化
4	$\overline{SAMPLE}$	外部采样控制	30	LOT	跟踪丢失
5	$\overline{RDVEL}$	角度/角速度选择	31	FS1	参考频率调整
6	$\overline{SOE}$	串行输出使能	32	FS2	参考频率调整
7	DB11/SO	并行数据位，或串行输出	33	$\overline{RESET}$	复位
8	DB10/SCLK	并行数据位，或串行时钟输入	34	EXC	参考激励输出
9-15	DB9-DB3	并行数据位	35	$\overline{EXC}$	参考激励输出
16	DGND	数字地	36	AGND	模拟地
17	DV_{DD}	数字供电	37	Sin	正弦输入
18-20	DB2-DB0	并行数据位	38	SinLO	正弦输入
21	XTALOUT	内部时钟输出	39	AV_{DD}	模拟供电
22	CLKIN	外部时钟输入	40	CosLO	余弦输入
23	DGND	数字地	41	Cos	余弦输入
24	CPO	分频输出	42	AGND	模拟地
25	A	仿真增量码盘 A 相	43	REFBYP	参考电压输入
26	B	仿真增量码盘 B 相	44	REFOUT	参考电压输出

LOT：位置跟踪丢失标志引脚。当内部信号误差或内部位置数据与外部位置数据相差超过 5°，或者输入信号超过跟踪速率上限 1000r/s 时，LOT 引脚输出低电平，表示位置跟踪丢失。

CPO：分频器输出。

EXC 和 $\overline{EXC}$：参考振荡器输出，为旋转变压器提供正弦激励信号 EXC 和 $\overline{EXC}$。

DIR：转动方向标志。DIR 为高电平时，表示输入角度随当前转动方向而不断增加。

4. 故障检测

AD2S1200 芯片内部集成了故障检测电路，能检测旋变信号丢失、输入超限、输入不匹配和位置跟踪丢失等故障。故障检测的工作原理是通过比较位置寄存器里的角度和旋转变压器输入的正余弦信号来产生一个监测信号，方法是将输入信号 $\sin\theta$ 和 $\cos\theta$ 分别乘以输出角度的 $\sin\theta_D$ 和 $\cos\theta_D$ 值，随后相加，产生检测信号（解调之后）：

$$V_{monitor} = A1 \times \sin\theta \times \sin\theta_D + A2 \times \cos\theta \times \cos\theta_D$$

式中，A1 是输入的正弦信号（$A1 \times \sin\theta$）的幅值；A2 是输入的余弦信号（$A2 \times \cos\theta$）的幅值；θ 是旋转变压器角度；θ_D 是位置寄存器中储存的角度。无故障状态下，输入的正余弦信号的幅值 A1=A2，转换器处于跟踪状态（$\theta=\theta_D$）时，监测信号输出恒定幅值 A1，且有 $V_{monitor} = A1 \times (\sin^2\theta + \cos^2\theta)$；当 A1≠A2 时，监测信号的幅值在 A1 和 A2 之间以 2 倍于轴旋转的速率变化。

AD2S1200 芯片的故障检测电路能对跟踪转换状态进行检测，并通过 DOS 和 LOT 引脚的状态进行指示。故障检测代码如表 7-14 所示。

表 7-14 故障检测代码

故 障	DOS	LOT	优 先 级
信号丢失	0	0	1
信号恶化	0	1	2
跟踪丢失	1	0	3
无故障	1	1	

当任意一路输入（正弦或余弦）通过检测信号与最小幅值相比下降到比指定的 LOS 正弦/余弦阈值低时，会报告 LOS（信号丢失）。DOS 引脚和 LOT 引脚输出都锁在逻辑低上即意味 LOS。在 SAMPLE 上升沿，DOS 和 LOT 引脚复位到无故障状态。

同理，当任意一路输入（正弦或余弦）通过检测信号与最大幅值相比超过指定的 DOS 正弦/余弦阈值时，会报告 DOS（信号恶化）。当输入正弦和余弦信号幅值超过指定的 DOS 正/余弦不匹配阈值，AD2S1200 持续地在内部寄存器里保存检测信号幅值的最小值和最大值。通过计算最小值和最大值之间的差值来决定是否发生了 DOS 不匹配。DOS 引脚为逻辑低电平时表示出现了 DOS，当输入信号超限时不锁定；当信号不匹配时产生 DOS，则输出锁定在低电平直到 SAMPLE 上升沿将保存的最小幅值和最大幅值复位。

以下情况发生时会报跟踪丢失（LOT）：AD2S1200 的内部误差信号超过 5°，输入信号超过最大跟踪速率（1000rps），内部角度位置（位置积分器）与外部位置（位置寄存器）相差超过 5°。

7.8 小结

本章重点介绍了电阻式应变传感器，电阻应变式传感器是一种利用电阻应变效应，由电阻应变片和弹性敏感元件组合起来的传感器。它具有测量精度高、频率响应特性好、使用寿命长、性能稳定可靠、结构简单等特点。应变式电阻传感器在工业测量中占有一定的地位，其主要应用于两个方面：一是直接测定结构的应力或应变；二是将应变片贴于弹性元件上制成多种用途的应变传感器，如流量、位移、压力、加速度等传感器。

数字化角度测量的主要元件包括光电码盘、旋转变压器和自整角机。光电码盘是一种数字式角度及转速的测量装置，通过将光信号转换为一系列的编码信号来实现对角度的测量，也称作光电编码器，是一种 A/D 转换器。从工作原理看，光电码盘又分为绝对式光电码盘和增量式光电码盘两种。

绝对式光电码盘具有位置直接读入、机械平均寿命长等特点。增量式光电码盘具有结构简单的特点，可以测量角度、角速度和转动速度等，但是它在硬件上不具备位置记忆功能。

旋转变压器比光电码盘的环境适应能力要强。为实现高精度角度测量，用测角设备进行单通道测量不能满足实际需求时，可以采用精精组合技术。

7.9 思考与练习题

1. 叙述一下你对传感器定义的理解？列举几种生活中常用的传感器。
2. 传感器的性能指标包括哪些？
3. 采用全桥电路构成应变片传感器，应变片阻值 $R=120\Omega$，最大功率为 100mW，灵敏度系数 $K=2$，应变范围为 $10^{-6} \sim 10^{-4}$，ADC 的输入电压范围为（$-10 \sim 10V$），完成下列设计：
（1）为应变电桥确定参考电压 V_R；
（2）确定放大电路的放大倍数 A_F；
（3）确定 ADC 的位数；
（4）画出设计的电路图（全桥电路+三运放）。
4. 旋转变压器输出畸变产生的原因是什么？如何消除？
5. 详细说明机械角度为 280°时的 ADC 法的转换过程。
6. 简述闭环反馈法的工作原理。
7. 旋转变压器轴角编码同光电码盘编码相比，各有什么特点？
8. 自整角机测角方法中斯科特变压器法同运算放大器方法相比，各有什么优缺点？
9. 针对下述两种情况，按照最大 1/4 纠错法求输出角度。
（1）$n = 20$，$\theta_c = 183.9°$，$\theta_j = 280°$；
（2）$n = 20$，$\theta_c = 178.2°$，$\theta_j = 10°$。
10. 对于增量式光电码盘，如果 AB 之间不是 1/4 节距，能否实现四倍频测量？

附录 A

ASCII 编码表

二进制（Bin）	十进制（Dec）	十六进制（Hex）	缩写/字符	解 释
0000 0000B	0	00H	NUL （null）	空字符
0000 0001B	1	01H	SOH （start of headline）	标题开始
0000 0010B	2	02H	STX （start of text）	正文开始
0000 0011B	3	03H	ETX （end of text）	正文结束
0000 0100B	4	04H	EOT （end of transmission）	传输结束
0000 0101B	5	05H	ENQ （enquiry）	请求
0000 0110B	6	06H	ACK （acknowledge）	收到通知
0000 0111B	7	07H	BEL （bell）	响铃
0000 1000B	8	08H	BS （backspace）	退格
0000 1001B	9	09H	HT （horizontal tab）	水平制表符
0000 1010B	10	0AH	LF （NL line feed, new line）	换行键
0000 1011B	11	0BH	VT （vertical tab）	垂直制表符
0000 1100B	12	0CH	FF （NP form feed, new page）	换页键
0000 1101B	13	0DH	CR （carriage return）	回车键
0000 1110B	14	0EH	SO （shift out）	不用切换
0000 1111B	15	0FH	SI （shift in）	启用切换
0001 0000B	16	10H	DLE （data link escape）	数据链路转义
0001 0001B	17	11H	DC1 （device control 1）	设备控制 1
0001 0010B	18	12H	DC2 （device control 2）	设备控制 2
0001 0011B	19	13H	DC3 （device control 3）	设备控制 3

附录 A ASCII 编码表

续表

二进制（Bin）	十进制（Dec）	十六进制（Hex）	缩写/字符	解　释
0001 0100B	20	14H	DC4 （device control 4）	设备控制 4
0001 0101B	21	15H	NAK （negative acknowledge）	拒绝接收
0001 0110B	22	16H	SYN （synchronous idle）	同步空闲
0001 0111B	23	17H	ETB （end of trans. Block）	结束传输块
0001 1000B	24	18H	CAN （cancel）)	取消
0001 1001B	25	19H	EM （end of medium）	媒介结束
0001 1010B	26	1AH	SUB （substitute）	代替
0001 1011B	27	1BH	ESC （escape）	换码（溢出）
0001 1100B	28	1CH	FS （file separator）	文件分隔符
0001 1101B	29	1DH	GS （group separator）	分组符
0001 1110B	30	1EH	RS （record separator）	记录分隔符
0001 1111B	31	1FH	US （unit separator）	单元分隔符
0010 0000B	32	20H	（space）	空格
0010 0001B	33	21H	!	叹号
0010 0010B	34	22H	"	双引号
0010 0011B	35	23H	#	井号
0010 0100B	36	24H	$	美元符
0010 0101B	37	25H	%	百分号
0010 0110B	38	26H	&	和号
0010 0111B	39	27H	'	闭单引号
0010 1000B	40	28H	(	开括号
0010 1001B	41	29H	)	闭括号
0010 1010B	42	2AH	*	星号
0010 1011B	43	2BH	+	加号
0010 1100B	44	2CH	,	逗号
0010 1101B	45	2DH	-	减号/破折号
0010 1110B	46	2EH	.	句号
0010 1111B	47	2FH	/	斜杠
0011 0000B	48	30H	0	字符 0
0011 0001B	49	31H	1	字符 1
0011 0010B	50	32H	2	字符 2
0011 0011B	51	33H	3	字符 3

续表

二进制（Bin）	十进制（Dec）	十六进制（Hex）	缩写/字符	解　　释
0011 0100B	52	34H	4	字符 4
0011 0101B	53	35H	5	字符 5
0011 0110B	54	36H	6	字符 6
0011 0111B	55	37H	7	字符 7
0011 1000B	56	38H	8	字符 8
0011 1001B	57	39H	9	字符 9
0011 1010B	58	3AH	:	冒号
0011 1011B	59	3BH	;	分号
0011 1100B	60	3CH	<	小于
0011 1101B	61	3DH	=	等号
0011 1110B	62	3EH	>	大于
0011 1111B	63	3FH	?	问号
0100 0000B	64	40H	@	电子邮件符号
0100 0001B	65	41H	A	大写字母 A
0100 0010B	66	42H	B	大写字母 B
0100 0011B	67	43H	C	大写字母 C
0100 0100B	68	44H	D	大写字母 D
0100 0101B	69	45H	E	大写字母 E
0100 0110B	70	46H	F	大写字母 F
0100 0111B	71	47H	G	大写字母 G
0100 1000B	72	48H	H	大写字母 H
0100 1001B	73	49H	I	大写字母 I
0100 1010B	74	4AH	J	大写字母 J
0100 1011B	75	4BH	K	大写字母 K
0100 1100B	76	4CH	L	大写字母 L
0100 1101B	77	4DH	M	大写字母 M
0100 1110B	78	4EH	N	大写字母 N
0100 1111B	79	4FH	O	大写字母 O
0101 0000B	80	50H	P	大写字母 P
0101 0001B	81	51H	Q	大写字母 Q
0101 0010B	82	52H	R	大写字母 R
0101 0011B	83	53H	S	大写字母 S

附录 A　ASCII 编码表

续表

二进制（Bin）	十进制（Dec）	十六进制（Hex）	缩写/字符	解　　释
0101 0100B	84	54H	T	大写字母 T
0101 0101B	85	55H	U	大写字母 U
0101 0110B	86	56H	V	大写字母 V
0101 0111B	87	57H	W	大写字母 W
0101 1000B	88	58H	X	大写字母 X
0101 1001B	89	59H	Y	大写字母 Y
0101 1010B	90	5AH	Z	大写字母 Z
0101 1011B	91	5BH	[	开方括号
0101 1100B	92	5CH	\	反斜杠
0101 1101B	93	5DH	]	闭方括号
0101 1110B	94	5EH	^	脱字符
0101 1111B	95	5FH	_	下划线
0110 0000B	96	60H	`	开单引号
0110 0001B	97	61H	a	小写字母 a
0110 0010B	98	62H	b	小写字母 b
0110 0011B	99	63H	c	小写字母 c
0110 0100B	100	64H	d	小写字母 d
0110 0101B	101	65H	e	小写字母 e
0110 0110B	102	66H	f	小写字母 f
0110 0111B	103	67H	g	小写字母 g
0110 1000B	104	68H	h	小写字母 h
0110 1001B	105	69H	i	小写字母 i
0110 1010B	106	6AH	j	小写字母 j
0110 1011B	107	6BH	k	小写字母 k
0110 1100B	108	6CH	l	小写字母 l
0110 1101B	109	6DH	m	小写字母 m
0110 1110B	110	6EH	n	小写字母 n
0110 1111B	111	6FH	o	小写字母 o
0111 0000B	112	70H	p	小写字母 p
0111 0001B	113	71H	q	小写字母 q
0111 0010B	114	72H	r	小写字母 r
0111 0011B	115	73H	s	小写字母 s

续表

二进制（Bin）	十进制（Dec）	十六进制（Hex）	缩写/字符	解　　释
0111 0100B	116	74H	t	小写字母 t
0111 0101B	117	75H	u	小写字母 u
0111 0110B	118	76H	v	小写字母 v
0111 0111B	119	77H	w	小写字母 w
0111 1000B	120	78H	x	小写字母 x
0111 1001B	121	79H	y	小写字母 y
0111 1010B	122	7AH	z	小写字母 z
0111 1011B	123	7BH	{	开花括号
0111 1100B	124	7CH	|	垂线
0111 1101B	125	7DH	}	闭花括号
0111 1110B	126	7EH	~	波浪号
0111 1111B	127	7FH	DEL (delete)	删除

附录 B

RTX-51 Tiny 系统函数

（1）isr_send_signal。

原型：char isr_send_signal(unsigned char task_id)。

描述：isr_send_signal 函数给任务 task_id 发送一个信号。如果指定的任务正在等待一个信号，则该函数使该任务就绪，但不启动它，信号存储在任务的信号标志中。该函数仅被中断函数调用。

返回值：成功调用后返回 0，如果指定任务不存在，则返回-1。

（2）isr_set_ready。

原型：char isr_set_ready(unsigned char task_id)。

描述：将由 task_id 指定的任务置为就绪态。该函数仅被中断函数调用。

返回值：无。

（3）os_clear_signal。

原型：char os_clesr_signal(unsigned cahr task_id)。

描述：清除由 task_id 指定的任务信号标志。

返回值：信号成功清除后返回 0，指定的任务不存在时返回-1。

（4）os_create_task。

原型：char os_create_task(unsigned char task_id)。

描述：启动任务 task_id，该任务被标记为就绪，并在下一个时间点开始执行。

返回值：任务成功启动后返回 0，如果任务不能启动或任务已在运行，或没有以 task_id 定义的任务，返回-1。

（5）os_delete_task。

原型：char os_delete_task(unsigned char task_id)。

描述：函数将以 task_id 指定的任务停止，并从任务列表中将其删除。如果任务删除自己，将立即发生任务切换。

返回值：任务成功停止并删除后返回 0，指定任务不存在或未启动时返回-1。

（6）os_reset_interval。

原型：void os_reset_interval(unsigned char ticks)。

描述：用于纠正由于 os_wait 函数同时等待 K_IVL 和 K_SIG 事件而产生的时间问题，在这种情况下，如果一个信号事件（K_SIG）引起 os_wait 退出，时间间隔定时器并不调整，这样，会导致后续的 os_wait 调用（等待一个时间间隔）延迟的不是预期的时间周期。允许将时间间隔定时器复位，这样，后续对 os_wait 的调用就会按预期的操作进行。

返回值：无。

（7）os_running_task_id。

原型：char os_running_task_id(void)。

描述：函数确认当前正在执行的任务的任务 ID。

返回值：返回当前正在执行的任务的任务号，该值为 0～15 的一个数。

（8）os_send_signal。

原型：char os_send_signal(char task_id)。

描述：函数向任务 task_id 发送一个信号。如果指定的任务已经在等待一个信号，则该函数使任务准备执行但不启动它。信号存储在任务的信号标志中。

返回值：成功调用后返回 0，指定任务不存在时返回-1。

（9）os_set_ready。

原型：char os_set_ready(unsigned char task_id)。

描述：将以 task_id 指定的任务置为就绪状态。

返回值：无。

（10）os_switch_task。

原型：char os_switch_task(void)。

描述：该函数允许一个任务停止执行，切换到另一个任务。如果调用 os_switch_task 的任务是唯一的就绪任务，它将立即恢复运行。

返回值：无。

（11）os_wait。

原型：char os_wait(
    unsigned char event_sel,   /*要等待的事件*/
    unsigned char ticks,   /*要等待的滴答数*/
    unsigned int dummy)   /*无用参数*/

描述：该函数挂起当前任务，并等待一个或几个事件，如时间间隔、超时或从其他任务和中断发来的信号。参数 event_set 指定要等待的事件，可以是附表 B-1 中常量的一些组合。

附表 B-1 参数 event_set 指定的事件列表

事件	描述
K_IVL	等待滴答值为单位的时间间隔
K_SIG	等待一个信号
K_TMO	等待一个以滴答值为单位的超时

参数 ticks 指定要等待的时间间隔事件（K_IVL）或超时事件（K_TMO）的定时器滴答数。

参数 dummy 是为了提供与 RTX-51 FULL 的兼容性而设置的，在 RTX-51 TINY 中未使用。

返回值：当有一个指定的事件发生时，任务进入就绪态。任务恢复执行时，由返回的常数指出使任务重新启动的事件。可能的返回值见附表 B-2。

附表 B-2 os_wait 的返回值

返 回 值	描 述
RDY_EVENT	任务的就绪标志位是被 os_set_ready 或 isr_set_ready 置位的
SIG_EVENT	收到一个信号
TMO_EVENT	超时完成，或时间间隔到
NOT_OK	event_sel 参数的值无效

（12）os_wait1。

原型：char os_wait1(unsigned char event_sel)。

描述：该函数挂起当前的任务等待一个事件发生。os_wait1 是 os_wait 的一个子集，它不支持 os_wait 提供的全部事件。参数 event_sel 指定要等待的事件，该函数只能是 K_SIG。

返回值：当指定的事件发生，任务进入就绪态。任务恢复运行时，os_wait1 返回的值表明启动任务的事件，返回值如附表 B-3 所示。

附表 B-3 os_wait1 的返回值

返 回 值	描 述
RDY_EVENT	任务的就绪标志位是被 os_set_rcady 或 isr_sct_rcady 置位的
SIG_EVENT	收到一个信号
NOT_OK	event_sel 参数的值无效

（13）os_wait2。

原型：char os_wait2(
　　　　　　　　unsigned char event_sel,　　　　/*要等待的事件*/
　　　　　　　　unsigned char ticks)　　　　　　/*要等待的滴答数*/

描述：函数挂起当前任务并等待一个或几个事件发生，如时间间隔、超时或一个从其他任务或中断来的信号。参数 event_sel 指定的事件可以是附表 B-4 中常数的组合。

附表 B-4 event_sel 指定的事件列表

事 件	描 述
K_IVL	等待滴答值为单位的时间间隔
K_SIG	等待一个信号
K_TMO	等待一个以滴答值为单位的超时

参数 ticks 指定等待时间间隔（K_IVL）或超时（K_TMO）事件时的滴答数。

返回值：当一个或几个事件产生时，任务进入就绪态。任务恢复执行时，os_wait2 的返回值列表如附表 B-5 所示。

附表 B-5 os_wait2 的返回值列表

返 回 值	描 述
RDY_EVENT	任务的就绪标志位是被 os_set_ready 或 isr_set_ready 置位的
SIG_EVENT	收到一个信号
TMO_EVENT	超时完成，或时间间隔到
NOT_OK	event_sel 参数的值无效

参 考 文 献

[1] 费业泰. 误差理论与数据处理[M]. 北京：机械工业出版社，2019.2.
[2] 刘陵顺，王昉，等. 自动控制元件[M]. 2 版. 北京：北京航空航天大学出版社，2016.3.
[3] 雒明世. 现代交换原理与技术[M]. 北京：清华大学出版社，2016.6.
[4] 丁鹭飞，耿富录，陈建春. 雷达原理[M]. 5 版. 北京：电子工业出版社，2016.12.
[5] 徐春晖，陈忠斌，章海亮. 单片微型计算机原理及应用[M]. 2 版. 北京：电子工业出版社，2017.8.
[6] 白中英，戴志涛. 计算机组成原理[M]. 北京：科学出版社，2019.12.
[7] 郭书军. ARM Cortex-M3 系统设计与实现——STM32 基础篇[M]. 2 版. 北京：电子工业出版社，2018.10.
[8] 杨欣，张延强，张铠麟. 实例解读 51 单片机完全学习与应用[M]. 北京：电子工业出版社，2011.4.
[9] 常建生. 检测与转换技术[M]. 3 版. 北京：机械工业出版社，2008.1.
[10] 蔡杏山. 电气工程师自觉成才手册[M]. 北京：电子工业出版社，2019.5.
[11] 邱士安. 机电一体化技术[M]. 西安：西安电子科技大学出版社，2004.8.
[12] 刘宏新. 机电一体化技术[M]. 北京：机械工业出版社，2019.2.
[13] 张建民. 机电一体化系统设计[M]. 北京：高等教育出版社，2019.6.
[14] 董爱华. 检测与转换技术[M]. 北京：中国电力出版社，2007.12.
[15] 张洪润，张亚凡，邓洪敏. 传感器原理及应用[M]. 北京：清华大学出版社，2008.7.
[16] 周严. 测控系统电子技术[M]. 北京：科学出版社，2007.7.
[17] 王昌明，孔德仁，何云峰. 传感与测试技术[M]. 北京：北京航空航天大学出版社，2005.6.
[18] 梁森，欧阳三泰，王侃夫. 自动检测技术及应用（第 2 版）[M]. 北京：机械工业出版社，2018.6.
[19] 梁森，王侃夫，黄杬美. 自动检测与转换技术（第 3 版）[M]. 北京：机械工业出版社，2017.1.